Linguistische Arbeiten 443

Herausgegeben von Hans Altmann, Peter Blumenthal,
Hans Jürgen Heringer, Ingo Plag, Heinz Vater und Richard Wiese

*Monika Elisabeth Bründl*

# Lexikalische Dynamik

## Kognitiv-linguistische Untersuchungen am englischen Computerwortschatz

Max Niemeyer Verlag
Tübingen 2001

Die Deutsche Bibliothek – CIP-Einheitsaufnahme

**Bründl, Monika Elisabeth**: Lexikalische Dynamik : kognitiv-linguistische Untersuchungen am englischen Computerwortschatz / Monika Elisabeth Bründl. – Tübingen : Niemeyer, 2001
(Linguistische Arbeiten ; 443)
Zugl.: München, Univ., Diss., 2000

ISBN 3-484-30443-X ISSN 0344-6727


Gedruckt auf alterungsbeständigem Papier.
Druck: AZ Druck und Datentechnik GmbH, Kempten
Einband: Industriebuchbinderei Nädele, Nehren

# Inhalt

# Vorwort

Vorliegendes Buch stellt eine stark umgearbeitete Version meiner ursprünglichen wissenschaftlichen Arbeit dar. Zu besonderem Dank verpflichtet bin ich Leonhard Lipka, ohne den diese Arbeit nicht möglich gewesen wäre. Herzlich danken möchte ich des weiteren den Herausgebern der Linguistischen Arbeiten, insbesondere Hans Altmann und Richard Wiese, die maßgeblich zur Entstehung der vorliegenden Fassung beigetragen haben. Meine Überarbeitungsphase haben sie mit äußerst konstruktiven und motivierenden Vorschlägen begleitet. Mein Dank gilt ferner Hans Sauer, Richard Janney und Wolfgang Schulze (alle Universität München) für ihre nützlichen Anregungen. Meinen ehemaligen Kollegen und Kolleginnen vom Münchener Institut für Englische Philologie bin ich dankbar für ihre guten Ideen, Ratschläge und ihre Betreuung, insbesondere während der Anfangsphase. Zu nennen sind hier vor allem Wolfgang Falkner, Günter Jehle, Lucia Kornexl, Hans-Jörg Schmid und Gudrun Wolf. Die Teilnehmer und Teilnehmerinnen des sprachwissenschaftlichen Kolloquiums und meiner Veranstaltungen am Institut für Englische Philologie haben mich durch ihr Interesse ermutigt, an diesem Projekt weiterzuarbeiten. Für großes Engagement und für hilfreiche Diskussionen im Zusammenhang mit der empirischen Arbeit am Computerwortschatz bin ich den ehemaligen Doktoranden Tim Breßmann (Klinische Linguistik, University of Toronto) und Johannes Bruhn (Pädagogik, München) verbunden. Erheblich mitgewirkt am empirischen Teil haben auch die Mitglieder der Internet-Mailingliste 'Linguist Network'. Meinen ehemaligen Kollegen in der Fraunhofer Gesellschaft bin ich dankbar, daß sie es mir ermöglichten, daß ich durch kreative Mitarbeit an einem äußerst spannenden und zukunftsträchtigen Projekt die Basis für meine weitere berufliche Entwikklung schaffen konnte. Motiviert haben mich insbesondere ihre enorme Kollegialität und ihr Interesse an dem Thema dieses Buches. Hildegund Kohler gilt mein herzlicher Dank für die Mühe, die sie sich mit dem Korrekturlesen dieser Arbeit gemacht hat. Den Mitgliedern des Doktorandennetzwerkes Thesis e.V., insbesondere den Teilnehmern des Münchener Stammtisches, bin ich äußerst verbunden für ihren aufmunternden Zuspruch während der Umarbeitungsphase. Die Liste all derer, die auch indirekt an dieser Arbeit beteiligt waren, könnte noch lange fortgesetzt werden. Deshalb möchte ich mich an dieser Stelle herzlich bei meinen Eltern und allen Freunden und Bekannten bedanken, die diese äußerst schwere Phase meines Lebens begleitet und mich in dieser Zeit auf vielfältige Weise unterstützt haben. Dies gilt auch für Marcel Consée, der mir über lange Strecken hinweg mit ungeheuer ermutigendem Optimismus zur Seite gestanden hat.

## Abkürzungen und andere typographische Konventionen

In der vorliegenden Arbeit werden folgende Abkürzungen und weitere typographische Konventionen verwendet:

| **Abkürzung** | **steht für ...** |
|---|---|
| AC | Allgemeinsprachlicher Computerwortschatz (Ausschnitt aus dem AW mit dem *subject field computing*) |
| AW | Allgemeinwortschatz (*common vocabulary*) |
| AmE | Amerikanisches Englisch |
| BrE | Britisches Englisch |
| CF | *combining form* |
| Ds | Determinans |
| Dt | Determinatum |
| FCF | *final combining form* |
| GK | Gesamtkorpus (Allgemeinsprachlicher Computerwortschatz plus Wortschatz des *hackers' slang*) |
| [H] | Lexem, das der Varietät *hackers' slang* angehört |
| ICF | *initial combining form* |
| ICM | *Idealized Cognitive Model* (nach Lakoff 1987) |
| KL, KLs (Plural) | Komplexes Lexem |
| KoLi | Kognitive Linguistik |
| KÖ | Kognitive Ökonomie |
| ML | Mentales Lexikon |
| M&M | Metapher und Metonymie |
| (MM) | Metaphtonymie |
| SD | *source domain* (Quellbereich) |
| SL, SLs (Plural) | Simplizium, einfaches Lexem, Monem |
| SÖ | Sprachliche Ökonomie |
| ST | Semantischer Transfer (Oberbegriff für Metapher, Metonymie und Mischformen) |
| TD | *target domain* (Zielbereich) |
| WB | Wortbildung |

**Wortarten**

| | |
|---|---|
| adj | Adjektiv |
| adv | Adverb |
| n | Nomen |
| präp | Präposition |
| v | Verb |

**Sprachen**

| | |
|---|---|
| dt. | deutsch |
| engl. | englisch |
| frz. | französisch |
| gr. | griechisch |
| ital. | italienisch |
| nl. | niederländisch |
| pol. | polnisch |

| **Typographische Konventionen** | **stehen für ...** |
|---|---|
| KAPITÄLCHEN | KONZEPTE (kognitive Ebene) |
| *Kleinbuchstaben, kursiv* | konkrete Wortbeispiele (sprachliche Ebene) |
| Unterstrichene Morpheme in komplexen Lexemen (Wortbeispiele), z.B. *motherboard, data highway* | Wenn nur ein Teil eines komplexen Lexems metaphorische bzw. metonymische Bedeutung aufweist, wird jeweils das betreffende Morphem unterstrichen. |
| [www.homepage.suffix] [Datum] [Homepage-Name] | Internet-Adressen, die als Quellen verwendet wurden (siehe Bibliographie), inklusive Datum des Abrufs und vollständiger Name der Homepage |
| [Name, E-Mail-Adresse, Datum, ggf. "Betreff" / "Subject"] | E-Mail-Korrespondenz, die als Quelle verwendet wurde, inklusive Name und E-Mail-Adresse des Absenders, Datum der E-Mail, Betreff. |

| **Eingedeutschte Wörter** | **stehen für ...** |
|---|---|
| Bereich, Domäne | *domain* (nach Lakoff & Johnson 1980a) |
| Blend, Blending | für engl. *blend, blending* |
| Clipping; geclipped | für engl. *clipping; clipped* |
| konzeptuelle Metapher | *conceptual metaphor* (nach Lakoff & Johnson 1980a) |
| Label | *label* (in Wörterbüchern, Einträgen) |
| Quellbereich / -domäne | *source domain* (nach Lakoff & Johnson 1980a) |
| Zielbereich / -domäne | *target domain* (nach Lakoff & Johnson 1980a) |

Abkürzungen für Wörterbücher und weitere Materialquellen sind in der Bibliographie nachzulesen.

In dieser Arbeit wird angestrebt, geschlechtsneutrale Bezeichnungen zu verwenden. Stellen, an denen dennoch die männliche Form für Personenbezeichnungen gewählt wurde, beziehen sich auf beide Geschlechter. Die männliche Form wird in diesen Fällen lediglich aus stilistischen Gründen bevorzugt.

*Wir können uns eben Geistiges*
*nur mit Hilfe des Sinnlichen vorstellen.*
*Und so gibt es für das Geistige selbst*
*keinen eigenen Ausdruck.*

Joh. Stöcklein (1898), Bedeutungswandel der Wörter

# 1. Einleitung

## 1.1 Gegenstand und Zielsetzung

*Computing*[1] ist derjenige technische und gesellschaftliche Bereich, welcher seit einigen Jahrzehnten mitunter den größten Beitrag zur Wortschatzerweiterung der englischen Sprache leistet (vgl. ANW 2/1996: 184; LRNW1: vf). Das sich seit Anfang der 90er Jahre explosionsartig ausdehnende Internet trägt zusätzlich in enormem Maße zur lexikalischen Expansion bei. Selbst Nicht-Linguisten sind sich der hohen Produktivität des Computerbereichs bewußt und beklagen neben der unübersichtlich gewordenen Terminologie in erster Linie die Fülle nicht-transparenter Akronyme. Der akute Bedarf der Sprachverwender an terminologischer Klärung kann heute schnell und unmittelbar durch die neuen Internet-Technologien (die ironischerweise ja selbst Verursacher schwer verständlicher Neubildungen sind) gestillt werden.

Um diesen lexikalisch hochproduktiven Bereich *computing* näher zu beleuchten, wurde eine lexikologische Untersuchung dieses Gebietes zum Gegenstand der vorliegenden Arbeit erhoben. Das Erkenntnisinteresse ist auf zwei Schwerpunkte ausgerichtet: Erstens wird empirisch nach Eigenschaften und Prinzipien gesucht, die dem Computerwortschatz zugrundeliegen. Der zweite Schwerpunkt besteht in folgender weitreichender theoretischer Zielsetzung: Es gilt zu erforschen, ob und wie die traditionelle Wortbildungstheorie und die Lexikologie sinnvoll durch kognitiv-linguistische Erkenntnisse ergänzt werden können.

Die empirische und die theoretische Orientierung treffen sich in folgender Feststellung: Das aus Lexemen aus dem Bereich *computing* bestehende Korpus[2] eignet sich hervorragend zur Erarbeitung der theoretischen Fragestellung, da – dieser Eindruck bestätigt sich auch bei kursorischer Durchsicht des Korpus (siehe Anhang) – jener Vokabularbereich besonders reich an Metaphern ist. Es handelt sich häufig um komplexe, zunächst rätselhafte Metaphern wie *spam*, *cookie*, *Easter egg*. Diese beruhen nicht auf einer einfachen Merkmalübertragung und sind daher nicht mit Hilfe herkömmlicher Metaphernanalysen er-

---

[1] Diese englische Bezeichnung verwende ich angesichts der Tatsache, daß meiner Ansicht nach für *computing* keine gleichermaßen griffige deutsche Übersetzung existiert: Dieser Begriff ist nicht auf die Computertechnologie beschränkt, sondern umfaßt weitere Bereiche wie z.B. die Anwender und die gesamte Computer"kultur" (vgl. Definition in 3.2.1).

[2] "Korpus" wird hier und im folgenden in seiner weiten Bedeutung – Sammlung sprachlichen Materials zum Zwecke der Auswertung nach bestimmten Kriterien – verwendet.

klärbar. Moderne kognitiv-linguistische Ansätze versprechen in dieser Hinsicht weit mehr Erfolg. Ohnehin werden in der konventionellen Wortbildungstheorie semantische Phänomene wie Metapher und Metonymie sträflich vernachlässigt, obwohl sie häufig kombiniert mit Wortbildungen auftreten (Näheres dazu wird in 2.4.1 erläutert). Unter dem Einfluß von Lakoff & Johnsons (1980a) tonangebendem Werk werden Metaphern heute verstärkt als legitime linguistische Untersuchungsobjekte anerkannt, die einen essentiellen Bestandteil der Alltagssprache ausmachen. Ein großes Manko besteht jedoch darin, daß in der kognitiven Linguistik die lexikalische Ebene vernachlässigt wird (siehe die Ausführungen unter Punkt 2.3). Die vorliegende Arbeit soll einen Beitrag dazu leisten, einerseits kognitiv-linguistische Aspekte von Lexemen (Lexikologie, Wortbildungslehre), andererseits lexikalische Manifestationen kognitiver Phänomene (Kognitive Linguistik) in den Brennpunkt zu rücken.

## 1.2 Vorgehensweise

Im Gegensatz zur vorliegenden Darstellung, die notwendigerweise als lineare Abfolge der einzelnen Kapitel erfolgt, wurde die zugrundeliegende Forschungsarbeit in einer ineinandergreifenden Abfolge von Theorie und Empirie getätigt. Das bedeutet: Es wurde von der in 1.1 erläuterten theoretischen Fragestellung ausgegangen, anschließend geeignetes Sprachmaterial gesucht. Nach der Festlegung auf den Wortschatzbereich *computing* – die Vorstellung des Korpus erfolgt in Punkt 3.2 – fand die Ausarbeitung einer Typologie von Lexikonprozessen (Definition: siehe 1.2) statt. Es schloß sich eine empirische Untersuchung des Computerkorpus an, welche die theoretische Fragestellung – die Notwendigkeit, kognitive Ansatzpunkte in die Wortschatzstudie zu integrieren (vgl. Kapitel 2) – vor allem deshalb untermauerte, da sich das Korpus als besonders reich an Metaphern erwies. Danach wurde die Typologie der Lexikonprozesse verfeinert. Das Ergebnis wird in Abschnitt 3.3 präsentiert. In einem weiteren empirischen Schritt wurde die Analyse des Korpus unter Einbeziehung zusätzlicher Analyse- und Auswertungsdetails wiederholt (vgl. Kapitel 4). In Kapitel 5 wird wiederum der Bogen zur Theorie gespannt: Hier wird die Antwort auf die Fragestellung mit Hilfe des empirisch erarbeiteten Belegmaterials zusammenfassend dargestellt.

Den empirischen Untersuchungen (Kapitel 4 und 5) liegt ein Korpus von insgesamt 744 Einträgen zugrunde (siehe Anhang). Stellvertretend für eine erschöpfende Darstellung sämtlicher Einträge im Korpus werden die Ergebnisse dieser Studie im Laufe der Arbeit anhand von ausgewählten, aussagekräftigen Beispielen präsentiert. Diese Darstellung bezieht sich auf das unmittelbare Ergebnis der Klassifikationstätigkeit – eine nach den Typen von Lexikonprozessen aufgegliederte Auflistung sämtlicher Einträge des Korpus, die jedoch nicht in die Arbeit integriert werden konnte.

Der Aufbau der Arbeit gestaltet sich wie folgt: In Kapitel 2 mit dem Thema "Lexikon und Kognition" wird die zentrale theoretische Fragestellung dieser Arbeit behandelt: die Untersuchung des Wortschatzes aus kognitiv-linguistischer Perspektive. In diesem Rahmen werden in Abschnitt 2.5 thesenartig kognitiv-linguistische Parameter erarbeitet, welche anhand der Ergebnisse der empirischen Untersuchung geprüft werden sollen. Kapitel 3 stellt das Bindeglied zwischen theoretischer Fragestellung (Kapitel 2) und empirischer Arbeit (Kapitel 4 und 5) dar. Zentrales Thema sind wortbildungstheoretische und lexikologische Grundlagen dieser Arbeit. Als Basis für die empirische Untersuchung dient die in 3.3 erarbeitete Typologie der Lexikonprozesse, in welcher auch kognitive Aspekte aus Kapitel 2 berücksichtigt werden. Kapitel 4 ist der lexikometrischen und semantischen Analyse des Computerwortschatzes gewidmet. In Kapitel 5 erfolgt zunächst eine Bewertung der in Kapitel 2 erarbeiteten kognitiv-linguistischen Parameter, und schließlich eine Darstellung der Korrelationen dieser Parameter mit den einzelnen Typen von Lexikonprozessen.

Insgesamt nehme ich die Perspektive der dynamischen Synchronie (vgl. Tournier 1985: 65) ein. Dies bedeutet erstens, daß in einer synchronischen Wortschatzuntersuchung diachronische Aspekte nie völlig ausgeschlossen werden können, und zweitens, daß Wortbildungs- und semantische Prozesse als dynamische Vorgänge angesehen werden, an welchen Sprachverwender mit ihrer Denkkapazität und ihrem Erfahrungsschatz beteiligt sind.

Aus der Untersuchung ausgeschlossen wird eine ausführliche diachronische Untersuchung von Bedeutungsentwicklungen und Etymologien. Nicht in das Computerkorpus aufgenommen werden Entlehnungen, da es sich um Lexeme handelt, welchen fremdsprachliche Wortbildungs- oder semantische Prozesse zugrundeliegen. Auch der naheliegende Bereich der Anglizismen in der deutschen Computersprache wird ausgeklammert, da diese nicht als Untersuchungsgegenstand dieser lexikologischen Arbeit zur englischen Sprache in Frage kommen.

## 1.3 Grundlegende Begriffe

Einige Begriffe, die sowohl im Titel als auch im Laufe der vorliegenden Arbeit wiederholt vorkommen, bedürfen der Präzisierung.[3]

**Lexikologie**

Vorliegende Arbeit ist innerhalb der linguistischen Disziplin der Lexikologie angesiedelt. Diese vereint die beiden Disziplinen Wortbildung und Wortsemantik (vgl. Hansen et al. ²1985: 12), um Aussagen und Untersuchungen zu den Strukturierungsprinzipien und Eigenschaften des Wortschatzes sowie zu den Bildungsprinzipien von Lexemen und zum Entstehen von Wortbedeutungen vorzunehmen. Lexikologie befaßt sich sowohl mit den statischen als auch mit den dynamischen Eigenschaften des Lexikons. Des weiteren beschäftigt sie sich mit den theoretischen Grundlagen und Methoden zur Beschreibung des Lexikons, unter anderem, um als Grundlage für die Lexikographie zu dienen. Diese Arbeit hat es sich zum Ziel gesetzt, einen Versuch zu unternehmen, diese Grundlagen und Methoden systematisch zu erweitern.

---

3 Es handelt sich um sog. *notational terms* (Lipka, z.B. ²1992: 5, nach Enkvist 1973: 17), die in verschiedenen Ansätzen unterschiedlich aufgefaßt werden und daher zu Anfang explizit definiert werden müssen.

**Wort, Lexem; lexikalische Einheit; Eintrag; Element**

Ich verwende 'Lexem' immer dann, wenn es sich um einfache oder komplexe Wörter, d.h. um monomorphemische oder polymorphemische Lexeme auf der Ebene der *langue* handelt. 'Wort' wird im ganz allgemeinen Sinn verwendet, immer dann, wenn eine Präzisierung nicht notwendig ist (vgl. Lipka $^{2}$1992: 73), etwa wenn von konkreten Wortbeispielen die Rede ist. Ein Wörterbucheintrag enthält ein Lexem, z.B. *eat*, seine grammatikalischen Varianten (d.h. Pluralformen, Gerundialformen, Flexionen) sind Wortformen (*eating, eats*), seine verschiedenen Bedeutungen im Falle von Polysemie lexikalische Einheiten (*lexical units*). Die Unterscheidung zwischen *lexeme* und *lexical unit* übernehme ich von Lipka (z.B. $^{2}$1992: 130ff), der die Begrifflichkeit wiederum von Cruse übernommen hat: Dieser definiert *lexical unit* als "the union of a lexical form and a single sense", *lexeme* als "a family of lexical units" (Cruse 1986: 49). Die im mentalen Lexikon wie auch im Wörterbuch vorhandenen und im Korpus (siehe Anhang) eingetragenen Lexeme und *lexical units* nenne ich Einträge.

**Neologismen**

Unter 'Neologismen' verstehe ich sämtliche Neuerungen im Wortschatz, seien sie morphologischer oder semantischer Natur oder aber durch phonetische Motivation zustandegekommen. Ein Neologismus ist in weiten Teilen der Sprachgemeinschaft als Neubildung bekannt geworden, häufig durch Verbreitung durch die Medien (vgl. Fischer 1997: 4), oder, im Falle des Computervokabulars, durch Verwendung von Computertechnologie am Arbeits- oder Studienplatz.

Ad-hoc-Bildungen (Synonym: *nonce-formations*) unterscheiden sich dahingehend von anderen Neologismen, als daß sie eine geringe Wahrscheinlichkeit aufweisen, jemals dauerhaft in den etablierten Wortschatz aufgenommen zu werden.

Aus stilistischen Gründen verwende ich 'Neubildungen', 'lexikalische Innovationen' oder 'lexikalische Neuerungen' als Synonyme für 'Neologismen'.

Für den Status 'Neologismen' führe ich eine zeitliche Beschränkung ein: Neologismen sind Neubildungen, die nicht älter als maximal zehn Jahre sind. Dieser Zeitraum entspricht schätzungsweise der Wahrnehmung der Sprachverwender bzgl. der Neuheit von Lexemen. Das dieser Arbeit zugrundeliegende Korpus von Lexemen aus dem Bereich *computing* besteht somit nur teilweise aus Neubildungen, teilweise handelt es sich jedoch um bereits seit einigen Jahrzehnten etablierte Lexeme oder lexikalische Einheiten (z.B. *software*: erstes Zitat laut OED2: 1960). Sie wurden in das Korpus aufgenommen, um ein möglichst realistisches Bild des Computerwortschatzes zu zeichnen.

**Lexikonprozesse**

Den Begriff 'Lexikonprozesse' (synonym: lexikalische Prozesse) führe ich ein als Oberbegriff für alle Prozesse, die zur Wortschatzerweiterung beitragen (vgl. der Begriff *processus lexicogéniques* bei Tournier 1991: 145). Er schließt sowohl Wortbildungs- als auch semantische und phonetisch motivierte Prozesse ein, ebenso Mischformen, beispielsweise Komposita mit metaphorischen Komponenten (siehe 3.3). Dieser Begriff symbolisiert die hier vertretene Betrachtungsweise, daß die traditionell getrennten Bereiche Wortbildung und Semantischer Transfer vereint behandelt werden sollen (vgl. auch Lipka 1994b und 1998). Die Lexikonprozesse (z.B. Komposition) sind von den Resultaten derselben (z.B. Komposita) zu unterscheiden.

**Wortschatz, Lexikon; Wörterbuch, mentales Lexikon**
Das Lexikon ist ein abstrakter Begriff für den Speicher, der die Lexeme und lexikalischen Einheiten einer Sprache enthält. Die Speicherung kann auf drei verschiedene Arten erfolgen:

a) Lexeme und Bedeutungen können in gedruckter Form festgehalten werden. Es handelt sich um Wörterbücher.
b) Die Speicherung kann auch in digitaler Form erfolgen. Die Rede ist von elektronischen Wörterbüchern (auf CD-ROM oder online im Internet abrufbar).
c) Für die im Gedächtnis der Sprachverwender gespeicherten Lexeme und Bedeutungen habe ich den Terminus 'mentales Lexikon' (nach Aitchison ²1994) reserviert.

Da Wörterbücher endliche Wortlisten darstellen, setze ich 'Lexikon' nicht mit 'Wörterbuch' gleich. Ein Wörterbuch stellt aus diesem Grund keine adäquate Abbildung des mentalen Lexikons dar.

Von 'Wortschatz', synonym 'Vokabular', spreche ich immer dann, wenn es sich um konkrete Lexeme oder lexikalische Einheiten handelt, etwa um den Wortschatz der Computertechnologie. Der Wortschatz eines Sprechers stellt die konkrete Realisierung des Inhaltes seines mentalen Lexikons dar.

**Lexikalische Dynamik**
Das Lexikon zeichnet sich durch seinen Inventar-, aber auch durch seinen Prozeßcharakter aus (vgl. Leech ²1981: 225f; Clark 1993: 254f). Der (konkrete) Wortschatz einer Sprache, ebenso wie das (abstrakte) Lexikon und das mentale Lexikon, sind keine passiven, statischen Wissensspeicher, sondern dynamische Gebilde. Sie werden laufend durch Neubildungen erweitert, während andere Lexeme und lexikalische Einheiten obsolet werden. Der Begriff der 'lexikalischen Dynamik' (nach Tourniers (1991: 60f) Begriff *dynamique lexicale*), paraphrasierbar mit 'die Dynamik des Lexikons' und auch 'Wortschatzerweiterung', betont diese wesentliche Eigenschaft des Lexikons (ausführliche Diskussion: siehe 3.1).

Gedruckte und elektronische Wörterbücher enthalten eine endliche Menge an Einträgen und bilden somit statische Speicher. Durch Neologismenwörterbücher und Ergänzungsbände können sie erweitert werden. In Online-Wörterquellen im Internet sind Aktualisierungen in kürzeren Abständen möglich und kommen so dem dynamischen Charakter des (mentalen) Lexikons wesentlich näher.

**Kognition**
Unter Kognition verstehe ich allgemein das Wissen, die Intelligenz und die Sprache des Menschen – kurzum das, was ihn von anderen Lebewesen unterscheidet. Die Kognition enthält einen nicht-sprachlichen Teil, in welchem Konzepte gespeichert und verarbeitet werden. Die Wissensstrukturen enthalten enzyklopädisches Wissen und individuelle Erfahrungen, die Sprachverwender im Laufe ihres Lebens sammeln. Die Sprache und Sprachfähigkeit des Menschen bildet einen weiteren Teil der Kognition: im mentalen Lexikon sind Konzepte und Lexeme miteinander verbunden.

Aus dem Thema der Arbeit ergibt sich die Notwendigkeit, eine methodisch-begriffliche Unterscheidung zwischen der sprachlichen und der konzeptuellen Ebene zu treffen (vgl. Schmid 1996 und Motsch 1983). Vereinfacht dargestellt beziehen sich Lexeme, welche auf der sprachlichen Ebene angesiedelt sind, auf Konzepte bzw. rufen sie hervor ("concept-forming power of the word" – Leech [2]1981: 32). Konzepte (synonym: Begriffe) repräsentieren die Wortbedeutungen in der Kognition der Sprachverwender. Umgekehrt werden neue Konzepte auf der sprachlichen Ebene in Form neuer Lexeme oder etablierter Lexeme mit neuen Bedeutungen realisiert.

**Modell des sprachlichen Zeichens**

Sobald von sprachlicher und kognitiver Ebene die Rede ist, stellt sich die Frage des zugrundeliegenden Modells des sprachlichen Zeichens. Das für die Zwecke dieser Arbeit am besten geeignete Modell stellt Ogden & Richards' Semiotisches Dreieck (Ogden & Richards [2]1949) dar. Die drei Ecken des semiotischen Dreiecks – *symbol*, *thought/reference* und *referent* entsprechen den von mir zugrundegelegten drei Ebenen – der sprachlichen Ebene (die sprachlichen Zeichen (Lexeme und lexikalische Einheiten) sind für die Bezeichnung von Konzepten zuständig), der kognitiven Ebene (Konzepte, konzeptuelle Strukturen) und der ontologischen Ebene der konkreten außersprachlichen Gegenstände bzw. der abstrakten Sachverhalte. Lexeme beziehen sich nicht direkt auf außersprachliche Dinge oder Sachverhalte – die Konzepte stehen vermittelnd dazwischen (siehe auch 2.3.2).

Da im Laufe dieser Arbeit immer wieder Bezug auf die Sprachverwender genommen wird, z.B. im Zusammenhang mit der Volksetymologie (siehe 3.3.4.5 und 4.4.4), wird als Ergänzung zu dem semiotischen Dreieck Bühlers Organonmodell (siehe Darstellung in Lipka [2]1992: 44f) zugrundegelegt, da es die Sprecher / Hörer einschließt. Als alleiniges Modell für diese Arbeit wäre es jedoch untauglich, da es die kognitive Ebene nicht berücksichtigt.

# 2. Lexikon und Kognition

## 2.1 Das Lexikon und seine Untersuchung aus kognitiver Perspektive

Um bestimmte Aspekte des Wortschatzes, etwa die produktiven Prozesse Metapher und Metonymie, in Theorie und Empirie adäquat erklären zu können, ist es hilfreich und sogar notwendig, das Lexikon aus kognitiver Perspektive zu betrachten. Lipka (1994b: 13f) fordert zusätzlich zu den sechs Ebenen (Analyse vs. Synthese; Synchronie vs. Diachronie; Morphologie und Semantik; Syntax und Semantik; Lexikalisierung und Semantik; Pragmatik) eine kognitive Ebene für das Lexikon. Diese ermöglicht es, die durch Wortbildung erzeugten neuen Lexeme und die durch semantischen Transfer entstandenen neuen Lexikoneinheiten in eine Beschreibung und Erklärung der produktiven Erweiterung des Lexikons zu integrieren. Auf dieser kognitiven Ebene lassen sich "insbesondere psychologische Aspekte der Perzeption und Assoziation von Konzepten, sowie auch ganzheitliche und kulturspezifische Erfahrungen" (Lipka 1994b: 13) berücksichtigen. Beispiele sind die in verschiedenen Sprachen unterschiedlichen Bezeichnungen für das gleiche Konzept, z.B. dt. *mit Eselsohren* vs. engl. *dog-eared*; dt. *sich die Rosinen herauspicken* vs. engl. *to cherry-pick*, und Metaphern wie *couch potato, crane* und *bombardier beetle*, deren Ähnlichkeitsrelationen sich nur als je eine "ganze Situation oder prototypische Szene" (Lipka 1994b: 13) beschreiben lassen.

**Die kognitive vs. die pragmatische Betrachtungsweise des Lexikons**

Das Entstehen von Neubildungen wird in der einschlägigen Literatur (z.B. McMahon 1994: 193; Quirk et al. 1985: 1534; Lexikographie: z.B. Algeo 1991: 14ff; Ayto 1990: 4ff) vor allem aus pragmatischer Perspektive erklärt. In diesem Zusammenhang werden insbesondere die Sprachverwender und ihr Bedürfnis hervorgehoben, neue außersprachliche Gegenstände und Sachverhalte zu benennen (vgl. 3.1.1).

Die Betrachtung des Lexikons aus kognitiver Perspektive betont dagegen aus meiner Sicht die konzeptuelle Seite der Neubildungen. Es ist zwar richtig, daß diese durch die Notwendigkeit der Benennung entstehen. Diese pragmatische Betrachtungsweise vermag jedoch nicht die *Art* der lexikalischen Fixierung zu erklären, d.h. in welcher Form sich neue Konzepte sprachlich manifestieren: ob als Wortbildung oder als neue lexikalische Einheit, und welche Gründe dafür vorliegen.

Parallelen zwischen der kognitiven und der (sozio)pragmatischen Sicht des Lexikons ergeben sich, wenn man sich mit den Grundannahmen der Kognitiven Linguistik (KoLi) und der (Sozio)Pragmatik beschäftigt. So weist die KoLi einige Gemeinsamkeiten mit der Pragmatik wie auch mit der Soziolinguistik auf. In allen drei Disziplinen wird Sprache z.B. nicht als autonomes, vom Menschen unabhängiges System gesehen: In der Pragmatik wird das Weltwissen als Kontext mit einbezogen, in der Soziolinguistik (zusätzlich) das soziokulturelle Umfeld, und in der KoLi die Kognition (Wissensstrukturen und Erfahrungswelt) der Sprachverwender.

Die kognitive Betrachtung des Lexikons und seiner Prozesse stellt für mich somit neben einer rein morphologischen, semantischen oder pragmatischen Analyse eine von mehreren Methoden zur Untersuchung von Neubildungen dar. Sie ist auf einen neuen Erkenntnisgewinn ausgerichtet: Phänomene wie etwa die Metaphorizität von Neubildungen erklären zu können.

**Was ist nun unter einer 'kognitiven Ebene des Lexikons' zu verstehen?**
Thema dieses Kapitels ist der Zusammenhang zwischen Lexikon und Kognition. Das bedeutet erstens: Faßt man 'Lexikon' als 'konkreten Wortschatz' auf, betrifft die kognitive Ebene des Lexikons die kognitiv-linguistischen Aspekte von Lexemen und Bedeutungen auf der sprachlichen Ebene. Zweitens verstehe ich 'Lexikon' in seiner abstrakten Bedeutung als Teil der Kognition. In diesem Sinne ist 'die kognitive Ebene des Lexikons' mit dem mentalen Lexikon gleichzusetzen. In diesem Sinne impliziert eine Untersuchung des Lexikons aus kognitiver Perspektive zwei Dinge: Erstens gilt es, die kognitiv-linguistischen Aspekte des Wortschatzes und der Lexeme zu untersuchen. Das bedeutet, Erkenntnisse aus der *kognitiven Linguistik* heranzuziehen, um sie für eine Studie zum *Lexikon* nutzbar zu machen. Dies ist Thema von 2.3 und 2.4. Zweitens wird die kognitive Ebene des Lexikons auch als mentales Lexikon (ML) realisiert, welches Thema von 2.2 ist.[1] Diese beiden Stränge vereinen sich in der zentralen Fragestellung, die diesem Kapitel wie auch der gesamten Arbeit zugrundeliegt:

> Ist eine Übertragung von kognitiv- und psycholinguistischen Ansätzen erstens auf die Wortbildungsheorie, zweitens auf die Lexikographie, insbesondere aber auf die Lexikologie, möglich, und wenn ja, welche Kategorien sind dafür relevant?[2] Lassen sich diese Kategorien im Rahmen einer empirischen Wortschatzuntersuchung gewinnbringend anwenden?

Zur Bearbeitung der zentralen Fragestellung gehe ich in drei Schritten vor, denen wiederum jeweils eine Teilfrage zugrundeliegt:

a) In Abschnitt 2.3 geht es um eine Klärung der Frage, ob kognitiv-linguistische Ansätze auf Wortbildung und Lexikologie anwendbar sind. Hintergrund bildet die Beobachtung, daß sich diese Ansätze vorwiegend auf der syntaktisch-semantischen Ebene bewegen oder allenfalls innerhalb der Flexions- und Derivationsmorphologie, nicht aber der Wortbildungstheorie angesiedelt sind. Verschiedene kognitiv-linguistische Strömungen werden deshalb im Hinblick auf ihre Relevanz für die Lexis untersucht.
b) In Abschnitt 2.4 wird umgekehrt von der Wortbildung, Lexikologie und Lexikographie ausgegangen. Behandelt wird die Frage, welche kognitiv- bzw. psycholinguistischen An-

---

1 Studien zum ML sind i.d.R. nicht der sog. 'Kognitiven Linguistik' zuzuordnen, sondern der Psycholinguistik. Diese beiden Disziplinen unterscheiden sich meines Erachtens insbesondere hinsichtlich ihrer Methoden: Psycholinguistische Forschungen basieren vorwiegend auf experimentellen Methoden, während sich die in der KoLi gewonnenen Erkenntnisse typischerweise auf theoretische Argumentationen stützen. Die Ziele der beiden Disziplinen stimmen jedoch in vielen Punkten überein: Grundsätzlich gilt es, den Zusammenhang zwischen Sprache und Denken zu erforschen.

2 Mit genau dieser Fragestellung haben sich explizit bislang meines Wissens nur wenige Forscher beschäftigt. Motsch (1995) und Rickheit (1993: 9ff) gehen zwar ähnlichen Fragen nach, legen dabei jedoch andere Auffassungen von Wortbildung und Kognitiver Linguistik zugrunde als ich.

sätze bereits theoretisch und empirisch in diese Disziplinen eingeflossen sind. Zu diesem Bereich zählt auch das mentale Lexikon, das jedoch eine so wichtige Stellung in dieser Arbeit einnimmt, daß es separat in Punkt 2.2 behandelt und später in Kapitel 3 weiterentwickelt wird.

c) In Abschnitt 2.5 werden die Fäden von 2.1 bis 2.4 zusammengeführt. In thesenartiger Form wird die Essenz der Übertragung von Erkenntnissen der KoLi von der syntaktisch-semantischen auf die lexikalische Ebene dargestellt. Diese Thesen dienen als Grundlage für die empirische Wortschatzstudie (Kapitel 4 und 5).

## 2.2 Das mentale Lexikon

### 2.2.1 Hintergrund

Der im empirischen Teil untersuchte englische Computerwortschatz stellt einen Ausschnitt aus dem mentalen Lexikon (ML) der englischsprachigen Sprachgemeinschaft dar. Seine Analyse macht die Verankerung der kognitiven Aspekte im Lexikon deutlich. Bevor das mentale Lexikon in Form eines Modells dargestellt wird, seien einige Worte zum wissenschaftsgeschichtlichen Hintergrund des Begriffs 'mentales Lexikon' erwähnt: Dieser existiert bereits seit den 60er Jahren. Laut Forster (1989: 75) entwickelte Oldfield (1966) in seinem Aufsatz über "Things, words and the brain" dieses Konzept als erster. Mit Collins & Quillians (1969) bahnbrechendem Experiment zum Abrufen von Wörtern aus dem ML startete die Entwicklung der bekanntesten experimentalpsychologischen Methoden wie dem *lexical decision task*, dem *semantic priming* und dem *naming task* (vgl. Aitchison ²1994: 16ff). Über die folgenden Jahrzehnte hinweg sollten diese Forschungen zum ML auf den kognitionspsychologischen bzw. psycholinguistischen Bereich beschränkt bleiben.[3] In den 80er Jahren wurden die psychologischen Erkenntnisse zum ML verstärkt in die Sprachwissenschaft (vor allem Semantik und Lexikologie) übernommen. Aitchison (1987; 1994) kann in diesem Zusammenhang als Meilenstein angesehen werden. Doch bereits 1974 sprach Leech indirekt vom ML, das er *inbuilt dictionary* nannte (Leech 1974: 202f).

Eine der größten Entwicklungen, die der psychologische Einfluß auf die Sprachwissenschaft auslöste, besteht meiner Ansicht nach in dem Wandel der in der strukturalistischen Linguistik und der TG weit verbreiteten Vorstellung des Lexikons als einem *statischen*, geschlossenen Gebilde hin zur Vorstellung des *dynamischen* Lexikons (vgl. Vanparys 1995: xiii). Die Einstellung, das Lexikon sei eine finite Wortliste und sei daher mit dem Wörterbuch gleichzusetzen (vgl. Nowakowski 1990: 4ff) und fungiere des weiteren nur als "appendix to the grammar" (Lyons 1977: 514), findet sich in der heutigen Lexikologie wohl kaum noch. Ein weiterer entscheidender Fortschritt liegt in der Erkenntnis, daß Wörterbücher nicht der 'psycholexikalischen Realität'[4] gerecht werden, da ihre alphabetische

---

[3] Es existiert eine fast unüberschaubare Fülle an Studien, die sich mit psycholinguistischen Erkenntnissen zum ML beschäftigen. Sie können hier nicht diskutiert werden. Die Leser seien u.a. auf Dirven & Vanparys (1995), Marslen-Wilson (1989) und Miller et al. (1990) verwiesen.

[4] Der Begriff *psycholexical reality* stammt von Miller (1986).

Struktur nicht die Struktur des ML widerspiegelt (vgl. Aitchison ²1994: 10f). Eine Ausnahme bilden onomasiologische Wörterbücher wie *Roget's Thesaurus* oder das LLCE, ferner die im Internet abrufbaren 'Wortnetze' *WordNet* und *LexicalFreeNet* (siehe Punkt 2.2.3).

### 2.2.2 Ein Modell des mentalen Lexikons (A) aus statischer Perspektive

In folgendem Modell des mentalen Lexikons (siehe Abb. 2.1), das ich durch Einbeziehung psycholinguistischer Erkenntnisse und lexikologischer Theorieaspekte konzipiert habe, wird zunächst nur die statische Seite des menschlichen Wortspeichers dargestellt. Ziel ist es, vorerst die allgemeinen Strukturprinzipien des ML zu erarbeiten. Dieses Modell (A) berücksichtigt den dynamischen Aspekt des Lexikons nur insofern, als Einträge als miteinander verknüpft dargestellt werden, jedoch kein Mechanismus zur Wortschatzerweiterung integriert wird. Ein solcher wird im nächsten Schritt der Erarbeitung einer Gesamtkonzeption des ML ergänzt (Modell B des ML, siehe 3.1.6.4). Die beiden Teilmodelle (A) und (B) werden schließlich zu einem integrierten Modell (C) zusammengeführt (siehe 3.1.7), welches die Grundlage für die weiteren Untersuchungen in dieser Arbeit bildet.

Meinen weiteren Ausführungen liegt folgende Konzeption des mentalen Lexikons zugrunde:

Das mentale Lexikon stellt eine Repräsentation des Wortschatzes (a) im Gehirn eines Sprechers bzw. (b) im Kollektivbewußtsein einer Sprachgemeinschaft dar. Die im menschlichen Wortspeicher enthaltenen Einträge bilden ein Inventar, welches die statische Seite des ML verkörpert (Modell A). Zusätzlich verfügt das ML über eine Verarbeitungskomponente,[5] welche die dynamische Seite darstellt (Modell B, Punkt 3.1.6.4), und mit Hilfe derer Wörter dekonstruiert und neue Wörter konstruiert werden können.

---

[5] Die Verarbeitungskomponente wird bei Aitchison (²1994) *lexical tool-kit* genannt, bei Levelt (1989), der sie jedoch nicht als Teil des ML ansieht, *lexical procedural knowledge*.

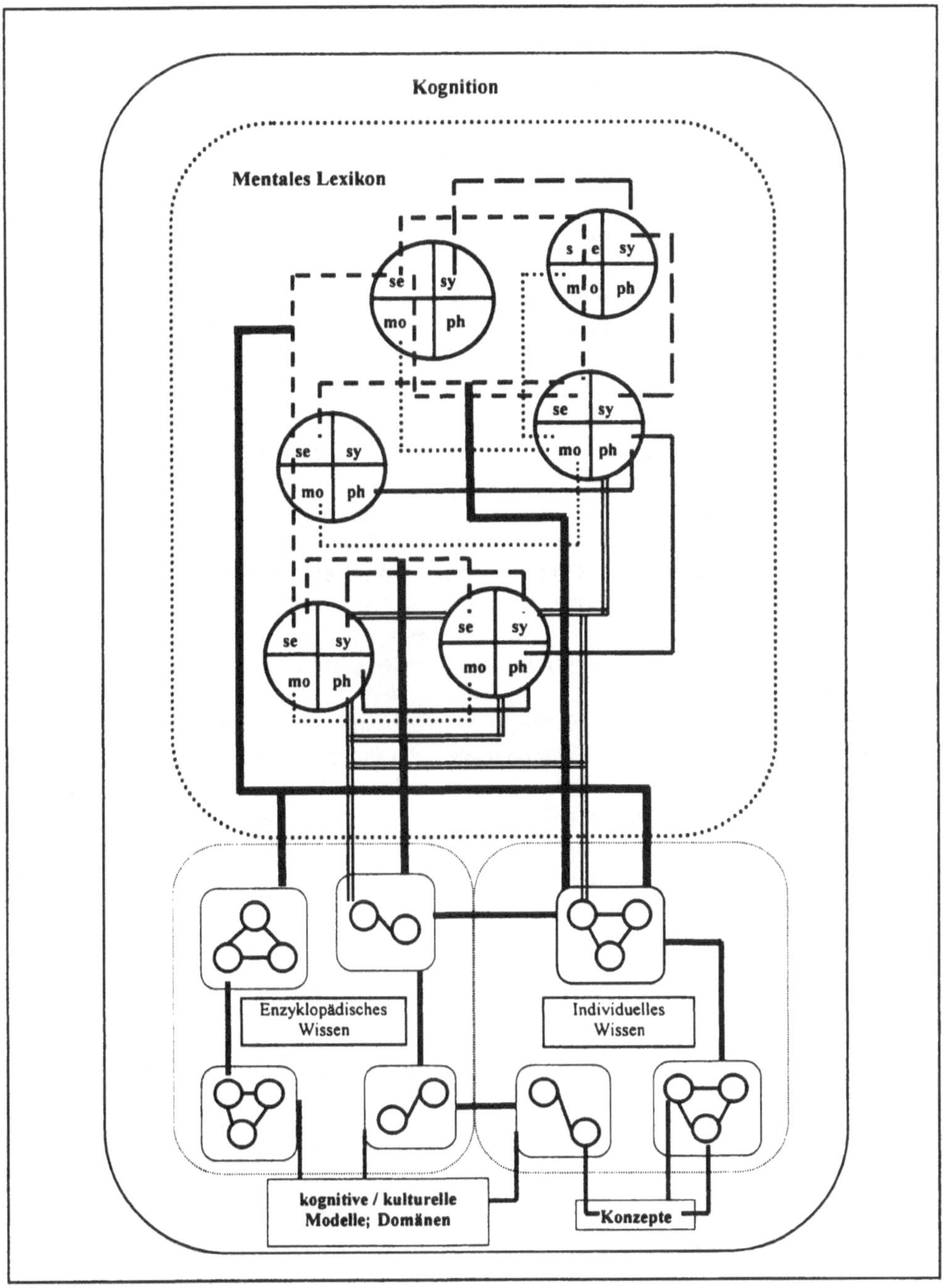


Abbildung 2.1: Modell des mentalen Lexikons (A): Die statische Perspektive

Das mentale Lexikon (siehe Abb. 2.1) fasse ich als Teil der Kognition auf, welcher das lexikalische Wissen enthält. Es enthält Einträge, die (auf noch zu klärende Weise) miteinander verbunden sind. Es ist mit anderen Teilen der Kognition – dem enzyklopädischen und dem individuellen Wissen – verflochten.

Unter 'enzyklopädischem Wissen' verstehe ich das Weltwissen, inklusive dem kulturellen und dem Allgemeinwissen, welches sich Sprachverwender im Laufe ihres Lebens aneignen. Das 'individuelle Wissen' ist dagegen das spezielle Wissen, das Sprecher durch individuelle Lebenserfahrungen aquirieren. Es entspricht Beaugrande & Dresslers (1981) Begriff des 'episodischen Gedächtnisses'. Wie in Abb. 2.1 ersichtlich, grenzen diese beiden Arten von Wissen eng aneinander. Enzyklopädisches und individuelles Wissen sind in Form von nicht-sprachlichen kognitiven bzw. kulturellen Modellen (siehe 2.5) gespeichert, die i.d.R. wiederum mehrere Konzepte bzw. kognitive Domänen enthalten.

Die Einträge im mentalen Lexikon sind in Modell (A) als schwarze Kreise dargestellt. Sie bestehen jeweils aus vier Komponenten: der semantischen (se), syntaktischen (sy), morphologischen (mo) und phonologischen (ph) Information. Jeder Eintrag kann ein einfaches Lexem (SL) oder ein komplexes Lexem (KL) repräsentieren. Die vier Komponenten sind nicht immer so streng voneinander abgegrenzt wie das Modell vermuten läßt. Vor allem zwischen der morphologischen Form und der Bedeutung eines KL existieren enge Verbindungen. Derivationen und Kompositionen sind als eigene vollständige Einträge im ML gespeichert, etwa *action, active, activation, action painting*. Die Wortformen eines Lexems sind dagegen in einem Eintrag enthalten. So enthält das Lexem *eat* die Wortformen *eats, eaten, ate, eating* etc. Die Flexionen sind in der morphologischen Komponente des Eintrags untergebracht.

Dieser Architektur des ML liegen fundierte psycholinguistische Erkenntnisse zugrunde. So herrscht in der Literatur große Einigkeit über die interne Struktur der Einträge im ML und auch über die Art ihrer Verbindung untereinander (vgl. Clark 1993: 1ff; Levelt 1989: 182ff; Aitchison ²1994: 225ff). Es wird angenommen, daß die Einträge im ML zweigeteilt sind: Das Lemma enthält die semantische und die syntaktische Spezifikation; die morphophonologische Form enthält die morphologische und phonologische Spezifikation. Einen Eintrag kann man sich somit folgendermaßen vorstellen:

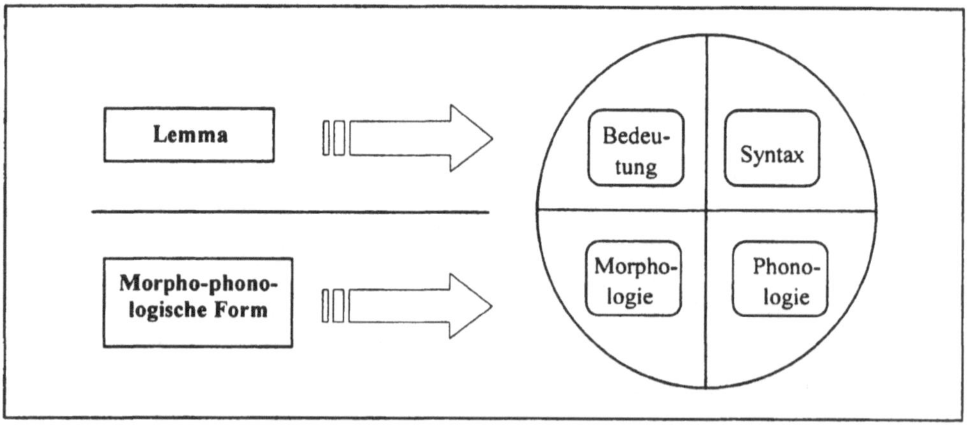


Abbildung 2.2: Struktur eines Eintrags im mentalen Lexikon (nach Levelt 1989: 182, 188)

Die aus psycholinguistischen Untersuchungen gewonnene Erkenntnis, daß ein Eintrag im ML zwar mehrere Wortformen (Levelt 1989 nennt diese *lexical items*) enthalten kann, daß verschiedene Derivationen jedoch in separaten Einträgen abgespeichert werden (vgl. auch 3.1.6.3), stützt gewisse theoretische Postulate der Lexikologie: Lipkas ([2]1992: 73) terminologische Unterscheidung zwischen Lexem und Wortformen (morphologische, phonologische oder graphemische Varianten des Lexems) spiegelt sich in diesem Modell wieder und gewinnt so psycholexikalische Realität. Ähnlich verhält es sich mit dem in der Wortbildungstheorie (vgl. Bauer 1983: 190ff, Kastovsky 1982: 248f, Lipka 1972: 37ff) und Semantik (vgl. Leech 1974: 206ff) verwendeten Terminus *lexical entry*, der gewöhnlich die phonologischen, morphologischen, syntaktischen und semantischen Spezifikationen eines Lexems umfaßt (vgl. auch Lipka [2]1992: 130). Die vier Komponenten eines Eintrages im mentalen Lexikon (vgl. Abb. 2.1) lauten:

- Die semantische Komponente eines Eintrages ('se') umfaßt dessen Bedeutung.
- Die syntaktische Komponente ('sy') enthält Informationen zur Wortart, zur Funktion des Wortes im Satz und zur Transitivität / Intransitivität bei Verben.
- Die morphologische Komponente ('mo') enthält Informationen zur morphologischen Struktur des betreffenden Lexems oder *lexical units* (SLs oder KLs).
- Die phonologische Komponente ('ph') enthält die Phoneme und das Betonungsmuster eines Eintrages.

Die Einträge im ML sind (a) untereinander verbunden, (b) bestehen Verbindungen zu den Wissenskomponenten.

a) Vernetzungen der Einträge im mentalen Lexikon

Jeweils zwischen den gleichen Komponenten verschiedener Einträge im ML bestehen potentiell folgende Verbindungen:

- Semantische Verbindungen (in der Abbildung gekennzeichnet durch die kurz-gestrichelten Linien zwischen den semantischen Komponenten der Einträge): Einträge werden durch semantische Relationen (Hyponymie, Ko-Hyponymie, Synonymie) und durch semantische Felder (Farbbezeichnungen, Verwandtschaftsbezeichnungen etc.) miteinander verknüpft (Levelt 1989: 182ff; vgl. auch Aitchison [2]1994: 82ff). Clark (1993: 7ff) nennt in diesem Zusammenhang zusätzlich die semantischen Relationen der Antonymie und der Meronymie. Meiner Auffassung nach können Einträge im ML des weiteren durch Hyperonymie und Holonymie, die gegensätzlichen Perspektiven der Hyponymie und der Meronymie, verbunden werden (vgl. auch 2.2.3). Einträge, die verschiedene *lexical units* eines Lexems repräsentieren, sind m.E. durch metaphorische und metonymische Verbindungen (Ähnlichkeitsbeziehungen, Kontiguität) aneinander gekoppelt.
- Morphologische Verbindungen (in der Abbildung markiert durch gepunktete Linien): Einträge sind durch gemeinsame (freie und gebundene) Morpheme auch in ihrer Bedeutung miteinander verbunden, etwa *nation* mit *national, nationalize* und *United Nations*.
- Phonologische Verbindungen (gekennzeichnet durch einfache, durchgezogene Linien) bestehen zwischen Einträgen mit denselben Anfangs- bzw. Endlauten. Darauf deuten Analysen von Versprechern und weitere psycholinguistische Experimente hin (vgl. Aitchison [2]1994: 133ff). Des weiteren ist zu vermuten, daß zwischen sich reimenden und

zwischen ähnlich klingenden Wörtern Beziehungen bestehen (vgl. die phonetischen Relationen in Punkt 2.2.3).
- Syntaktische Verbindungen (erkennbar durch die lang-gestrichelten Verbindungslinien): Die Forschung hat dazu laut Levelt (1989) noch kaum Evidenzen sammeln können. Zu vermuten ist jedoch, daß zwischen Einträgen der gleichen Wortart, also zwischen Nomen, Adjektiven, transitiven Verben etc., Verknüpfungen bestehen. Dies läßt auf separate Nomen-, Verb- und Adjektiv-Lexika schließen (vgl. die relevanten Artikel zur Konstruktion von *WordNet* im *International Journal of Lexicography* Vol. 3/4 1990).

Assoziative Verbindungen (doppelte Linien) bestehen zwischen den gesamten Einträgen, nicht zwischen ihren einzelnen Spezifikationen. Daher reichen die Linien jeweils nur bis an die Kreisränder heran. Assoziative Verbindungen sind Relationen zwischen Einträgen, die durch häufiges Miteinander-Auftreten im Sprachgebrauch entstehen, z.B. *war and death, left and right* (vgl. Levelt 1989: 182ff). Kastovsky (1982: 39) nennt derartige Konstellationen 'assoziative Felder', Aitchison ([2]1994: 84ff) *collocation* bzw. *co-ordination* (vgl. auch Paprotté 1993: 183).

**Zur Art und Häufigkeit der Verbindungen zwischen Einträgen**

Nicht sämtliche Einträge im ML können auf alle genannten Arten miteinander verbunden sein. Meinem Modell liegt die Annahme zugrunde, daß das ML in semantische Felder aufgegliedert ist. Zwischen Einträgen innerhalb eines semantischen Feldes herrschen komplexe Verbindungen, die vor allem semantischer, aber auch morphologischer sowie syntaktischer Art (wenn das lexikalische Feld etwa aus Lexemen der gleichen Wortart besteht), u.U. auch phonologischer Art sein können. Häufig existieren meiner Erfahrung nach Verbindungen zwischen den morphologischen und semantischen Komponenten der Einträge. Dies ist z.B. der Fall bei reihenbildenden Komposita, etwa Lexeme mit der *combining form cyber-* (siehe Anhang). Zahlreiche Einträge sind sogar auf (fast) alle Arten miteinander verbunden. Um ein weiteres Beispiel aus dem Computerkorpus heranzuziehen: *mouse potato* ist semantisch mit *couch potato* im ML verbunden, da die Bedeutungen miteinander verwandt sind: es handelt sich um auf verschiedene Art 'bequeme' Menschen. Die beiden Einträge sind durch ihr identisches Morphem *potato* morphologisch verbunden. Syntaktisch sind sie durch die gemeinsame Wortart 'Nomen' miteinander verknüpft. Auch phonetisch besteht eine Verbindung: *mouse* und *couch* weisen ein gemeinsames Phonem – /au/ – auf und damit Assonanz (siehe 3.3.6.2). Assoziative Verbindungen treten auf, wenn Sprachverwender mit neuen Wörtern wie *candygrammar* (siehe Anhang) konfrontiert werden. Dieses Lexem ruft Assoziationen zu ähnlichen Einträgen im ML hervor, etwa *candy* und *candygram*, aber auch Konnotationen wie *sweet*. Eine sehr enge Verbindung herrscht zwischen Einträgen, die verschiedene *lexical units* eines Lexems bilden: die morphologischen, phonetischen und syntaktischen Komponenten der Einträge sind identisch. Lediglich in ihrer semantischen Komponente unterscheiden sie sich, wobei dennoch eine enge semantische (metaphorische / metonymische) Verbindung in Form einer Beziehung der Ähnlichkeit oder der Kontiguität herrscht.

**Einträge und *lexical units***

Eine Antwort auf die Frage, ob neue Bedeutungen eines Lexems – *lexical units* – in einem einzigen Eintrag im ML enthalten sind oder ob sie jeweils neue Einträge bilden, findet sich in der Literatur nicht: Weder Levelt (1989) noch Aitchison ([2]1994) behandeln dieses Thema explizit. Eine Möglichkeit bestünde in der Auffassung, daß die metaphorischen / metonymischen Bedeutungserweiterungen in der semantischen Komponente eines Eintrages gespeichert sind und sich somit in *einem* Eintrag befänden, analog zur typischen Struktur von Wörterbucheinträgen. Dies lehne ich jedoch ab, da im Modell *eine* Bedeutung jeweils *ein* Konzept repräsentiert, und *ein* Eintrag im ML je *einem* Konzept in den Wissenskomponenten zugeordnet wird. Als Beispiel sollen die lexikalischen Einheiten des polysemen Lexems *mouse* dienen, welche nach diesem Modell durch mehrere Einträge im ML dargestellt werden, z.B. zwei Einträge: *mouse* 1 (TIER), *mouse* 2 (COMPUTERZUBEHÖR).

Lipkas ([2]1992: 131f) Unterscheidung zwischen Lexem und *lexical unit* (in Anlehnung an Cruse 1986: 84) und sein Postulat, daß semantische Relationen nur zwischen *lexical units*, nicht aber zwischen Lexemen bestehen können, spreche ich psycholexikalische Realität zu. Denn: übertragen auf die Dimension des ML heißt das: Verschiedene *lexical units* bilden verschiedene Einträge. Die *lexical units* sind in den semantischen Komponenten der Einträge enthalten und durch semantische Verbindungen (siehe unter a) miteinander verknüpft.

b) Verbindungen zwischen Einträgen im ML und den Wissenskomponenten

Die in Abb. 2.1 durch doppelte Linien markierten assoziativen Verbindungen bestehen zwischen den Einträgen. Sie reichen aber auch bis zu den im enzyklopädischen und individuellen Wissen gespeicherten kognitiven Modellen und den darin enthaltenen Konzepten (z.B. im Falle von Kollokationen wie *salt and pepper*). Dabei können ein oder auch mehrere Einträge mit einem kognitiven / kulturellen Modell verbunden sein, z.B. die Einträge *Easter egg, Easter bunny, spring*, die das kulturelle Modell EASTER aktivieren.

Verbindungen mit den Wissenskomponenten bestehen nicht zu den gesamten Einträgen im ML, sondern nur zu den semantischen Informationen der Einträge. Die fetten Linien gehen von den semantischen Verbindungen aus und führen zum enzyklopädischen und individuellen Wissen. Diese Verbindungen signalisieren das Phänomen, daß ein Lexem bzw. ein *lexical unit* ein Konzept oder sogar ein kognitives Modell in den Wissenskomponenten hervorruft und umgekehrt.

Zwischen den Einträgen im ML und dem enzyklopädischen und individuellen Wissen herrscht ein reger Austausch, etwa wenn kreative Metaphern entstehen (vgl. die Erläuterungen zu *spam* und *Easter egg* in 4.3.2) oder wenn Assoziationen zu Lexemen hergestellt werden.

Angesichts der dynamischen, assoziativen Verbindungen ist ein Vergleich zwischen dem für das Internet typischen Hypertext und den Strukturen und Verbindungen zwischen Einträgen im ML angebracht: "The semantic representations thus have "active cross-reference" in a manner reminiscent of the notion of hyper-text." (Paprotté 1993: 183).

### 2.2.3 Digitale Wortnetze als 'lebendige Modelle' des mentalen Lexikons

Erfolgreiche Versuche, 'lebendige' Modelle des mentalen Lexikons zu schaffen, stellen *WordNet* und *LexicalFreeNet* dar. Es sind dies auf psychologischen Erkenntnissen basierende Nachahmungen des ML, die gegenüber den ebenfalls der psycholexikalischen Realität entsprechenden gedruckten Lexika wie *Roget's Thesaurus* und LLCE aufgrund ihrer Eigenschaft als elektronische Systeme die Vorteile eines interaktiven, direkten Zugriffs und einer anschaulichen Darstellungsform aufgrund von Hypertext-Strukturen bieten.[6]

*WordNet* – "a lexical database organized on psycholinguistic principles" (Beckwith et al. 1991: 211) – wurde 1985 von George Miller und seiner Arbeitsgruppe in Princeton ins Leben gerufen und wird seitdem kontinuierlich ausgebaut.[7] In diesem Zusammenhang entstand die Forschungsrichtung der Psycholexikologie, welche die Grundlagen für die Umsetzung von Erkenntnissen zum ML für die Lexikographie schafft (vgl. Miller et al. 1990: 236). Folgendes Zitat faßt die Prinzipien von *WordNet* in Kürze zusammen:

> WordNet is an on-line lexical reference system whose design is inspired by current psycholinguistic theories of human lexical memory. English nouns, verbs, and adjectives are organized into synonym sets, each representing one underlying lexical concept. Different relations link the synonym sets. (Miller et al. 1990: 235)

Des weiteren ist zu erwähnen, daß in diesem Modell des ML Verbindungen zwischen Konzepten und nicht zwischen Lexemen dargestellt werden. Dies bekräftigt wiederum die Auffassung, daß semantische Relationen zwischen *lexikalischen Einheiten* bestehen (vgl. 2.2.2). Die Einträge in *WordNet* sind in bis zu 12-stufigen Hierarchien angeordnet. Diese taxonomische Struktur stellt aufgrund des 'Vererbungs'-Prinzips ein höchst effizientes und ökonomisches Speicherungssystem dar. Dies entspricht der Tatsache, daß Wörter extrem schnell aus dem ML abgerufen werden können, laut Aitchison ($^2$1994: 7f) ein Wort pro 200 ms oder weniger.

*LexicalFreeNet* wurde 1998 von Douglas Beeferman entwickelt und dient als Ergänzung zu semantischen Netzen wie *WordNet*: Neben semantischen enthält es auch phonetische Relationen zwischen Konzepten. Der primäre Zweck dieses Lexemnetzes ist seine Verwendung als

> a useful resource for discovering relationships between concepts across dimensions of meaning and sound. (Douglas Beeferman)[8]

*LexicalFreeNet* ist meiner Ansicht nach eine sinnvolle Konstruktion, da die Verbindungen von Einträgen im ML nicht nur semantischer, morphologischer und syntaktischer, sondern auch *phonologischer* Natur sind. Im empirischen Teil (Kap. 4 und 5) zeigt sich, daß häufig

---

6 *WordNet* und *LexicalFreeNet* sind online im Internet zu besichtigen (Adressen: siehe Bibliographie). Es können auch Abfragen getätigt werden. *EuroWordNet* stellt eine multilinguale Erweiterung von *WordNet* dar.

7 Einen nützlichen Überblick über die Prinzipien von *WordNet* stellen die verschiedenen Artikel im *International Journal of Lexicography Vol. 3/4* (1990) dar.

8 Quelle: Douglas_Beeferman@bobo.link.cs.cmu.edu am 7.2.1998 in Linguist List Vol-9-188: 'WWW Semantic Net Resource'.

Neubildungen entstehen, die sowohl morphologisch und semantisch *als auch* phonologisch miteinander verknüpft sind, z.B. *Cybrarian – librarian*.

Der ca. 200 000 Lexeme und Phrasen umfassende Wortschatz des *LexicalFreeNet* ist durch sieben semantische und zwei phonetische Relationen gekennzeichnet:

1. Triggers (TRG). Dies entspricht den 'assoziativen Relationen' in meinem Modell des ML (siehe 2.2.2). Beispiel: *Clinton* TRG *Whitewater*.
2. Synonym of (SYN). Dies entspricht den *synsets* in *WordNet*. Beispiel: *bike* SYN *bicycle*.
3. Antonym of (ANT). Dies entspricht in etwa den Antonymen in *WordNet*. Beispiel: *opaque* ANT *clear*.
4. Specializes (SPC). Dies entspricht der Hyponymie. Beispiel: *shoe* SPC *footwear*.
5. Generalizes (GEN). Dies ist die Umkehrung von 'specializes' und entspricht der Hyperonymie. Beispiel: *tree* GEN *cypress*.
6. Comprises (COM). Dies entspricht in meinem Modell der Meronymie und betrifft hauptsächlich konkrete Nomina. Beispiel: *Turkey* COM *Istanbul*.
7. Part of (PAR). Die Umkehrung der 6. Relation. Sie entspricht der Holonymie in meiner Terminologie. Beispiel: *CPU* PAR *computer*.

Die beiden phonetischen Relationen lauten:

a) Phonetically similar to (SIM). Es handelt sich um Wortpaare, die sich durch ein oder mehrere (keinesfalls aber durch sämtliche) Phoneme voneinander unterscheiden. Diese Relation nenne ich später 'Lautassoziation' (siehe 3.3.6.2). Beispiel: *candle* SIM *cancel*.
b) Rhymes with (RHY). Diese Relation trifft auf Wortpaare zu, die sich reimen. Dies nenne ich in 3.3.6.2 'Reimmotivation'. Beispiel: *Reno* RHY *casino*.

Diese neun Relationen erweisen sich für diese Arbeit als höchst geeignet: Alle in der Praxis vorkommenden semantischen Relationen wurden bedacht, insbesondere wird Wert auf phonetische Relationen gelegt. Diese werden in den empirischen Untersuchungen eine sehr wichtige Rolle spielen (siehe 3.3.6.2). Doch zunächst beschließen wir die psycholinguistischen Forschungen und wenden uns den kognitiv-linguistischen Strömungen zu.

## 2.3 Ansätze der kognitiven Linguistik und ihre Relevanz für das Lexikon

Das Erkenntnisinteresse der nachfolgenden Darstellung ist ein dreifaches:

a) Sind Ansätze aus der Kognitiven Linguistik (KoLi) theoretisch und empirisch auf die Lexikologie / Wortbildungstheorie übertragbar?
c) Wenn ja, unter welchen Gesichtspunkten lassen sie sich auf die Lexikologie und auf eine empirische Wortschatzuntersuchung anwenden?
d) In Punkt 2.4 wird dann untersucht, ob und wie kognitiv-linguistische Erkenntnisse bereits für die Wortbildung, Lexikologie und Lexikographie nutzbar gemacht wurden.

Den Hintergrund zu dieser Fragestellung bildet der Vorwurf, daß Studien zur kognitiven Linguistik die lexikalische Ebene bislang stark vernachlässigt haben, obwohl wertvolle Erkenntnisse für die Lexikologie gewonnen werden können (vgl. dazu auch Nowakowski

(1990: 8) und John Taylors (1998) Vortrag mit dem Titel "Where's morphology in Cognitive Grammar?").[9] Die grundlegend syntaktisch-semantische Orientierung der kognitiven Linguistik drückt sich in Hauptwerken wie Lakoff & Johnson (1980a), Lakoff (1987) und Langacker (1987) dadurch aus, daß Lexeme allenfalls im Zusammenspiel mit der Syntax behandelt werden, jedoch nie im Rahmen einer selbständigen Teildisziplin wie der Wortbildung oder der Lexikologie untersucht werden.

### 2.3.1 Die Metaphernforschung[10]

Metaphern stellen einen äußerst wichtigen Bereich dieser Arbeit dar. Wie die empirische Untersuchung (Kapitel 4) zeigen wird, nehmen sie einen zentralen Platz unter den Prozessen zur Lexikonerweiterung ein. Zentral – nicht nur im *quantitativen*, sondern vielmehr auch im *qualitativen* Sinne: Metaphern tragen entscheidend zur Konzeptualisierung und zum Verständnis von abstrakten Konzepten im Computerbereich bei. Aus der unüberschaubar gewordenen Literatur zum Thema der Metaphernforschung werden im folgenden nur die für das weitere Fortschreiten dieser Arbeit relevanten Gesichtspunkte behandelt.

#### 2.3.1.1 Traditionelle vs. kognitive Ansätze

Die Ansätze innerhalb der Metaphernforschung lassen sich grob in zwei Lager teilen: auf der einen Seite die prä-kognitiv-linguistischen traditionellen Ansätze, auf der anderen Seite die kognitiv-linguistischen Ansätze. Erstere basieren vorwiegend auf der Merkmalsemantik, während letzteren die kognitive bzw. die Prototypensemantik zugrundeliegt. Die verschiedenen Semantiktheorien zu erkennen ist wichtig, da dies entscheidend die Erklärbarkeit bestimmter ausgewählter Metaphern beeinflußt (vgl. 4.3.2).

Für die kognitive Linguistik im allgemeinen wie auch für die kognitive Metaphernforschung im speziellen gilt Lakoff & Johnsons (1980a) Werk gemeinhin als Meilenstein. Lakoff (1987), der mehr auf die tieferliegenden (philosophischen) Hintergründe des experientialistischen Ansatzes eingeht, ist von ebenso großer Bedeutung. Metaphern fassen beide als komplexe Gestalten auf, die Erfahrungsstrukturen enthalten. Sie definieren sie als *mapping* (Abbildung, Projektion) von einer Gestalt (*source domain*) auf eine andere (*target domain*). Die Essenz der Metapher besteht demnach darin, "understanding and experiencing one kind of thing in terms of another" (Lakoff & Johnson 1980a: 5). Dieses Verstehen und Erfahren findet nicht im Rahmen von isolierten Konzepten, sondern in ganzen Erfahrungs*bereichen* (*domains of experience*) statt:

---

[9] Quelle ist die *Abstracts*-Sammlung des Workshops, erhalten von Christof.VandenEynde@rug.ac.be.

[10] Unter dem Begriff 'Metaphernforschung' verstehe ich die sprachwissenschaftliche Untersuchung der semantischen Phänomene der Metapher *und auch* der Metonymie. Wenn ich von **Metapher** spreche, meine ich jedoch die Metapher im engeren Sinne, in Abgrenzung von anderen semantischen Prozessen wie der Metonymie (vgl. auch Nöth 1985: 1).

> Metaphors and metonymy are not random but instead form coherent systems in terms of which we conceptualize our experience. (Lakoff & Johnson 1980a: 41)

Lakoff ist gemeinsam mit Johnson der Auffassung, daß die Metapher essentieller Bestandteil der Kognition ist. Denn sie ermöglicht es dem Menschen, eine Brücke von den Basisbegriffen (*basic-level concepts*) zu komplexeren bzw. abstrakteren konzeptuellen Strukturen zu schlagen. Dazu dienen kognitive Modelle, die vorbegrifflichen (*preconceptual*) Strukturen entsprechen und körpergebunden (*embodied*) sind, z.B. MORE IS UP, LESS IS DOWN. Neben metaphorischen existieren laut Lakoff vier weitere Arten von ICMs (*idealized cognitive models*): *image-schematic, propositional, symbolic* und *metonymic ICMs.*

Es ist hier wichtig, auf die Unterscheidung zwischen Metaphern auf kognitiver und auf sprachlicher Ebene hinzuweisen. Lakoff & Johnsons (z.B. 1980a) Terminologie und Typographie – METAPHORICAL CONCEPTS und *metaphorical expressions* – betont diese zwei Ebenen. Als Beispiel soll das metaphorische Konzept THE MIND IS A MACHINE aus Lakoffs *Conceptual Metaphor Homepage* (1994) dienen (siehe Abb. 2.3). Die zu diesem *mapping* gehörigen metaphorischen Ausdrücke auf der sprachlichen Ebene lauten: *He has a screw loose, he slipped a cog* etc. Der abstrakte Bereich MIND wird hier mit Hilfe des konkreten, fest in unserer Erfahrung verwurzelten Bereiches MACHINE konzeptualisiert:

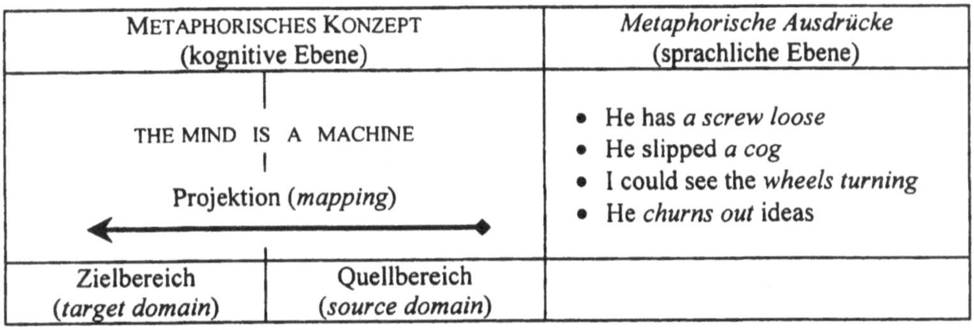


Abbildung 2.3: Schema eines *metaphorical mapping* (nach Lakoff & Johnson)

Warum dieser Ansatz als *kognitiv* bezeichnet wird, geht sowohl aus vorhergehenden Erläuterungen als auch aus folgendem Zitat hervor: "metaphor [is] not a figure of speech, but a *mode of thought*" (Lakoff 1993: 210, meine Hervorhebung, MB). Es muß jedoch betont werden, daß Lakoff & Johnson (1980a) nicht die ersten waren, die die Auffassung von Metaphern als Projektion bestimmter Bereiche auf andere Bereiche vertraten. Sicher ist, daß kognitiv-linguistisches Gedankengut bereits vor dem Durchbruch Lakoff & Johnsons in der europäischen Forschung präsent war, wenn auch nicht unter dem Etikett 'Kognitive Linguistik'. Wie Liebert (1992: 83ff), Schmid (1993: 85) und Lipka (1989a: 234; 1989b: 251; 1996: 52f) zurecht anmerken, sind erstaunliche Parallelen zu deutschen Forschern der 30er und 50er Jahre (Trier 1934, Weinrich 1958 und Dornseiff 1954) zu erkennen (vgl. auch der schematische Überblick in Liebert 1992: 97). Auch Leisis (1952; 1975 und 1973; 1985) Beschreibungen von Metaphern erinnern an Lakoff & Johnsons Ausführungen. Lakoff & Johnsons großer Verdienst bestand meines Erachtens neben der Tatsache, daß es ihnen mit ihrem einflußreichen Werk gelang, diese schon früher gewonnenen Erkenntnisse erstmals in weiten Kreisen der Wissenschaftsgemeinschaft zu verbreiten darin, daß sie einen fundamentalen Aspekt in den Vordergrund stellten: Die entscheidende Rolle der Metaphorik in der **Alltagssprache** (vgl. auch Liebert 1992: 95). Bereits im Titel ihres Hauptwerkes – *Metaphors we live by* – wird die Allgegenwärtigkeit und Alltäglichkeit der Metapher thematisiert.

Die kognitiv-linguistische Perspektive steht traditionellen Ansätzen entgegen, welche Metapher als Übertragung von semantischen Merkmalen ansehen und das Kriterium der Ähnlichkeit ansetzen. Sie arbeiten auf engerer, sprachimmanenter Basis. Zur Veranschaulichung soll kurz die *interaction theory* vorgestellt werden, die von I.A. Richards (1936) und Black (1962) entwickelt wurde und die ihren Namen aufgrund der Interaktion der Metaphern mit dem Kontext bekommen hat (vgl. Ungerer & Schmid 1996: 116; McArthur 1992: 653ff). Diese Theorie wird häufig auf Satz-, nicht auf Lexembeispiele angewandt (vgl. Leechs (1974: 146f) Erläuterungen, z.B. zu *time galloped by*). Das Prinzip dieses Ansatzes beruht auf den drei Begriffen *tenor* (der neue Referent), *vehicle* (der ursprüngliche Referent) und *ground* (die dem *tenor* und *vehicle* gemeinsamen Elemente) und drückt sich in folgender Formel (nach Leech 1969: 151) aus: "X (*tenor*) is like Y (*vehicle*) in respect of Z (*ground*)". Für die Lexemmetapher *pig* würde dies bedeuten: "a *person* (X) is called a *pig* (Y) because of the fact that he/she *eats too much / is untidy* (Z)".

#### 2.3.1.2 Metapher und Metonymie – Ausgewählte Aspekte

Im folgenden werden die für die Thematik dieser Arbeit entscheidenden Aspekte der Metapherntheorie zusammengefaßt und bewertet. Diese acht Thesen dienen als Grundlage für die empirische Untersuchung.

1) Metapher: Ähnlichkeit; Metonymie: Kontiguität

Das Gros der kontemporären Autoren (z.B. Lipka 1998: 104; Schmid 1993: 46f; 81ff, Dirven 1993) stimmen dahingehend überein, daß Metonymien durch Kontiguität, Metaphern durch Similarität gekennzeichnet sind.

Die Bedingung für das Zustandekommen einer Metapher besteht darin, daß außersprachliche Referenten aus zwei unterschiedlichen Domänen bzw. semantischen Feldern beteiligt sein müssen. Die Ähnlichkeit zwischen den beiden Referenten darf nicht zu offensichtlich sein. Bei prototypischen Metaphern sind mindere, nicht-notwendige Merkmale beteiligt, und die Ähnlichkeit ist relativ eindeutig gegeben (*broken typicality conditions*, vgl. Aitchison ²1994: 148ff).

Metaphern können nach ihrem Grad der Ähnlichkeit zwischen Tenor und Vehikel (traditioneller Ansatz) bzw. Quell- und Zielbereich (kognitiver Ansatz) klassifiziert werden. So weisen *one-shot image metaphors* wie *teabagging* den höchsten Grad an Similarität auf, während Metaphern, die inkompatible *transfer features* enthalten (z.B. *smart card*), durch einen geringen Ähnlichkeitsgrad gekennzeichnet sind (vgl. Lipka 1996: 56ff).

Während Ansätze der Metaphernforschung im allgemeinen eindeutig in traditionelle, auf der Merkmalsemantik basierende und kognitiv-experientialistische Theorien unterteilt werden können, herrscht wohl schon lange die Ansicht vor, daß es sich bei Metonymien um assoziative Relationen und Kontiguität zweier Referenten handelt (z.B. Ullmann 1962: 212, vgl. auch Schmid 1993: 92). Kognitiv geprägte Ansätze setzen eine konzeptuelle Kontiguität voraus, die *kognitive Domänen* betrifft, während prä-kognitive Ansätze mit *semantischen Feldern* arbeiten.

In einer konzeptuellen Kontiguitätsrelation sind zwei kognitive Domänen oder zwei Konzepte innerhalb einer Domäne temporal, lokal oder kausal benachbart. Sie gehen durch Strukturen unseres Weltwissens oder durch konventionelle Assoziationen eine Verbindung in unserer Kognition ein (vgl. Schmid 1993: 93f). Ob es sich um eine Kontiguität zweier Domänen oder innerhalb einer Domäne befindliche Kontiguität handelt (zur Diskussion: vgl. Schmid 1993: 91ff), ist meiner Meinung nach von der vorausgesetzten Definition von 'Domäne' abhängig. Meines Erachtens können sich zwei Konzepte innerhalb einer kognitiven Domäne befinden. Dann wäre *a Picasso* (Domäne: MALEREI / KUNST, Konzepte: BILD, MALER) eine Metonymie, die sich innerhalb *einer* Domäne abspielt. Wenn man jedoch KUNST und BILD als zwei unterschiedliche Domänen begreift, was im Rahmen einer engeren Auffassung von 'Domäne' durchaus legitim ist, handelt es sich um eine Metonymie, an der zwei kognitive Bereiche beteiligt sind. Ich lasse daher als Grundlage für die Empirie die Definition zu, daß entweder zwei Bereiche, oder auch zwei Konzepte, die sich allerdings einem gemeinsamen übergeordneten Bereich zuordnen lassen müssen, eine Kontiguitätsrelation eingehen und damit eine Metonymie bilden können. An Pars-pro-Toto-Metonymien ist nur ein Konzept bzw. ein Bereich beteiligt: Hier steht ein Teil eines Konzeptes (z.B. PAPERBACK als Teil des Konzeptes BOOK) für das vollständige Konzept (BOOK). Diese Auffassung von Konzepten und Bereichen entspricht meiner Konzeption des mentalen Lexikons (Modell A, siehe 2.2.2).

Die Bereiche bzw. Konzepte können in einer Metonymie, die auch *stand-for-relation* genannt wird (Lakoff & Johnson 1980a: 35ff), m.E. unterschiedlich weit auseinander liegen. Bei Metonymien des Typs 'Pars pro Toto', z.B. *face* für eine Person, liegen sie aufgrund des Inklusionsverhältnisses eng nebeneinander. Metonymien des Typs 'Assoziationen zwischen Bereichen' (vgl. Punkt 3.3.4.2) weisen weiter auseinanderliegende Bereiche bzw. Konzepte auf: *Java* als Bezeichnung für Kaffee beinhaltet beispielsweise die Domänen URSPRUNGSORT (die Insel Java) und GETRÄNK (Kaffee).

In einer Metonymie kann eine/s der zwei beteiligten Domänen bzw. Konzepte in den Hintergrund treten, oder beide können gleichsam präsent bleiben. Bei *a Picasso* etwa ist sowohl das BILD als auch der URHEBER dominant. Im Beispiel *the ham sandwich (wants to pay)* tritt jedoch die PERSON im Vergleich zu dem GERICHT stark in den Hintergrund, obwohl auf die Person verwiesen wird (vgl. Lakoff & Johnson 1980a: 39).

2) Ähnlichkeitsbeziehungen sind nicht objektiv gegeben, sondern werden intersubjektiv wahrgenommen

In traditionellen Metapherntheorien herrscht die Aufassung vor, daß die Ähnlichkeit zwischen Objekten objektiv gegeben ist, während kognitive Ansätze davon ausgehen, daß sie erfahrungsbezogen (subjektiv) wahrgenommen und *konstruiert* wird. So können auch neue, zuvor nicht bekannte Ähnlichkeitsaspekte geschaffen werden (vgl. Schmid 1993: 84ff; Lipka 1994b: 8; Nöth 1985: 8ff; Aitchison ²1994: 148ff; Lakoff & Johnson 1980a; Lakoff 1987).

Aus logischer Sicht kann die Similarität nie objektiv gegeben sein, da zwischen beliebigen zwei Dingen Ähnlichkeiten entdeckt werden können (Nöth 1985: 9). Die Tatsache, daß auch neue, kreative Metaphern von Sprachverwendern im Kontext sofort verstanden werden können, spricht andererseits dafür, daß zumindest ein gewisser Grad an Objektivität in den Ähnlichkeitsrelationen vorhanden sein muß. Meiner Ansicht nach handelt es sich um **intersubjektiv** wahrgenommene Ähnlichkeiten, weil innerhalb einer Sprachgemeinschaft aufgrund gemeinsamer Erfahrungen ein breiter Konsens über bestimmte Ähnlichkeitsverhältnisse herrscht. Ähnlichkeitsrelationen werden zwar subjektiv hergestellt, sind jedoch aufgrund ihrer kulturellen Verankerung intersubjektiv nachvollziehbar. Ein Konzept kann durch verschiedene metaphorische Bezeichnungen und damit durch verschiedene Ähnlichkeitsrelationen ausgedrückt werden. Ein Beleg für diese These geht aus der empirischen Untersuchung hervor (Beispiel *strudel*, vgl. 4.3.2).

3) Metaphern und Metonymien sind kulturell determiniert

Die Wahrnehmung einer Ähnlichkeitsrelation hängt von der Wahrnehmung kultureller Kodizes ab (vgl. Nöth 1985: 11f), die sich zwischen verschiedenen Sprach- und Kulturgemeinschaften häufig unterscheiden, manchmal jedoch auch überschneiden. Es gibt mehr oder weniger kulturspezifische Metaphern. Tiermetaphern sind z.B. hochgradig kulturspezifisch (vgl. Lipka 1994b: 10), während konzeptuelle Metaphern wie TIME IS MONEY, ARGUMENT IS WAR (nach Lakoff & Johnson) tendentiell universalen Charakter haben, jedoch m.E. häufig auf westliche Sprach- und Kulturgemeinschaften beschränkt sind. Als Beispiel soll hier das *at-sign* @ dienen (vgl. 4.3.2). Für das gleiche Konzept (@) fand in verschiedenen Sprachen die Institutionalisierung unterschiedlicher metaphorischer Lexeme statt, z.B. dt. *Klammeraffe*, ital. *chiocciolina*, iwrith *shtrudel*.

Metonymien sind meiner Ansicht nach generell nicht so stark kulturell verankert wie Metaphern. Lakoff & Johnson (1980a: 40) nennen den Spezialfall von kulturellem und religiösem Symbolismus, z.B. *dove* für *holy spirit*. Derartige Metonymien wiesen m.E. jedoch deutlich metaphorische Züge auf (es bestehen Ähnlichkeiten wie 'freundlich', 'sanft', 'friedlich'), weshalb ich diese als Metaphtonymien klassifizieren würde.

4) Metaphern und Metonymien entstehen in einem kreativen Prozeß

Die Umsetzung einer wahrgenommenen Ähnlichkeitsbeziehung in eine sprachliche Form, eine Metapher, stellt einen kreativen Prozeß dar (vgl. Nöth 1985: 12). Die Kreativität besteht in zweifacher Hinsicht (vgl. auch Lipka 1996: 56): zum einen auf der kognitiven Ebene, im Sinne der Wahrnehmung einer Ähnlichkeit, zum anderen, unmittelbar daran anschließend, im Sinne eines Transfers dieses kognitiven Konzeptes in eine syntagmatische, oder, hier vorrangig von Interesse, in eine Lexemmetapher.

Auch Metonymien entstehen durch Kreativität seitens der Sprachverwender, obgleich diese meiner Ansicht nach weniger stark wirksam ist als bei Metaphern. Der Prozeß, eine Verbindung zwischen zwei benachbarten Domänen herzustellen, scheint natürlich und sogar mechanischer Natur zu sein. Denn z.B. bei Metonymien des Typs 'Teil fürs Ganze' befinden sich die beteiligten Bereiche in einem logischen Inklusionsverhältnis.

5) Metaphern und Metonymien dienen in dreifacher Hinsicht als 'kognitive Instrumente'[11]

Metaphern und Metonymien sind nicht nur sprachliche Ausdrücke, sondern auch Denkinstrumente:

- Eine der Hauptfunktionen der Metaphern besteht darin, Abstraktes durch den Vorgang der Projektion eines konkreten, oft eine *basic-level category* enthaltenden Quellbereichs auf einen abstrakten, schwer begreiflichen Zielbereich verständlich zu machen. Dies fängt bei der Konzeptualisierung von Alltagsbegriffen wie LOVE, TIME, LIFE, ARGUMENT, IDEA etc. an und hört bei wissenschaftlichen Theorien und Modellen auf. Durch die Metapher THE MIND IS A COMPUTER versuchte man in den Anfängen der Kognitionswissenschaften, das Funktionieren des menschlichen Gehirns zu begreifen (vgl. Lakoff & Johnson 1980b: 207). In diesem Zusammenhang dürfen die Fachsprachen nicht vergessen werden, die für Laien wie auch für Fachleute schwer verständliche, jedoch durch ihre Metaphorizität leichter vermittelbare Konzepte enthalten (vgl. Ungerer & Schmid 1996: 147ff). Metonymien des Typs 'Teil fürs Ganze' haben ebenso wie Metaphern Verständnisfunktion, denn es wird der relevante, für das Verstehen essentielle Aspekt herausgegriffen. So steht z.B. in *we need some good heads* 'heads' für 'intelligent people'.
- Eine weitere Funktion sowohl der Metaphern als auch der Metonymien ist die Hervorhebungs- und Verbergungsfunktion (*highlighting and hiding*, nach Lakoff & Johnson 1980a: 10ff). Eine Metapher bzw. Metonymie betont immer nur einen Aspekt eines Konzeptes, während andere Aspekte verborgen bleiben. Dies erklärt auch, warum häufig mehrere Metaphern für ein Konzept existieren: jede Metapher drückt jeweils einen Aspekt aus, und zusammen ergeben sie ein verständliches Gesamtbild (Lakoff & Johnson 1980b: 208). Ein Konzept wird daher immer nur *teilweise* durch eine Metapher strukturiert, denn nicht alle Elemente eines Quellkonzeptes werden auf dem Zielkonzept abgebildet. Metonymien wie *head* als Bezeichnung für eine Person heben einen Aspekt – die Intelligenz – hervor und tragen so zur ökonomischen Verbalisierung und Präzisierung des Gemeinten bei.
- Hier schließt sich die dritte Funktion an: kognitive Ökonomie. Metapher und Metonymie (M&M) sind extrem ökonomische Ausdrucksmittel, weil sie es ermöglichen, komplexe Sachverhalte kurz und knapp zu verbalisieren. Dies bedeutet, daß zur Bezeichnung eines neuen Konzeptes anstatt eines komplexen Lexems oder gar einer Phrase mit wörtlicher Bedeutung ein bereits existierendes Lexem gewählt wird, das dann ein neues *lexical unit* ausbildet. Das Beispiel der Computermaus soll dies veranschaulichen: als nicht-metaphorisches Pendant zu *mouse* kommt *computer pointing device* in Frage. Diese nicht institutionalisierte Wortbildung ist aufgrund ihrer Länge und vor allem ihrer Abstraktheit unökonomisch. Die Metapher *mouse* dagegen ist durch ihre Bildlichkeit und Konkretheit erstens kognitiv optimal zu verarbeiten, und trifft zweitens den intendierten Sachverhalt weitaus pointierter. Aufgrund ihrer Referenzfunktion (es wird nur jeweils der relevante Aspekt hervorgehoben und versprachlicht) sind auch Metonymien ökonomische Ausdrucksmittel.

---

[11] Nach dem Begriff *cognitive instrument* von Black (1962: 37). Synonym verwende ich auch 'Denkinstrumente'.

6) Metaphern und Metonymien treten typischerweise nicht isoliert auf, sondern gehören Konzepten an

Im mentalen Lexikon existieren diverse metaphorische Konzepte, denen mehrere metaphorische Ausdrücke entsprechen – es handelt sich um konzeptuelle Metaphern (siehe 2.3.1.1). Andererseits existieren in beschränktem Maße auch *one-shot image metaphors* (vgl. Lakoff 1993: 229ff; Lipka 1996: 60). Bei diesen isolierten bzw. idiosynkratischen Metaphern wird ein hochspezifisches Bild auf ein anderes abgebildet, nicht eine Domäne auf eine andere. In der empirischen Untersuchung treten beide Arten von Metaphern auf. Die metaphorischen Konzepte stellen hochstrukturierte Systeme dar, denn zwischen den Elementen von Quell- und Zielbereich herrschen systematische strukturelle Korrespondenzen (vgl. das Beispiel LOVE IS A JOURNEY in Lakoff 1993).

Auch metonymische Konzepte sind systematisch angeordnet. Ebenso wie Metaphern strukturieren sie sowohl unsere Sprache als auch unser Denken (vgl. Lakoff & Johnson 1980a: 36ff). Meines Wissens sind praktisch alle Metonymien Kontiguitätsrelationen wie URHEBER FÜR PRODUKT zuzuordnen. Das würde bedeuten, daß es im Grunde genommen keine idiosynkratischen Metonymien gibt. Die empirische Untersuchung wird Aufschluß darüber geben.

7) Traditionelle und kognitive Metapherntheorie ergänzen sich

Beide Theorien (vgl. 2.3.1.1) eignen sich für die Anwendung auf bestimmte Bereiche: isolierte Metaphern können meist ausreichend mit Hilfe der traditionellen Theorie analysiert werden, denn eine Erklärung durch übertragene Merkmale (hinsichtlich Form, Funktion, Aussehen) läßt keine Fragen offen, z.B. im Falle von *strudel* (vgl. 4.3.2). Oft muß die traditionelle Theorie jedoch dahingehend ergänzt werden, daß nicht einzelne Merkmale, sondern ganze Situationen und Szenen übertragen werden. Diese gehen jedoch nicht aus der sprachimmanenten Definition der Primärbedeutung hervor, sondern stammen aus der Erfahrung einzelner Sprachverwender oder –gemeinschaften (z.B. *spam*, vgl. 4.3.2). Im Falle von nicht-isoliert auftretenden *conceptual metaphors* eignet sich der kognitiv-experientialistische Erklärungsansatz, da diesem eine weitgefaßte Semantiktheorie zugrundeliegt, welche Konzepte, kulturelle Modelle und kognitive Domänen einschließt. Die Zuordnung mehrerer sprachlicher Metaphern zu einem Konzept ebnet den Weg für eine systematische Untersuchung eines bestimmten Vokabularausschnitts wie dem Computerwortschatz (siehe Punkt 4.3.4).

8) Metaphern und Metonymien sind auf der lexikalischen Ebene angesiedelt

Vorliegende Arbeit verfolgt das Ziel, die in den Brennpunkt der Sprachwissenschaft gerückte Metapherntheorie speziell auf dem lexikalischen Bereich anzuwenden. Während sich die bisher vorgestellten Arbeiten des traditionellen sowie des kognitiven Ansatzes mit Metaphern vorwiegend auf der Phrasen- und Satzebene beschäftigen, betone ich die Tatsache, daß Metaphern wie auch Metonymien in der *Alltagslexik* (vgl. Liebert 1992: 95) vorhanden sind. Für Metaphern auf der Wortebene verwende ich die Bezeichnung 'Lexemmetapher'. Die Bezeichnung 'Lexemmetonymie' ist dagegen überflüssig, da Metonymien primär lexikalisch ausgedrückt werden (vgl. die Beispiele in Lakoff & Johnson 1980a: 35ff).

Gemeinsam mit Dirven (1985: 87f) und Rudzka-Ostyn (1985) begründe ich die Übertragung auf die Lexemebene folgendermaßen: Nimmt man an, daß es sich bei Metapher (i.w.S., inklusive Metonymie, Synästhesie) um einen *universalen kognitiven Prozeß* handelt, folgt daraus, daß sie neben der Satzebene auch auf anderen sprachlichen Ebenen wie der Phonologie und Morphologie wirksam sein muß: "It is becoming increasingly clear that metaphorization permeates many, if not all, levels of language structure." (Rudzka-Ostyn 1985: 209).

In folgenden Abschnitten (2.4 und 2.5) unternehme ich deshalb den Versuch zu zeigen, daß die Ebene des Lexikons für kognitive Prinzipien zugänglich gemacht werden kann. Als Voraussetzung dafür müssen zunächst weitere relevante Grundaussagen der kognitiven Linguistik vorgestellt werden.

### 2.3.2 Kognitive Grammatik, Semantik, Syntax und Morphologie

Aufgrund der Tatsache, daß es sich um eine relativ junge Teildisziplin der Linguistik handelt, die zudem interdisziplinär orientiert ist, stellt 'die' Kognitive Linguistik eine *heterogene* Richtung dar (vgl. Ungerer & Schmid 1996: 278; Rudzka-Ostyn 1993: 1f; Schwarz 1992: 8, 37). Die wissenschaftstheoretischen Positionen des Forschungsbereiches der Kognitiven Linguistik können grob in zwei Sparten unterteilt werden, die für das weitere Voranschreiten der Argumentation entscheidend sind. Zum einen existiert der 'experientialistische' / holistische Ansatz (*experiential view*), zum anderen die logische / modularistische Sichtweise (*logical view*) der Sprache (vgl. Ungerer & Schmid 1996: xff; Schwarz 1992: 44ff).

Die experientialistische Sichtweise besagt, daß Sprache nicht, wie in der TG üblich, als abstrakter Formalismus dargestellt und isoliert vom Menschen und seinem Bewußtsein angesehen werden darf. Es wird betont, daß die Erfahrungen der Sprecher im Umgang mit der Welt in der Kognition in Form von Erfahrungsstrukturen gespeichert werden und daß diese Auswirkungen auf die Sprachstruktur haben. Umgekehrt wird angenommen, daß man von sprachlichen Strukturen auf das Denken, auf den Erfahrungsschatz der Menschen schließen kann (weitere Details: siehe Lakoff 1987: xvff, Anderson 1983, Langacker 1988, Radden 1992: 512f, Rudzka-Ostyn 1988 und Ungerer & Schmid 1996: xff).

Während Langacker als einer der Hauptvertreter der experientialistischen Sicht seine Theorie aufgrund seiner strikten Ablehnung der Autonomie der Grammatik und aufgrund seiner Betonung des Bedeutungsgehaltes grammatischer Strukturen als Alternative zur TG anpreist (vgl. z.B. Langacker 1988), stellt die logische Sichtweise, wie sie meiner Auffassung nach in der deutschen Richtung der KoLi (z.B. Felix et. al. 1990, Rickheit 1993, Schwarz 1992) vorherrscht, im Prinzip eine Fortsetzung der TG dar: Sprache wird hier im Gegensatz zur experientialistischen Sicht stark formalisiert. Die logische Sichtweise basiert auf der Annahme, daß Sprache durch Regeln und objektive semantische Merkmale generiert wird (vgl. Ungerer & Schmid 1996: xf). Die experientialistische Sicht birgt den Vorteil, daß mit Hilfe einer reichhaltigeren Bedeutungsbeschreibung bislang für problematisch gehaltene Phänomene wie Metapher und Metonymie erklärt werden können (Ungerer & Schmid 1996: xi).

Trotz der teils erheblichen Diskrepanzen zwischen den Grundannahmen der experientialistischen / holistischen und der logischen / modularen Perspektive lassen sich dennoch einige Gemeinsamkeiten finden, wodurch sie die gemeinsame Bezeichnung 'kognitive Linguistik' verdienen. Zu nennen ist u.a. die Tatsache, daß sich beide für eine 'natürliche' Beschreibung von Sprache einsetzen: Sprache ist in der menschlichen Kognition verankert und kann deshalb nicht isoliert von der Erfahrungswelt des Menschen analysiert werden (vgl. Rudzka-Ostyn 1993: 1).

In den folgenden Ausführungen wird der Versuch unternommen, einzelne Forschungsschwerpunkte innerhalb der heterogenen Disziplin der KoLi zu isolieren, sie in ihren Wesenszügen darzustellen und sie mit Blick auf eine Anwendbarkeit auf die Ebene des Lexikons zu analysieren.

Als Begründer und Hauptvertreter der **kognitiven Grammatik** gilt Ronald Langacker (1987a, 1988, 1990b). Sein Ansatz richtet sich explizit gegen die logisch-formale Grammatikauffassung der TG[12] und ist daher in die experientialistische Strömung der KoLi einzuordnen. Wichtige Kernaussagen sind u.a.:

- Idiomatizität, Metapher und Bedeutungserweiterung sollen nicht als Ausnahme- und Problemfälle behandelt oder gar ignoriert, sondern als natürliches Phänomen der Sprache betrachtet werden (Langacker 1987a: 1).
- Die traditionell getrennten Ebenen der Sprachbeschreibung – Wortschatz, Morphologie und Syntax – bilden ein Kontinuum.

Auf weitere Details kann hier nicht eingegangen werden. Eine intensive Auseinandersetzung mit Langackers Ausführungen (Langacker 1987a: 11ff, 27f, 448ff, 473f; 1988) hat jedoch ergeben, daß die im Theoriengebäude der kognitiven Grammatik konstruierten Erklärungen von Phänomenen auf der lexikalischen Ebene kaum Neuerungen für die bereits viel weiter fortgeschrittene Wortbildungslehre und Lexikologie europäischer Tradition (z.B. Lexikalisierung nach Lipka 1977, 1994a) liefern können. Eine Beschäftigung mit der kognitiven Grammatik lohnt dennoch, da sie erfolgreich Annahmen der generativen Grammatik / Wortbildung widerlegt und die Notwendigkeit der verstärkten Einbeziehung semantischer Aspekte in die Analyse grammatikalischer (und damit auch lexikalischer) Strukturen unterstreicht. Nützlich sind auch die griffigen Bezeichnungen 'Gerüstmetapher' (*scaffolding metaphor*) und 'Baukastenmetapher' (*building-block metaphor*) im Zusammenhang mit der Struktur und Bedeutung komplexer Lexeme.

Ansätze der **Kognitiven Semantik** unterscheiden sich von konventionellen Semantiktheorien in erster Linie durch die Annahme, daß sprachliches Wissen nicht als autonom angesehen und daher isoliert behandelt werden kann, sondern daß immer eine Verbindung mit der

---

[12] Vgl. Langackers (1988) leidenschaftliche Attacke auf die Grundannahmen des "orthodox view". Er räumt jedoch ein, daß seine Darstellung der TG im Kontrast zur kognitiven Grammatik übertrieben ("a caricature") ist (Langacker 1988: 3).

Kognition (Wissensstrukturen und kulturelle Aspekte) hergestellt werden muß (vgl. Geeraerts 1988a: 30ff; Frawley 1992: 50ff).

Eines der Hauptthemen der Kognitiven Semantik ist die Relation zwischen Semantik und Kognition. Meiner Ansicht nach ist eine vollständige Gleichsetzung von Semantik mit Kognition, von semantischen mit konzeptuellen Einheiten, wie sie Langacker (1988) und Lakoff (1987) unternehmen, nicht adäquat. Gemeinsam mit Keller (1995) bin ich der Auffassung, daß vor allem bei Langacker keine empirische Untermauerung dieser These existiert. Ein wesentlicher Kritikpunkt besteht darin, daß

> Erkenntnisse über die Metaphorizität der Sprache [...] ohne weitere Rechtfertigung [...] als Erkenntnisse über menschliche Kognition ausgegeben [werden]. Kognitive Kategorien wie "concepts" werden, ebenfalls ohne groß zu argumentieren, mit sprachlichen Kategorien wie "meaning" gleichgesetzt. (Keller 1995: 179)

Es ist meiner Ansicht nach notwendig, Bedeutung sowohl auf der sprachlichen wie auch auf der konzeptuellen Ebene anzusiedeln, jedoch schließe ich mich nicht einer radikalen konzeptualistischen Position (vgl. Frawley 1992: 7f; 50ff) an. Wie Keller (1995: 179ff) vertrete ich eine gemäßigte Ausprägung dieser Position. Er insistiert auf der Beibehaltung der Aristotelischen Unterscheidung zwischen sprachlicher Ebene (Wörter und Sätze), epistemologischer Ebene der Konzepte (Begriffe und Propositionen) und ontologischer Ebene (Dinge und Sachverhalte). Frawley (1992) formuliert das Verhältnis zwischen semantischen und konzeptuellen Kategorien vorzüglich. Dieser Beschreibung schließe ich mich an:

> Semantic categories may best be understood as a subset of conceptual categories: What we are able to denote is a function of what we can conceptualize. In plain terms, we are able to imagine much more than we can express, but everything that we can express is totally within the realm of the conceivable. (Frawley 1992: 54)

Die Prototypensemantik verstehe ich als eine der experientialistischen Position zuzuordnende Ausprägung der kognitiven Semantik. Sie ist, ebenso wie die kognitive Semantik, insofern für diese Arbeit relevant, als den im empirischen Teil auszuwertenden semantischen Prozessen im Computerwortschatz ein adäquater Semantikansatz zugrundegelegt werden muß. Zu diesem Zwecke erfolgt nun eine kurze Diskussion zur Debatte 'Merkmal- vs. Prototypensemantik'. Auf ausführliche Erläuterungen zu diesen Semantikrichtungen muß hier jedoch verzichtet werden. Es sei stattdessen auf die Darstellungen in Rosch (1978), Schmid (1993: 9ff), Aitchsion ($^2$1994: 39ff), Taylor ($^2$1995: 22ff, 38ff), Lipka (1989a: 227f) und Labov (1973) verwiesen.

Die Vorteile der Prototypensemantik liegen darin begründet, eine adäquate Bedeutungsbeschreibung zu ermöglichen (vgl. Coleman & Kays (1981) Analyse des Verbs *lie*). Durch die Tatsache, daß Kategorien als flexibel angesehen werden, können sowohl neue (vgl. Taylor $^2$1995: 53f) als auch abweichende Mitglieder aufgenommen werden (z.B. 'dreibeiniger Hund' in die Kategorie HUND). Die Vorzüge der Merkmalsemantik sind darin zu sehen, daß mit ihrer Hilfe eine kompakte Bedeutungsbeschreibung möglich ist. Dies stellt sich als extrem nützlich für Wörterbuchdefinitionen heraus, die ja in ihrem Umfang begrenzt sind.

Meine Antwort auf die Auseinandersetzung 'Merkmalsemantik oder Prototypensemantik?' lautet: Weder die Merkmal- noch die Prototypensemantik in ihrer reinen Form stellen eine ideale Lösung dar; sinnvoller ist eine Kombination der beiden (vgl. auch Lipka 1986, 1987a, ²1992: 116ff). Ich gehe davon aus, daß der Großteil der Wörter einen festen (prototypischen) Bedeutungskern besitzt, da sonst intersubjektive Verständigung nicht möglich wäre.[13] Die Wortbedeutungen haben zugleich mehr oder weniger unscharfe Grenzen. Das Zentrum einer Prototypenkategorie – der Bedeutungskern – entspricht somit in gewisser Hinsicht der klassischen, aristotelischen Kategorie, d.h. den notwendigen Merkmalen der Merkmalsemantik. Er stellt, wie auch die notwendigen Merkmale, eine Idealisierung der jeweiligen (Kern)Bedeutung dar, die der intersubjektiven Verständigung dient. Die Prototypenkategorie ist zusätzlich durch eine Peripherie gekennzeichnet, welche in etwa den nicht-notwendigen Merkmalen in der Merkmalsemantik entspricht, und in der neue und auch weniger typische Mitglieder untergebracht sind.

Diese Lösung der Prototypen- vs. Merkmaldebatte erscheint um so sinnvoller, wenn man einräumt, daß Prototypen- und Merkmalsemantik für die Analyse jeweils bestimmter Bereiche des Vokabulars eine höhere Tauglichkeit aufweisen: Die Merkmalsemantik eignet sich meiner Ansicht nach besser für die Bedeutungsanalyse von Konkreta als von Abstrakta, während die Prototypensemantik sowohl für die Bedeutungsbeschreibung von Konkreta, besonders gut jedoch für die Erklärung von Abstrakta mit ihren z.T. extrem unscharfen Grenzen und ihrer Bandbreite an individuellen Bedeutungsfärbungen tauglich ist (vgl. Schmid 1993: 165ff). Wenn man nun einen Schritt weiterdenkt und abstrakte mit metaphorischen Bedeutungen in Verbindung bringt (denn typisch für Metaphern, insbesondere auch diejenigen aus dem Computerbereich, ist ihre abstrakte Bedeutung), folgt daraus – wie sich im empirischen Teil herausstellen wird –, daß auch Metaphern mit Hilfe der Prototypen- und kognitiven Semantik in vielen Fällen hervorragend erklärt werden können.

Die **kognitive Syntax und Morphologie** kann als spezieller Teilbereich der kognitiven Grammatik angesehen werden. Sie konzentriert sich vorwiegend auf die 'conceptualizer's perspective', welche unter dem Begriff der Ikonizität behandelt wird. Das Prinzip der Ikonizität steht im Einklang mit Annahmen der experientialistischen KoLi, in welcher Sprache generell als 'natürliches' Phänomen betrachtet wird (vgl. z.B. Hiraga 1994: 20). Als Hauptvertreter der kognitiven Syntax / Morphologie gilt meines Wissens Givón (z.B. 1990), weitere wichtige Werke sind die Sammelbände von Haiman, ed. (1985) und Landsberg (1995).

Das allgemeine der Ikonizität zugrundeliegende Prinzip besteht in der Auffassung, daß sich die außersprachliche Welt in der Struktur der Sprache, d.h. in ihrer syntaktischen, morphologischen, phonologischen, semantischen und auch lexikalischen Struktur wiederspiegelt. Ikonische Relationen sind wahrgenommene Ähnlichkeiten zwischen der Welt und der Sprache. Zur Erklärung von syntaktischen und morphologischen Strukturen werden drei Prinzipien der Ikonizität herangezogen (vgl. Radden 1992: 514ff, Givón 1990: 966ff;

[13] Zwar stimme ich mit der in der Soziolinguistik und Pragmatik verbreiteten Auffassung überein, daß es hundertprozentiges Verstehen zwischen zwei Kommunikationspartnern nicht gibt (vgl. Falkner 1997: 2), dennoch bezieht sich dies hauptsächlich auf mehr oder weniger komplexe Äußerungen, nicht auf einzelne Wörter. Wörter und ihre Bedeutungen sind in einer Sprachgemeinschaft zu einem bestimmten Grad konventionalisiert, da sonst minimale gegenseitige Verständigung nicht erreichbar wäre.

Ungerer & Schmid 1996: 250ff, Bybee 1985): Erstens das *quantity principle* (nach Givón und Radden; Ungerer & Schmid nennen es *iconic quantity*), zweitens das *proximity principle* (nach Givón; bei Radden heißt es *conceptual proximity principle*, bei Ungerer & Schmid *iconic proximity*), und drittens das *sequential order principle* (nach Givón und Radden; Ungerer & Schmid nennen es *iconic sequencing*). Diese Prinzipien sind keine theoretischen Konstrukte, sondern basieren auf empirischen Erkenntnissen aus der kognitiven Psychologie und Psycholinguistik (vgl. Givón 1990: 969ff).

Der tiefere Beweggrund hinter den Prinzipien der Ikonizität bildet die in der KoLi allgemein betonte Tatsache, daß die Sprachstruktur nicht weitgehend arbiträr ist, sondern daß große Bereiche motiviert sind. Damit grenzen sie sich von traditionellen strukturalistischen Syntaxtheorien ab, für welche die Arbitrarität ein Hauptmerkmal der hoch entwickelten menschlichen Sprachen im Gegensatz etwa zu im Kontext verhafteten, ikonischen Baby- und Tier'sprachen' darstellt (vgl. Givón 1990: 967f).

Eine Übertragung der Ikonizität als Anhaltspunkt dafür, daß die Sprache nicht grundsätzlich arbiträr ist, von der Ebene der Syntax auf das Lexikon ist möglich und wurde bereits unternommen, z.B. von Waugh & Newfield (1995) und Waugh (1994) (vgl. 2.4.1.4).

Eine konkrete Anwendung der Ikonizität auf die Wortbildung ergibt sich aus o.g. *iconic quantity principle*, das besagt, daß komplexere Konzepte eine entsprechend komplexere Morphemstruktur aufweisen als einfache Konzepte. Dies läßt sich problemlos von der Flexions- auf die Wortbildungsmorphologie übertragen: Die komplexe kognitive Struktur von Kompositionen und Derivationen wird ikonisch auf ihrer komplexen sprachlichen Struktur abgebildet. Dieser Ansicht ist auch Haiman (1983: 801ff), der beobachtet, daß die Komplexität der Konzepte mit der Komplexität der Wörter ansteigt, z.B. in *room – bedroom – master bedroom*. Ausnahmen bilden Wörter, die häufig auftreten und die den Sprechern sehr vertraut sind wie *man* und *woman*, welche monomorphemisch, aber dennoch semantisch hoch komplex sind. Diese Theorie ist in ihren Ansätzen sicherlich zutreffend. Man darf jedoch die diachronische Perspektive nicht aus den Augen lassen, denn durch die Lexikalisierung und Institutionalisierung (siehe 3.1.5) haben sich im Laufe der Zeit viele ursprünglich polymorphemische zu monomorphemischen Lexemen (z.B. *daisy* aus *day's eye*) verwandelt, so daß die Komplexität der Konzepte verschleiert wurde. Auch ein Sprachvergleich zeigt, daß dieses Prinzip nicht universell gültig sein kann (z.B. Pluralformen in romanischen Sprachen: ital. *amico – amici).*

Folgender Ansatz beschäftigt sich mit Wortarten und birgt Relevanz für die Wortbildungstheorie. Hopper & Thompson (1985: 151ff) behandeln das *Iconicity of Lexical Categories Principle*, welches besagt, daß

> The more a form refers to a discrete discourse entity or reports a discrete discourse event, the more distinct will be its linguistic form from neighboring forms, both paradigmatically and syntagmatically. (Hopper & Thompson 1985: 151)

Konkret bedeutet dies, daß prototypische Nomina und auch Nominalisierungen prominenter ("more distinct") sind als nicht-prototypische Wortarten. Hopper & Thompsons Ansatz kann nicht in die (europäische) Wortbildungstradition eingereiht werden. Dennoch lohnt eine Beschäftigung mit ihrem Artikel, da man dort auf eine Anwendung stößt, die für die Wortbildungstheorie aus kognitiver Sicht interessant ist: der sog. *category shift*, d.h. die Umwandlung einer nominalen in eine verbale Kategorie oder umgekehrt (vgl. Hopper &

Thompson 1985: 176ff). Auf sprachlicher Ebene drücken sich diese Kategorienverschiebungen in Form von Derivation (Suffigierung) und Nullableitung aus. Die Autoren stellen fest, daß in den meisten Sprachen zwar eine elaborierte Morphologie vorhanden ist, um Verben in Nomina umzuwandeln (*nominalizing morphology*), während deren Morphologie, mit Hilfe derer Nomina in Verben konvertiert werden können, meist weniger stark ausgeprägt ist. Für letzteren Prozeß existieren z.B. im Englischen erheblich weniger Affixe, aber auch das Nullmorphem, während für ersteren zahlreiche Suffixe wie *-al, -ion, -ment* etc. zur Verfügung stehen. Für die Konvertierung von Nomen zu Verb ist die für das Englische typische Nullableitung einsetzbar. Der Grund hierfür liegt nach Ansicht von Hopper & Thompson darin, daß das menschliche Denken mit konkreten Ganzheiten, die sich typischerweise in Nomen ausdrücken, einfacher umgehen kann als mit Abstraktionen, und daher muß bei einer Umwandlung von Nomen zu Verb (*squirrel, breakfast*) nicht unbedingt ein Suffix an die Oberfläche treten. Anhand von Nominalisierungen (z.B. *the preparation of the manuscript*) wird dies umso deutlicher: deren Funktion ist es, sich auf ein Ereignis zu beziehen, wodurch dies nicht mehr als Vorgang (*to prepare ...*), sondern als Entität angesehen wird. Weil es sich nun um ein Konzept handelt, das *time-stable* ist, können wir damit sowohl sprachlich als auch kognitiv besser umgehen.[14] Das Nichtvorhandensein eines Verbalisierungsprozesses erklären sie damit, daß wir es vermeiden, konkrete Dinge abstrakter zu behandeln als nötig.

Zum Abschluß der Diskussion zur kognitiven Linguistik folgt nun eine kurze Zusammenfassung der für das weitere Fortschreiten der Argumentation wesentlichen Aspekte:

a) Insgesamt schließe ich mich der experientialistischen / holistischen Perspektive an. Der logische / modulare Ansatz kommt deshalb nicht in Frage, da er aufgrund der strengen Formalisierungen die wichtigen sprachlichen und kognitiven Phänomene der Metapher und Metonymie nicht zu erklären vermag.
b) Sprache fasse ich allgemein als Produkt der Kognition auf (vgl. Radden 1992: 513). Sprachliche Strukturen, z.B. metaphorische Ausdrücke, lassen Rückschlüsse auf kognitive Strukturen zu. Dies gilt für alle Ebenen des Sprachsystems, wobei Hauptuntersuchungsgegenstand das Lexikon darstellt.
c) Die Kognitive Linguistik betrachte ich nicht als Fortsetzung der chronologischen Entwicklung der sprachwissenschaftlichen Betrachtungsebenen und Teildisziplinen (Phonologie – Morphologie – Syntax – Semantik – Pragmatik / Soziolinguistik – Kognitive Linguistik). Die kognitive Sicht der Sprache funktioniert meiner Ansicht nach wie ein Schirm, der über die linguistischen Disziplinen Phonologie, Morphologie / Wortbildung, Syntax und Semantik gespannt werden kann und der die Antworten auf die entsprechenden Problemstellungen in einem anderen, in vieler Hinsicht klareren Licht erscheinen läßt (vgl. auch 5.1).
d) Bzgl. der Methodik ziehe ich diejenigen Erkenntnisse *aus* der Kognitiven Linguistik *für* die Sprachwissenschaft (Lexikologie) heran, welche sich aufgrund von psycho- und neurolinguistischen Untersuchungen hinsichtlich ihrer psychologischen Realität als plau-

---

[14] Näheres zur *time-stability* von Verb-, Nomen- und Adjektivkategorien kann nachgelesen werden in: Givón (1979), Givón (1984), Engelkamp (1988), Langacker (1987b) und Radden (1992).

sibel erwiesen haben, um meine Thesen (vgl. 2.5) abzusichern, auf deren Grundlage die empirischen Untersuchungen am Korpus stattfinden.

Im folgenden Abschnitt wird der Frage nachgegangen, inwieweit und in welcher Hinsicht sich die in diesem Punkt 2.3 dargestellten kognitiv-linguistischen Ansätze bereits auf die Disziplinen Wortbildung, Lexikologie und Lexikographie ausgewirkt haben.

## 2.4 Kognitiv-linguistische Ansätze in Wortbildung, Lexikologie und Lexikographie

Die primär innerhalb der US-amerikanischen Tradition verwurzelte Kognitive Linguistik (KoLi) läßt Disziplinen wie 'kognitive Wortbildung', 'kognitive Lexikologie' oder 'kognitive Lexikographie' vermissen. Innerhalb der europäischen Tradition ist die Entwicklung dieser Disziplinen zum Teil schon vollständig im Gange.

### 2.4.1 Wortbildung und Lexikologie aus kognitiv-linguistischer Perspektive

Im ersten Abschnitt dieses Punktes werden Standardwerke der Wortbildungstheorie und Lexikologie auf ihre Berücksichtigung der Metapher und Metonymie hin untersucht und neueren, kognitiv-linguistischen Ansätzen gegenübergestellt. Im Anschluß daran werden weitere Theorien vorgestellt, die ein kognitives Licht auf Wortbildung und Lexikologie werfen.

#### 2.4.1.1 Metapher & Metonymie in Wortbildung und Lexikologie

**Metapher & Metonymie in der konventionellen Wortbildungslehre**
Untersucht man Standardwerke zur Wortbildung, so fällt auf, daß dort Metapher und Metonymie (M&M) generell nicht behandelt werden. Laut Lipka (1994b: 1; 1998: 97) gilt dies insgesamt für die traditionelle Wortbildung seit Hermann Paul.

Einige Autoren erwähnen M&M wenigstens gelegentlich. Dazu gehört beispielsweise Adams (1973). Im Unterpunkt "Word-formation, syntax and sense-development" des Kapitels 14 (213f) erkennt sie, daß diese drei traditionell streng voneinander abgegrenzten Gebiete im Falle von Wortbildungen oft eng miteinander verwoben sind (z.B. *sponge* in *sponge cake, spongy earth*). Auch im Zusammenhang mit *particle compounds* wie *overtower, overpower*, merkt sie (Adams 1973: 120f) an, daß es sich hier um metaphorische Verwendungen handelt.

Bauer (1983: 63) schließt metaphorische Bedeutungserweiterungen wie *headhunter* ('one who recruits executives for a large corporation') aus der Wortbildungsbeschreibung aus, mit der Begründung, daß diese Bildungen, anders als Komposita mit wörtlicher Bedeutung, unvorhersagbar, nicht-regelgeleitet und daher der Kreativität zuzurechnen sind.

Zur Gruppe der Autoren, die M&M zwar erwähnen, sie aber nicht in die Wortbildungstheorie integrieren, gehört auch Kastovsky (1982). Für ihn (Kastovsky 1982: 167f) sind Bildungen wie *paleface* Nullableitungen. Eine Interpretation dieser Komposita als "metonymische Bedeutungsausweitungen" weist er entschieden zurück, da "es sich hierbei um ein äußerst produktives Muster handelt, das zudem in strukturelle Parallele zu Bildungen wie *pigtailer, low-incomer* [...] gestellt werden kann" (Kastovsky 1982: 167).

Marchand ([2]1969: 13ff) nennt Bildungen wie *paleface* Pseudokomposita. Ich stimme zu, daß diese Analyse (*paleface*: Determinans; Nullmorphem: Determinatum) in rein formaler Hinsicht zutreffend ist. Semantisch betrachtet handelt es sich hier wie auch bei Kastovsky um eine Metonymie ('pars pro toto'), präziser ausgedrückt um eine Kombination von Wortbildung und Metonymie.

An dieser Stelle stellt sich die Frage, ob es überhaupt berechtigt ist, M&M einen Platz in der Wortbildung einzuräumen. Denn: durch diese semantischen Prozesse entstehen keine neuen Lexeme, sondern neue zu bestehenden Lexemen gehörige lexikalische Einheiten (Lipka 1994b: 1; Lipka 1998: 97). Lipka (1990: 1208f; [2]1992: 120, 122f; 1994b: 9ff) gelangt zu folgender Lösung: Für die Berechtigung der Behandlung von Semantischem Transfer (ST) im Rahmen der Wortbildung sprechen die zahlreichen Parallelen zwischen Wortbildung und ST. Diese lauten: erstens Produktivität, zweitens Grade der Akzeptabilität, drittens die Möglichkeit der Institutionalisierung und Lexikalisierung und viertens die Kombinierbarkeit von Wortbildungs- mit semantischen Prozessen (z.B. 'metonymisierte' oder 'metaphorisierte' komplexe Lexeme wie *headhunter* oder 'metonymische Komposita' mit einer 'HAVE-Relation' (Lipka 1994b: 10f): *blue helmet, bluestocking*).

Als weitere Gemeinsamkeit zwischen ST und Wortbildung füge ich die **kognitive und sprachliche Ökonomie** hinzu (siehe auch 2.5). Die Polysemie bietet eine optimale Lösung für die effiziente Speicherung von bedeutungsverwandten Lexemen im mentalen Lexikon. Neben Prozessen des ST können jedoch auch die Komposition und Derivation als Mittel angesehen werden, "die mit dem geringsten Aufwand die für die Begriffsspeicherung und -verarbeitung notwendigen Informationen zu repräsentieren gestatten." (Motsch 1983: 118). Wortbildungen bieten im Vergleich zu ihren syntagmatischen Paraphrasen in der Tat eine ökonomische Speichermöglichkeit, da sie dann als Konzepte mit einem Etikett (dem Lexem) versehen im mentalen Lexikon gespeichert und wieder abgerufen werden können (vgl. dazu Leechs (1974: 35ff) Ausführungen zur "concept-forming power of the word").

**Metapher & Metonymie in kognitiv-linguistisch beeinflußten Wortbildungstheorien**

Während keiner der oben besprochenen Autoren der strukturalistisch ausgerichteten Standardwerke zur Wortbildung, weder implizit noch explizit, eine Integration von Metapher und Metonymie in die Wortbildungstheorie bespricht oder gar befürwortet, kommt Lipka (1994b und 1998) zu dem Schluß, daß

> beide [Wortbildung, Metapher & Metonymie] [...] zur dynamischen Lexikologie, nicht aber zur Wortbildung [gehören], *es sei denn in Kombination.* (Lipka 1994b: 13, meine Hervorhebung, MB)

Dieser Lösung schließe ich mich an. Angesichts der Tatsache, daß zahlreiche etablierte und neue Wortbildungen existieren, die metaphorische bzw. metonymische Bedeutung aufweisen (vgl. Abschnitte 4.2 und 4.3), ist es gerechtfertigt, ja sogar unerläßlich, Kombinationen von Wortbildungen mit Bedeutungsübertragungen im Rahmen einer Wortbildungsanalyse und –klassifikation zu behandeln (vgl. Lipka 1994b: 6ff). Wenn man Lexemen wie obigen Beispielen von Adams, Marchand, Bauer und Kastovsky begegnet (*sponge cake, overpower, redskin* etc.), sollte eine Prüfung auf mögliche metaphorische oder metonymische Bedeutungselemente nicht unter den Tisch fallen. Deshalb fordere ich an dieser Stelle eine stärkere und systematische Berücksichtigung dieser Art von Wortbildungen (vgl. meine Typologie der Mischprozesse in 3.3.6) nicht nur in den modernen Werken zur Lexikologie, sondern auch zur Wortbildung. Welte (²1996) etwa läßt diesen Aspekt nach wie vor vermissen: M&M erwähnt er nur äußerst kurz im Zusammenhang mit semantischer Motivation (Welte ²1996: 34), in seiner Wortbildungstypologie tauchen M&M nicht auf. Rudzka-Ostyn (1985) dagegen befaßt sich als eine der ersten mit der Rolle von metaphorischen Prozessen in der Wortbildung, welche sie anhand von niederländischen und polnischen präfigierten Verben erläutert. Durch Anwendung von Theorien aus der kognitiven Grammatik nach Langacker und Lakoff gelingt es ihr zu zeigen, daß es sich nicht um Zufallsphänomene handelt, sondern daß diesen metaphorisierten präfigierten Verben klare Prinzipien zugrundeliegen.

**Metapher und Metonymie in der Lexikologie**

Die bedeutende Rolle von M&M im Wortschatz wird in Werken zur Lexikologie intensiver behandelt als in der Wortbildung. Eine Ausweitung von M&M von der Wortbildung auf die Lexikologie erscheint mir ohnehin sinnvoller, da sowohl monomorphemische *lexical units* als auch Wortbildungen auf ihre Metaphorizität und Metonymizität hin untersucht werden können. So können sämtliche produktive Prozesse zur Wortschatzerweiterung – Lexikonprozesse – integriert analysiert werden. Dies entspricht der in der empirischen Untersuchung angewandten Methodik.

Der Sammelband zur kognitiven Lexikologie (Ungerer 1998) stellt meines Wissens die erste explizite Thematisierung der Lexikologie (und der Syntax) aus kognitiv-linguistischer Perspektive dar. Doch bereits seit den 80er Jahren berücksichtigen Autoren M&M in der Lexikologie:

Hansen et al. (1985: 205ff) schließen M&M als 'Übertragungsbeziehungen' in die lexikalische Semantik ein (vgl. auch Lipka 1994b: 7). Sie erkennen an, daß manche Nullableitungen auch als metaphorisch bzw. metonymisch gesehen werden können (Hansen et al. 1985: 125ff).

Tournier betont in seinen beiden Werken zur englischen Lexikologie (Tournier 1985 und 1988) mehrfach, daß er großen Wert auf eine umfangreiche Behandlung von M&M im Rahmen einer Beschreibung der produktiven Prozesse im englischen Wortschatz legt (z.B. Tournier 1985: 21). Dabei sind M&M für ihn die zwei Hauptarten der Metasemie (*métasémie*). Tournier (1988) teilt Neologismen in drei Kategorien ein (morpho-semantische, semantische und morphologische Neologismen), die auf Saussures Konzept von *signifiant* und *signifié* als Form- und Inhaltsseite des sprachlichen Zeichens basieren (vgl. auch die Darstellung in Lipka ²1992: 93).[15] M&M klassifiziert er als semantische Neologismen.

Lipka (1994b: 1) betont, daß "im Rahmen einer dynamischen Lexikologie [...] semantischer Transfer [...] als produktiver Prozeß im Lexikon eine wichtige Rolle [spielt]."

---

[15] Eine vierte Kategorie von Neologismen bilden die externen Prozesse, d.h. Entlehnungen, welche ich in der gesamten Arbeit unberücksichtigt lasse.

Bei eingehender Analyse der lexikologischen Ansätze kristallisieren sich zwei grundlegende Prinzipien bei ihrer Behandlung von M&M heraus: die traditionell-sprachimmanente und die kognitiv-experientialistische Analyse.

Die meisten Ansätze basieren auf der Merkmalsemantik, so auch Warrens (1992) Untersuchung der *sense developments*. Sie definiert Metapher als "clash between the features of the novel referents and the established semantic features of the words." (Warren 1992: 64). Zur Analyse zieht sie I.A. Richards' Termini *tenor, vehicle, ground* heran. Auch Tourniers (1985, 1988) lexikologische Studien basieren auf der Komponentenanalyse. Tournier (1988: 118ff) definiert Metapher als den Fall, in dem zwei *signifiés* mindestens ein gemeinsames Sem aufweisen. Hansen et al. (1985: 205ff) behandeln Metaphern wie *fox* im Rahmen der lexikalischen Semantik und interpretieren sie als "Vergleichsbeziehung" mit der Formel "Denotat 2 so wie Denotat 1 hinsichtlich Merkmal Z" und verwenden den Begriff des "Tertium comparationis".

Lipkas Metaphernanalysen basieren dagegen nicht ausschließlich auf der Merkmalsemantik – der kognitiv-linguistische Einfluß ist unverkennbar: Für den Metaphorisierungsprozeß spielt für ihn "the universal, cognitive process of comparison" (Lipka 1996: 66) eine entscheidende Rolle. Lipka ($^2$1992: 125f) übernimmt und betont Leisis ($^2$1985: 188f) Auffassung, welcher sich wiederum auf Weinrich bezieht, daß oft nicht ein einziges *tertium comparationis* übertragen wird, sondern eine "ganze Situation", eine "komplexe Pluralität" (Leisi $^2$1985: 184), (vgl. auch Lipka 1989a: 232). Die metaphorische Bedeutung des Vogels *crane* erklärt sich z.B. nicht nur aus der äußerlichen Ähnlichkeit zwischen dem Vogel und der Maschine, sondern beinhaltet auch die für einen Kran typischen Bewegungen. Hier werden also zusätzlich zu bzw. anstelle von statischen Merkmalen dynamische Prozesse und Handlungen übertragen. Lipka ($^2$1992: 126) folgert daraus, daß der *ground* der Metapher hier wie auch in zahlreichen anderen Beispielen (*shuttle, bombardier beetle*, dt. *Wüstenschiff, Pendelbus* etc.) aus einer ganzen prototypischen Szene, aus einer komplexen Situation besteht (vgl. auch Lipka 1996: 59). Dieser Ansatz erweist sich in der empirischen Auswertung (Kapitel 4) als äußerst hilfreich.

Seit Mitte der 80er, insbesondere aber seit Anfang, Mitte der 90er Jahre sind in den wortbildungstheoretischen und lexikologischen Veröffentlichungen kognitiv-linguistische Einflüsse deutlich spürbar. Neben M&M finden sich weitere kognitiv-linguistische Themen, die in den folgenden Abschnitten abgehandelt werden.

#### 2.4.1.2 Kategorisierung, Wortschatzerweiterung und Lexikalisierung aus kognitiver Sicht

Sowohl die horizontale wie auch die vertikale Dimension der Kategorisierung nach Rosch (1978: 30ff) – sie betreffen die Prototypenstruktur resp. die Kategorienhierarchien – fanden Einzug in die Wortbildungstheorie.

Die Idee, das Prototypenkonzept (siehe 2.3.2) auf spachwissenschaftliche Kategorien zu übertragen, ist inzwischen sehr populär geworden.[16] Welte ($^2$1996: 68ff), Fischer (1997: 25ff) und Bauer (1998) stellen die jüngsten Beispiele auf dem Gebiet der Wortbildung dar. Kern dieser Ansätze bildet die Annahme, daß keine klar abgrenzbaren Kategorien, sondern gradierbare Skalen existieren, auf denen die verschiedenen Wortbildungsarten oder auch

---

[16] Vgl. dazu Schmids (1998: 12) kritische Bemerkungen.

Morphemtypen abgetragen werden können. Der Vorteil liegt darin, daß Rand- oder Mischkategorien wie *lexical phrases, combining forms* oder *combinings* (Fischer 1997: 25ff) leichter eingeordnet werden können.

Dressler et al. (1987) und Dressler (1990) wenden die Prototypikalität im Rahmen ihrer Theorie der *natural morphology* auf die Komposition, Derivation und Flexion an. So bestehen die universalen Merkmale eines prototypischen Kompositums u.a. darin, daß es binär und endozentrisch ist, morphosemantische und morphotaktische Transparenz aufweist und existierende freie Morpheme enthält (Dressler 1990: 83ff).

Welte ($^2$1996: 42f) stellt eine "prototypentheoretisch orientierte Neu-Definition des Morphem-Konzepts" vor. Demnach weist ein prototypisches Morphem wie *dog* oder *nation* alle sechs Aspekte auf, unter welchen Morpheme betrachtet werden können (Form, Struktur / Distribution, Morphologie, (Morpho)Syntax, Semantik und Frequenz). Treffen ein oder mehrere Aspekte nicht zu, handelt es sich um ein nicht oder weniger prototypisches Morphem, z.B. das Infinitivsignal *to*.

Bauer (1998) nimmt die Kategorie der *neoclassical compounds*[17] zum Anlaß, um Wortbildungen aus neuartiger, eindeutig von kognitiven Untersuchungen beeinflußter Perspektive zu betrachten:

> it may be useful to view English words as being formed within a *conceptual space* defined by three dimensions: a simplex-compound dimension, a native-foreign dimension and an abbreviated-nonabbreviated dimension. (Bauer 1998: 403, meine Hervorhebung, MB)

Die Kombination dieser drei Dimensionen ergibt eine aus zwölf Kategorien bestehende Matrix, die sich über die Wortbildungstypen Entlehnung, *word manufacture*, Derivation, Komposition, Akronymie und *clipping compounds* erstreckt, welche verschiedene Ausprägungen entlang der drei Dimensionen aufweisen. *Neoclassical compounds* sind hier nicht enthalten, weil sie keinen klar von anderen Wortbildungsarten abgrenzbaren Typ bilden und meist in Kombination mit Derivation oder Komposition auftreten. Bauer (1998: 409) gelangt deshalb zu dem Schluß: "neoclassical compounding acts as some kind of prototype, from which actual formations may diverge in unpredictable ways."

Ich bin gegensätzlicher Meinung: *Neoclassical compounding* stellt *keinen* Prototyp dar, *genau weil* es sich um eine nicht klar definierte Kategorie handelt und diese Art meist in Kombination mit anderen Prozessen auftritt. Bauers Auffassung von *neoclassical compounding* als Prototyp ist demnach unlogisch und widerspricht der in der KoLi üblichen Verwendung von 'Prototyp' als zentrales, am deutlichsten ausgeprägtes Kategorienmitglied, in dessen Umgebung sich periphäre Mitglieder befinden. Bauers (1998: 413) Feststellung an späterer Stelle, *neoclassical compounds* seien "in fact compromise types" drückt eben diesen Widerspruch aus. Es ist unsinnig, *neoclassical compounding* als Prototyp herauszustellen, und Typen wie Komposition und Derivation als Randmitglieder zu sehen. Ich gehe daher umgekehrt davon aus, daß die Wortbildungskategorien Prototypen und Randmitglieder enthalten, wobei *neoclassical compounds* zu den Randmitgliedern zählen (siehe

---

[17] Bauer (1998: 406) faßt diese Wortbildungskategorie auf als Kombination zweier oder mehrerer Wortstämme (*stems*), die sich von regulären (*native*) Komposita darin unterscheiden, daß sie oft ein Infix wie *-o-* enthalten und aus Morphemen mit Ursprung in klassischen Sprachen zusammengesetzt sind.

auch 3.3.1 und 3.3.3). Bauer (1998: 419) ist zwar insgesamt bestrebt, "general cognitive principles for the formation of new words" herauszufinden, liefert jedoch keine ausgereiften Lösungen. Er stellt zum Schluß lediglich fest, daß ein solches kognitives Prinzip "may have to do with transparency" (ibid.).

Im Gegensatz zu den oben vorgestellten Ansätzen legt Kastovsky (1988) eine erheblich größere Skepsis gegenüber der Nützlichkeit der Prototypentheorie für die Wortbildung und -semantik an den Tag. Seine Auffassung, daß die Prototypentheorie keine entscheidenden Vorteile für die Wortbildung bringt, teile ich nicht. Denn erstens entstanden Lipkas *inferential features* teilweise unter dem Einfluß der Prototypensemantik, denn sie können im Rahmen einer Merkmalanalyse *fuzziness of meaning* und weitere bisher problematische Bereiche der strukturellen Semantik erklären (vgl. Lipka ²1992: 114), und zweitens existierten bereits vor 1988 eine Reihe von Studien, die kognitive Aspekte der Wortbildung, u.a. die Prototypikalität, überzeugend darlegen (vgl. Rudzka-Ostyn 1985, Dirven 1985 und 1988).

In engem Zusammenhang mit der Prototypentheorie steht auch das Thema der Kategorienhierarchien und -ebenen. Unser Weltwissen ist in unserer Kognition in Form von hierarchisch angeordneten Begriffen gespeichert.[18] Diese Anordnung ermöglicht eine hohe kognitive Ökonomie (vgl. 2.5).

Ungerer & Schmid (1996: 86ff) erklären das morphologische Phänomen der Komplexität vs. Simplizität von Wortbildungen durch den Zusammenhang mit kognitiven Kategorien. Das Prinzip besagt, daß Basiskategorien typischerweise durch kurze, monomorphemische Lexeme ausgedrückt werden, welche den Kern des Vokabulars ausmachen, während untergeordnete und übergeordnete Kategorien tendentiell in Form von komplexen Lexemen (Komposita, Derivationen etc.) an die sprachliche Oberfläche treten.

Der Basisebene kommt die höchste kognitive Prominenz zu (vgl. Ungerer & Schmid 1996: 72). Schmid (1996) hat in einer empirischen Studie herausgefunden, daß sie auch eine entscheidende Rolle bei der Wortschatzerweiterung spielt. Basiskategorien weisen verglichen mit übergeordneten Kategorien ein erheblich größeres Potential zur Wortschatzerweiterung auf, denn sie liefern das Rohmaterial für Wortbildungsprozesse, *fixed expressions* und metaphorische und metonymische Bedeutungserweiterungen, letztere auch in Kombination mit Komposita.

Motsch (1983) verleiht seinen Überlegungen zur Erweiterung des Lexikons, ohne dies explizit zu intendieren, eine kognitiv-linguistische Perspektive: Er unterscheidet implizit zwischen sprachlicher und kognitiver Ebene, denn er untersucht die Verbindung zwischen Begriffsbildung (Kognition) und Wortbildung (Sprache). Komposita und Derivationen sind für ihn die sprachlichen Mittel, mit denen die Begriffsspeicherung und -verarbeitung mit dem geringstem Aufwand stattfinden kann (kognitive / sprachliche Ökonomie, siehe 2.5).

Die Lexikalisierung aus kognitiver Sicht behandeln Ungerer & Schmid (1998) eingehend (siehe auch Ungerer & Schmid 1996: 95). Sie stützen ihre Forschungen u.a. auf Langackers Baukasten- und Gerüstmetapher, welche zur Beschreibung von N+N-Komposita dienen:

---

[18] Dabei muß unterschieden werden zwischen wissenschaftlichen Klassifikationen, die extrem komplex im Aufbau sind, und sog. *folk taxonomies*, die dem Laienwissen entsprechen und vom wissenschaftlichen Standpunkt aus gesehen auch falsch sein können, etwa wenn WAL in die Kategorie FISCHE eingeordnet wird (vgl. Ungerer & Schmid 1996: 60ff).

Komposita entstehen nicht durch Aneinanderfügen einzelner Konstituenten, sondern die "Basiselemente dienen [...] als konzeptuelles Gerüst, auf das man verzichtet, wenn das einheitliche Konzept des Kompositums etabliert ist" (Ungerer & Schmid 1998: 78). Lexikalisierung sehen sie als graduellen Prozeß an und unterscheiden auf diesem Kontinuum drei Stadien: Spezifikationskomposita, angereicherte Komposita und voll lexikalisierte Komposita.

Weitere neue Impulse für die traditionelle Wortbildungstheorie ergeben sich aus einer Untersuchung zu Attributen von N+N-Komposita. Am Beispiel der untergeordneten Kategorie APPLE JUICE zeigen Ungerer & Schmid (1996: 89ff und 1998: 86ff), daß die traditionelle Analyse eines Kompositums in Determinans (Ds) und Determinatum (Dt) (bzw. *modifier* und *head* in ihrer Terminologie) oft nicht der kognitiven Realität entspricht. Bei einer Informantenbefragung stellte sich heraus, daß das dominante Element wider Erwarten nicht das Ds *juice*, sondern das spezifizierende Dt *apple* ist.

Ungerer & Schmids Erkenntnisse greifen einige Grundannahmen der traditionellen Wortbildungstheorie an. Meiner Auffassung nach widersprechen sich die kognitiv-linguistischen und die traditionellen Ansichten zur Wortbildungstheorie jedoch nicht völlig. Die scheinbaren Widersprüche lassen sich vielmehr auf methodische und begriffliche Unterschiede der beiden Richtungen zurückführen. So bedient sich die konventionelle Wortbildungstheorie zur Beschreibung von Wortbedeutungen der Merkmalsemantik, d.h. ein Lexem wie *raincoat* würde mit notwendigen und nicht-notwendigen Merkmalen definiert. Es wird Wert auf objektive Definitionen gelegt, etwa "waterproof or water-resistent coat" (COD9). Ungerer & Schmids Ansatz dagegen liegen Begriffe aus der kognitiven Semantik zugrunde. Sie untersuchen Attribute, welche nicht nur objektive Merkmale, sondern jegliche subjektiven Assoziationen der Informanten einschließen und erhalten so eine größere Anzahl von Attributen.

Von allen bisher erwähnten Forschern wenden Dressler et al. (1987) und Dressler (1990), die den Ansatz der sog. *Natural Morphology* ins Leben gerufen haben, kognitiv-linguistische Prinzipien am direktesten an. Ihre Theorie, die korrekterweise *Natural Word-formation (and Morphology)* genannt werden müßte, basiert explizit auf kognitiven Annahmen (vgl. Dressler 1990: 76f) und ist in die experientialistische Richtung (siehe 2.3.2) einzuordnen. Diese Sicht wird zum Ausdruck gebracht durch die Anwendung der Prototypentheorie auf die Wortbildung (siehe oben), durch das Prinzip der *perceptual salience* (siehe 2.4.1.3), des weiteren durch die Transparenz und Ikonizität, insbesondere die diagrammatische Ikonizität von Wortbildungen (siehe 2.4.1.4) und durch die kognitive Funktion der Sprache, die in der sprachlichen Etikettierung von Konzepten besteht.

#### 2.4.1.3 Neue Erkenntnisse zur Struktur reduktiver Prozesse

Entgegen der in der konventionellen Wortbildungstheorie wohl selten hinterfragten Annahme, daß Komposition und Affigierung regelgeleitete, vorhersagbare Wortbildungsprozesse darstellen, während nicht-morphematische Prozesse wie Akronymie, Blending und Clipping als unvorhersagbare, nicht-regelgeleitete oder sekundäre Prozesse eingestuft werden (z.B. Bauer 1983: 235, 323; Welte [2]1996), stellt sich durch Beschäftigung mit kognitiv-linguistischen Ansätzen zu wortbildungstheoretischen Fragen verstärkt heraus, daß dieses Postulat generell nicht mehr aufrechtzuerhalten ist.

Dreh- und Angelpunkt stellt hier das auf psycholinguistischen Untersuchungen basierende Prinzip der *perceptual salience* dar (vgl. Dressler 1987: 116f). Es besagt, daß der Wortanfang (insbesondere die Anfangskonsonanten) die höchste perzeptuelle und kognitive Prominenz besitzt, gefolgt vom Wortende und der Wortmitte, welche die geringste *salience* aufweisen. Aitchison ([2]1994: 134ff) nennt dieses Phänomen bildlich *bathtub effect*.

Mit Hilfe dieses Prinzips ist die typische Struktur von Akronymen und Blends zu erklären und die These des Nicht-Regelgeleitetseins dieser Bildungen zu widerlegen. Kürzungen langer Phrasen erfolgen durch eine Aneinanderreihung der Anfangsbuchstaben, welche perzeptuell prominenter sind als Endbuchstaben, daher entstehen *Akronyme*, nicht aber Telonyme (Dressler 1987: 116f).

Das Prinzip erklärt auch die Bildungsweise von Blends. Da Wortanfang und -ende eine erheblich höhere *perceptual salience* aufweisen als die Wortmitte, haben Blends typischerweise folgende Struktur: der Wortanfang des ersten und das Wortende des zweiten einfachen Lexems werden zu einem Blend zusammengezogen, und nicht umgekehrt, z.B. *motel* (*mot*or + ho*tel*), nicht *torhot* (Dressler 1987: 117). Auch Kellys (1998) Untersuchungen bestätigen, daß Blends nicht völlig nicht-regelgeleitet sind. Ihre Bildung und Struktur unterliegt gewissen kognitiven und sprachlichen Prinzipien. Er fand heraus, daß das Wort, von dem die erste Komponente eines Blends abgeleitet ist, tendentiell eine höhere Frequenz aufweist, weniger Silben enthält und prototypischere Kategorienmitglieder bezeichnet als das zweite Wort. Hinsichtlich der Lokalisierung der Grenzen zwischen den Komponenten eines Blends hat sich erwiesen, daß diese sich an den *major phonological joints*, d.h. an den Silben-, Reim- und *onset*-Grenzen befinden. Die Reihenfolge der Komponenten richtet sich im allgemeinen nach der temporalen Abfolge (*breakfast and lunch > brunch*), nicht umgekehrt. Dies entspricht dem kognitiven Prinzip der Ikonizität, speziell dem *sequential order principle* (vgl. 2.3.2).

Entgegen der Meinung von Bauer (1983), Adams (1973) und anderen ist auch Clipping nicht völlig unvorhersagbar. Die Stelle, an der gekürzt wird, befindet sich zwar nicht an einer Morphemgrenze, wird aber dennoch nicht völlig willkürlich gewählt. Laut Tournier (1985: 302f; 1991: 176f) wird ein Lexem erstens so gekürzt, daß noch ein ausreichender Rest übrigbleibt, um das ursprüngliche Lexem, zumindest im Kontext, wiederzuerkennen (dies sorgt für Transparenz), zweitens wird es an Silbengrenzen gekürzt. Als Resultat ergeben sich die häufigsten morpho-phonemischen Muster des Englischen. Sie setzen sich aus Kombinationen von Konsonanten (C) und Vokalen (V) zusammen und lauten: CVC (*pol < politician*), CVCV (*janny < janitor*), CCVC (*croc < crocodile*) und CVCC (*temp < temporary employee*). Vorhersagbar ist ebenfalls das Register, in dem Clipping vorwiegend auftritt: in der Umgangssprache (*substandard English* nach Tournier 1991; vgl. auch Labels wie 'informal' im RHD oder ODNW), wobei Clippings auch in das *Standard English* aufgenommen werden können (*bus, van, pub*). Allgemein bekannt ist auch das Prinzip, daß häufig verwendete Alltags- und auch fachsprachliche, insbesondere lange Lexeme dazu tendieren, ge*clipped* zu werden. Auch Fischer (1997: 49f) erkennt gewisse Regelmäßigkeiten in der Struktur von Clippings: Deren Bildungsregeln entsprechen den phonotaktischen Mustern der Sprache, z.B. "Wenn das Basiswort eine Sequenz von zwei Konsonanten zwischen dem ersten und zweiten Vokal enthält, erhält die geclippte Form entweder beide

Konsonanten (*dorm* > *dormitory*) oder nur den ersten, und zwar wenn die zwei Konsonanten denselben Grad an Klangfülle (*sonority*) aufweisen (*gym* > *gymnasium*)."

Weitere neue Erkenntnisse zu reduktiven Bildungen, speziell im Zusammenhang mit der Kategorisierung, erfahren wir in Ungerer & Schmid (1996: 92ff). Sie erklären das wortbildungstheoretische Phänomen des *(fore-)clipping* im kognitiven Rahmen als Übergang von einer untergeordneten zu einer Basiskategorie. Zur Erklärung ziehen sie die Gerüstmetapher nach Langacker (1987a) heran: Des ersten Elements in Komposita entledigt man sich, wenn es für das Verständnis nicht mehr benötigt wird. Im letzten Stadium entsteht eine neue monomorphemische Basiskategorie (z.B. *motor car* → *car*, *newspaper* → *paper*, *airplane* → *plane* ). Blends wie *motel* oder *heliport* erklären Ungerer & Schmid als Kreuzung (*intersection*) zweier kognitiver Kategorien. Diese Überschneidung wird auf der sprachlichen Ebene jedoch öfter als Komposition denn als Blend realisiert, da die beiden *source categories* in Form von vollständigen Morphemen explizit ausgedrückt werden und so zum besseren Verständnis beitragen. Diese Auffassung läßt sich mühelos mit Fauconnier & Turners (1996) und Fauconniers (1997: 194ff) Theorie des *conceptual blending* vereinigen (vgl. auch Ungerer & Schmid 1998: 78). In ihrer Terminologie sind *(mental) spaces* an der Entstehung eines Blends beteiligt, die mit Ungerer & Schmids kognitiven Kategorien vergleichbar sind. Das Blending zweier Kategorien / *spaces* kann sich in Form von Blends, Komposita oder sogar syntaktischen Strukturen ausdrücken.

#### 2.4.1.4 Ikonizität vs. Arbitrarität im Lexikon

In Punkt 2.3.2 wurde die Ikonizität als kognitiv-linguistisches Prinzip in erster Linie im Zusammenhang mit syntaktischen und morphologischen Strukturen erläutert. In diesem Abschnitt geht es nun neben der Beschreibung lexeminterner ikonischer Strukturen vor allem auch um das Ausmaß der Ikonizität in der Struktur des Lexikons.

Ein Hauptanliegen der kognitiv-linguistischen Ansätze zur Ikonizität ist es, Kritik am Saussure'schen Arbitraritätspostulat zu üben (vgl. Radwanska-Williams 1994: 23ff). Kognitiv-linguistisch orientierte Lexikologen, die teils auf ältere Studien aus den 30er und 40er Jahren zurückgreifen (z.B. Jakobson, Bolinger, vgl. die Aufsätze im *Journal of Pragmatics* 1994), thematisieren die Nicht-Arbitrarität des Lexikons vor einem semiotischen Hintergrund und treten vehement für die Ikonizität des Wortschatzes ein: "instead of iconicity, it is arbitrariness which is the marginal force in the lexicon" (Waugh 1994: 60). Diese betrifft zum einen das sprachliche Zeichen, zum anderen die Wortschatzstruktur.

Das sprachliche Zeichen kann zwar objektiv als arbiträr betrachtet werden; aus der Perspektive der Sprachverwender handelt es sich jedoch um eine natürliche Verbindung zwischen Form und Bedeutung (vgl. auch Dressler et al. 1987: 16f; Kruszewski 1883: 65ff). Jakobson (1971) kritisiert Saussures Auffassung der Arbitrarität des sprachlichen Zeichens als fundamentales Prinzip der Sprachstruktur mit Hilfe von Peirces Zeichentypologie (vgl. Radwanska-Williams 1994: 25ff). Demnach sind *symbols* arbiträre, *icons* nichtarbiträre Zeichen; *indexes* nehmen eine Zwischenposition auf der Skala ein. *Icons* lassen sich weiter unterteilen in *images, diagrams* und *metaphors*. Dementsprechend unterscheidet man zwischen *image iconicity, diagrammatic iconicity* und *metaphorical iconicity* (s.u.; vgl. Hiraga 1994: 6ff; Waugh & Newfield 1995: 193ff). Ikonizität wird in der KoLi häufig mit der Transparenz von Wortbildungen gleichgesetzt. Ein Vorteil von stärker ikonischen und transparenten Zeichenkombinationen besteht darin, daß sie kognitiv leichter zu verarbeiten sind (vgl. Dressler et al. 1987: 16f). Evidenz dafür liefert die Kindersprachenforschung (vgl. Clark 1993).

Ikonizität im Lexikon bedeutet nach Waugh & Newfield (1995) und Waugh (1994), daß der Wortschatz von morphosemantischen Feldern durchzogen ist, die sie auch Wortkonstellationen und lexikalische Netzwerke nennen. Diese vielfältigen Form-Bedeutungs-Relationen zwischen Wörtern kommen durch Verbindungen morphematischer und submorphematischer Einheiten zustande. Letztere sind Phonästheme, z.B. /fl-/, /gr-/ und Submorpheme wie *-ther* in *brother, mother, father*, die ebenso wie die Morpheme entscheidend zur Nicht-Arbitrarität des Wortschatzes beitragen.[19] Im *common core of English* befinden sich laut Waugh und Newfield ganze 125 /fl-/-Wörter und 70 /sl-/-Wörter. Weitere Beispiele für lexikalische Netzwerke sind solche, die durch Homophonie, Reim und gemeinsame Phoneme bzw. Morpheme entstehen, z.B. Verbindungen zwischen *hear* und *ear*, *tie* und *tightly*, *mutter - stutter - sputter* (vgl. Waugh 1994: 60). Morphosemantische Felder bestehen auch zwischen gleich auslautenden Verwandtschaftsbezeichnungen (*mother, father, brother, sister, daughter*) und in dem vielen Demonstrativa gemeinsamen Phonem /ð/ (*the, this, that, they, then, than*).

Ikonische Relationen werden allgemein aufgefaßt als wahrgenommene Ähnlichkeiten zwischen der Welt und der Sprache. Radden (1992: 514) definiert Ikonizität als "the conceived similarity between a form of language and its meaning." Diese Definition unterscheidet sich scheinbar kaum von der allgemeinen Auffassung der Motiviertheit, wie sie etwa in der Wortbildungslehre europäischer Tradition seit de Saussure behandelt wird. An dieser Stelle stellt sich die berechtigte Frage, was denn Neues von der kognitiven Sicht des Phänomens der Verbindung von Form und Bedeutung in sprachlichen Strukturen zu erwarten sei. Die Antwort lautet: Form-Bedeutungsrelationen werden in kognitiven Theorien von Lexem- auf Satzstrukturen ausgeweitet und können damit bisher unerklärte syntaktische Strukturen plausibel analysieren (vgl. 2.3.2). Den primären Unterschied zwischen den Begriffen 'Motivation' und 'Ikonizität' sehe ich jedoch in ihrer Verankerung in bestimmten Richtungen der Sprachwissenschaft bzw. Semiotik. Relative und semantische Motivation werden primär mit traditionellen (Wort)Semantiktheorien in Verbindung gebracht. Ich beziehe sie auf eine sprachimmanente Sicht, in der die Form- und Inhaltsseite des sprachlichen Zeichens analysiert wird. Ikonizität ist dagegen in einem weiteren Kontext – der der Linguistik übergeordneten Disziplin der Semiotik – verwurzelt und von dort aus im Rahmen der KoLi wiederentdeckt worden. Die Ikonizität stellt für mich die phonologische, morphologische und semantische Motivation aus kognitiv-linguistischer Sicht dar (vgl. 2.5).

In ihren Erläuterungen machen Waugh und Newfield deutlich, daß entgegen herkömmlicher Annahmen starke Korrespondenzen zwischen Form und Bedeutung im Lexikon existieren. 'Form' bezieht sich dabei einerseits auf die Laut-, andererseits auf die Morphem-

---

[19] Meiner Auffassung nach liegt auch herkömmlichen Ansätzen zur Wortschatzstruktur die implizite Annahme der Nicht-Arbitrarität zugrunde, da großer Wert auf die Strukturiertheit des Wortschatzes (durch paradigmatische und syntagmatische Verbindungen zwischen Lexemen und Lexikoneinheiten) gelegt wird (vgl. z.B. Hansen et al. ²1985: 220f) und eine Definition des Lexikons als unstrukturierte Anhäufung lexikalischer Elemente strikt abgelehnt wird (vgl. Lipka ²1992: 4ff; 130ff).

struktur. In folgender Abbildung werden Waugh und Newfields Ausführungen zu *image* und *diagrammatic iconicity* schematisch dargestellt:

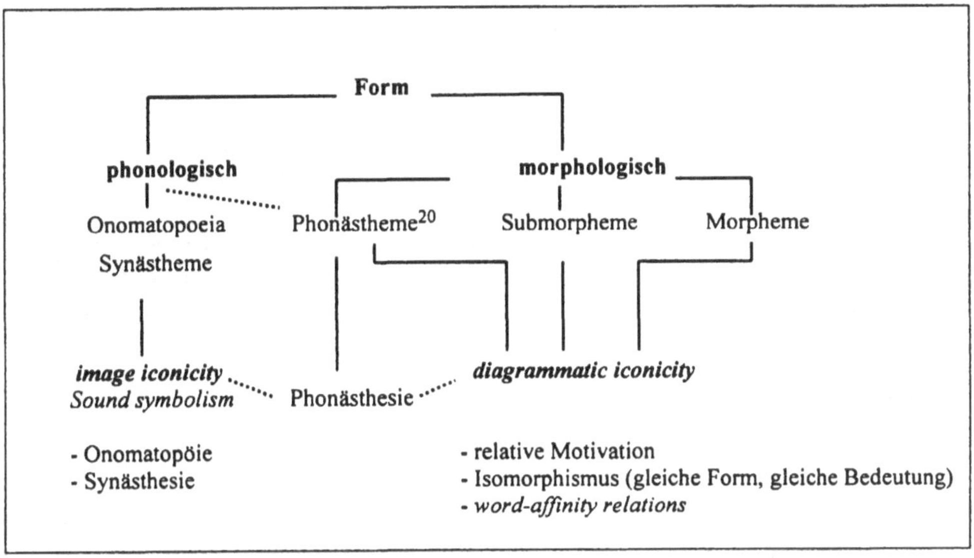


Abbildung 2.4: *image iconicity* und *diagrammatic iconicity* nach Waugh & Newfield (1995)

***Image iconicity***
Es handelt sich um Ikonizität bzgl. der Lautstruktur. Images drücken sich in Form von *sound symbolism* – Onomatopöie und Synästhesie – aus (Waugh & Newfield 1995: 195). Onomatopoeia machen bekanntlich einen geringen Anteil am Gesamtvokabular aus; Synästheme dagegen sind stärker vertreten.

***Diagrammatic iconicity***
Bei Wortbildungen spielt diese Art lexikalischer Ikonizität die größte Rolle (Dressler 1987: 101ff) und ist quantitativ deutlich stärker im Lexikon vertreten als *image iconicity*: sie betrifft sämtliche Lexeme mit Ausnahme der monomorphemischen Lexeme. *Icons* vom Typ der *diagrams* sind für die relative Motiviertheit von Lexemen zuständig. Diese Art der Ikonizität betrifft Morphem- und Submorphemstrukturen und liegt in der systematischen Rekurrenz bestimmter Form-Bedeutungs-Korrespondenzen begründet. Diesen liegt laut Waugh & Newfield (1995) und Waugh (1994: 56ff) das Prinzip des Isomorphismus zugrunde ("Gleichheit der Form signalisiert Gleichheit der Bedeutung"; "Unterschied in der Form signalisiert Unterschied in der Bedeutung"). Der Isomorphismus drückt sich in *word-affinity relations* aus, die zwischen Morphemen, Submorphemen und Phonästhemen beste-

[20] Waugh & Newfield behandeln Phonästheme ausschließlich als morphologische Strukturen, und somit unter diagrammatischer Ikonizität. Meiner Ansicht nach nehmen Phonästheme (wie /fl/, /ash/) jedoch eine Zwischenposition zwischen Phonemen und Morphemen ein, denn sie sind submorphematische, aber auch phonologische Einheiten. Die gestrichelte Linie signalisiert diese Auffassung.

hen, z.B. *dancer, worker, driver, speaker.* Das Morphem *-er* stellt dabei eine diagrammatisch-ikonische Einheit dar, da es in allen Lexemen der Reihe auf dieselbe Bedeutung hinweist (Waugh & Newfield 1995: 197).

Aus dieser Betrachtungsweise des Lexikons ergeben sich Konsequenzen für die Morphologie und Wortbildung. Waugh und Newfield legen bei ihrer Definition des Wortes weniger Wert auf seine Zusammengesetztheit (*compositionality*) als vielmehr auf seine Eigenschaft als *holistisches Gebilde*: "The word [...] is a gestalt (a unified whole)" (Waugh & Newfield 1995: 203; vgl. auch Waugh 1994: 61ff, Leisi ²1985: 41, 45 und Lipka 1989a: 225). Dieses Wortverständnis läßt insgesamt genügend Raum für eine differenzierte und neuartige Erklärung von Neologismen: viele neue Wörter, insbesondere Blends und Analogiebildungen, entstehen nicht durch Kombination von Morphemen, sondern durch das Wirken von Submorphemen, Phonästhemen und Semi-Morphemen (Waugh & Newfield 1995: 207). Diese Wortbildungsprozesse bringen sogar neue Morpheme hervor (siehe Punkt 3.3.2).

***Metaphorical iconicity***

Die dritte im Lexikon wirkende Art von Ikonizität stellt die *metaphorical iconicity* dar (vgl. Hiraga 1994 und Radwanska-Williams 1994). Die Metaphorizität ist ein wichtiger Bereich, mit dem die Ikonizität in kognitiv-linguistischen Studien häufig in Verbindung gebracht wird:

> The term *iconicity* is used here to refer both to the internal imagery content of a metaphor, and to the semiotic theory (e.g., Peirce 1985) that views metaphor as an external iconic (pictorial) sign that has been transformed into a linguistic one. (Danesi 1995: 266, Hervorhebungen im Original)

In der Metapher ist nach Peirces Semiotiktheorie der höchste und abstrakteste Grad der Ikonizität verwirklicht.

Zu Waugh und Newfield ist kritisch anzumerken, daß sie ihre Thesen nicht auf Erkenntnisse zum mentalen Lexikon stützen. Diese könnten ihren Ansatz noch weiter stärken, da dort Vernetzungen zwischen Wörtern eine entscheidende Rolle einnehmen. Es sei deshalb auf das in 2.2.2, 3.1.6 und 3.1.7 entwickelte Modell des mentalen Lexikons hingewiesen.

Die Ikonizität – ob *image*, *diagrammatic* oder *metaphorical iconicity* – stellt ein graduelles Phänomen dar, und zwar sowohl hinsichtlich einer synchronischen als auch einer diachronischen Betrachtung des Lexikons. Das Kontinuum Arbitrarität – Ikonizität muß, um das Ausmaß von ikonischen Kräften im Lexikon verständlich zu machen, auch aus Sicht der Sprachentstehung und im Hinblick auf die Evolution von *icons*, *diagrams* bzw. *metaphors* zu *symbols* (Peirce'sche Terminologie) gesehen werden (vgl. Givón 1985: 213ff). Sprachverwendern wohnt ein ständiges Bestreben inne, sprachliche Zeichen zu ent-arbitrarisieren:

> When confronted with seemingly arbitrary relations between code and coded, we strive to discover, construe and impose some measure of iconicity. (Givón 1985: 215).

Der Drang nach Ikonisierung bzw. Motivationsgebung als Gegengewicht zu arbiträren sprachlichen Strukturen drückt sich u.a. im Phänomen der Volksetymologie und Remotivation aus (siehe Punkt 3.3.4.5). Auch anhand der Kindersprache ist die ursprüngliche Tendenz des Menschen zur Ikonizität abzulesen. Das Kind verfügt am Anfang seiner Sprachentwicklung über eine weitgehend ikonisch strukturierte Kognition, welche sich sprachlich in Form von Metaphern und Bildern manifestiert (z.B. 'Mond' als Bezeichnung für ähnlich aussehende, runde Objekte, z.B. eine Zitronenscheibe, ein Bedienknopf einer Spülmaschine, ein Lampenschirm etc.), und geht im Laufe seiner Entwicklung zu immer abstrakterem Denken und entsprechend symbolischeren (im Peirce'schen Sinne) sprachlichen Formen über (vgl. Clark 1993: 33ff; Slobin 1985; Danesi 1995).

### 2.4.2 Lexikographie aus kognitiv-linguistischer Perspektive

Das Erkenntnisinteresse dieses Abschnittes besteht aus folgenden Fragestellungen:

a) Inwieweit wird das Thema 'Metapher und Metonymie im Wortschatz' in der lexikographischen Praxis behandelt (Punkt 2.4.2.1)? Diese Frage ist gerechtfertigt, da ein beträchtlicher Anteil der Wörterbucheinträge im Englischen polysem ist und die einzelnen lexikalischen Einheiten potentielle Metaphern bzw. Metonymien darstellen.
b) Was hat es mit Lieberts (1992) Konzept eines Wörterbuchs der Metaphernbereiche der (deutschen) Alltagssprache auf sich und ist ein solches Wörterbuch sinnvoll (2.4.2.2)?
c) Welche weiteren kognitiv- bzw. psycholinguistischen Erkenntnisse wurden in der Lexikographie umgesetzt (2.4.2.2)?

Die Untersuchungen in diesem Abschnitt stehen in unmittelbarem Zusammenhang mit der empirischen (Vor)Arbeit – der Korpuszusammenstellung (siehe 3.2) und dessen Auswertung (Kap. 4). Lexeme, die in den zugrundeliegenden Wörterbüchern als Metapher bzw. Metonymie markiert waren, wurden nicht unkritisch als ebensolche übernommen (vgl. 4.3.3).

#### 2.4.2.1 Metapher & Metonymie in Wörterbüchern

> Lexicographers are not too sure what to do with metaphor. It makes us nervous. (Ayto 1988: 49)

Wie in 2.4.1.1 festgestellt wurde, so werden in der konventionellen Wortbildungstheorie (d.h. bis Anfang der 80er Jahre) semantische Phänomene wie Metapher und Metonymie vernachlässigt, obwohl es sich um hochproduktive Prozesse zur Erweiterung des Wortschatzes handelt. Diese Lücke spiegelt sich auch in der Lexikographie wieder: Sowohl fremde als auch eigene Untersuchungen zeigen, daß der Metaphorizität[21] von *lexical units* in Wörterbüchern wenig Beachtung geschenkt wird. Wenn übertragene Bedeutungen dennoch markiert werden, so findet man im allgemeinen eine inkonsequente und unsystematische Verwendung der Labels *fig.* bzw. *transf.* vor (vgl. dazu Aytos (1988: 49) heftige Kritik an diesem Vorgehen, z.B. im OED1). Obiges Zitat liefert eine, wenn auch unbefriedigende Erklärung für dieses Phänomen.

Ayto (1988: 49) bemängelt die Tatsache, daß Metaphern in den *Oxford* und *Chambers dictionaries* nur unzulänglich behandelt werden. Dies stellt insbesondere bei *learners'*

[21] Im folgenden schließen die Begriffe 'Metapher', 'Metaphorizität', 'metaphorisch' etc. auch Metonymien ein.

*dictionaries* ein Problem dar, weil etwa im Bereich der Tiermetaphern große kulturelle Unterschiede zwischen den verschiedenen Sprachen bestehen. Ferner werden in diesen Wörterbüchern figurative Bedeutungen oft nicht definiert (z.B. *burden, cage*), was darauf zurückzuführen ist, daß sich die Lexikographen auf die Fähigkeit der Verwender verlassen, die Brücke zwischen wörtlicher und übertragener Bedeutung schlagen zu können. Auch Tournier (1985: 261 und 1991: 165) spürt in seinen Untersuchungen des COD5 und COD7 erhebliche Schwachstellen auf. So finden sich zwar viele *lexical units* mit metaphorischer Bedeutung, die korrekt mit dem Label *fig.* gekennzeichnet sind. Andererseits spürt Tournier auch Einträge mit übertragener Bedeutung auf, die nicht als solche markiert sind.

Sicherlich stellt sich die generelle Frage, ob es überhaupt notwendig ist, in Wörterbüchern auf metaphorische Bedeutungen hinzuweisen. Liebert (1992: 156ff) betont, daß sich aus Sicht des Benutzers eines alphabetischen, semasiologischen Wörterbuches die Frage der Markierung von Metaphern nicht stellt. Meiner Ansicht nach muß man zur Beantwortung dieser Frage präzise nach Wörterbuchart und Zielgruppe differenzieren: Eine Kennzeichnung von Metaphern und Metonymien in monolingualen *standard desk dictionaries* wie dem COD oder dem RHWCD ist nicht nötig, da die Durchschnittsbenutzer zum einen Muttersprachler sind, die mit ihrer eigenen Kultur vertraut sind, und sie zum anderen i.d.R. kein wissenschaftliches Interesse hegen. Eine besondere Berücksichtigung im Sinne einer ausführlichen Erklärung von Metaphern in *learners' dictionaries* halte ich jedoch für unerläßlich, da diese oft komplexe kulturelle Modelle (vgl. 2.5) enthalten, deren Kenntnis bei Nicht-Muttersprachlern nicht vorausgesetzt werden kann, vor allem, wenn sie aus einem nicht-westlichen Kulturkreis stammen (vgl. Ayto 1988: 53f). Auch von Wörterbüchern, die vorwiegend zu wissenschaftlichen Zwecken genutzt werden, allen voran dem OED2, kann verlangt werden, daß sie M&M nach klar definierten Kriterien markieren.

So viel zu meinen Ansprüchen an die Lexikographie hinsichtlich ihrer Behandlung von M&M. Sehen wir uns nun die lexikographische Praxis genauer an. Ich führte eine entsprechende Untersuchung ausgewählter Wörterbücher durch, deren Resultate nachfolgend präsentiert werden.

Neologismenwörterbücher beschäftigen sich in ihren Einführungen generell verhältnismäßig ausführlich mit Metaphern. So erwähnt z.B. Algeo (1991) Metapher und Metonymie als zwei von vier Arten von *shifts of meaning*. In den Einträgen selber werden diese Bezeichnungen jedoch nicht angegeben. Im DNE1 (1973: 13ff) dagegen werden übertragene Bedeutungen in den Einträgen markiert, etwa mit "a figurative sense of the term" (*launching pad*), "a transferred sense of ..." (*track record*) oder "an extended sense of ..." (*lifer*). Die Kriterien für die Unterscheidung zwischen "figurative", "transferred" und "extended" werden jedoch nicht erläutert. Diese Schwachstelle wurde im DNE3 (1990: xvi) teilweise behoben. *Transferred sense* wird für übertragene analogische Verwendungen, *figurative* für 'figurative' Verwendungen (welche jedoch nicht näher definiert werden) benutzt. In den Etymologien werden jedoch nur *figurative* bzw. *extended senses* angegeben.

Im *learners' dictionary* LDELC werden Metaphern zwar nicht explizit angesprochen, jedoch werden entsprechende Einträge aufgrund der starken Betonung der kulturellen Aspekte der Sprache im Wörterbuch vorteilhafter erklärt. Im Gegensatz zu anderen Wörterbüchern neigt das LDELC generell zu subjektiveren und kulturspezifischeren Definitionen und schließt mehr als nur die notwendigen Merkmale ein. Folgendes Zitat verdeutlicht dies:

> The connotations of some of the items entered here [...] are often essential to a full understanding of a passage. For example, what associations do native-speakers of English naturally have with items such as *Rolls Royce* or the *National Enquirer*? It is surely necessary to understand the reputation for high quality associated with the name *Rolls Royce* in order to understand a sentence like *Our company provides a Rolls Royce service*, and so this information is clearly stated in the definition. (LDELC: *preface*; Hervorhebungen im Original)

Bei dem Beispiel *Rolls Royce service* handelt es sich um eine Metapher, was Della Summers nicht erwähnt. Dies halte ich, wie erwähnt, bei einem *learners' dictionary* für nicht unbedingt nötig, wenn wie hier auf den kulturellen Kontext und auf die Assoziationen von *native speakers* mit bestimmten Lexemen verwiesen wird. Diese nicht-notwendigen Informationen beziehen sich auf kulturelle Modelle, die bei Metaphern eine große Rolle spielen. Informationen wie 'inexpensive' und 'Spam was popular in Britain [...] but is not eaten so much now' (LDELC) für *spam* ermöglichen es den Sprachinteressierten, metaphorische Bedeutungen (Definition des Computerlexems *spam*: siehe die Analyse in 4.3.2) mit größerer Leichtigkeit zu inferieren als ausschließlich mit Hilfe notwendiger Bedeutungen ('tinned meat', etc.).

In Bergs *Guide to the Oxford English Dictionary* (1993: 83ff) sind Informationen über die Handhabung von übertragenen Bedeutungen im OED2 zu erfahren. Das Label *fig.* wird für metaphorische Bedeutungen bzw. Vergleiche verwendet (Beispiel: *to unspool (a story in one's thoughts)*), während *transf.* Bedeutungen markiert, die in einem unüblichen Kontext verwendet werden, beispielsweise *a tower (of cakes)*. Über die genauen Unterscheidungskriterien zwischen *transf.* und *fig.* ist jedoch nichts zu erfahren, man kann nur anhand der angegebenen Beispiele spekulieren: Es scheint hier so, als würden abstrakte übertragene Bedeutungen eher als *fig.* eingestuft, während konkrete übertragene Bedeutungen (wie *tower of cakes*) mit *transf.* markiert werden. Meiner Auffassung nach handelt es sich bei *beiden* Bezeichnungen um Metaphern. Sie unterscheiden sich lediglich darin, daß bei den Beispielen mit *fig.* eine Übertragung von einem konkreten auf einen abstrakten Bereich, und bei *transf.* eine Übertragung von einem konkreten auf einen anderen konkreten Bereich stattfindet. Metonyme werden im OED2 mit *metonym* oder *metonymy* markiert. Diese Kennzeichnung wird "occasionally used to refer to the use of a word in a particular type of transferred sense, when the name of an attribute or adjunct is substituted for the thing meant" (Berg 1993: 141), z.B. *palace* für *monarch*.

Diese Definition halte ich für zu ungenau. Eine Untersuchung des OED2 (CD) sollte deshalb Aufschluß über die lexikographische Realität der in Berg (1993) beschriebenen Kategorien Metapher und Metonymie im OED geben. Es wurden insgesamt fünf Suchen durchgeführt. Als Suchbefehl wurde 'Search / Definition' und nachfolgend das gesuchte Label eingegeben. Die Suche nach *metaphor* ergab 75 Resultate, z.B.

> consume v: *fig.* (formerly chiefly figuring the action of fire); in mod. use, the metaphor of fire is less prominent: to engage the full attention or energy of, to engross.

> fuel n: Food, regarded as that which supplies the body with energy; those constituents of food which are utilized by the body to produce energy. (Usu. as a conscious metaphor.)

Die Suche nach *fig* ergab 24 350 Resultate, z.B.

down prep. [...] Also *fig.* (e.g. of time; cf. the adv.)

drop n *fig.* A sheer fall or descent in anything measured by a scale; e.g. in prices, values, atmospheric pressure, temperature, etc.

Mit dem Label *transf* sind 11405 Untereinträge gekennzeichnet, z.B.

screwball v *transf.* to travel like a screwball.

sea n *transf.* A large level tract (of some material substance or aggregate of objects).

Zusätzlich finden sich insgesamt 171 Einträge, die mit *fig. and transf.* gekennzeichnet sind (diese sind bereits in den Suchergebnissen zu *transf.* und *fig.* enthalten), z.B.

blood n *fig.* and *transf.* Applied, always with conscious reference to prec., to liquids or juices in some way resembling or suggesting it [...].

bloom v *fig.* and *transf.* To come into full beauty; to be in fresh beauty and vigour; to flourish.

Es sind nur 26 Metonyme zu finden, die mit *metonymy*, nicht wie in Berg (1993) angegeben auch mit *metonym*, markiert sind, z.B. *palace* n, *barrel* n.

Im OED werden M&M quantitativ stark berücksichtigt, da insgesamt zehntausende von Untereinträgen mit den entsprechenden Labels gekennzeichnet sind. Dennoch ist dieses Vorgehen qualitativ etwas fragwürdig, da die Unterscheidung zwischen *transf.* und *fig.* nicht deutlich hervorgeht. Meine o.g. These, die ich aus den in Berg (1993) angegebenen Beispielen abgeleitet habe, nämlich daß *fig.* für Metaphern verwendet wird, die eine Übertragung von einem konkreten auf einen abstrakten Bereich darstellt, während *transf.* für Metaphern gewählt wird, die eine Übertragung von einem konkreten auf einen anderen konkreten Bereich darstellen, trifft für manche Stichproben zu, z.B.

anchor n *transf.* Any contrivance or instrument which fulfils a similar purpose to that of an anchor, by holding fast or giving security. (konkret → konkret?)

abortion n *fig.* Failure (of aim or promise). (konkret? → abstrakt).

Auf andere Beispiele ist diese Unterscheidung wiederum nicht anzuwenden, z.B.

earthworm n *fig.* As a disparaging designation for a human being, *esp.* a mean or grovelling person. (konkret → konkret) oder

elephant *fig.* of a man of huge stature. (konkret → konkret)

Es war nicht möglich, im Rahmen dieser Untersuchung ein anderes verläßliches Unterscheidungskriterium für *transf* vs. *fig.* zu finden. Diese inkonsequente Markierung von Einträgen zeigt sich auch an den Definitionen der entsprechenden Einträge, die teilweise zirkulär sind:

metonym n: A word used in a transferred sense.

metonymy: A figure of speech which consists in substituting for the name of a thing the name of an attribute of it or of something closely related.

metaphor: The figure of speech in which a name or descriptive term is transferred to some object different from, but analogous to, that to which it is properly applicable; an instance of this, a metaphorical expression.

figurative adj: Of speech: Based on, or involving the use of, figures or metaphors; metaphorical, not literal.

Oft werden Metonyme im OED2 gar nicht als solche markiert (z.B. *head* für Person: "Put for the person himself: in reference to his mind or disposition [...], or to some quality or attribute."). Auch weitere übertragene Bedeutungen von *head* werden nicht als Metaphern gekennzeichnet: "The top, summit, upper end (of an eminence, or erection, as a pole, pile, mast, sail", "The top of a page or writing ... ". In Teil III des Eintrages von *head* werden jedoch wiederum "Various figurative uses arising from preceding senses" aufgelistet (z.B. *head* für Führungsperson, Hauptstadt, etc.), welche jedoch inkonsequenterweise nicht weiter spezifiziert werden.

Insgesamt ist eine erhebliche Diskrepanz zwischen theoretischer Beschreibung in Berg (1993) und tatsächlicher, konsequenter Anwendung der Markierungen *transf.*, *fig.* und *metonym* in den Wörterbucheinträgen des OED2 festzustellen.

Im RHD (CD) werden M&M quantitativ erheblich weniger berücksichtigt als im OED2 (CD), weshalb sich die Frage der konsequenten Behandlung erübrigt. Es finden sich erstens keine Definitionen von *metaphor* oder *fig. use* im Glossar bzw. der Anleitung, zweitens werden diese Labels höchst selten vergeben: Eine stichprobenartige Untersuchung mehrerer polysemer Lexeme (z.B. *chain*, *flame*, *mouse*) ergab, daß in den Definitionen nie auf metaphorische oder metonymische Bedeutungen hingewiesen wird. Eine gezielte Suche bestätigte diesen Eindruck: Im elektronischen RHD kann man den Suchtyp 'Search on Definitions' eingeben und dann den Befehl zur automatischen Suche nach *fig.* und *metaphor* erteilen. Als Suchergebnis erscheint *fig.* nicht als Label, sondern lediglich in der Bedeutung 'Feige', ebenso erscheint *metaphor* nur als zur Definition beitragendes Element. Der nächste Schritt bestand darin, in der Etymologie nach den Labels *fig.* und *metaphor* der Einträge zu suchen. Dazu wurde der Suchtyp 'Search on Definitions' gewählt und im 'Filter' die Suche zusätzlich auf 'Etymology' eingeschränkt. Suchergebnis waren lediglich fünf Metaphern und fünf Erwähnungen von *fig. use* (ursprünglich 25, von welchen jedoch 20 die Bedeutung *Feige* hatten). Beispiele:

cruiserweight, *n. Brit.* a light-heavyweight boxer. [1915–20; so called by metaphor, since a cruiser is the second heaviest naval ship]

toast [...] a salutation or a few words of congratulation, good wishes, appreciation, remembrance, etc., uttered immediately before drinking to a person, event, etc. [1690–1700; fig. use of TOAST 1 (n.); the name of a lady so honored was said to give flavor to the drink comparable to that given by spiced toast]

Es kann nicht sein, daß nur zehn von insgesamt hunderttausenden Lexemen und *lexical units* übertragene Bedeutung haben. Im RHD spielen M&M somit eine extrem marginale Rolle.

An dieser Stelle muß eingeräumt werden, daß die Entscheidung darüber, welche Bedeutung eine Metapher oder eine Metonymie ist, in der Tat oftmals nicht eindeutig zu fällen ist. Erstens existieren diverse Zwischenformen – Metaphtonymien (vgl. 3.3.4.3) –, zweitens muß in Zweifelsfällen die endgültige Entscheidung oft nach subjektiv-intuitiver Einschätzung getroffen werden (vgl. Warren 1992: 33f; Leisi $^{2}$1985: 185).

Wenn man diese Umstände bedenkt, wäre es den Lexikographen nicht anzukreiden, daß sie bei der Markierung von Einträgen mit übertragenen Bedeutungen häufig inkonsequent vorgehen oder diese möglicherweise aus Unsicherheitsgründen nicht berücksichtigen.[22] Dennoch besteht meiner Auffassung nach vor allem im OED2, das wissenschaftlichen Ansprüchen gerecht werden soll, und dessen Prinzipien sogar in einem ausführlichen Begleitbuch (Berg 1993) dokumentiert werden, ein erheblicher Verbesserungsbedarf. Eine solche Verbesserung könnte meines Erachtens darin bestehen, zunächst fundiertere Definitionen von Metaphern, Metonymien und evtl. Unterarten und Zwischenformen zu konzipieren. Ein zweiter Schritt bestünde in der konkreten, für alle Lexikographen verbindlichen Anwendung der Definitionskriterien auf die Einträge bzw. Untereinträge. Es wird sich zeigen, ob das OED3 in dieser Hinsicht Optimierungen vornehmen wird.

### 2.4.2.2 Kognitive Lexikographie

Der Begriff 'Kognitive Lexikographie' wurde meines Wissens von Liebert (1992) geprägt. Sein Ansatz unterscheidet sich gegenüber den Untersuchungen im vorherigen Abschnitt darin, daß er (Liebert 1992: 156ff und 203ff) für ein neuartiges, onomasiologisches Wörterbuch der festen Metaphern der deutschen Alltagssprache plädiert, und nicht etwa für das konsequente Markieren übertragener Bedeutungen in *semasiologischen* Wörterbüchern. Der Grund ist, daß semasiologische Wörterbücher seiner Meinung nach damit überfordert sind, Benutzer zur Bildung neuer Metaphern anzuregen. Nur in semantische Bereiche gegliederte Wörterbücher können dieses Ziel erreichen. Der Zweck besteht darin, speziellen Benutzern das Bilden neuer kreativer Metaphern (Ad-hoc Metaphern) zu erleichtern. Liebert geht es nicht darum, eine Hilfe für die Sprach*rezeption* bereitzustellen, wie es etwa in *learners' dictionaries* der Fall wäre, sondern darum, ein Wörterbuch als Hilfe bei der Metaphern*produktion* zu konzipieren (Liebert 1992: 157).

Zielgruppe sind erstens Journalisten, deren Suche nach neuen, kreativen Ad-hoc Metaphern beim Texten erleichtert wird, zweitens Übersetzer, die so leichter mit fremdsprachiger Metaphorik zurechtkommen können. Eine computerisierte Datenbank, von der man

[22] Zu bedenken gilt ferner, daß das OED nicht von einem, sondern von mehreren Lexikographen (gleichzeitig) bearbeitet wurde bzw. wird (vgl. Berg 1993: 118).

Quell- und Zielbereiche abrufen kann (z.B. "alle Zielbereiche für 'Wasser'", Liebert 1992: 193), soll die Benutzung erleichtern. Es wird mit einer Kombination von (Hyper-)Text, Bildern und Animationen gearbeitet (vgl. das Beispiel 'Geldregen', ibid.: 216).

Was bedeutet nun 'Kognitive Lexikographie'? Die Kognitive Lexikographie nimmt laut Liebert (1992: 203ff) eine lexikographische Kodifizierung einer Lexik oder eines Teilbereiches einer Lexik relativ zu kognitiven Modellen (*frames, ICMs*) vor. Liebert betrachtet den Wortschatz nicht als alphabetisch strukturiert, sondern als nach den mit der menschlichen Erfahrung verbundenen Strukturen gegliedert. Unter 'Kognitiver Lexikographie' verstehe ich, ergänzend zu Lieberts Definition und zur Betonung der differenzierten Behandlung von M&M in Wörterbucheinträgen, konkrete Umsetzungen von psycho- und kognitivlinguistischen Erkenntnissen, insbesondere Forschungen zum mentalen Lexikon und zum Erwerb und Verstehen von Metaphern, in der Lexikographie i.w.S.[23]

Das LLCE ist ein neuartiges *wordbook* onomasiologischer Struktur, das offensichtlich auf psychologischen Erkenntnissen zum mentalen Lexikon aufgebaut wurde, welche aus der Gestaltpsychologie und der Prototypentheorie stammen (vgl. Lipka ²1992: 179ff). "Sprachliches und außersprachliches Wissen werden nach McArthur in einem konzeptuellen Rahmen als Netz von Assoziationen gespeichert." (Lipka 1995a: 88). Im Vergleich zu *Roget's Thesaurus*, ebenfalls ein nicht-alphabetisch strukturiertes Wörterbuch, weist das LLCE laut Lipka jedoch folgende Vorteile auf: als erstes von 14 semantischen Feldern wird A (*Life and living things*) genannt, als letztes N (*General and abstract terms*). Das LLCE konzentriert sich insgesamt stärker auf die konkrete außersprachliche Realität als *Roget's Thesaurus*, der sogar mit *Abstract relations* (Class 1) beginnt.

Wörterbücher, die Abbildungen enthalten, werden den kognitiven und psychologischen Bedürfnissen eher gerecht als solche, die nur Text enthalten. Auch Lipka (1989b: 256ff) weist auf die große Bedeutung von Illustrationen im Zusammenhang mit dem mentalen Lexikon hin. Generell haben elektronische Wörterbücher mindestens in dieser Hinsicht einen erheblichen Vorteil gegenüber konventionellen gedruckten Wörterbüchern. Im RHD (CD) ist eine audiovisuelle Komponente eingebaut: Zu jedem Eintrag kann man sich die korrekte (US-amerikanische) Aussprache anhören, indem man auf ein Glockensymbol klickt. Das in manchen Einträgen vorhandene Symbol einer Kamera deutet auf das Vorhandensein einer beschrifteten Zeichnung hin. Diese erscheint auf Wunsch in einem Fenster, z.B. bei Tieren wie *ant*, *mouse*, *gopher*.

*WordNet* und *LexicalFreeNet* (siehe 2.2.3) sind, ebenso wie Lieberts (1992) Metaphernwörterbuch, onomasiologisch konzipierte, digital abrufbare Lexika. Sie stellen meiner Ansicht nach erfolgreiche Projekte der kognitiven Lexikographie dar, da durch sie der Versuch unternommen wird, der psychologischen Realität gerecht werdende Imitationen des menschlichen mentalen Lexikons abzubilden.

---

[23] Unter Lexikographie i.w.S. verstehe ich das Konzipieren aller Arten von Wörterbüchern, inkl. elektronischen Wörter'büchern', und zwar sowohl semasiologische als auch onomasiologische. Außerdem schließe ich Lexika als Teile von Computerprogrammen ein, wie sie z.B. in der Maschinellen Übersetzung und auch als Teile von Textverarbeitungsprogrammen wie *Word* verwendet werden (hier handelt es sich um 'lernfähige' Lexika, die um neue Wörter erweitert werden können).

Der Sammelband Zernik (1991) berichtet über ein Projekt, das sich mit dem Erstellen eines Computerprogrammes befaßt, das Text "verstehen", d.h. verarbeiten kann. Dieses Programm enthält ein "lernfähiges" Lexikon. Die größten Probleme ergeben sich für ein Computerprogramm im korrekten Interpretieren von Satzmetaphern und von polysemen Lexemen, inklusive Metaphern. Zur Lösung muß mehr darüber in Erfahrung gebracht werden, wie der Erwerb, das Erkennen und das Verstehen von Metaphern beim Menschen erfolgen, um dann diese Kenntnisse sinnvoll in einem Computerprogramm umzusetzen: Martin (1991) erläutert die erfolgreiche Konzeption eines Computersystems (MIDAS: Metaphor, Interpretation, Denotation and Acquisition System), das auf Lakoff & Johnsons (1980a) Erkenntnissen beruht. Dabei genügt das Einprogrammieren einer geringen Anzahl von produktiven konventionellen konzeptuellen Metaphern, damit das System neue Metaphern und Beziehungen zwischen verschiedenen Bedeutungen einzelner Wörter erkennen kann. Aufgrund der Produktivität der Metaphern kann das System bisher unbekannte metaphorsiche Ausdrücke dazu"lernen". Dies erläutert Martin anhand des Beispiels der erweiterten Bedeutung von *kill* in *to kill a process*, *to kill a conversation*. Ich stehe diesem Computerprogramm skeptisch gegenüber, da das "Verstehen" bei neuen, durch menschliche Kreativität geprägten *one-shot-metaphors* vermutlich nicht funktioniert, ebenso bei vielen konzeptuellen Metaphern, die, anders als das Beispiel *kill*, auf kulturspezifischem Wissen beruhen, z.B. die Computermetaphern *spam*, *Easter egg* (siehe 4.3.2).

## 2.5 Zusammenfassung und Erweiterung

Ziel des vorhergehenden Abschnittes 2.4 ist es gewesen, der Frage nachzugehen, inwieweit die in 2.3 vorgestellten kognitiv-linguistischen Erkenntnisse bereits auf die lexikalische Ebene angewandt wurden. Zu diesem Zwecke wurden die Disziplinen der Wortbildungslehre und Lexikologie (2.4.1) und der Lexikographie (2.4.2) auf Einflüsse aus der Kognitiven Linguistik (KoLi) hin untersucht.

Insgesamt kann festgestellt werden, daß kognitiv-linguistische Erkenntnisse am schwächsten in der konventionellen Lexikographie (alphabetische, monolinguale, auch elektronische Wörterbücher) berücksichtigt werden (vgl. 2.4.2.1). Insbesondere im OED2 besteht erheblicher Verbesserungsbedarf bzgl. einer konsequenten Markierung von übertragenen Bedeutungen. Elektronische Wörterbücher mit multimedialen Funktionen und onomasiologische Wörterbücher und Wortnetze kommen dem Anspruch der kognitiv-lexikalischen Realität am nächsten, da sich den Benutzern dort ein holistischer Eindruck der Lexeme eröffnet, inklusive ihrer phonologischen, semantischen und morphologischen Eigenschaften. Innerhalb der Lexikologie, die Wortbildung mit eingeschlossen, finden sich, insbesondere seit Anfang der 90er Jahre, vermehrt Anwendungen von kognitiv-linguistischen Erkenntnissen.

Die in 2.1 und 2.3 gestellte zentrale Frage, ob sich die auf syntaktisch-semantischer Ebene konzentrierten kognitiven Theorien auf die Lexemebene anwenden lassen, kann nun eindeutig mit Ja beantwortet werden. Wie dies umgesetzt werden kann, wird in den folgenden Ausführungen zusammengefaßt.

## 2.5.1 Lexikonprozesse aus kognitiv-linguistischer Perspektive

Folgende Wortbildungsprozesse können unter kognitiven Aspekten betrachtet werden:

**Affigierungen**

Die KoLi hat Fortschritte bzgl. der Erkenntnis erzielt, daß sog. *closed class words* nicht als semantisch inhaltslos, sondern als potentiell polysem und metaphorisch behandelt werden müssen (vgl. Schulze 1988: 395ff). Präfigierungen enthalten häufig metaphorische Präfixe, z.B. *to overpower, to underestimate, to outlive* (vgl. Rudzka-Ostyn 1985; Radden 1989) und sind deshalb nicht auf konventionelle Art rein formal analysierbar. Bei den ursprünglichen Präpositionen *over, under, out* handelt es sich um *orientational metaphors* (Lakoff & Johnson 1980a: 14ff), die durch *spatial orientation* wie *up – down, in – out, front – back* gekennzeichnet sind.

Die wortbildungstheoretische Tatsache, daß Suffigierungen zahlreicher im Wortschatz vertreten sind als Präfigierungen, läßt sich nach Hopper & Thompson (1985) unter dem kognitiven Aspekt der *category shifts* erklären (vgl. 2.3.2).

Das gleiche Prinzip gilt auch für Nullableitungen, welche ja eine Sonderform der Suffigierungen darstellen. Die Ableitungsrichtung von Nomen zu Verb tritt am häufigsten auf. In kognitiver Terminologie bedeutet dies, daß der präferierte Übergang von einer *object* bzw. *organism category* zu einer *action category* darin begründet ist, daß Sprecher häufig mit den betreffenden Gegenständen der Objekts- und Organismen-Kategorien interagieren, während sie nicht direkt mit den abstrakteren Handlungskategorien in Berührung kommen, und Nomen daher als produktive Basis für Nullableitungen fungieren (vgl. Schmid 1996: 293).

Die Debatte 'Nullableitung vs. Konversion' kann durch die kognitive Perspektive gelöst werden. Meiner Ansicht nach handelt es sich hier um zwei verschiedene Aspekte ein und desselben Phänomens: 'Konversion' betrifft die Analyse aus kognitiv-semantischer Sicht; 'Nullableitung' aus morphologischer Sicht. Mit Hilfe des kognitiven Prozesses des *category shift* (nach Hopper & Thompson 1985) kann dieser Lexikonprozeß als Konversion von Wortklassenkategorien, als Umwandlung von Konzepten angesehen werden. Sprachlich drückt dieser sich in Form der Nullableitung aus. Die Darstellung des Nullmorphems bildet dabei eine Hilfe, um diesen Vorgang (morpho)logisch überhaupt fassen zu können (siehe 2.3.2). Dies kommt der psychologischen Realität insofern näher, als Sprachverwender sich eines Nullmorphems i.d.R. nicht bewußt sind: für sie findet keine Formveränderung statt. Die Tatsache, daß Nullableitungen mit komplexem Determinans wie *paleface, nethead* häufig semantisch als Metonyme fungieren, soll weiter im Auge behalten werden.

**Komposita**

Für die Tatsache, daß die Mehrheit der Neubildungen Komposita, insbesondere N+N-Komposita, nicht Verb- oder Adjektiv-Komposita sind, kann mit Hilfe kognitiver Ansätze eine plausible Erklärung gefunden werden (siehe 2.3.2): Prototypische Nomen verweisen auf konkrete, stabile und abgrenzbare Entitäten in der außersprachlichen Welt. Mit diesen durch perzeptuelle Salienz (siehe auch Givón 1985: 211) gekennzeichneten Konzepten können Sprachverwender optimal auf kognitiver Ebene umgehen, im Vergleich etwa zu prototypischen Verben, die im Übergang befindliche Handlungen bezeichnen.

Die morphologische Struktur von Komposita kann dadurch erklärt werden, daß sie typischerweise untergeordnete Kategorien ausdrücken (vgl. 2.4.1.2). Ein Lexem stellt ein gestalthaftes Gebilde dar, dessen Gesamtbedeutung mehr als die Summe der Bedeutungen seiner einzelnen Konstituenten ausmacht. Diese holistische Auffassung ist durch Langackers Gerüstmodell und Fauconnier & Turners (1996) Theorie des *conceptual blending* zu illustrieren (vgl. 2.3.2, 2.4.1.2). Dadurch kann auch der Lexikalisierungsprozeß mit seinen Nebenwirkungen aus kognitiver Perspektive beschrieben werden (vgl. 2.4.1.2). Exozentrische Komposita (Bahuvrihi-Komposita) wie *redskin* können aus kognitiv-semantischer Sicht als Metonyme behandelt werden. Dvandva und *appositional compounds* (vgl. Bauer 1983: 30f), die im Korpus jedoch kaum auftreten (z.B. *client-server*), sind kognitiv so erklärbar, daß beiden Kategorien gleichwertig nebeneinander existieren (vgl. auch Tournier 1991: 60).

Komposition und Derivation sind die häufigsten Wortbildungsarten, weil sie die größte Transparenz aufweisen, welche als Manifestation der Motivation auf kognitiver Ebene gilt (Fischer 1997: 16, 188). Zur weiteren Erklärung für die Prominenz von Komposition und Derivation können Motschs (1983) Ausführungen herangezogen werden (vgl. 2.4.1.2). Es handelt sich um diejenigen Wortbildungsarten, mit denen die Begriffsspeicherung und -verarbeitung unter dem geringstem Aufwand stattfinden können. Das erklärt, warum sie bei der lexikalischen Kodierung von Konzepten so häufig angewandt werden.

**Reduktive Bildungen**

Die hybriden Wortbildungen – Blends – bezeichnen Denotata, die ebenfalls Hybriden sind, z.B. Kreuzungen von Tieren (*beefalo: beef + buffalo*) und Pflanzen (*tangemon: tangerine + lemon*, aus Adams 1973), *Josta* (*Johannisbeere + Stachelbeere*), Sprachmischungen (*Spanglish, Franglais, Denglish* usw.) und das vielzitierte Beispiel *brunch*. Dieser Auffassung sind auch Tournier (1991: 18), Adams (1973: 158) und das DNE2 (1980: 72). Kognitiv läßt sich dieses Phänomen mit Hilfe der Ikonizität (vgl. 2.4.1.4) erklären. Hybriden auf der kognitiven Ebene (Konzepte, Kategorien) werden auf der sprachlichen Ebene ebenfalls als Hybriden, nämlich Blends, abgebildet. Dvandva, die ja aus zwei vollständigen Morphemen bestehen, bezeichnen dagegen keine Hybriden, sondern Konzepte, die zwei Dinge, Eigenschaften oder Tätigkeiten gleichzeitig und vollständig in sich vereinen. Ein Kennzeichen von *conceptual blends* ist nach Fauconnier & Turner (1996), daß sie durch die Verbindung zweier *input-spaces* entstehen, deren konzeptuelle Strukturen jedoch nicht vollständig in dem Blend aufgehen, sondern nur in Teilaspekten übernommen werden (vgl. 2.4.1.3). Dies läßt sich an einem Beispiel, etwa *Germlish* (*German + English*) erläutern: diese Sprache beinhaltet nur Teilaspekte der zwei Inputs: nicht die vollständige deutsche und englische Struktur findet man in *Germlish* wieder, sondern nur einzelne Elemente (Lexeme, grammatikalische Strukturen) davon.

Ein Symptom der fortschreitenden Institutionalisierung von Akronymen stellt die Tatsache dar, daß sich ihre Orthographie im Laufe der Zeit verändert, z.B. von Großbuchstaben oder durch Punkte getrennte Großbuchstaben zu Kleinbuchstaben (z.B. *AIDS* zu *Aids*, *U.S.A.* zu *USA*, *laser*, etc.), und daß Vokale in aus Konsonanten bestehende Akronyme eingefügt werden (*spelling pronunciation* nach Adams 1973: 136), wie in *veejay* für *VJ*, *scuzzy* für *SCSI* (vgl. Anhang). Die betreffenden Lexeme lassen sich dann nicht mehr von Monemen unterscheiden (vgl. DNE2 1980: 6), und Sprachverwender sind sich ihrer Etymologie nicht mehr bewußt. Aufgrund dieses Phänomens werden solche Akronyme im WI, einer Internet-Quelle für Computertermini, treffenderweise mit *anacronym* (*anachronistic acronym*) bezeichnet: "An anacronym is an acronym or an abbreviation so old or familiar that no one remembers what it stands for". Aus kognitiver Sicht ist dies ein Kennzeichen dafür, daß Sprachverwender das bezeichnete Konzept nicht mehr als eine aus mehreren Quellkonzepten zusammengefügte, sondern als eigenständige und einheitliche Kategorie ansehen.

Die Struktur von Akronymen und Blends ist durch das Prinzip der *perceptual salience* zu erklären (vgl. 2.4.1.3). Dies spricht gegen die in der konventionellen Wortbildungslehre angenommene nicht-regelgeleitete Struktur reduktiver Bildungen im Gegensatz zu Affigierungen und Kompositionen. Die Nicht-Arbitrarität reduktiver Bildungen trägt zum in modernen kognitiven Ansätzen entstehenden Gesamtbild des Lexikons als einem weitgehend ikonisch strukturierten Gebilde bei.

Clippings, insbesondere *fore-clippings*, können mit Basiskategorien in Verbindung gebracht werden. Für das Wegfallen eines Morphems im Prozeß der Lexikalisierung gibt es eine kognitive Erklärung, die sich mit dem Begriff der 'Gerüstmetapher' zusammenfassen läßt (vgl. 2.4.1.3).

Die einzelnen Wortbildungsarten werden konkret durch Prototypen realisiert, und es existieren auch Randmitglieder der jeweiligen Wortbildungskategorien (siehe 3.3.2).

Die kognitive Betrachtung lexikalischer Strukturen besagt, daß der Wortschatz zu einem großen Ausmaß ikonisch, d.h. nicht-arbiträr ist (siehe 2.4.1.4). Um dies aufzuzeigen, ist es hilfreich, nicht nur morphematische, sondern auch submorphematische lexikalische Einheiten heranzuziehen. Dadurch ergeben sich zudem geeignete Anknüpfungspunkte für die Erklärung reduktiver Bildungen (vgl. 3.3.2 und 3.3.3.3).

Für die **semantischen Prozesse** haben die kognitiv-linguistischen Erkenntnisse folgende Neuerungen gebracht:

Es wurde dafür plädiert, M&M nur im Falle von kombinierten Prozessen in die Wortbildungslehre, unbeschränkt aber in die Lexikologie zu integrieren (siehe 2.4.1.1). Wichtig ist die Erkenntnis, daß auf der lexikalischen Ebene definitiv Lexemmetaphern existieren, welche im Vergleich zu Phrasen- und Satzmetaphern in (geschriebenen und gesprochenen) Texten allenfalls als weniger auffällig empfunden werden. Gegenüber der traditionellen, auf der Merkmalsemantik beruhenden Interaktionstheorie bietet die kognitiv-linguistische Metapherntheorie den Vorteil, daß sie Metaphern plausibler und umfassender erklären kann (siehe auch 4.3.2). Metonyme werden m.E. vorwiegend auf der Lexemebene realisiert. Dies mag in ihrer Referenzfunktion begründet liegen: Metonyme haben den Vorteil, daß mit ihrer Hilfe kurz und prägnant auf Sachverhalte Bezug genommen werden kann, z.B. 'der Rembrandt', anstelle von 'das Gemälde von Rembrandt'.

Die Phänomene der Volksetymologie und Remotivation können durch die in kognitiven Ansätzen weiter gefaßte Semantikauffassung (kognitive Domänen, kulturelle Modelle etc.) optimal erklärt werden (siehe 3.3.4.5 und 4.4.4).

### 2.5.2 Kognitiv-linguistische Parameter als Basis für eine Wortschatzstudie

Die Untersuchungen im vorherigen Abschnitt haben deutlich gemacht, daß bislang zwar *vereinzelte* Ansätze existieren, daß eine *integrierte* Darstellung der verschiedenen kognitiv-linguistischen Prinzipien jedoch fehlt, auf die Lexeme abgeklopft werden können. Nachdem in 2.4 verschiedene Wortbildungs- und lexikalische Strukturen unter kognitiven Aspekten zusammengefaßt wurden, wird im folgenden umgekehrt von kognitiv-linguistischen Prinzipien ausgegangen, die als Grundlage für die empirische Wortschatzanalyse in Kapitel 4 und 5 dienen werden. Die acht kognitiv-linguistischen Prinzipien, die nachfolgend kurz erläutert werden, lauten 'Metaphorizität', 'Ikonizität / Motivation', 'perzeptuelle Salienz', 'kognitive bzw. kulturelle Modelle', 'konzeptuelle (semantische) Relationen', 'Kategorisierung', 'Begriffshierarchien und das mentale Lexikon', 'Analogie' und 'Kognitive Ökonomie, sprachliche Ökonomie'.

1) Metaphorizität[24]

> A language without metaphor and metonymy is inconceivable: these two forces are inherent in the basic structure of human speech. (Ullmann 1962: 223)

Nach dem heutigen Kenntnisstand muß dieses aussagekräftige Zitat um die kognitive Ebene erweitert werden. Metapher und Metonymie stellen essentielle kognitive Instrumente dar, mit deren Hilfe komplexe und abstrakte Vorgänge und Phänomene auf effiziente und verständliche Weise in eine sprachliche Form gegossen werden können. Metapher und Metonymie sind somit sowohl auf kognitiver Ebene, in Form von Denkstrukturen, wie auch auf sprachlicher Ebene (siehe Ulllmanns Zitat) vorhanden.

2) Ikonizität / Motivation

Ikonische Lexeme weisen eine hohe Transparenz auf und sind daher für die Sprachverwender kognitiv leichter zu verarbeiten. Ikonizität stellt das aus der Semiotik und der kognitiven Linguistik stammende Pendant zum lexikologischen bzw. wortbildungstheoretischen Begriff der Motivation dar. Die Ikonizität bezieht sich jedoch im Gegensatz zur Motivation nicht auf das Sprachsystem, sondern vorwiegend auf den Bereich der Sprachverwendung und auf Strukturen und Assoziationen im mentalen Lexikon. Gemäß der Dreiteilung der Ikonizität in (a) diagrammatische, (b) *image* und (c) metaphorische Ikonizität wohnt (a) Wortbildungen, (b) Resultaten phonetisch motivierter Prozesse wie Onomatopoeia, und (c) Metaphern das Potential der Ikonizität inne. Die Ikonizität stellt die *Gegenkraft zur Arbiträrität* im Lexikon dar. Sprachverwendern wohnt die Neigung inne, unmotivierte Lexeme zu motivieren, was sich im Phänomen der Volksetymologie ausdrückt (siehe 3.3.4.5, 4.4.4).

3) Perzeptuelle Salienz

Das Prinzip der *perceptual salience* (auch *bathtub effect* genannt) besagt, daß innerhalb eines Lexems der Lexemanfang die höchste perzeptuelle und kognitive Prominenz besitzt. Das Lexemende weist eine geringere, die Lexemmitte die geringste *perceptual salience* auf. Mit Hilfe dieses kognitiven Prinzips kann die typische Struktur von Akronymen, Clippings

---

24 'Metaphorizität' verstehe ich, ebenso wie den Begriff 'Metaphernforschung' (siehe 2.3.1) als Sammelbegriff für Metapher *und* Metonymie.

und Blends erklärt werden, welche sich als nicht völlig nicht-regelgeleitet erweist (vgl. 2.4.1.3).

4) Kognitive bzw. kulturelle Modelle

Kognitive und kulturelle kognitive Modelle sind Teil der an das mentale Lexikon angeschlossenen Wissenskomponenten (siehe die Modelle des mentalen Lexikons in 2.2.2 und 3.1.7). Sie spielen bei dem Prozeß der Kodierung neuer Konzepte in sprachliche Formen eine entscheidende Rolle. Auch zum Verständnis, insbesondere von Metaphern, tragen die durch kognitive und kulturelle Modelle hergestellten Assoziationen erheblich bei (vgl. die in 4.3.2 bzw. 4.4.4 dargelegten komplexen metaphorischen Bedeutungsaspekte von *spam* und *cookie*).

Den Begriff 'kognitive Modelle' verwende ich als Oberbegriff für im mentalen Lexikon gespeicherte, meist idealisierte Bedeutungsbereiche (*idealized cognitive models* nach Lakoff 1987). Es kann sich dabei um *image-schematic, propositional, symbolic, metonymic* oder *metaphoric models* handeln. 'Kulturelle Modelle' stellen für mich eine Unterart der kognitiven Modelle dar. Den Begriff verwende ich immer dann, wenn es sich um kulturspezifische Bedeutungsaspekte handelt, z.B. die mit der Metapher *Easter egg* im mentalen Lexikon der Sprachverwender des christlich-westlichen Kulturkreises verknüpften Situationen und Szenen (siehe 4.3.2).[25]

5) Konzeptuelle (semantische) Relationen

Durch semantische Relationen werden die im mentalen Lexikon gespeicherten Konzepte miteinander verknüpft (vgl. 2.2.2). Den Begriff 'konzeptuelle Relationen' verwende ich, wenn von semantischen Relationen auf der kognitiven Ebene die Rede ist. Im Lexikon können folgende Arten von konzeptuellen Relationen auftreten: Synonymie, Antonymie,[26] Hyponymie, Ko-Hyponymie, Hyperonymie, des weiteren Meronymie und Holonymie. Auch Assoziationen, die auf enzyklopädischem und individuellem Wissen beruhen, stellen konzeptuelle Relationen dar. Es ist anzunehmen, daß die phonetischen Relationen in enger Symbiose mit den konzeptuellen Relationen stehen, da sie die semantischen Bindungen zwischen den Konzepten im mentalen Lexikon noch zusätzlich stärken.

6) Kategorisierung, Begriffshierarchien und das mentale Lexikon

Kognitiv- und psycholinguistischen Studien zufolge ist unser Weltwissen in Form von Begriffen im mentalen Lexikon abgespeichert. Sie sind dort hierarchisch angeordnet. Es gibt übergeordnete, untergeordnete, und auf der mittleren Ebene Basiskategorien. Auf sprachlicher Ebene kann man entsprechend von *superordinate*, *subordinate* und *basic-level terms* sprechen (vgl. Schmid 1996). Letztere stellen die wichtigste Instanz für die Wortschatzerweiterung dar.

---

[25] Näheres zu kulturellen Modellen ist in Holland & Quinn (1987) zu erfahren.

[26] 'Antonymie' wird hier, anders als etwa bei Kastovsky (1982: 128ff), als Oberbegriff für sämtliche Arten von Kontrastrelationen verwendet.

7) Analogie

Unter Analogie verstehe ich ein kognitives Prinzip, welches dafür verantwortlich ist, daß Sprachverwender neues Lexemmaterial in Form von Wortbildungen (insbesondere Kompositionen, Affigierungen und auch Kombinationen, vgl. 3.3), Metaphern und auch Onomatopoeia bilden können. Die Analogie ist als kognitiver Mechanismus Teil des mentalen Lexikons, speziell seiner dynamischen Komponente, und treibt die Wortschatzerweiterung voran. Generell unterscheide ich zwei Arten von Analogie, die auf der lexikalischen Ebene auf unterschiedliche Weise realisiert werden: zum einen die morphologische/formale Analogie, die immer zugleich auch eine semantische Dimension beinhaltet und die primär in analogen Wortbildungen wirksam ist; zum anderen die semantische Analogie, die für das Entstehen neuer lexikalischer Einheiten, vor allem Metaphern, zuständig ist (siehe 3.1.2 und 3.1.6).

8) Kognitive Ökonomie, sprachliche Ökonomie

Rosch (1978), Pionierin der Kategorienforschung im Bereich der kognitiven Psychologie, gibt folgende kondensierte Definition der kognitiven Ökonomie an:

> the task of category systems is to provide maximum information with the least cognitive effort [...]. (Rosch 1978: 28)

Daraus ergeben sich folgende Konsequenzen:
- Die kognitive Ökonomie ist für die effiziente Speicherung von Begriffen im Gedächtnis verantwortlich. Die Effizienz wird einerseits durch die hierarchische Anordnung der Begriffe (vertikale Dimension der Kategorisierung), andererseits durch die Prototypikalität (horizontale Dimension der Kategorienstruktur) erzielt (vgl. Rosch 1978: 30ff).
- Metaphern & Metonymien weisen kognitiv ökonomische Strukturen auf, da durch sie komplexe, abstrakte Sachverhalte auf optimale Weise kodiert und dekodiert werden können.
- Die durch Bedeutungserweiterungen entstehende Polysemie stellt eine effiziente Speicherung von bedeutungsverwandten Lexemen im mentalen Lexikon dar. Ullmann spricht im Zusammenhang mit der Polysemie von sprachlicher Effizienz: "polysemy is an essential condition of its [the language's] efficiency" (Ullmann 1962: 168). Die *kognitive* Ökonomie spricht Ullmann nicht explizit an, sie folgt jedoch implizit aus seiner Formulierung "a crushing burden on our memory" (ibid.).

Die *sprachliche* Ökonomie besteht zum einen darin, daß eine einzige Form für mehrere Bedeutungen verwendet werden kann (Polysemie, Nullableitung), zum anderen betrifft sie die minimalistische Sruktur von Lexemen, die durch reduktive Prozesse wie Akronymie, Blending und Clipping zustandekommt: Je kürzer ein Lexem, desto höher ist die sprachliche Ökonomie. Der Hintergrund für dieses Phänomen ist im "Gesetz des geringsten Aufwandes" (Tournier 1988: 168ff) zu finden, welches sich auch auf die Sprachverarbeitung auswirkt (vgl. auch Zipf [2]1965: Kapitel 1, 2, 3 und 5). Sprachliche und kognitive Ökonomie interagieren miteinander. Dieses Zusammenspiel gestaltet sich als relativ komplex. Eine detaillierte Beschreibung dieser Zusammenhänge findet sich in Kapitel 5.

Die genannten acht Prinzipien sind teilweise aufs engste miteinander verwoben. In Abschnitt 5.2 werden diese Verflechtungen zusammen mit Beispielen aus dem Computerwortschatz ausführlich dargestellt.

# 3. Lexikalische Dynamik: Theoretische und empirische Grundlagen

Kernthema der vorliegenden Arbeit ist die Untersuchung eines verhältnismäßig neuen, durch lexikalische Dynamik entstandenen Wortschatzgebietes des Englischen: Lexeme aus dem Computerbereich. Um die empirische Wortschatzstudie durchführen zu können, müssen zwei Voraussetzungen gegeben sein: Erstens müssen die kognitiv-linguistischen Gesichtspunkte dargestellt werden, die Antwort auf die theoretische Seite der Fragestellung geben können. Diese wurden bereits in Kapitel 2 dargelegt. Zweitens müssen systematische Grundlagen für die empirische Untersuchung des Lexikonausschnittes 'Computerwortschatz' geschaffen werden. Genau dies ist Aufgabe dieses Kapitels 3, welches somit gleichzeitig als Brücke zwischen Theorie (Kapitel 2) und Empirie (Kapitel 4 und 5) fungiert.

## 3.1 Die Dynamik des Wortschatzes

Eine adäquate Beschreibung des Wortschatzes, insbesondere eines neuen Wortschatzbereichs wie dem hier untersuchten Computervokabular, muß eine Beschreibung der Mechanismen der Wortschatzerweiterung – seiner Dynamik – beinhalten (vgl. auch Tournier 1985: 32ff). Der Wortschatz befindet sich ständig im Fluß: Neue Lexeme, neue Bedeutungen und sogar neue Morpheme entstehen laufend, und eine, wenn auch geringere Anzahl gerät wieder außer Gebrauch.[1] Im folgenden wird der Weg, den ein neu gebildetes Lexem bzw. eine neue lexikalische Einheit durchschreitet, chronologisch nachgezeichnet.

### 3.1.1 "Am Anfang war das Wort": Zur Entstehung von Neubildungen

Die Gründe für die Entstehung von Neubildungen sind weniger im Sprachsystem zu finden als vielmehr in außersprachlichen, pragmatischen Faktoren. Generell lassen sich drei Hauptkriterien unterscheiden (vgl. auch Tournier 1988: 168ff): erstens die Existenz neuer außersprachlicher Referenten – dafür ist die Benennungsfunktion von Wortbildungen und *lexical units* zuständig (vgl. Lipka 1987b; Lipka 1999), zweitens die sprachliche Ökonomie – hier sind die Funktion der Informationsverdichtung (vgl. Lipka ²1992: 91; Kastovsky 1982: 151) und das "Gesetz des geringsten Aufwandes" (Tournier 1988: 168ff) verantwortlich –, und drittens Wortspiele (vgl. auch Algeo 1991: 15; Lipka 1987b: 64).[2] Alle drei Auslöser der Neuwortbildung können in verschiedenen Varianten und auch in Kombination auftreten. Im untersuchten Wortschatzbereich *computing* sind vor allem die ersten beiden Kriterien wirksam.

---

1 Näheres zu diesem Thema: siehe Algeos Studie (1993) "Desuetude among new English words".

2 In diesem Zusammenhang muß auch auf die Emotionalität und die Originalität als Triebkräfte der Wortneubildung hingewiesen werden (vgl. Motsch 1983). Durch Emotionalität entstehen vorzugsweise verstärkende Bezeichnungen (*Riesen-*, *tod-*, etc.).

Die eigentlichen Urheber von Neologismen dürfen nicht vergessen werden: Sprachverwender besitzen eine "lexikalische Kompetenz" (Tournier 1985: 55f), welche darin besteht, die Regeln und Mechanismen der Wortbildung und des semantischen Transfers (ST) (vgl. 3.1.3) zu beherrschen. Sprecher memorisieren den Wortschatz ihrer Muttersprache und werden so mit den Bildungsmustern vertraut. Sie erwerben im Laufe der Zeit durch einen empirisch-induktiven Vorgang die lexikalischen Regeln, mit deren Hilfe sie neue Wörter bilden können.

Bestimmte Textsorten und Register sind dazu prädestiniert, besonders viele Neubildungen hervorzubringen. Einzelne Bildungsprozesse weisen unterschiedliche Produktivität in unterschiedlichen Textsorten und Registern auf (vgl. Lipka 1987b, Lipka 1996: 60ff).[3]

### 3.1.2 Die Triebkräfte der Wortschatzerweiterung: Produktivität, Kreativität und Analogie

Die traditionelle Unterscheidung zwischen Produktivität und Kreativität besteht darin, daß Produktivität auf der Ebene der *langue* wirksam und für regelgeleitete Neubildungen (Komposita, Affigierungen) zuständig ist.[4] Kreativität ist als Erscheinung der *parole* Auslöser für sog. nicht-regelgeleitete Bildungen wie Akronyme, Blends, Clippings und *word manufacture*. Zu den kreativen Bildungen rechnet Lyons (1977) auch Metaphern und Metonymien, die für ihn systematische, produktive Prozesse zur Wortschatzerweiterung darstellen. Bauer (1983: 63) dagegen zählt Metaphern wie *headhunter* als nicht-regelgeleitete Bildungen zur Kreativität und schließt sie daher aus seinen weiteren Ausführungen zur Wortbildung aus. Marchand (1951; 1955; 1960), der das Konzept der Produktivität als erster systematisch als ein Auswahlkriterium für die in der Wortbildung des Neuenglischen relevanten Muster verwendete (Kastovsky 1986: 587f), erwähnt die Kreativität nicht.

Generell bin ich mit der Dichotomie 'regelgeleitet vs. nicht-regelgeleitet' bezüglich Produktivität und Kreativität einverstanden. Anderer Meinung als etwa Bauer (1983) bin ich jedoch hinsichtlich der *Arten* von Lexikonprozessen, die als regelgeleitet / vorhersagbar bzw. als nicht-regelgeleitet / nicht vorhersagbar zu werten sind. Wie in Punkt 2.4.1.3 erläutert, zeigen moderne psycho- und kognitiv-linguistische Studien, daß die Struktur von Blends, Akronymen und Clippings bis zu einem gewissen Ausmaße vorhersagbar ist.

An dieser Stelle stellt sich die Frage, welche Arten von Lexikonprozessen dann überhaupt als kreative Prozesse betrachtet werden, wenn reduktive Bildungen, *conceptual metaphors* und Metonymien als produktive, 'regel'geleitete Bildungen typologisiert werden. Zum einen zähle ich idiosynkratische Metaphern zur Kreativität, zum anderen das Entstehen neuer Morpheme, typischerweise *combining forms* (CFs), aus nicht-morphematischen Bildungen (vgl. 3.3.2), wordurch wiederum neue produktive Regeln und Bildungsmuster hervorgebracht werden (vgl. Lehrer 1996a und Van Marles (1990) Begriff der *rule-creating creativity*).

---

[3] Zu den speziellen Funktionen von Wortbildungen und Metaphern in Texten: vgl. Lipka (1987b), (²1992: 171ff) und (1996: 61ff).

[4] Es kann hier nicht auf sämtliche Ansätze zur Produktivität und Kreativität eingegangen werden. Details können in folgenden Werken nachgelesen werden: Marchand (²1969: 2; 4f; 356); Adams (1973: 197ff); Quirk et al. (1985: 1530ff); Hansen (²1985: 33ff); Bauer (1983: 62ff); Bauer (1988: 57ff); Lipka (²1992: 92ff); Motsch (1995: 219ff), Lyons (1977: 76f, 549).

In moderneren Veröffentlichungen werden Produktivität und Kreativität verstärkt unter kognitiven und psycholinguistischen Aspekten betrachtet (vgl. Fischer 1997: 20; Clark 1993: 126ff; Henderson 1989: 380; Karius 1988). Leechs ([2]1981: 30ff) Ansatz zur Kreativität trägt trotz seines prä-kognitiv-linguistischen Ursprungs kognitive Züge: Neue Konzepte dringen ständig in unser Bewußtsein ein und werden durch lexikalische Innovationen versprachlicht. Der umgekehrte Effekt – vom Wort zum Konzept – besteht im "concept-forming power of the word" (Leech [2]1981: 32). Die prä-kognitiv-linguistische Autorin Adams (1973: 197ff) deutet ebenfalls kognitive Aspekte an, wenn sie betont, daß es einen Zusammenhang zwischen Produktivität und dem Bewußtheitsgrad gibt: Je produktiver ein Prozeß ist, desto automatischer läuft er ab und wird damit eher unbewußt verwendet.

Die Analogie wird häufig im Zusammenhang mit Produktivität und Kreativität erwähnt (z.B. Bauer 1983: 95ff, 294f; Becker 1990). Für mich ist sie jedoch auf einer anderen Ebene anzusiedeln. Analogie fasse ich als *kognitives Prinzip* auf, das sich auf sprachlich-lexikalischer Ebene dadurch bemerkbar macht, daß es als treibende Kraft in produktiven und kreativen Prozessen wirksam ist und so zur Erweiterung des Wortschatzes beiträgt. Als eine der wenigen befaßt sich Olsen (1988: 92ff) mit kognitiven Aspekten der Analogie in der Wortbildung. Sie postuliert die Existenz eines analogischen Moduls, welches separat von dem Wortbildungsmodul innerhalb der Grammatik wirkt. Es besteht aus der Kenntnis und dem Bilden von Ähnlichkeitsbeziehungen im Lexikon. Während Olsen sich nicht klar entscheiden kann, ob das Analogiemodul als Teil der Grammatik angesehen werden soll "oder ob es eventuell sogar im System der weiteren kognitiven Fähigkeiten des Menschen verankert ist und von dort aus einen Einfluß auf das Sprachsystem ausüben kann" (Olsen 1988: 93), befürworte ich eindeutig letztere Option: Die Analogie ist als Teil der Kognition im mentalen Lexikon (ML) verankert und hat somit Auswirkungen auf die Dynamik des Wortschatzes (vgl. 3.1.6.4). Diese Sicht ist auf die Kognitionspsychologie zurückzuführen. Dort wird Analogie als "kreative Inferenz" (Klix 1992: 288ff) bezeichnet. Die Analogieerkennung wird als kognitive Fähigkeit angesehen und typischerweise mit der Metapher in Verbindung gebracht (vgl. auch Schönpflug & Schönpflug [2]1989: 167ff). Weitere Bereiche, in denen Analogie behandelt wird, sind die Sprachentstehung (vgl. Clark 1993: 139; Paivio 1986: 94) und der Sprachwandel (vgl. Hoffmann 1985: 350, Anderson 1988: 355f). In Untersuchungen zum Sprachwandel wurde die Analogie in erster Linie auf die Flexionsmorphologie bezogen. Doch bereits Paul (1880; [6]1960: 113) wies darauf hin, daß Analogie *auch in der Wortbildung* wirksam ist. In der heutigen Wortbildungslehre wird Analogie oft als Gegenteil der Regelhaftigkeit angesehen und damit der Produktivität gegenübergestellt: Während durch Analogie nach dem Muster *einer einzigen* bekannten Bildung eine begrenzte Anzahl von Neubildungen entstehen, kann eine produktive Regel fast unbegrenzt viele Reihenbildungen auslösen (vgl. Bauer 1983: 95ff, 294f; Becker 1990: 14ff, 28ff; Motsch 1977). Diese Unterscheidung zwischen Analogie und Produktivität erscheint aus einer diachronischen Perspektive höchst zweifelhaft, denn eine Analogiebildung kann den Anstoß für eine produktive Reihe geben. Dies räumt Bauer (1983: 95ff) anhand des Beispiels von Bildungen auf *-scape* ein (*seascape, cloudscape, skyscape, waterscape, dreamscape*), die nach dem Musterwort *landscape* entstanden sind. Betrachtet man Wortbildungen aus diachronischer Perspektive, ist es sinnvoller, ein Kontinuum zu postulieren, welches sich zwischen Analogie und Produktivität erstreckt (vgl. Bauer 1983: 95ff). Aus Sicht der dynamischen Synchronie halte ich es jedoch für sinnvoller, die Analogie methodisch von der Produktivität und Kreativität zu trennen.

Generell unterscheide ich zwei Arten von Analogien, die auf der lexikalischen Ebene auf unterschiedliche Weise realisiert werden: zum einen die morphologische/formale Analogie, die immer zugleich auch eine semantische Dimension beinhaltet, und zum anderen die semantische Analogie.

Durch morphologische/formale Analogie kommen neue Lexeme (Wortbildungen) zustande. Dies geht folgendermaßen vor sich: Es existiert zunächst ein Modellwort.[5] Ein oder mehrere Morpheme (Präfix, Suffix, CF, freies Morphem) dieses Modellwortes werden im Vorgang der Analogiebildung auf das Neuwort übertragen, während das übrige Morphem durch ein neues Morphem ersetzt wird. Wortbildungen wie *workaholic* (von *alco-holic*), die auf diese Weise kreativ gebildet wurden, können (fast) unbeschränkt produktive Reihen auslösen (*shopoholic*, *chocoholic*, *cokeoholic*, *golfaholic*, *spendaholic* etc.). Solche Reihenbildungen (*group forming* nach Adams 1973: 161) sind durch gemeinsame formale und semantische Eigenschaften verbunden. Analogbildungen können jedoch auch für das Entstehen lexikalischer Mikrosysteme verantwortlich sein (vgl. Tournier 1985: 22ff, 433f; Tournier 1991: 19): Es handelt sich um kleine Gruppen von Lexemen, die auf einen engen semantischen Bereich beschränkt bleiben, z.B. *highbrow*, *middlebrow*, *lowbrow*. Der Fall, daß nur *eine* Analogbildung nach *einem* Modellwort gebildet wird, nenne ich nach Hohenhaus (1996: 71ff, 323ff) 'direkte Analogie'. Diese tritt auf, wenn "eine Ad-hoc-Bildung direkt an eine einzelne, meist im Vorkontext explizit auftauchende [...] Bildung anschließt" (Hohenhaus 1996: 323) und diese verändert, z.B. *death force* nach *life force*.[6] Die direkte Analogie ist meiner Erfahrung nach nicht auf Ad-hoc-Bildungen beschränkt, und es können auch Reihen und Mikrosysteme entstehen. Ein Beispiel für das Wirken der morphologisch-semantischen Analogie im kommunikativen Kontext und zugleich ein Fall von direkter Analogie, stammt aus der britischen TV-Serie *Yes, Prime Minister*. In einer Szene gibt der Staatssekretär ein Interview zum Thema 'illegale Arbeit'. Dies bezeichnet der Moderator als *moonlighting*. Der Staatssekretär korrigiert diese Bezeichnung mit *sunlighting*, da die Art von illegaler Arbeit, von welcher die Rede ist, tagsüber, nicht nachts, ausgeführt wird.[7]

Zwischen Modellwort und Analogiebildung ist häufig eine phonetische Verbindung zu beobachten, vor allem Reim (*fuzz – buzz* in *fuzzword* nach dem Modell von *buzzword; lie-in – die-in;* dt. *Tugendterror – Jugendterror* (nach Lipka)), welche die semantische Verbindung zwischen Modellwort und Neuwort oft zusätzlich verstärkt (siehe auch die Beispiele

---

[5] Die korrekte Bezeichnung für 'Modellwort' ist 'Modellexem' bzw. 'Modellwortbildung'. Ich verwende alle drei Varianten als alternative Bezeichnungen.

[6] Daß Hohenhaus zahlreiche Beispiele von Kompositionen anbringt, ist sehr zu begrüßen, da sich die meisten Ansätze zur Analogie vorwiegend oder ausschließlich auf Flexion und Derivation konzentrieren. Siehe auch Jaarsveld et al.s (1994) psycholinguistische Experimente zur Rolle der Analogie bei der Rezeption neuer, erfundener Komposita.

[7] Aus: *Yes, Prime Minister, Series Two*, BBC 1992 (Video). In der Szene geht es um ein Radiointerview der BBC3 mit Sir Humphrey (Staatssekretär):

- Sir H: "There's genuine unemployment in the North, but the South of England is awash with layabouts. Many of them graduates, living off the dole and housing benefit, plus quite a lot of cash they pick up without telling anybody."
- Interviewer: "You mean, mm ..., moonlighting?"
- Sir H: "Well, súnlighting, really [ha, ha.]. Most employers will tell you they're short-staffed, but offer the unemployed a street-sweeping job or a dishwashing-job – they'll be off the register before you can say 'parasite'..."

von Adams 1973: 162f; vgl. auch 3.3.6.2). Auch bestehen semantische Relationen zwischen Modellwort und Analogiebildungen bzw. zwischen ihren Morphemen. Es kann sich um Hyponymie, Synonymie oder um semantische Felder handeln (z.B. das Feld der Himmelskörper – *moon* und *sun* – in obigem Beispiel). Auffällig häufig ist eine Kontrastrelation beteiligt. Tourniers (1985: 433f) sechs verschiedene Ausprägungen der Analogiebildungen (*formations analogiques*) veranschaulichen die enthaltenen semantischen Relationen sehr schön: z.B. "distinction quantitative" (*singleton* → *doubleton*); "opposition sémantique" (*call-girl* → *call-boy*), "appartenance à un même champ notionnel" (*agriculture* → *floriculture*). An dieser Stelle kann auf das in Punkt 2.2.2 aufgestellte Modell des ML verwiesen werden: Analoge Bildungen, die durch die drei Verbindungsarten (phonologisch, morphologisch, semantisch) miteinander verknüpft sind, weisen auf eine starke Verbindung zwischen diesen entsprechenden Einträgen im ML hin.

Die morphologische Analogie kann auch als Auslöser zur Reaktivierung unproduktiv gewordener Morpheme fungieren (Lipka, persönl. Mitteilung): So wurde etwa in den 90er Jahren die Wortbildung *refusenik* geprägt, obwohl *-nik* in dieser Zeit als nicht mehr produktiv gilt (die Hoch-Zeit dieses Suffixes war in den 50er/60er Jahren, siehe Bauer 1983: 255ff). Eine Analogiebildung stellt somit eine nach einem bekannten Muster entstandene Neubildung dar.

Durch semantische Analogie entstehen neue lexikalische Einheiten, und zwar vorwiegend Metaphern. Im Rahmen der Lexikologie beschäftigt sich Tournier (1985: 222f) als einziger ausführlich mit Metapher und Analogie. In der kognitiv-linguistischen Literatur dagegen findet sich dieses Thema häufig. Man kann davon ausgehen, daß Metaphern durch Analogieschlüsse entstehen (vgl. Turner 1988 und Johnson 1988). Für Lakoff (1993) stellen Metaphern strukturelle Analogien zwischen Quell-und Zieldomäne dar. Häufig wird die Metapher als eine von mehreren Arten von Analogien, z.B. Vergleichen (*similes*), angesehen (vgl. Johnson 1988 und Kedar-Cabelli 1988). Die Bedeutungsveränderung eines Wortes kann in Analogie zu einem anderen Wort stattfinden. Tournier (1985: 222ff) nennt dies *transfert par analogie*.

Als Resultat von Analogieprozessen in der Kognition fasse ich auch Onomatopoeia auf. Es handelt sich um eine Klangimitation, die auf der *image iconicity* (siehe 2.4.1.4) basiert. Analogie wird zwischen dem Geräusch und der sprachlichen Umsetzung hergestellt.

Als Zusammenfassung der Ausführungen zu den Triebkräften der Wortschatzerweiterung dient folgende graphische Darstellung, die das Zusammenspiel der drei Mechanismen – Produktivität, Kreativität und Analogie – veranschaulicht:

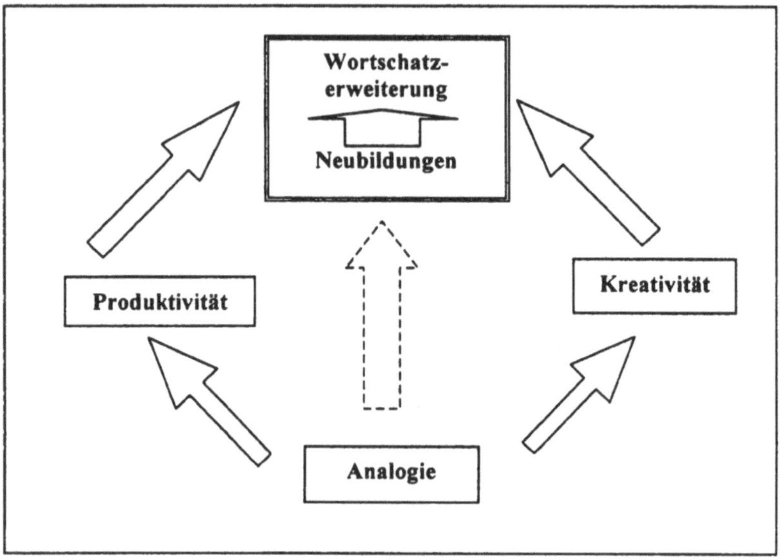


Abbildung 3.1: Die Triebkräfte der Wortschatzerweiterung

### 3.1.3 Die Regeln der Wortschatzerweiterung

Lexikonregeln spezifischer Art finden sich in jedem Standardwerk zur Wortbildung (Bauer 1983; Quirk et al. 1985: Appendix I; Marchand ²1969). Es handelt sich um Wortbildungsregeln zur Beschreibung der Bildung von Präfigierungen, Suffigierungen, N+N-Komposita, deverbalen Nomen etc. Sie entsprechen insofern der psycholexikalischen Realität, als sie auch in Beschreibungen zum ML vorkommen. Der von Aitchison (²1994: 166f, 226) beschriebene "lexikalische Werkzeugkasten" bildet eine Teilkomponente des ML und enthält Regeln wie "adjective + -ness → noun" (siehe auch 3.1.6.1). Eine Lexikonregel sehr allgemeiner Art schlägt Leech (²1981: 216ff) vor. Sie gilt sowohl für Wortbildungsmechanismen als auch für ST (vgl. auch Lipka 1990: 1207ff; Lipka ²1992: 121): Ein neuer Eintrag (B) kann von Eintrag (A) abgeleitet werden. Dabei verändern sich jeweils eine, zwei oder alle drei Spezifikationen (morphologisch, syntaktisch, semantisch). Diese umfassende Lexikonregel bietet den großen Vorteil, daß die beiden Verfahren zur Erweiterung des Wortschatzes (Wortbildung und ST) komprimiert in einer Formel dargestellt werden können. So wird die Problematik der Integration von ST in die Wortbildung durch die Betonung ihrer Gemeinsamkeiten gelöst (siehe 2.4.1.1). Leech führt des weiteren einzelne spezielle Lexikonregeln ein wie z.B. *a rule of morphological derivation, a rule of conversion, a rule of semantic transfer* (vgl. auch Motsch ²1979: 114). Leech (1969: 148ff) stellt ferner eine allgemeine Formel für alle Arten von ST auf ("The figurative sense F may replace the literal sense L if F is related to L in such-and-such a way") sowie eine *metaphoric rule* und Formeln für Metonymie.

Auch Tournier (1985: 32ff; 1991: 157) beschäftigt sich mit allgemeinen und speziellen Lexikonregeln (*règles lexicogéniques*) für Wortbildung und ST. Eine kritische Betrachtung insbesondere von semantischen Lexikonregeln im Zusammenhang mit Polysemie findet sich in Lehrer (1990). Sie findet heraus, daß sich nur sehr wenige Regeln ausnahmslos anwenden lassen. Diese sind jedoch von solch allgemeiner Natur, daß sie praktisch keine Aussagekraft mehr besitzen. Daher halte ich die Bezeichnung 'Regel' für die Mechanismen der Wortschatzerweiterung insgesamt für zu eng gefaßt. Stattdessen verwende ich die Bezeichnungen '(Bildungs)Prinzip', '(Bildungs)Muster' oder 'Tendenz' der Wortschatzerweiterung, auch für semantische Prozesse (vgl. dazu auch Lipka ²1992: 120f). Ein Beispiel für lexikalische Prinzipien ist das Zustandekommen von Akronymen. Diese werden aufgrund der perzeptuellen Salienz der Anfangsbuchstaben (vgl. 2.4.1.3) durch folgendes Prinzip gebildet:

> Die Anfangsbuchstaben einer Phrase bzw. einer längeren Lexemkombination werden aneinandergereiht. Das so entstehende Gebilde wird als Wort ausgesprochen, wenn die Phonemfolge dem phonotaktischen System der Sprache entspricht, andernfalls als Buchstabenfolge.[8]

Für Clippings und Blends gilt: Die Stelle, an welcher Lexeme um Elemente geclipped werden, entspricht den phonotaktischen Mustern einer Sprache. Die Kürzung findet prinzipiell an der Silbengrenze statt. Auch die Entstehung von Metaphern und Metonymien unterliegt gewissen Prinzipien, da die meisten von ihnen konzeptuellen Systemen angehören. Aus metaphorischen Konzepten können aufgrund ihrer Produktivität jederzeit neue Metaphern entstehen (vgl. Lakoffs (1993) Beispiel LOVE IS A JOURNEY).

### 3.1.4 Die Ergebnisse der Wortschatzerweiterung

Ich unterscheide drei Bereiche, in denen sich die Expansion des Lexikons auswirkt. Zu den Neubildungen zähle ich:
a) Neue Lexeme
b) Neue lexikalische Einheiten (*lexical units*) und
c) Neue Morpheme (mit neuen Lexikonregeln als Folge).

Eine wichtige Unterscheidung der ersten beiden Bereiche der Wortschatzerweiterung ergibt sich aus folgender Formel (geringfügig verändert nach Lipka 1996: 51):

| | | | | |
|---|---|---|---|---|
| a) WB: | Neue Form | [+ neue Bedeutung] | → | neues Lexem. |
| b) ST: | Etablierte Form | + neue Bedeutung | → | neue lexikalische Einheit. |

Abbildung 3.2: Unterscheidung 'Wortbildung (WB) vs. semantischer Transfer (ST)'

Neue Lexeme (a) entstehen durch Wortbildungsprozesse ('WB'). Diese werden in 3.3.3 detailliert erläutert. Dabei kann es sich einerseits um komplexe Lexeme (KLs) handeln, welche durch Komposition und Derivation zustandekommen und die eine neue Bedeutung beinhalten. Andererseits können einfache Lexeme (SLs) durch reduktive Prozesse entste-

---

8 Im ersten Fall handelt es sich um (echte) Akronymie, im zweiten um Initialismen / Buchstabenwörter (vgl. auch 3.3.3.3).

hen, ohne daß eine neue Bedeutung zustandekommt (Clipping und Akronymie).[9] Diese Kategorie umfaßt insgesamt zwei der drei von Tournier (1988: 18ff) genannten Makrokategorien: morpho-semantische und morphologische Neologismen.

Neue lexikalische Einheiten (b) entstehen durch semantischen Transfer (ST). Ein etabliertes SL oder KL bekommt zusätzlich zur primären, wörtlichen oder zu bereits existierenden Bedeutungen durch semantische Prozesse wie Metapher und Metonymie eine neue Bedeutung. Dieser Vorgang entspricht in etwa Tourniers dritter Makrokategorie (semantische Neologismen).[10]

Es kommen auch Mischformen aus Wortbildungen und ST vor. Generell lassen sich zwei Unterarten unterscheiden: Erstens komplexe etablierte Lexeme, die als Ganzes einer sekundären Kategorisierung unterzogen werden. Diese lassen sich der Kategorie (b) zuordnen. Ich nenne sie metaphorisierte bzw. metonymisierte Wortbildungen. Es entstehen zweitens neue Wortbildungen, die metaphorische bzw. metonymische Morpheme beinhalten. Diese nenne ich 'Komplexe Metaphern bzw. Metonymien' (vgl. 3.3.6.1).

Unmittelbares Resultat der Wortschatzerweiterung durch ST ist die Polysemie, welche im Rahmen dieser Arbeit jedoch nicht im Detail diskutiert werden kann. Wichtig ist insbesondere, daß Polysemie ein Ausdruck der sprachlichen und kognitiven Ökonomie ist:

> polysemy is an essential condition of its [the language's] efficiency. If it were not possible to attach several senses to one word, this would mean *a crushing burden on our memory*: we would have to possess separate terms for every conceivable subject we might wish to talk about. Polysemy is an invaluable factor of *economy and flexibility in language*; what is astonishing is not that the machine occasionally breaks down, but that it breaks down so rarely. (Ullmann 1962: 168, meine Hervorhebungen, MB)

Eine oft übersehene Tatsache besteht darin, daß nicht nur neue Lexeme, sondern auch neue Morpheme entstehen können (vgl. auch Adams 1973: 143). Das dritte mögliche Ergebnis der Wortschatzerweiterung sind deshalb neue Morpheme (c). Diese neuen Elemente können einerseits freie Morpheme sein, etwa die gekürzten Formen, die durch Clippings entstehen. Sie nehmen aufgrund ihres semantischen Inhalts den Status eines freien Morphems an. Andererseits entstehen, vor allem durch den kreativen Prozeß des Blending, neue gebundene Morpheme, die ich *combining forms* (CFs) nenne (siehe 3.3.2). Im Zuge der Bildung neuer Morpheme entstehen auch neue Lexikonregeln (vgl. 3.1.3):[11] Die Möglichkeit ist nun im Sprachsystem vorhanden, Neubildungen durch die Kombination eines freien Morphems

---

9 Meine Ausführungen unterscheiden sich insofern von denen Lipkas (1996: 51), als ich die Entstehung neuer Lexeme nicht auf *Morphem*kombinationen beschränke, sondern auch reduktive Prozesse einschließe, welche nicht zu morphematischen Bildungen führen, jedoch nicht notwendigerweise eine neue Bedeutung implizieren (dargestellt in Abb. 3.2 oben durch die eckigen Klammern).

10 Tournier (1988: 18ff) schließt in die Kategorie der semantischen Neologismen neben Metapher und Metonymie auch die Konversion ein. Da ich aus formaler Perspektive nicht von Konversion, sondern von Nullableitung spreche, handelt es sich für mich um einen morpho-semantischen Neologismus, der der Gruppe (a) angehört.

11 Die Entstehung neuer Lexikonregeln nimmt einen zentralen Stellenwert in dynamischen Lexikontheorien ein. So schließt Tournier (1991: 130f) unter dem Begriff *nouveauté lexicale* neben neuen Wörtern und Bedeutungen auch neue Regeln ein.

mit einer CF wie *-aholic, -burger* im Allgemein- oder *cyber-* im Computerwortschatz zu kreieren.

### 3.1.5 Die Folgen der Wortschatzerweiterung: Institutionalisierung und Lexikalisierung

In diesem Abschnitt wird der Weg beschrieben, den Neubildungen nach ihrer Entstehung beschreiten: Institutionalisierung und Lexikalisierung (vgl. auch Bründl 1995).

Die Institutionalisierung ist weder Hauptthema der theoretischen noch der empirischen Fragestellung. Sie ist für diese Arbeit nur insofern relevant, als ich davon ausgehe, daß alle untersuchten Computerlexeme zu einem gewissen Grad institutionalisiert sind, da sie aus Wörterbüchern und Neuwortlisten stammen.

Meine allgemeine Auffassung von Institutionalisierung wird durch folgende Definition abgedeckt:

> The integration of a lexical item, with a particular form and meaning, into the existing stock of words as a generally acceptable and current lexeme. (Lipka ²1992: 95f, nach Quirk et al. 1985: 1522ff)

Diese Definition führe ich durch folgende Modifikationen, Spezifikationen und Ergänzungen weiter aus:

a) Nicht nur Lexeme, sondern auch neue lexikalische Einheiten können institutionalisiert werden.
b) Mit Bauers (1983: 42ff) Auffassung der Institutionalisierung, die für ihn immer mit einer *nonce-formation* beginnt, bin ich nicht einverstanden: Er definiert diese als "a new complex word coined by a speaker/hearer *on the spur of the moment to cover an immediate need*" (Bauer 1983: 42, meine Hervorhebungen, MB). Nicht alle Neubildungen beginnen als *nonce-formations*; vor allem Neuwörter aus dem technischen Bereich – Bezeichnungen für neue Geräte und Objekte, z.B. Hardware-Komponenten wie *mouse, scuzzy* etc., werden zwar möglicherweise "on the spur of the moment" gebildet, jedoch nicht "to cover an immediate need". Der Benennungsbedarf von Neuprägungen dieser Art ist im Gegenteil permanent.
c) Die Institutionalisierung kann in verschiedenen Sprachgemeinschaften stattfinden und auf andere Varietäten übergreifen (vgl. 3.2.2).
d) Die Institutionalisierung verbinde ich – im Sinne einer Abbildung des *common vocabulary* einer Sprachgemeinschaft – auch mit dem ML. Sie findet statt, wenn die Neologismen vom Randbereich in den Kernbereich des Wortschatzes übergehen (vgl. 3.1.6.4).

Eine Neubildung durchläuft während der Institutionalisierung drei Stufen (vgl. Fischer 1997: 133ff, 181ff). Zunächst entsteht eine Neubildung oder *nonce-formation*, deren Bedeutung meist nur aus dem Kontext heraus verständlich ist. Während sie sich verbreitet, wird sie in den Randbereich des Wortschatzes im ML aufgenommen. Schließlich wird nur die Neuprägung, nicht aber die *nonce-formation*, zum festen Bestandteil des etablierten Wortschatzes, indem sie in den Kernbereich des ML übergeht und in Wörterbücher eingetragen wird (vgl. Abb. 3.6 in 3.1.6.4). In diesem Endstadium wird die Bedeutung des

Wortes vom Leser/Hörer vorausgesetzt. Von hier an kann der Lexikalisierungsprozeß beginnen.

Die Lexikalisierung ist eine Folge der Wortschatzerweiterung durch Neubildungen, die im Vergleich zur Institutionalisierung langfristigere Auswirkungen – "Nebenwirkungen" – hat. Lexikalisierung bedeutet, daß

> complex lexical items, through frequent usage, may lose their syntagmatic nature and tend to become formal units with specific content. Here, the border between complex and simple lexemes becomes fuzzy. (Lipka [2]1992: 97)

Von der Lexikalisierung betroffen sind sowohl morphematische als auch reduktive (Wort)-Bildungen, ebenso wie Lautsymbolismus und durch Metapher und Metonymie neu entstandene lexikalische Einheiten (vgl. Lipka 1992: 101ff).

Die klassische Auffassung der Lexikalisierung wird von Lipka (z.B. [2]1992: 94ff; 1992) vertreten. Lexikalisierte Lexeme sind durch formale und/oder semantische Veränderungen gekennzeichnet. Die formalen Veränderungen betreffen die phonologische Ebene (reduzierte Endvokale in *postman, Sunday*), die graphemische Ebene, die oft mit der phonologischen kombiniert ist (*forecastle, tuppence*) und die morphologische Ebene, wenn wie in *blackboard* oder dt. *Handtuch* die morphologische Motivation verlorengeht. Semantische Veränderungen drücken sich durch Demotivierung und Idiomatisierung aus. Dies beinhaltet auch Metaphorisierung und Metonymisierung. Auch Metaphern wie *hands of a clock* weisen verschiedene Grade an Lexikalisierung auf. Es existieren tote und lebendige Metaphern (Lipka 1996: 60ff).

Eine neuartige Erklärung der Lexikalisierung, nämlich aus kognitiv-linguistischer Sicht, wurde bereits in 2.4.1.2 unternommen. In jenem Ansatz wurde zur Erklärung des Phänomens der Lexikalisierung von einer holistischen Lexemvorstellung ausgegangen und Langackers Gerüstmetapher herangezogen.

Die Lexikalisierung stellt ein vorwiegend diachronisches Phänomen dar und ist, ebenso wie die Institutionalisierung, für das weitere Vorgehen nur in geringem Maße relevant. Bei den wenigsten der untersuchten Neubildungen aus dem Bereich *Computing* konnten Anzeichen der Lexikalisierung festgestellt werden. Eine Ausnahme stellt die graphemische Veränderung dar. Einige Lexeme des untersuchten Korpus zeichnen sich in diesem frühen Stadium der Lexikalisierung durch Auftreten mehrerer orthographischer Varianten aus. Zu erwähnen ist insbesondere das Zusammenschreiben von anfangs mit Bindestrich oder getrennt geschriebenen Komposita (vgl. auch COD9 1995: viii) wie *e-mail* → *email*, *voice mail* → *voicemail* (ODNW). Dieses Phänomen ist dadurch zu erklären, daß institutionalisierte bzw. lexikalisierte KLs als holistische Gebilde und nicht mehr als Summe einzelner Konstituenten aufgefaßt werden. Zunehmende Institutionalisierung und Lexikalisierung äußern sich auch in dem Phänomen, daß Akronyme, Blends oder Markennamen nicht mehr als Großbuchstaben, sondern klein geschrieben werden. Sie unterscheiden sich in dieser Hinsicht nicht mehr von SLs, z.B. *LISTSERV* → *listserv, MIDI* → *Midi* → *midi, Spam* → *spam, LAN* → *lan* (siehe Anhang). Ferner werte ich die graphemisch-phonologische Veränderung durch *spelling pronunciation* als Kennzeichen fortschreitender Institutionalisierung und Lexikalisierung, z.B. bei Akronymen wie *SCSI* → *scuzzy*.

### 3.1.6 Das mentale Lexikon: Die dynamische Perspektive

Beschäftigt man sich mit den dynamischen Prozessen innerhalb des Wortschatzes, so darf das mentale Lexikon nicht außer acht gelassen werden: Dies ist der Ort, an dem die Veränderungen im Wortschatz bei den Sprachverwendern registriert werden.

#### 3.1.6.1 Ausgangspunkt

> The mental lexicon is, we assume, a passive store of declarative knowledge about words. It does not contain procedural knowledge, which makes possible the generation of new words.

Diese Definition des ML als passiver Wortspeicher, wie sie Levelt (1989: 185) propagiert, ist aus meiner Sicht und der Sicht vieler anderer (siehe unten) nicht aufrechtzuerhalten. Sie würde zwar auf das in 2.2.2 konzipierte Modell des ML (A) zutreffen. Jenes Modell beleuchtet jedoch nur eine Seite der Medaille – die statische Seite – und wird daher im folgenden durch die dynamische Komponente ergänzt.

Levelt (1989: 185f) erläutert zwar einige Aspekte des *lexical procedural knowledge*, das er zum *grammatical encoding* (bei agglutinierenden Sprachen) und zum *syntactic encoding* (bei isolierenden Sprachen wie dem Englischen) zählt, welches für ihn jedoch nichts spezifisch Lexikalisches darstellt. Seiner Ansicht nach spielt die Wortkonstruktionskapazität in Sprachen wie dem Englischen im Gegensatz zu agglutinierenden Sprachen wie dem Türkischen eine sehr geringe Rolle:

> Still, the use of such new formations [*bucketful, unnarrow, lecture-tie*] is exceptional in everyday language. By and large, English speakers use words that they have frequently used before, and these words are probably stored in the mental lexicon. (Levelt 1989: 185)

Levelts These ist mindestens durch zwei Punkte widerlegbar: Erstens entstehen bekanntermaßen primär während der fließenden, spontanen Rede *contextuals* / Ad-hoc-Bildungen (vgl. Clark & Clark 1979). Tatsache ist zweitens – das bestätigen lexikologische und lexikographische Untersuchungen – daß pro Jahr ca. 500 – 700 Neubildungen dauerhaft in den Wortschatzbestand übernommen werden (vgl. Tournier 1988: 13). Folgende Definition ist als Ausgangsbasis für die Diskussion über die Struktur des mentalen Lexikons weitaus besser geeignet:

> the mental lexicon is not a fixed dictionary with a set amount of information about each word, but an active system in which new links are perpetually being formed. (Aitchison [2]1994: 167)

Im Gegensatz zu Levelt verortet Aitchison die Wortkonstruktionskapazität als prozedurale Komponente *innerhalb* des ML. Aitchisons Modell funktioniert folgendermaßen (vgl. Aitchison [2]1994: 131f, 166f, 225ff): Die Wortkonstruktionskapazität ist in einen Drei-Stufen-Prozeß gegliedert: Das ML enthält ein *main lexicon*, dessen Einträge, z.B. *happy, happiness, kind, kindness,* mit dem *back-up store* verbunden sind. Dieser enthält Informationen über die Zusammensetzung von KLs (z.B. *happi-ness, kind-ness, good-ness*). An den *back-up store* ist der "lexikalische Werkzeugkasten" (*lexical tool-kit*) angeschlossen. Er enthält die Prozeduren, mit Hilfe derer neue Wörter gebildet werden können, z.B. "adj + *-ness* → n". Diese sind mit den Wortbildungs- bzw. Lexikonregeln (vgl. auch 3.1.3) vergleichbar. Um die Eigenschaften des Lexikons als aktives, dynamisches Gebilde hervorzuheben, folgt nun in Teilschritten die Entwicklung des dynamischen Modells des mentalen Lexikons (B). Ein derartiges Modell muß folgende Eigenschaften aufweisen: Es muß

a) die Kapazität für Neubildungen (sowohl morphologischer als auch semantischer und phonologischer Natur) in Form einer prozeduralen Komponente (Wortkonstruktionskapazität; *lexical procedural knowledge* nach Levelt 1989; *lexical tool-kit* nach Aitchison ²1994) beinhalten,
b) zwischen Flexionsmorphologie auf der einen und Derivationsmorphologie / Wortbildung auf der anderen Seite unterscheiden können und sich speziell auf Wortbildung konzentrieren, und
c) *sämtliche* Lexikonprozesse (Wortbildungsarten, inklusive reduktive Bildungen, ST sowie phonetisch motivierte Bildungen) erklären können.

### 3.1.6.2 Zwei Modelle des (mentalen) Lexikons: Meys (1985) und Tournier (1985)

Als Grundlage für mein Modell des menschlichen Wortspeichers ziehe ich zunächst Meys' Modell heran. Meys (1985) stellt sein auf Experimenten basierendes Modell folgendermaßen dar:

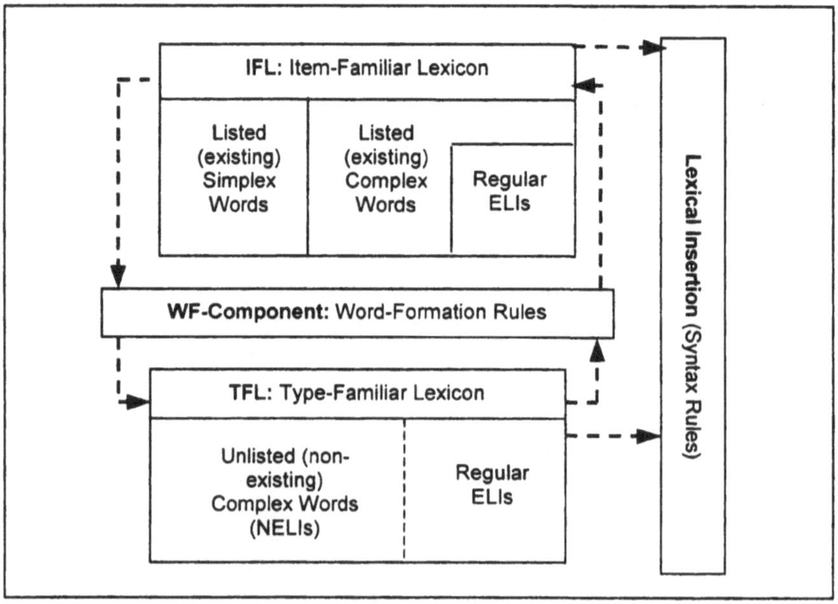


Abbildung 3.3: Schema des mentalen Lexikons nach Meys (1985: 77)

Es folgen die Erläuterungen zu Meys' Modell (siehe Abb. 3.3):

| | |
|---|---|
| IFL | *Item-Familiar Lexicon*: Eine endliche Liste aller existierenden einfachen und komplexen Wörter, mit welchen Durchschnittssprecher vertraut sind. Komplexe Wörter sind als Ganzes im IFL abgespeichert. |
| TFL | *Type-Familiar Lexicon*[12]: Die unendlich große Menge aller möglichen komplexen Wörter *(possible words)*. Es handelt sich um alle Wörter, die durch Anwendung von *word-formation rules* erzeugt und verstanden werden können. Die *possible words* im TFL sind nicht im ML eingetragen (= *unlisted (non-existing) complex words*). Dem Sprachverwender sind sie jedoch vertraut in dem Sinne, daß es sich um bestimmte, durch Wortbildungsregeln vorhersagbare, morphologische Typen und Muster handelt. |
| ELIs | *Existing Lexical Items* sind die im IFL enthaltenen Wörter (*listed (existing) simplex / complex words*). |
| Regular ELIs | Zusammengesetzte, semantisch und morphologisch transparente ELIs, die den *WF-rules* entsprechen. Sie sind Teil des IFL, auf sie kann jedoch auch indirekt über die *WF-Component* und das TFL zugegriffen werden. *Regular ELIs* grenzt Meys von idiosynkratischen ELIs ab, welche keinen Platz in seinem Modell haben. |
| NELIs | *Non-existing, but possible complex lexical items*. Sie gehören dem TFL an. |
| WF-Component | Wortbildungskomponente, welche die Wortbildungsregeln enthält. |
| Lexical Insertion | stellt die Schnittstelle zur Syntax dar: Durch Syntaxregeln werden Wörter in einen Satz eingebaut bzw. zu einem Satz zusammengefügt. |

Meys' Modell weist aus meiner Sicht folgende Unzulänglichkeiten auf:
- Es schließt zwar potentielle Neubildungen ein (*non-existing complex words*), jedoch nur solche, die durch Wortbildungsregeln entstehen. Es fehlen reduktive Bildungen (Akronyme, Blends, Clippings), welche in herkömmlichen Wortbildungstheorien als idiosynkratisch gelten, welche ich jedoch als prinzipiengeleitet betrachte.
- Es werden nur morphologische Neubildungen eingeschlossen; semantische Erweiterungen des Lexikons werden ignoriert.

Deshalb ist eine Modifikation und Erweiterung von Meys' Modell notwendig:
- Die Wortbildungskomponente muß aufgrund des Fehlens nicht-regelgeleiteter Bildungen erweitert werden, und zwar durch die Komponenten 'Produktivität', 'Kreativität' und 'Analogie' – den Triebkräften der Wortschatzerweiterung (vgl. folgende Abbildung). Diese erweiterte Wortbildungs-Komponente stellt zugleich die Dynamik-Komponente des dynamischen Modells des ML dar (siehe 3.1.6.4).

[12] Bauer (1983: 48) verwendet ebenfalls die Begriffe *item-familiar* und *type-familiar*, und zwar im Zusammenhang mit der Institutionalisierung. Er übernimmt die Bezeichnungen aus einem früheren Werk von Meys: Meys (1975).

Produktivität

- "prinzipien"geleitete Wortbildungen
- konzeptuelle Metaphern; Metonymien
  ▶ Lexikon"regeln"

Analogie

- Wortbildungen: analoge Reihenbildungen
- Metaphern: Vergleiche
- Onomatopoeia

Kreativität

- reduktive Bildungen (nicht produktiv)
- Entstehen neuer Morpheme und Lexikon"regeln"
- isolierte Metaphern

Abbildung 3.4: Die Dynamik-Komponente des mentalen Lexikons

- Das *item-familiar lexicon* (IFL) und das *type-familiar lexicon* (TFL) müssen neben den *listed simplex* und *complex words* auch *listed reductive words* (Blends, Clippings, Akronyme) enthalten. Dies wird durch die hinzugefügten Kreativitäts- und Analogiekomponenten (vgl. Abb. oben) ermöglicht.
- IFL und TFL müssen Raum lassen für Metapher und Metonymie: die *existing simplex* und *complex words* müssen korrekt 'Lexeme' genannt werden, denn sie können aus mehreren lexikalischen Einheiten bestehen und metaphorische bzw. metonymische Bedeutung annehmen. Neben *non-existing complex words* sind auch *non-existing simplex words* möglich, nämlich die (selten vorkommenden) neuen Onomatopoeia.
- Die Schnittstelle zu den Syntaxregeln (*lexical insertion*) ist für meine Fragestellung irrelevant.

Insgesamt halte ich Meys' Modell des ML zwar für plausibel, jedoch für meine Zwecke als nicht ausreichend. Deshalb ziehe ich als Ergänzung zu Meys Modell den Ansatz von Tournier (1985: 32ff, 1988 und 1991: 61) heran. Er stellt zwar explizit kein Modell des *ML* auf, entwirft aber ein Schema, das die Dynamik des *Wortschatzes* (welcher sich ja in den Köpfen der Sprecher befindet), adäquat darstellt, und zwar sowohl in morphologischer als auch semantischer Hinsicht.

Die 'Lexikogenese' beruht laut Tournier (1985: 32ff; 1991: 60f) auf den vier Komponenten *lexique réel*, *lexique potentiel*, *non-lexique* und *xénolexique:*

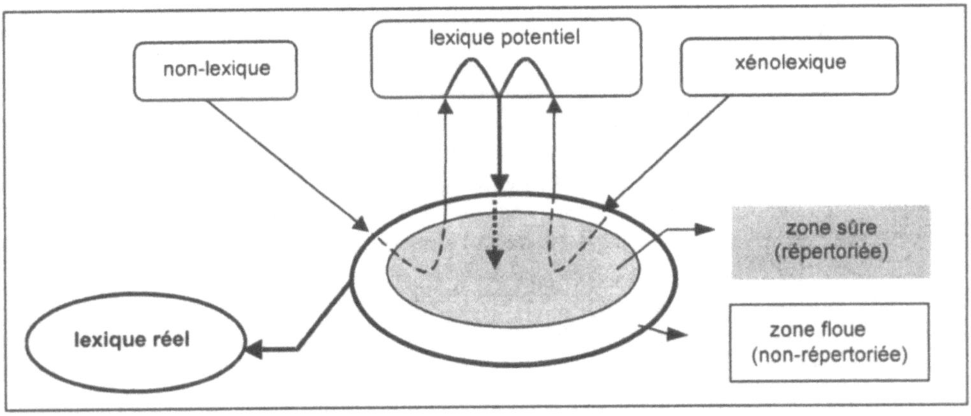


Abbildung 3.5: Allgemeines Schema zur Dynamik des Wortschatzes (geringfügig verändert nach Tournier 1985: 33; 1991: 61)

**Erläuterungen zu Tourniers Modell**

Die Wortschatzerweiterung erfolgt durch das Übertreten von Elementen aus dem potentiellen, dem Nicht- und dem Fremdwortschatz in den existierenden Wortschatz:

| | |
|---|---|
| lexique réel | Das existierende Lexikon mit einer *zone sûre* (*répertoriée*) (etablierter Wortschatz) und einer Übergangszone (*zone floue, non-répertoriée*) (nicht- etablierter Wortschatz, Neologismen). Das *lexique réel* entspricht in etwa dem IFL in Meys' Modell. |
| lexique potentiel | Potentieller Wortschatz. Er setzt sich aus prinzipiell möglichen Lexemen zusammen, die durch produktive Lexikonregeln zusammensetzbar sind (entspricht in etwa dem TFL bei Meys). |
| non-lexique | 'Nicht-Wortschatz': Im Sprachsystem einer Sprache nicht mögliche Bildungen. Im Nicht-Wortschatz können dennoch nicht-regelgeleitete Bildungen wie Blends, Clippings, Akronyme und neue Morpheme entstehen und in das existierende Lexikon eindringen (z.B. (*work)-a/holic* > *alc-o/holic*). Deren Bildungsprinzipien (hier das neu entstandene Morphem *–o/aholic*) können in den potentiellen Wortschatz aufgenommen werden, wodurch wieder neue Bildungen nach diesem Muster entstehen können (z.B. *chocaholic, golfaholic etc.*), die in das *lexique réel* übertreten. |
| xénolexique | Fremdwortschatz. Von dort aus können einzelne Elemente direkt in das *lexique réel* aufgenommen werden. Diese Morpheme und Bildungsprinzipien (Regeln) können wiederum in das potentielle Lexikon übergehen und so zu weiteren regelhaft gebildeten Lexemen im existierenden Wortschatz führen. |

Tourniers Modell thematisiert den dynamischen Charakter des Wortschatzes. Während das *lexique réel* und das *xénolexique* auch niedergeschrieben in Form von Wörterbüchern existieren, sind die möglichen Lexeme und lexikalischen Einheiten im *lexique potentiel* und *non-lexique* nur in den Köpfen der Sprecher – im ML – vorhanden.

Der Hauptvorteil von Tourniers gegenüber Meys' Modell ist folgender: Tourniers *lexique potentiel* entspricht zwar Meys' *type-familiar lexicon*, schließt jedoch zusätzlich nicht-regelgeleitete Bildungen ein. Diese sind durch im *non-lexique* oder im *xénolexique* vorhandene Lexeme in das *lexique réel* eingedrungen, so daß ihre Bildungsprinzipien in das potentielle Lexikon übergehen. Tourniers Modell ist somit flexibler, denn es wird Platz für nicht-systemkonforme Bildungen (*non-lexique*) eingeräumt, die langfristige Auswirkungen auf den existierenden Wortschatz haben können.

In meinem Modell des ML (B) werden o.g. zwei Modelle integriert und zusätzliche Erweiterungen vorgenommen (siehe 3.1.6.4). Was nun noch fehlt, ist eine Darstellung der Anordnung der wichtigsten Elemente im ML – der Morpheme und Wortbildungen.

### 3.1.6.3 Morpheme und Wortbildungen im mentalen Lexikon

Die Frage, die seit langem psycholinguistische Forschungen zum ML beschäftigt, lautet: Welche Struktur weisen die Einträge im ML auf und wie sind sie miteinander verknüpft? Aus lexikologischer Sicht interessiert insbesondere, *in welcher Form* verschiedene Wortbildungstypen und auch lexical units abgespeichert werden. Bedauernswerterweise deckt sich diese spezielle Fragestellung nicht mit den in der psycholinguistischen Literatur behandelten Themen: Die meisten dieser Studien nehmen keine Unterscheidung zwischen Flexions- und Derivations-/ Kompositionsmorphologie vor.[13] Für Experimente werden i.d.R. Simplizia oder flektierte Lexeme herangezogen.[14] Oft entsteht der Eindruck, daß sich die Experimentatoren keinerlei methodologische Gedanken über die Wahl der Lexeme bzgl. ihrer (Nicht-)Zusammengesetztheit machen. Die Ergebnisse sind für vorliegende Studie kaum verwertbar, da sie keine Verallgemeinerungen zu Wortbildungen und ST im ML zulassen.

Die psycholinguistische Debatte um das ML dreht sich u.a. um die Kontroverse *full-listing* vs. *root-listing* von komplexen Lexemen bzw. Wortformen (resp. *full-entry model* vs. *impoverished-entry model*). Als 'holistisches Modell' bezeichnen Rickheit & Strohner (1993: 176f) den *full-listing*-Ansatz (vertreten z.B. von Butterworth 1983, Meys 1985), da dort jede vollständige einfache, flektierte und auch derivierte Form als kognitive Einheit repräsentiert aufgefaßt wird. Die *root-listing*-Theorie (z.B. Taft 1985, Siegel 1979, Taft & Forster 1975) stellt für sie ein 'atomistisches Modell' dar, da Wurzeln und Affixe separat im ML aufgelistet sind und Affigierungen und Flexionen bei Bedarf aus Stamm und Affix / Flexion erzeugt werden können (vgl. auch Clark 1993: 251ff; Aitchison ²1994: 7).

---

13 Dies läßt sich häufig daran erkennen, daß entsprechende Verfasser die Bezeichnung *stem* auch für freie Morpheme als Teile von Komposita oder Affigierungen verwenden, anstelle der korrekten Wortbildungstermini *root* oder 'freies Morphem' (vgl. auch Hankamer 1989: 406).

14 Vgl. dazu auch Hankamers (1989: 395) Kritik an psycholinguistischen Untersuchungen. Auch Henderson (1989: 365ff) beobachtet eine Ignoranz solcher Forschungen bzgl. fundierter wortbildungstheoretischer Grundlagen und beruft sich deshalb – meines Wissens als einziger – im Rahmen seiner Studien zur mentalen Repräsentation von Lexemen explizit auf Marchands (1969) und Bauers (1983) Wortbildungstheorien.

Für die beste Lösung dieser Kontroverse zwischen atomistischem und holistischem Speichermodell halte ich eine zwischen den beiden extremen Hypothesen liegende moderate Position (zu einem ähnlichen Ansatz: siehe Hankamer 1989):

- *full-listing* bei institutionalisierten, lexikalisierten Wortbildungen, in Ausnahmefällen auch bei extrem ungerelmäßigen flektierten Formen,
- *root-listing* bei Neologismen und Wortformen (d.h. flektierten / konjugierten Wörtern).

Diese "Aufgabenteilung" zwischen holistischem und atomistischem Modell ist auch mit der Abrufgeschwindigkeit von Einheiten aus dem ML vereinbar: Holistische Gebilde wie lexikalisierte Wortbildungen sind schnell abrufbar, weil sie als ganzes Konzept schnell erreichbar sind; flektierte Wörter können bei Bedarf schnell zusammengesetzt werden, weil es sich um nicht-lexikalisierte, nicht demotivierte Formen handelt, die bei Bedarf durch Bildungsregeln generiert werden können. Diese Auffassung vertritt auch Aitchison ([2]1994: 126ff, 165f), die sich auf psycholinguistische Experimente beruft. In ihrem Modell werden regelmäßige Flexionsendungen *online*, d.h. während des Sprechens, an den Wortstamm angehängt und sind somit separat von den Stämmen gespeichert. Lexikalisierte Affigierungen werden als Einheiten gespeichert.

Ein großes Manko von Aitchisons Beschreibungen zur Abspeicherung von Wurzeln, Affixen und Flexionen im ML liegt in der Konzentration auf die Flexion und Derivation, wobei sie die Art der Speicherung von *Komposita* und anderen Wortbildungsprozessen nicht anspricht. Auch Clark (1993: 6f) geht im direkten Zusammenhang mit dem ML nur auf Derivationen ein, und auch Levelt (1989) behandelt die Komposition nicht. In Punkt 2.2.2 wurde festgestellt, daß sich die Forscher über die vierteilige Struktur von Einträgen im ML weitgehend einig sind (z.B. Levelt 1989; Aitchison [2]1994; Clark 1993). Als plausibel gilt auch, daß sich Wortformen innerhalb eines Eintrages im ML befinden – sie sind in der morphologischen Komponente enthalten –, und daß Wortbildungen wie Komposita und Affigierungen eigene Einträge ausmachen. Diese These wird durch Farke & Felix' (1990) Experimente bestätigt. Sie haben herausgefunden, daß bei derivierten Formen ganzheitlich auf den jeweils autonomen Lexikoneintrag zugegriffen wird, während flektierte Formen bei der Sprachverarbeitung dekomponiert werden. Farke & Felix (1990: 142) schließen daraus, daß die grammatikalische Flexion und die Wortbildung (Derivation und Komposition) distinkte kognitive Strukturphänomene darstellen.

In der Frage, wie denn Komposita im ML gespeichert werden, bringen uns neben Farke & Felix (1990) Rickheit & Strohner (1993: 176f) einen kleinen Schritt weiter. Ihr Ansatz spricht, ebenso wie Aitchisons und mein Modell, für eine moderate Position: Ihre Terminologie zeigt, daß sie sich des Unterschiedes zwischen Wortbildung und Flexionsmorphologie bewußt sind: So verwenden sie die Bezeichnung 'Morpheme' anstelle der sonst in psycho- und kognitiv-linguistischen Untersuchungen üblichen Termini 'Wurzeln' und 'Affixe / Flexionen'. Obwohl ihr Ansatz nicht rein lexikologischer Natur ist (sie gehen von einer Interaktion zwischen Lexikon und Syntax aus), weisen sie darauf hin, daß es drei Arten von Morphologien gibt: Flexions-, Derivations- und Kompositionsmorphologie. Experimentelle Befunde zeigen, daß nur eine Mischung aus dem atomistischen und dem holistischen Ansatz zur Speicherung von Lexemen im ML zutrifft. Laut Rickheit & Strohner bilden sowohl einzelne Morpheme als auch zusammengesetzte Wörter kognitive Einheiten im ML. Das bedeutet, daß auch Komposita als ganze Einheiten abgespeichert werden.

Diese Erkenntnisse ziehen folgende positive Konsequenzen nach sich: Erstens gewinnt die in der Wortbildungslehre (intuitiv) vorgenommene Unterscheidung zwischen Flexionsmorphologie als grammatikalisches und Derivations-/Kompositionsmorphologie als wortbildungstheoretisches Phänomen (z.B. Bauer 1983: 34) durch die experimentellen Befunde psycholexikalische Realität, und zweitens wird auch die z.B. von Lipka ($^2$1992: 73) vorgenommene Trennung zwischen Lexem / Wortbildung und Wortform auf eine psycholexikalische Grundlage gestellt.

### 3.1.6.4 Ein Modell der Dynamik des mentalen Lexikons (B)

Mein Modell des ML aus dynamischer Perspektive (B) integriert die in 3.1.6.1 bis 3.1.6.3 gewonnenen Erkenntnisse zum ML und erweitert sie. Es sieht folgendermaßen aus (vgl. Abb. 3.6):

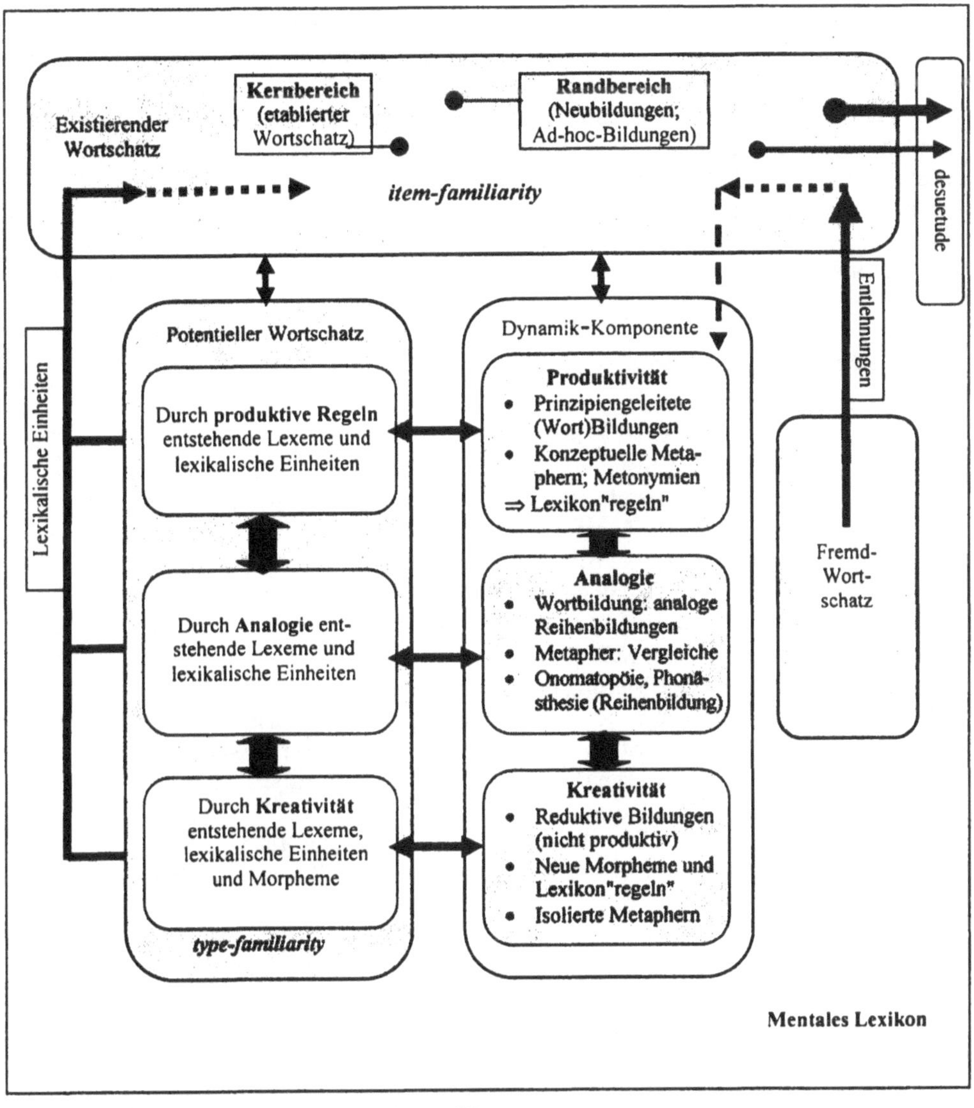


Abbildung 3.6: Modell des mentalen Lexikons (B)

Das ML kann generell aus zwei Perspektiven betrachtet werden: Erstens im Sinne eines überindividuell gültigen, im Kollektivbewußtsein einer Sprachgemeinschaft enthaltenen Wortschatzes, mit anderen Worten das dem durchschnittlichen Sprachverwender bekannte Vokabular. Der Inhalt dieses mentalen Lexikons wird schriftlich in Form von Wörterbüchern (mittlerer Größe, *standard desk dictionaries*) festgehalten, wenn auch mit Zeitverzögerung und tendentiell unvollständig. Zweitens kann sich 'ML' auch auf den individuellen Wortschatz eines Sprachverwenders beziehen. Modell B (Abb. 3.6) gilt für beide Dimensionen, wobei jedoch angemerkt werden muß, daß der Fremdwortschatz von Sprecher zu Sprecher unterschiedlich stark im ML vertreten sein oder sich auch ganz außerhalb des MLs befinden kann.

Es folgt eine Beschreibung der einzelnen Komponenten von Modell B:

| | |
|---|---|
| Existierender Wortschatz | Den Sprachverwendern bekannte Lexeme und lexikalische Einheiten. Bezieht sich auf Tourniers *lexique réel* und Meys' *item-familiar lexicon*. Der existierende Wortschatz besteht aus dem Kernbereich (etablierter Wortschatz; Tourniers *zone sûre*), in dem institutionalisierte / lexikalisierte Elemente enthalten sind und einem Randbereich (Tourniers *zone floue*), der Neologismen und Ad-hoc-Bildungen enthält. Einträge können durch den Prozeß der Instiutionalisierung aus dem Randbereich in den Kernbereich vordringen (markiert durch die gestrichelten Pfeile). Die Lexikalisierung findet erst im Kernbereich statt.<br>Bezogen auf die individuellen Sprachverwender sind im Kernbereich des Wortschatzes Einträge enthalten, die sie sowohl passiv als auch aktiv beherrschen. Im Randbereich befinden sich Einträge, mit denen sie vorwiegend passiv vertraut sind (z.B. neue Wörter und Bedeutungen aus den Medien, Fachbegriffe, literarische Wörter).<br>Die beiden Pfeile, die aus dem Kern- und Randbereich hinaus auf *desuetude* im Raum außerhalb des ML zeigen, veranschaulichen, daß Einträge, wenn sie außer Gebrauch geraten, wieder aus dem ML verschwinden. Dies betrifft vor allem Neubildungen (siehe dicker Pfeil), und zwar Ad-hoc-Bildungen stärker als Neuprägungen. Das Außer-Gebrauch-Geraten etablierter Einträge (*desuetude* nach Algeo 1993) ist i.d.R. ein langwieriger und seltener vorkommender Prozeß (daher der dünnere Pfeil). |
| Dynamik-Komponente mit potentiellem Wortschatz | Diese Komponente (siehe auch Abb. 3.4 in 3.1.6.2) entspricht in etwa Aitchisons *lexical tool-kit* und ist für das Erzeugen von Neubildungen zuständig. Sie besteht aus drei Unterkomponenten, die eindeutig voneinander abzugrenzen sind (dies wird durch die schwarzen Verbindungspfeile angedeutet). Die Produktivitätskomponente bringt prinzipiengeleitete Bildungen (Wortbildungen, auch reduktive Bildungen, konzeptuelle Metaphern und Metonymien) hervor. Durch die Kreativitätskomponente entstehen nicht-prinzipiengeleitete Bildungen (isolierte Metaphern) und auch neue Morpheme (CFs), die durch produktiv gewordene Morphemfragmente in (zunächst nicht produktiven) reduktiven Bildun- |

| | |
|---|---|
| | gen neue Lexikon"regeln" auslösen können. Die Analogiekomponente erzeugt Bildungen, die durch Analogiemechanismen zustandekommen (analoge Reihenbildungen / Mikrosysteme, Metaphern, Onomatopoeia). Sie enthält Musterwörter inklusive ihrer Zusammensetzung, die als Ausgangsbasis für die neuen Analogiebildungen fungieren. Die Dynamik-Komponente enthält somit den potentiellen Wortschatz einer Sprache und umfaßt Tourniers *lexique potentiel* und *non-lexique* bzw. Meys' *type-familiar lexicon*, und zusätzlich Neubildungen, die durch den kognitiven Mechanismus der Analogie entstehen. Potentielle Metaphern und Metonymien können den Sprechern vertraut sein (*type-familiar*) in dem Sinne, daß sie sie bekannten metaphorischen Konzepten bzw. typischen *stand-for-relations* (z.B. TEIL FÜR DAS GANZE; ORT FÜR PRODUKT) zuordnen können. |
| Fremdwortschatz | Entspricht Tourniers *xénolexique*. Im ML eines einzelnen Sprachverwenders ist er enthalten, wenn dieser Fremdsprachen beherrscht. Interferenzen lexikalischer Art (Germanismen im Englischen, Anglizismen im Deutschen etc.) können so aus Sicht des ML erklärt werden. Über den Fremdwortschatz dringen Entlehnungen[15] in den Wortschatz einer Sprache ein, die zunächst in den Randbereich, später sogar bis in den Kernbereich eindringen können (siehe durchgezogener und anschließend gestrichelter Pfeil). Vom Kernbereich aus können Entlehnungen in die Dynamik-Komponente aufgenommen werden und dort zu neuen Lexikon"regeln" führen (siehe vertikaler gestrichelter Pfeil). Betrachtet man Entlehnungen als von außen in das ML der Sprachgemeinschaft eingedrungen, so befindet sich der Fremdwortschatz nicht wie in der Abbildung dargestellt, innerhalb, sondern außerhalb des ML. |
| Verbindungen zwischen den Komponenten des ML | Die in der Dynamik-Komponente, dem "lexikalischen Werkzeugkasten", dekomponierten Lexeme bzw. enthaltenen lexikalischen Einheiten werden dauerhaft im potentiellen Wortschatz abgespeichert. Von dort aus können sie im etablierten Wortschatz realisiert werden, und zwar dringen sie i.d.R. zunächst in die Randzone (schwarzer Pfeil) ein, später u.U. in den Kernbereich (gestrichelter Pfeil). |

### 3.1.7 Das mentale Lexikon zwischen Stabilität und Flexibilität – Ein integriertes Modell (C)

Nun sind wir an dem Punkt angelangt, an dem es möglich ist, die Modelle des mentalen Lexikons A (siehe 2.2.2) und B (siehe 3.1.6.4) in einem Modell (C) zusammenzufassen (siehe Abb. 3.7). Die miteinander verbundenen Einträge in Modell A (Abb. 2.1) werden in den Wortschatz (Kern- und Randbereiche) von Modell B (Abb. 3.6) projiziert. Dies ist der wichtigste Aspekt der Verschmelzung, denn damit wird einerseits der Inventarcharakter des

[15] Obwohl Entlehnungen aus der vorliegenden Studie ausgeschlossen werden, wird der Fremdwortschatz in diesem Modell des ML aus Vollständigkeitsgründen einbezogen.

Lexikons betont (Einträge im ML und ihre Verbindungen), andererseits auch sein Prozeßcharakter dargestellt (realisiert durch die Dynamik-Komponente und die Verbindungen dieser und anderer Komponenten).

Der Wortschatz enthält Einträge, die sich jeweils durch vier Spezifikationen auszeichnen und entsprechende Verbindungen untereinander aufweisen (diese sind in Modell C im Vergleich zu Modell A aus Übersichtlichkeitsgründen vereinfacht als schwarze Verbindungslininen dargestellt). Der Wortschatz steht mit dem in der Dynamik-Komponente enthaltenen potentiellen Wortschatz und mit dem Fremdwortschatz in Verbindung, so daß ein Austausch zwischen diesen Komponenten stattfinden kann. Er wird ständig durch neue Einträge aus dem potentiellen Wortschatz bereichert, teilweise auch aus dem Fremdwortschatz (letzterer wurde in diesem Modell (C) weggelassen, da er in der empirischen Untersuchung keine Rolle spielt).

Hinsichtlich der Makrostruktur ist das ML mit anderen Bereichen der Kognition verbunden (dicke schwarze Linien rechts), nämlich den Wissenskomponenten (enzyklopädisches und individuelles Wissen, siehe rechte untere Ecke), welche kognitive Modelle (weiße Bereiche) enthalten, die wiederum aus miteinander verknüpften Konzepten bestehen. Die kognitiven Modelle sind mit den Einträgen des ML verbunden (schwarze vertikale Linien).

Das im folgenden abgebildete Modell (C) integriert auch die in den Punkten 3.1.1 bis 3.1.6 vorgenommenen und in 3.1.6.4 modellierten Erklärungen zu den diversen Phänomenen, welche die Dynamik des Wortschatzes ausmachen (die Entstehung von Neubildungen, die Triebkräfte der Erweiterung des Lexikons etc.) und welche zu dessen Stabilität beitragen (Institutionalisierung und Lexikalisierung der Resultate der Wortschatzerweiterung).

Anmerkungen:

- Aus Übersichtlichkeitsgründen sind nicht sämtliche Verbindungslinien (zwischen Einträgen, zwischen potentiellem und existierendem Wortschatz, zwischen den Wissenskomponenten und dem ML) eingezeichnet. Für Details wird auf die Modelle (A) und (B) in Punkt 2.2.2 (Abb. 2.1) und 3.1.6.4 (Abb. 3.6) verwiesen.
- Die Dynamik-Komponente und das außerhalb des MLs befindliche enzyklopädische und individuelle Wissen sind aus Platzgründen im Verhältnis zum ML zu klein dargestellt.

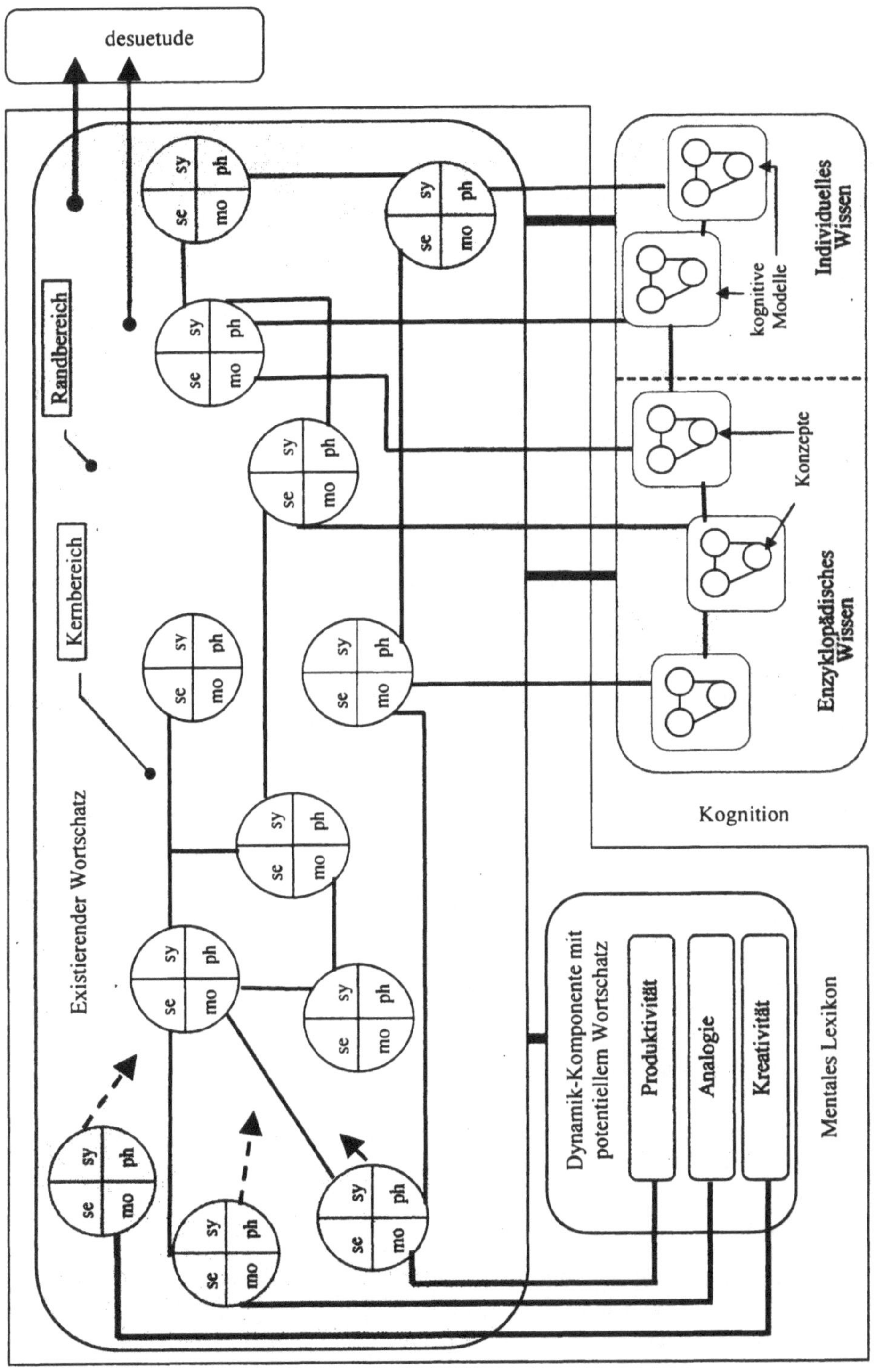
desuetude
Randbereich
Kernbereich
Existierender Wortschatz
se
sy
mo
ph
kognitive Modelle
Individuelles Wissen
Konzepte
Enzyklopädisches Wissen
Kognition
Dynamik-Komponente mit potentiellem Wortschatz
Produktivität
Analogie
Kreativität
Mentales Lexikon

## 3.2 (Neu)Bildungen aus dem Bereich *computing* – das Korpus

In diesem Abschnitt wird der Untersuchungsgegenstand – das aus Lexemen aus dem Bereich *computing* bestehende Korpus – näher umrissen und bezüglich der sprachlichen Varietät eingeordnet. Außerdem werden die Quellen und die Methode der Datengewinnung erläutert. Abschließend wird das resultierende Korpus vorgestellt.

### 3.2.1 Das *subject field computing*

Den Kern der empirischen Untersuchung bildet der Wortschatz aus dem Bereich *computing*. Dieser sei im folgenden näher bestimmt.

*Computing* stellt eines von elf *subject fields* (Themenbereiche) im ODNW dar und wird definiert als:

> words to do with computing and associated technology. (ODNW: ix)

In dieser weiten Bedeutung verwende ich *computing* hier, wobei *computing* i.e.S. bedeutet:

> The use of a computer to process data or perform calculations. (RHD)

Der Wortschatz aus dem Bereich *computing* ist der Varietät *computer English* bzw. *computer usage* zuzuordnen. Darunter versteht McArthur (1992: 248ff):

> The register of English associated with computer technology and electronic communication, for both professional and other purposes, such as [...]

Die folgenden Punkte nach McArthur (ibid.) schließe ich in meine weite Konzeption von *computing* mit ein: "the creation, use and maintenance of equipment", "recreation (video games etc.)", "electronic mail writing, transmitting", "word processing, DTP [*desk-top publishing*], electronic publishing", "informal use, incl. slang". Ergänzend werden Lexeme, die Computeranwender und deren Kultur bezeichnen, einbezogen.

### 3.2.2 Computerlexeme im *common English*, *techspeak* und *hackers' jargon*

Ich unterscheide drei Varietäten, denen Computerlexeme angehören können: *common English*, *techspeak* und *hackers' jargon*.

**Common English – common vocabulary**
Das englische Gesamtvokabular weist einen zentralen Bereich auf, in dem allgemeingebräuchliche, in allen Varietäten vorhandene Wörter und Bedeutungen enthalten sind: der Allgemeinwortschatz. Darunter verstehe ich die u.a. von Leisi ([7]1985: 183) verwendeten Begriffe *common vocabulary* / *common English* (siehe auch SOED 1978: X) bzw. *common*

*core* (nach Quirk & Greenbaum 1973: 1ff). Es handelt sich um Lexeme und Bedeutungen des Kernwortschatzes, die dem durchschnittlichen Sprecher einer Sprachgemeinschaft bekannt sind. Die an das Allgemeinvokabular angrenzenden Gebiete im "Sonnenmodell" (Lipka 1995a: 84) lauten *scientific*, *foreign*, *archaic*, *dialectal*, *vulgar*, *slang*, *technical* (vgl. Lipka ²1992: 10f, nach Leisi ⁷1985: 187f). Das Computerfachvokabular (*techspeak / computerese*) zähle ich dabei zum Bereich *technical*; *hackers' jargon* zu *slang*. Lexeme der übrigen o.g. Varietäten treten im Bereich *computing* nicht auf. Wie auch im Sonnenmodell dargestellt, grenzen die drei Bereiche Computerfachsprache (*techspeak; technical*), *hackers' jargon* (*slang*) und Kernvokabular (*common*) aneinander, wodurch Zuordnungsprobleme entstehen können (s.u.).

*Allgemeinsprachliche* Computerlexeme bilden den Schwerpunkt der empirischen Untersuchung. Computerlexeme haben ihren Ursprung jedoch selten in der Allgemeinsprache. Typischerweise dringen sie von den Varietäten *techspeak* und *hackers' jargon* mit der Verbreitung kommerzieller PC-Programme und des Internets bei durchschnittlichen PC-Anwendern in das Allgemeinvokabular ein.

**Techspeak / Computerese**

*Bei techspeak* (i.e.S.) handelt es sich um eine Fachsprache mit offiziellem Fachvokabular:

> the formal technical vocabulary of programming, computer science, electronics, and other fields connected to hacking. (NHD-online)

*Techspeak* umfaßt i.d.R. jedoch mehr als die Computerfachsprache, z.B. die Fachsprache der Elektronik, der Medizin, etc. Wenn ich den Bereich 'Computer' innerhalb von *techspeak* betonen will, spreche daher ich von *computerese*:

> The technical jargon of computing, computer terminology. (OED2)

> The jargon and technical terms associated with computers and their operation. (RHD)[16]

Lexeme der Varietät *techspeak / computerese* wurden nicht für das Korpus ausgewählt, es sei denn, sie sind in die Allgemeinsprache eingedrungen. Dies ist häufig der Fall, wie an der Wertung des NHD zu erkennen ist: Die Einträge *bit*, *byte*, *to boot* und *wallpaper* (letzterer ein stehender *Windows*-Begriff) werden dort als *techspeak* klassifiziert.

**Hackers' jargon / hackers' slang**

*Jargon* verwende ich, wie auch die Herausgeber des NHD, nicht in der Bedeutung 'Fachsprache einer (Berufs)Gruppe', da es sich nicht um offizielle, fachsprachliche Lexeme (*techspeak*) handelt, sondern um eine typischerweise aus Slangwörtern entstehende Varietät:

---

[16] Der Terminus *computerese* stellt einen *notational term* (Lipka ²1992: 5) dar: McArthurs (1992: 248) Verständnis von *computerese*, für das er synonym *computerspeak* und *computer lingo* verwendet, entspricht nicht den von mir aus dem OED2 / RHD übernommenen Definitionen: "non-technical, often pejorative terms for usage associated with computers...".

> 'jargon': without qualifier, denotes informal 'slangy' language peculiar to or predominantly found among hackers – the subject of this lexicon. (NHD online)

Unter diesen Umständen bietet es sich an, korrekterweise das Synonym *hackers' slang* anstelle von *hackers' jargon* zu verwenden. Das dazugehörige Adjektiv lautet *hackish*, wobei zwei regionale Varietäten zu unterscheiden sind: *Commonwealth hackish* und *US-hackish* (vgl. Einleitung im NHD).

*Hackers' slang* grenze ich wie auch das NHD von *techspeak* ab. Die Übergänge zwischen *techspeak* und *hackers' jargon* sind fließend, weil Lexeme und Bedeutungen oft von der einen in die andere Varietät übergehen.

Auch die Grenze zwischen *techspeak / computerese* und dem Allgemeinvokabular ist nicht immer eindeutig festzulegen. Die Lexikographen des ANW können ein Lied davon singen:

> With computer terms it is often hard to decide which are technical jargon and which are general English. Some of the entries [...] may seem both technical and jargonish; however, we have citations of their use in general publications. (ANW 3/1995: 303)

Das hier angesprochenene, auch in der Praxis dieser Untersuchung aufgetretene Problem betrifft insbesondere Lexeme, die sich gerade im Übergang zwischen Fach- und Allgemeinsprache befinden. Sobald sich ein Lexem aus dem Computerkorpus in einem der untersuchten Neologismen- oder Allgemeinwörterbücher befindet, hat es zwar den Weg in das *common English* gefunden; sein Ursprung ist jedoch häufig im *hackers' slang* zu finden.

Computerlexeme können sich in zwei Richtungen zwischen Varietäten (Allgemeinwortschatz und Computerwortschatz) bewegen (siehe auch McArthur 1992: 248ff und Barry 1991):

a) Einerseits dringen Lexeme aus dem Bereich der allgemeinprachlichen Konzepte in den Computerwortschatz ein, typischerweise dann, wenn neue lexikalische Einheiten entstehen (*mouse* - 'Tier' → *mouse* - 'Hardwarekomponente').
b) Umgekehrt werden Computerfachbegriffe für computerfremde Kontexte in der Alltagssprache verwendet, etwa im Zusammenhang mit menschlichen Interaktionen, wie in der Äußerung "I didn't like his *input* to the meeting." (McArthur 1992: 248ff) oder "to be in the *interrupt mode*" (Barry 1991: 4). Laut Aitchison (²1994: 152) spricht man über viele Themen heutzutage "in terms of software, hardware, input, output and so on". Eine extreme Ausprägung der Übertragung von Computerkonzepten auf computerfremde Konzepte stellt die sogenannte 'Computermetapher' dar, wie sie in den Kognitionswissenschaften zu finden ist. Das GEHIRN wird hier mit dem COMPUTER verglichen, um seine Funktionsweise verständlich zu machen (z.B. Schwarz 1992: 151ff und Lakoff 1987: Kap. 1).

In dieser Untersuchung behandle ich nur Lexeme, die Richtung a) durchlaufen, da nur Computer-, nicht Alltagskonzepte einbezogen werden. In die Untersuchung aufgenommen werden auch Computerlexeme, die aus einer Varietät, z.B. *hackers' jargon*, mit gleicher Bedeutung in den Allgemeingebrauch übergehen. Im NHD werden diese Fälle mit *mainstream* bzw. *general usage* bezeichnet.

Aus stilistischen Gründen verwende ich die Termini 'Computervokabular', 'Computerlexis', 'Computerwortschatz' und 'Computerlexeme' als Abkürzung für 'Wortschatz bzw. Lexeme aus dem Bereich *computing*'. Es handelt sich um eine allgemeine Bezeichnung, durch die keine Differenzierung der Lexeme aus den drei Varietäten vorgenommen wird.

Eine Bemerkung zu den regionalen Varietäten im Computerwortschatz: Computerlexeme entstehen vorwiegend im AmE, treten jedoch im Zuge der *World Englishes* in das BrE ein. In den Einträgen im Korpus habe ich jeweils die Orthographie übernommen, die auch in den Quellen verwendet wird.

### 3.2.3 Datengewinnung

Im folgenden werden die der Auswahl von Lexemen zugrundeliegenden Quellen beschrieben und die Extraktionsmethoden erläutert, die zur Zusammenstellung des Korpus (vgl. Anhang) führten.

Bzgl. des Zeitraumes, in dem die für das Korpus ausgewählten Neubildungen aufgetreten sind, ist festzustellen, daß das Gros der Einträge in den 1980er und 1990er Jahren entstanden ist, wobei die Lexeme und lexikalischen Einheiten, die um das Internet herum aufgetreten sind, auf die 90er Jahre zu datieren sind. Vereinzelt werden auch ältere Computerlexeme eingeschlossen, und zwar wenn sie a) Auslöser produktiver Reihen waren, z.B. *cyborg* (1960), oder wenn es sich b) um äußerst gebräuchliche Termini handelt, die schon seit mehreren Jahrzehnten institutionalisiert sind (z.B. *mouse, software, hardware*).

Insgesamt habe ich bei der Auswahl der Einträge Wert darauf gelegt, ein möglichst vollständiges Gesamtbild des Computerwortschatzes zu zeichnen und ein ausgewogenes Korpus *computing* zusammenzustellen (zur Repräsentativität: vgl. 4.1).

Das Korpus besteht aus Einträgen folgender Quellen:
- ODNW (1997)
- OED2 (CD) (1989; 1994)
- RHD (CD) (1996)
- LRNW1, LRNW2 (1989, 1990)
- ANW (einzelne Ausgaben zwischen 1992 und 1997; vgl. Bibliographie)
- NHD-online ([3]1996)
- Aktuelle Internet-Quellen.

#### 3.2.3.1 Die Basis: Das ODNW

Das ODNW (*Oxford Dictionary of New Words*, 2. Ausgabe 1997) besteht aus insgesamt rund 2000 Einträgen, die elf verschiedenen, durch Piktogramme markierten *subject fields* (z.B. *computing, business world, science & technology, politics*) zugeordnet sind. Die Einträge des *subject field computing* dienten als solide Grundlage für das Korpus. Die Suche nach diesen Lexemen wurde manuell bzw. visuell durchgeführt, wobei das Symbol eines Computers die Arbeit erheblich erleichterte. Die Auswahl des ODNW als Grundlage hat folgende Gründe:

a) Aufgrund seiner Aktualität (1997) umfaßt das ODNW neben Lexemen aus dem Bereich Hardware und Software auch die seit Anfang der 90er Jahre reichlich entstehenden Internet-Begriffe und stellt somit das gesamte Spektrum der Neubildungen aus dem Bereich *computing* bereit.
b) Das ODNW umfaßt Computerlexeme, die dem *common English* – dem Schwerpunkt der Untersuchung – angehören. Es enthält "words and phrases which have come to public attention in the past fifteen or sixteen years", und die aufgrund ihrer Medienpräsenz "came into popular use or enjoyed a vogue" (ODNW 1997: iii).
c) Dieses Neologismenwörterbuch stellt eine äußerst zuverlässige Quelle dar: Da das ODNW auf den Korpora *BNC* und *Oxford Bank of New English* basiert, kann man sich auf gründlich recherchierte Einträge verlassen. Dies bestätigt sich, sobald man die Struktur der Einträge genauer untersucht. Die Einträge sind ausführlicher als in größeren Wörterbüchern üblich beschrieben, denn sie umfassen neben einer knappen Definition mehrere Abschnitte. In der *etymology section* werden Angaben zum Ursprung und zur Bildung des Eintrages angegeben. Die *history and usage section* gibt detailliert Aufschluß über die Entstehungs- und Verwendungsgeschichte der betreffenden Lexeme. Erläutert werden auch Bedeutungsveränderungen, ältere Verwendungen der Wörter und abgeleitete Kompositionen und Derivationen (vgl. ODNW: vf). Durch Zitate wird die Bedeutung illustriert.

**Extraktionsmethode**
Von den insgesamt über 200 Einträgen aus dem Bereich *computing* im ODNW wurde der Großteil in das Arbeitskorpus aufgenommen. Weggelassen wurden a) Entlehnungen, b) Begriffe, die zwar mit dem Piktogramm für *computing* markiert waren, jedoch meines Erachtens eher dem Wirtschafts- oder Naturwissenschaftsbereich angehören (z.B. *business process re-engineering, nano-*), und c) syntaktische Fügungen und ihre Kürzungen (*BTW - by the way*). So blieben 150 Einträge übrig. Diese wurden mit der Übernahme in das Korpus umstrukturiert: In einem Eintrag im ODNW sind häufig mehrere zusammengehörige Wortbildungen (Komposita, Affigierungen etc.) oder lexikalische Einheiten enthalten. Diese wurden in meinem Korpus zu separaten Einträgen. Es gilt der Grundsatz: "Je ein Lexem pro Haupt- oder Untereintrag; aber mehrere zu einem Lexem gehörige lexikalische Einheiten pro Eintrag". Aus den 150 ursprünglich aus dem ODNW ausgewählten Einträgen entstanden in meinem Arbeitskorpus durch diese Umstrukturierung ca. 300 Einträge.

Trotz der Vorteile des ODNW habe ich mich nicht auf diese *eine* Quelle verlassen. Dies wäre zu riskant, weil Definitionen nicht verglichen werden können und sich so möglicherweise ein einseitiges Bild ergibt. Deshalb wurden Ergänzungen aus weiteren Quellen hinzugefügt.

#### 3.2.3.2 Ergänzungen I: LRNW und ANW

'Among The New Words' (ANW) ist eine Rubrik in *American Speech*, in der aktuelle Neubildungen aufgelistet werden. Einige der zwischen 1992 und 1997 erschienenen Ausgaben (siehe Bibliographie) widmen sich schwerpunktmäßig Neologismen aus dem Bereich *computing*.

**Extraktionsmethode**
Die Suche nach in Frage kommenden Lexemen wurde im LRNW und ANW manuell bzw. visuell durchgeführt. Dies bot sich aufgrund des im Vergleich zum OED2 und RHD verhältnismäßig geringen Umfanges der Neologismensammlungen an.

In den genannten Ausgaben des ANW sind insgesamt 269 Computerlexeme vorhanden. Die getroffene Auswahl hatte 99 Einträge zum Ergebnis. In dieser Auswahl bemühte ich mich, Einträge aus allen drei Varietäten (*techspeak, hackers' slang* und *common English*) zu berücksichtigen, wobei den Computerlexemen im *common English* – diesem Schwerpunkt gemäß – besondere Beachtung zukam.

Im LRNW1 und 2 (1989 und 1990) sind nur wenige Computerlexeme vorhanden: 41 von insgesamt über 2200 Einträgen. 31 davon wurden zum Korpus addiert. Zum Großteil unterstützen sie die vorhandenen Definitionen, zu einem geringeren Anteil liefern sie auch neue Einträge (z.B. *earcon*). Die Einträge im LRNW, wie auch die im ODNW, können dem *common vocabulary* zugerechnet werden, da diese die "concerns that have impinged on speakers of English world-wide" (LRNW 1: introduction ii) ausdrücken und meist gängigen Tages- oder Wochenzeitungen und -zeitschriften (*Guardian, Economist, Daily Telegraph, Newsweek* etc.) entnommen wurden.

### 3.2.3.3 Ergänzungen II: Elektronische Wörterbücher: RHD und OED2

Zweck der Suche nach Computerlexemen in diesen umfangreichen Wörterbüchern war das Aufspüren von älteren Lexemen, die wichtige Konzepte im Bereich *computing* bezeichnen. Diese sind i.d.R. in den bisher behandelten Neologismenwörterbüchern nicht zu finden (z.B. *mouse, hardware*). Auch als Vergleichsmöglichkeit zu in den o.g. Quellen gefundenen Computerlexemen boten sich das OED2 und das RHD an.

**Extraktionsmethode**
Die Methode des manuellen Aufspürens von Computerlexemen bot sich bei diesen mehrere hunderttausende Einträge umfassenden Wörterbüchern nicht an. Die Lösung des Problems bestand in der Verwendung der elektronischen Versionen des RHD und OED2. Elektronische Wörterbücher haben den Vorteil, daß spezifische Suchen durch Eingabe bestimmter Parameter und Befehle automatisiert durchgeführt werden können. Durch eine gezielte Suche nach Labels wie *Computing* oder *Computers* können die dazugehörigen Einträge ausfindig gemacht werden. Im folgenden stelle ich die drei Schritte vor, die zur Datengewinnung in den elektronischen Wörterbüchern OED2 (CD) und RHD (CD) führten.

1) Automatisierte Suche aller vorhandenen Computertermini

OED2 (CD):
Die Suche der Termini wurde durch Eingabe des Befehls "Search!" mit der Spezifizierung 'Definitions' durchgeführt. Es wurde auf diese Weise gezielt nach den in den Definitionen der Einträge vorhandenen Begriffen *computer* und *computing* gesucht. Die Suchergebnisse decken fast den gesamten Computer-Vokabular-Bereich des OED2 ab. Um sicherzugehen, daß nicht einige Computerlexeme ausgespart wurden, etwa weil die Labels im OED2 nicht konsequent vergeben wurden, wurde zusätzlich folgende Suche durchgeführt: 'Alle Einträ-

ge, die im Zeitraum zwischen 1945 und 1985[17] neu hinzukamen'. Resultat waren zunächst ca. 6600 Einträge, die anschließend manuell nach Computerlexemen durchkämmt wurden. Diese deckten sich teils mit den Einträgen der vorangegangenen Suchen, teils wurden jedoch auch neue Einträge aufgespürt.

Die Suche nach Einträgen mit *computer* in den Definitionen ergab 285, die Suche nach Einträgen mit *computing* 152 Resultate, welche sich jedoch teilweise mit ersteren überschnitten. Die Suche im Zeitraum 1945-85 hatte 8 Einträge zum Ergebnis.

RHD (CD):
Die Termini wurden durch Eingabe des Befehls "Search on Definitions" gesucht. Die Suchwörter 'computer' und 'computing' wurden eingegeben. 'Computer' ergab 893 Treffer (davon bezogen sich 606 Treffer auf 'computers'), 'computing' 18.

2) Eingrenzung der gefundenen Computertermini

Die Kriterien für die weitere Auswahl von geeigneten Computerlexemen aus der hohen Gesamttrefferzahl (RHD: 911; OED2: 445) werden im folgenden erläutert:

Der Schwerpunkt der Auswahl der Computerlexeme liegt auf Lexemen des *common vocabulary*. Aus dem RHD und OED2 wurden auch Wörter aus *techspeak* zu einem gewissen Maße berücksichtigt, wenn sie nach meiner Erfahrung nicht *zu* spezialisiert waren (zu spezialisiert wären z.B. *half-adder, half-word, front end, patch bay, patch board* im OED2), so daß sie dennoch dem Allgemeinwortschatz zugerechnet werden können. Diese Auswahl fiel im OED2 dadurch leicht, als die Zitate mit genauen Quellenangaben gekennzeichnet sind. So läßt sich beurteilen, ob das betreffende Lexem primär in der Fachliteratur (*techspeak*) oder in der allgemein zugänglichen Literatur (Zeitungen / Zeitschriften wie *Guardian* oder *Economist*), d.h. im *common vocabulary* vorkommt. Soweit vorhanden, wurden in geringem Maße auch Lexeme des *hackers' jargon* aufgenommen, um eine Vergleichsmöglichkeit zu den Einträgen im NHD (siehe 3.2.3.4) zu haben. Als dem *hackers' jargon* zugehörig wurden Computerlexeme gezählt, die mit Labels wie *informal* oder *slang* gekennzeichnet sind.

Einträge wurden nicht aufgenommen, wenn die Zitate, wie oft im OED2 der Fall, ältere Datierungen aufweisen und davon ausgegangen werden kann, daß sie obsolet sind. Dies wurde durch Vergleich mit den aktuelleren NHD, ANW und ODNW gegengeprüft (häufig handelt es sich bei obsoleten Computertermini um sehr spezielle Hardware-Komponenten, die heute schon nicht mehr im Gebrauch sind). Auch wenn der Eintrag im semantischen Sinne nicht angebracht war, z.B. *computing* in der Bedeutung 'rechnen' erschien, oder die Bedeutung zu speziell war (z.B. Fachgebiete wie Ökonomie, Medizin, Elektronik), wurden die Einträge nicht berücksichtigt.

Die Suche im OED2 ergab häufig Mehrfachnennungen, wenn die Begriffe *computing* oder *computer* öfters in *einer* Definition vorkamen.

---

[17] Einträge, die mit dem Jahr 1985 gekennzeichnet sind, stellen die neuesten Einträge im OED2 (1989) dar.

3) Beschreibung der Computerlexeme der engeren Auswahl

OED2:
Die doppelten Wörter der beiden Ergebnislisten *computer* und *computing* wurden aussortiert. Weitere Einträge wurden nach o.g. Vorgehen (siehe 2) gestrichen. So blieben 67 (51 *computer* +16 *computing*) Einträge übrig. Die 8 Computerlexeme aus dem Zeitraum 1945-85 wurden hinzugefügt. Insgesamt wurden aus dem OED2 somit 75 Computerlexeme in das Korpus übernommen.

RHD:
Die Resultate der Suchen nach Einträgen, deren Definitionen *computing* bzw. *computer* beinhalten, wurden abgeglichen. Alle vier computer-relevanten Einträge (von insgesamt 18 Treffern) der Suche *computing* waren auch in der Trefferliste *computer* enthalten. Als Grundlage dienten also zunächst die 893 Treffer der Probe *computer*. Von dieser ursprünglichen Trefferzahl blieb nach dem Aussortieren gemäß des oben beschriebenem Vorgehens (siehe 2) 176 Lexeme übrig. Acht zusätzliche Einträge wurden durch eigenes stichprobenartiges Suchen gebräuchlicher Lexeme im Computerbereich gefunden. Diese Lexeme, z.B. *laptop*, *CD-ROM*, erbrachte die automatische Suche nicht, da es sich um Einzeleinträge, nicht um zu einem Haupteintrag gehörige Untereinträge oder lexikalische Einheiten handelt, welche inkonsequenterweise im RHD nicht durch ein Label wie 'computer' o.ä. gekennzeichnet sind. Insgesamt wurden aus dem RHD 184 (176+8) Computerlexeme als Grundlage für das Korpus ausgewählt.

#### 3.2.3.4 Ergänzungen III: NHD (online)

Die via Internet zu empfangende Datenbank des NHD (welches auch in Buchform erhältlich ist) bietet den Vorteil, daß der Inhalt direkt auf der Festplatte abgespeichert und in elektronischer Form weiterverarbeitet (z.B. durchsucht) werden kann.

Von der Art her nimmt das NHD eine Sonderstellung ein, da es erstens ausschließlich Computervokabular enthält und sich zweitens noch enger spezialisiert hat, nämlich auf den Bereich *hackers' jargon*. Vereinzelt sind jedoch auch Lexeme eingetragen, die (mittlerweile) dem allgemeinsprachlichen Computervokabular angehören. Insgesamt umfaßt das NHD etwa 2000 Einträge, die z.T. in mehrere Untereinträge und Bedeutungen aufgegliedert sind.

**Extraktionsmethode**
Aus dem NHD habe ich insgesamt 219 Einträge extrahiert. Diese Computerlexeme sind vorwiegend Resultate semantischer Prozesse. Es handelt sich also nicht um eine bezüglich der Art der Lexikonprozesse breitgestreute Auswahl, sondern um eine gezielte Auswahl, die den Zweck hat, insbesondere die metaphorischen und metonymischen Bedeutungen des *hackers' jargon* aufzuspüren, welche ein wesentliches Erkenntnisinteresse der empirischen Untersuchung darstellen. Die lexikalischen Einheiten machen etwa 160 der 219 Einträge aus. Die restlichen ca. 60 Lexeme weisen wörtliche Bedeutung auf und dienen vorwiegend dem Vergleich mit Definitionen aus anderen Quellen (z.B. *bit*), denn im NHD sind häufig

nützliche Informationen zur Etymologie enthalten. Im Anhang sind dem *hackers' slang* angehörige Lexeme daran zu erkennen, daß als einzige Quelle [NHD] angegeben ist.

### 3.2.3.5 Ergänzungen IV: Internet- und weitere Quellen

In der letzten Zeit erscheinen im Internet vermehrt Glossare, die Computertermini enthalten (vgl. Bibliographie). Ein erheblicher Vorteil dieser Internet-Quellen liegt darin, daß die betreffenden Internet-Seiten ständig aktualisiert werden und so neue Lexeme sofort aufgespürt werden können. Der große Nachteil derartiger Online-Nachschlagewerke besteht in der Tatsache, daß sie meist nicht von lexikographischer Qualität zeugen, im Gegensatz etwa zum NHD-online, das zusätzlich als ordentlich recherchiertes Wörter*buch* existiert. Die mangelhafte lexikographische Erfahrung der Verfasser von Online-Glossaren läßt sich beispielsweise daran erkennen, daß Etymologie und Wortarten selten angegeben sind und die Definitionen häufig zu wenig kompakt sind.[18]

Aufgrund der genannten Nachteile verwende ich diese Quellen nur sparsam für die Zusammenstellung meines Korpus. Für die Auswertung (Kapitel 4) ziehe ich sie dagegen intensiver heran, da sie häufig nützliche Hintergrundinformationen enthalten. Es handelt sich um folgende Quellen: whatis.com (WI) stellt ein ca. 1800 Termini umfassendes Internet-Glossar dar, das über die Bereiche *electronics, computers, telecommunications, cyberculture, Internet* etc. informiert. Es ist an ein allgemeines Publikum gerichtet, das sich über bestimmte Begriffe oder auch Produkte näher informieren möchte. Aus dem WI wurden 17 vollständige Einträge in das Korpus übernommen; zusätzlich wurden 14 Einträge als Ergänzungen für die schon vorhandenen Definitionen berücksichtigt. Aus *WordNet* (online) wurde der Eintrag für *guest (computer)* übernommen, da dieses Lexem in keiner anderen Quelle zu finden war, aber unbedingt zusammen mit *host* erwähnt werden muß. Die Java-Homepage 'Kaffee & Kuchen' ergab das in keiner Quelle auftauchende, aber untersuchenswerte Lexem *animacon*. In keiner einzigen Quelle zu finden war *Apple*, das Warenzeichen der Apple Macintosh Computers. Es wurde ausnahmsweise ohne Quellenangabe zum Korpus hinzugefügt.

Insgesamt wurden aus den genannten Internet- und sonstigen Quellen 34 Lexeme in das Korpus aufgenommen.

## 3.2.4 Das Gesamtkorpus

Das endgültige Korpus besteht aus insgesamt 744 Einträgen (siehe Anhang). Die Einträge schlüsseln sich wie folgt auf:

---

[18] Eine große Ausnahme stellt Michael Quinions Homepage und Mailingliste *World Wide Words* inklusive den Rubriken 'Weird Words' und 'Topical Words' dar. Sie ist jedoch nicht auf Computertermini spezialisiert, weshalb ich sie nicht als primäre Quelle verwende. M. Quinion ist lexikographisch für die *Oxford Dictionaries* tätig, weshalb ich seine Informationen zu den Lexemen als verläßlich bewerte.

- 732 Haupt- und Untereinträge,
- 12 *lexical units*: Es handelt sich um zwölf Einträge (*brain-damaged, condom, CRT, desktop, flavor, fry, hamster, hog, hotlink, information kiosk, net, wetware*), die aus je zwei Bedeutungen zusammengesetzt sind.
- Hinzu kommen 12 *combining forms* (CFs), die keinen Lexemstatus besitzen und deshalb nur in Kombination ausgewertet wurden. Sie wurden nicht als Einträge gezählt. Es handelt sich um die CFs *-bot, cyber- /cyb-, e-, hyper-, info-, -on-demand, techno-, tele-, tool-, V- / v-, -ware, -zine.*

Die Struktur der ursprünglichen Einträge aus den Quellen ist nicht identisch mit meinen Einträgen im Korpus, denn ich strukturierte sie für mein Arbeitskorpus um. Dazu folgende Erklärung: Die Gesamtzahl der Computerlexeme aus allen in 3.2.3 beschriebenen Quellen betrug ursprünglich insgesamt 3914 (ODNW: 214, LRNW1/2: 41, ANW: 269; OED2: 285 + 152 + 8; RHD: 893+18; NHD ca. 2000; weitere (Internet)-Quellen: 34). Diese hohe, kaum zu bewältigende Anzahl verringerte sich unmittelbar nach den in 3.2.3 beschriebenen Aussiebeprozessen auf 792 Einträge (ODNW: 150, LRNW: 31, ANW: 99, OED2: 75, RHD: 184, NHD: 219, Internet- und weitere Quellen: 34). Dieses aus 792 Lexemen bestehende Korpus enthielt jedoch zum Teil Mehrfachnennungen, so daß durch Vergleichen und Streichen der überzähligen Lexeme (jedoch unter Beibehaltung der Definitionen) eine erheblich geringere Anzahl erhalten wurde. Die Mehrfachnennungen waren insofern von Vorteil, als sich durch Vergleich der Definitionen in verschiedenen Quellen die Möglichkeit bot, sich ein objektiveres Bild von der korrekten Bedeutung oder von den verschiedenen Aspekten der Bedeutung zu machen. Wenn mehrere Definitionen zur Auswahl standen, habe ich für das Arbeitskorpus die nach meinem Ermessen jeweils deutlichste und plausibelste Definition gewählt oder auch mehrere, wenn diese verschiedene Bedeutungsaspekte verdeutlichten. Die ursprünglichen Einträge der Quellen, vor allem diejenigen im ODNW, enthielten häufig mehrere *lexical units* oder sogar Lexeme (Kombinationen wie Komposita und Affigierungen, insbesondere Nullableitungen, z.B. unter *-ware*: *shareware, freeware*, etc.), die ich im Arbeitskorpus i.d.R. als separate Haupt- oder Untereinträge angebe. Das durch die Mehrfachnennungen reduzierte Rohmaterial beläuft sich so wiederum auf insgesamt 744 Haupt- und Untereinträge im Korpus, inklusive *lexical units*, exklusive CFs.

Das so erarbeitete Gesamtkorpus diente als Grundlage für die empirischen Untersuchungen (Kapitel 4 und 5). Doch bevor die Auswertung des Korpus vorgenommen werden kann, ist eine Festlegung der Auswertungskriterien, d.h. die betroffenen Arten von Lexikonprozessen, nötig.

## 3.3 Die Architektur der Lexikonprozesse

Der Begriff 'Lexikonprozesse' wurde eingeführt als Oberbegriff für alle Prozesse, die zur Wortschatzerweiterung beitragen (vgl. 1.3). Im folgenden wird das Wortschatzgebäude im

Sinne einer aus Lexikonprozessen und ihren Resultaten bestehenden Gesamtkonstruktion schrittweise errichtet.

### 3.3.1 Der Grundstein

Es bietet sich an, Neologismen wie auch etablierte Lexeme gemäß Saussures Auffassung des sprachlichen Zeichens in Form- und Inhaltsseite zu unterteilen (vgl. Tournier 1988: 18ff). Mein Vorhaben besteht entsprechend darin, *alle* Resultate der Lexikonprozesse sowohl einer formalen wie auch einer semantischen Untersuchung zu unterziehen. *Zusätzlich* durchlaufen sie eine kognitive Analyse, da alle sprachlichen Zeichen gemäß der hier zugrundeliegenden kognitiv-linguistischen Grundanschauung auch eine konzeptuelle Ebene aufweisen (vgl. 1.3).

Folgender Strukturbaum (Abb. 3.8) verdeutlicht meine Vorgehensweise bei der Auswertung der Elemente des Computerwortschatzes:

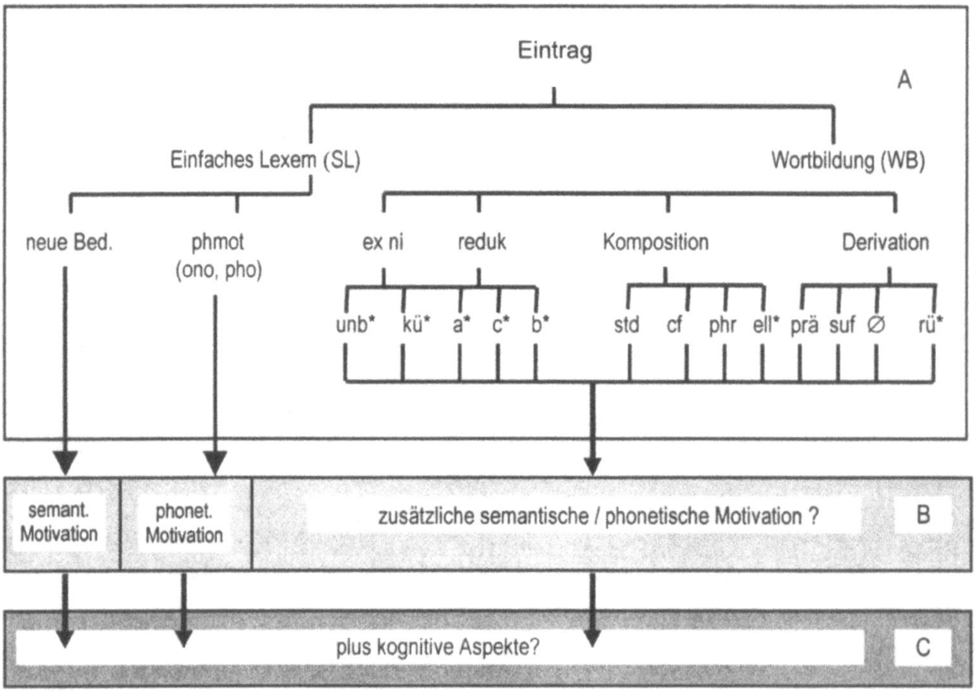


Abbildung 3.8: Strukturbaum der Lexikonprozesse

Erläuterungen zu Abbildung 3.8:

| | |
|---|---|
| SL | Einfaches Lexem |
| WB | Wortbildung |
| phmot | phonetisch motivierte Bildung (ono: Onomatopoeia, pho: Phonästhesie) |
| ex ni | Bildung "Ex Nihilo" |
| unb | Unbekannte Etymologie |
| kü | Künstliche Wortschöpfung |
| reduk | Reduktive Bildungen |
| a | Akronym |
| c | Clipping |
| b | Blend |
| std | Komposition Typ "Standard" |
| cf | Komposition Typ "Kombination mit *combining form*" |
| phr | Phrasenkompositum |
| ell | Ellipse |
| prä | Präfigierung |
| suf | Suffigierung |
| Ø | Nullableitung |
| rü | Rückableitung |

* Diese Wortbildungsarten können von der Form her zwar SLs sein (nicht-morphematisch bzw. monomorphematisch), zählen aber dennoch zu den Wortbildungen.

(A) Formale Analyse

Ein erster Schritt (siehe erste Verzweigung) besteht in der Entscheidung, ob es sich um ein einfaches Lexem (SL) oder eine Wortbildung (WB) handelt. Ein SL kann durch semantischen Transfer (ST) oder durch einen phonetischen Prozeß zustandegekommen sein. Eine Wortbildung kann durch Komposition, Derivation, einen reduktiven Bildungsprozeß oder *ex nihilo* gebildet worden sein.

(B) Semantische und phonologische Analyse

Sämtliche Bildungen, nicht nur die neuen Bedeutungen oder die phonetisch motivierten Prozesse, werden der Stufe (B) unterzogen. Hier wird geprüft, ob ein Lexem – SL oder WB – semantisch oder phonetisch motiviert ist. Dies ist deswegen nötig, weil an dieser Stelle getestet werden kann, ob Wortbildungen kombiniert mit semantischen Prozessen auftreten. Bildungen mit gemischter Motivation wird in dieser Arbeit besondere Aufmerksamkeit gewidmet. Fällt dieser Test negativ aus, so handelt es sich um reine Wortbildungen mit morphologischer Motivation (siehe 3.3.3). Bei positivem Testergebnis ergeben sich zwei Kategorien:

a) SLs, die neue *lexical units* oder phonetisch motiverte Bildungen darstellen. Erstere sind nur semantisch motiviert und werden in 3.3.4 differenziert klassifiziert; letztere weisen nur phonetische Motivation auf (siehe 3.3.5), oder
b) Wortbildungen aller Art können neben ihrer morphologischen zusätzlich semantische und / oder phonetische Motivation aufweisen (Mischtypen, siehe 3.3.6).

(C) Analyse aus kognitiver Perspektive

In einem dritten Schritt werden die Einträge auf kognitive Aspekte hin geprüft. Hier werden die in Kapitel 2 gewonnenen Erkenntnisse, die komprimiert als kognitive Prinzipien in 2.5.2 dargestellt sind, umgesetzt. Die Einträge werden auf Vorhandensein kognitiver Parameter abgeklopft, z.B. ob es sich um das Wirken der Analogie oder der Kategorisierung handelt. Die Ergebnisse werden in Kapitel 5 zusammengefaßt dargestellt.

Die nun folgende Klassifikation von Wortbildungs-, semantischen und phonologischen Prozessen stützt sich erstens auf die im Rahmen von Wortbildungstheorien (Bauer 1983, Adams 1973 etc.) aufgestellten Typologien. Zweitens lehne ich mich stark an lexikologische Klassifikationen an, insbesondere an Tournier (1985), (1988) und (1991), da diese semantische und Mischprozesse einschließen. Drittens greife ich verstärkt auch auf Klassifikationen zurück, die als Grundlage lexikographischer Arbeiten dienen. Dabei finden sich in Neologismenwörterbüchern (DNE, ANW50) i.d.R. konsistentere und praktikablere Klassifikationen, verglichen mit regulären Wörterbüchern, welche oft keine Informationen zu den Wortbildungsarten verlauten lassen, oder – wie etwa das OED2 – inkonsistente Einteilungen vornehmen (vgl. 2.4.2.1). Klassifikationen in Neologismenwörterbüchern sind besonders hilfreich, da sie anwendungsbezogen und praxiserprobt sind: Sie sind präzise auf die zu klassifizierenden Neubildungen zugeschnitten und schaffen daher eine praktikable Entscheidungsgrundlage. Viertens ziehe ich neuere Erkenntnisse heran, die sich als Folge der Beschäftigung mit kognitiven Aspekten von Lexikonprozessen herauskristallisiert haben. Es wird im folgenden jedoch auf eine ausführliche Diskussion, die *sämtliche* Theorien und Klassifikationen von Wortbildungs- und semantischen Prozessen berücksichtigt, verzichtet, da dies den Rahmen der Arbeit sprengen würde.

Wie in Kapitel 2 dargestellt, unterstütze ich zusammen mit den Vertretern der *Natural Morphology* und Fischer (1997) die Ansicht, daß ein Kontinuum zwischen Komposition und Derivation existiert. Um die häufig auftretenden Vertreter des Übergangsbereichs unterzubringen, habe ich die Kategorie 'Kombination mit *combining forms* (CFs)' als Unterart der Komposition eingerichtet. Diese Kategorie ist auf der anderen Seite auch auf einem Kontinuum zwischen Komposition und Blending angesiedelt. I.d.R. lassen sich Vertreter der Prozesse Clipping, Rückableitung und Nullableitung eindeutig feststellen und einordnen, während sich dies im Falle von Derivationen, Komposita, Blends und Akronymen häufig als schwierig erweist. Es ist daher sinnvoll, ein Kontinuum zu postulieren, welches sich von Derivation über Komposition und Blending bis hin zur Akronymie erstreckt (siehe folgende Abbildung). Die schwarzen Felder in der Mitte symbolisieren den prototypischen Kern, den jede Wortbildungsart aufweist. Die weißen umgebenden Flächen enthalten Randmitglieder einer Kategorie, welche nahtlos in die Randzonen der benachbarten Wortbildungskategorien übergehen.

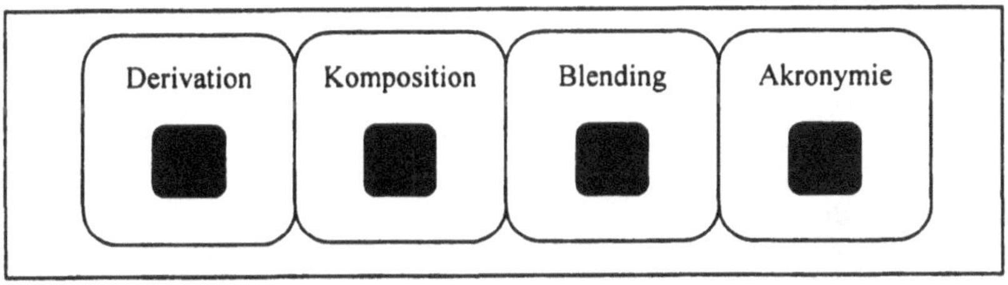


Abbildung 3.9: Kontinuum Derivation – Komposition – Blending – Akronymie

In der Übergangszone zwischen Derivation und Komposition, jedoch noch in der Randzone der Komposition, befinden sich z.B. Kombinationen mit CFs (*infobot*, *cyberzine*). Portmanteau-Lexeme wie *screenager* (*screen* + *teenager*) befinden sich an der Grenze zwischen Komposition und Blending, und *e-zine*, *COBUILD* (*COllins Birmingham University International Linguistic Database*, siehe Ungerer 1991a: 137) ist ein Beispiel für eine Mischung aus Blending und Akronymie. Dieses Kontinuum schließt sich zu einem Kreis, denn es treten auch Mischungen aus Derivationen und Akronymen auf, z.B. *laser* (Suffix *-er* wurde an das Akronym *las-* angehängt).

Obwohl es sich in der Praxis bisweilen als schwierig erwiesen hat, bestimmte Lexeme genau einer einzigen Kategorie zuzuweisen (vgl. z.B. Welte ²1996: 69f), ist die folgende detaillierte, möglicherweise stellenweise etwas starr anmutende Klassifikation der Lexikonprozesse (vgl. tabellarischer Überblick in 3.3.7) zwingend nötig, da sonst keine definitiven Aussagen getroffen werden können. Um eine zu rigide Einteilung zu vermeiden, wurden die zahlreichen Unterarten einzelner Wortbildungsarten konzipiert. Ferner weisen die einzelnen Wortbildungsprozesse prototypische Mitglieder auf.

Grundlage für die Typologie (3.3.3) bildet zunächst eine Klassifikation von Morphemen und Submorphemen.

### 3.3.2 Die Bausteine: Morpheme und Submorpheme

Als Bausteine vieler Lexikonprozesse fungieren sowohl Morpheme als auch Submorpheme. Letztere verdienen eine eingehende Behandlung, da sie erheblich zur kreativen Erweiterung und zur Motivation des Wortschatzes beitragen (siehe 3.1.4). Diese Morphemfragmente[19] werden, ebenso wie *combining forms*, in traditionellen Wortbildungsklassifikationen i.d.R. vernachlässigt, vgl. die Kritik von Warren (1990), Waugh & Newfield (1995), Lehrer (1996) und Fischer (1997) an dieser Vorgehensweise.

**Submorpheme / Morphemfragmente**

Diese Kategorie ist hilfreich, um nicht-morphematische Bildungen zu erfassen. Unter 'Submorphemen' verstehe ich folgende Arten von Morphemfragmenten:[20]

---

[19] Die Begriffe 'Submorphem' und 'Morphemfragment' verwende ich synonym.

[20] Im Gegensatz dazu faßt Waugh (1994: 58) Submorpheme auf als "recurrent partials characteristic of a well delimited set of words, in which the rest of the word is not morphemic", z.B. *-ther* in *brother, mother, father* oder /ð/ in *the, this, they, their, then, there, though*.

1) Morphemsplitter *(splinters)*

Diese sind an reduktiven Prozessen (Akronymie, Blending, Clipping) beteiligt. Sie müssen jedoch, anders als bei Adams (1973) und Tournier (1991),[21] die Kriterien der Nicht-Produktivität und der Einmaligkeit erfüllen. Ebenso wie Glassplitter Unikate darstellen, handelt es sich bei Morphemsplittern, die zugleich Lexemsplitter sind, um einmalig auftretende Exemplare. Sie sind Teile von bekannten, monomorphemischen oder komplexen, in gewissem Maße demotivierten Lexemen (z.B. *-aholic* und *-gate* von *alcoholic, Watergate*), welche an unbestimmter Stelle geclipped und möglicherweise orthographisch bzw. phonetisch geringfügig modifiziert wurden. Diesen Prozeß nennt Warren (1990: 117f) *secretion*:

> In secreting new morphemes we save so much of a word as we feel is necessary for it [...] to provoke the right associations and [...] to have the phonological characteristics of a morpheme suitable to be a word component.

*Splinters* weisen, wie auch vollständige Morpheme, Bedeutung auf, nämlich diejenige des intakten Lexems, von welchem sie abgeleitet wurden. *Splinters* machen häufig einen Wandel zum produktiven Morphem – zur CF – durch (s.u.).

2) Phonästheme

Diese sind am Prozeß der Phonästhesie (siehe 3.3.5) beteiligt. Sie können am Wortanfang oder -ende auftreten. Beispiele sind /fl-/, /sn-/, /-ump/, /-ash/ etc.[22] Es handelt sich um im Wortschatz mehr oder weniger weit verbreitete Submorpheme, die in semantisch verwandten und phonetisch ähnlichen monomorphemischen Lexemen rekurrieren und somit zur Strukturiertheit und Nicht-Arbitrarität des Wortschatzes beitragen.

**Morphemtypen**

Ich nehme zwar die übliche Einteilung zwischen freien und gebundenen lexikalischen Morphemen vor (vgl. Lipka ²1992: 69ff), postuliere jedoch ein Kontinuum, das sich zwischen prototypischen freien und prototypischen gebundenen Morphemen erstreckt (vgl. Abbildung unten und nachfolgende Tabelle):

Prototypische Affixe sind dadurch gekennzeichnet, daß sie abstrakte Bedeutung aufweisen (*-ity, -ment, -ify, de-, un-*). Ein weniger prototypisches Suffix ist beispielsweise *–er* ('someone who (verb)') und auch Morpheme wie *–wise*, die ehemals freie Morpheme waren. Noch weniger prototypische gebundene Morpheme wie *cyber-, -bot, -zine* rufen

---

21 Aus Adams' (1973: 142, 188ff) Ausführungen geht hervor, daß sie *splinters* als Morphemteile auffaßt, die für ein vollständiges freies Morphem stehen (*-tel* für *hotel*), dessen Begrenzungen sich in Bildungen wie *boatel* nur schwer bestimmen lassen (*-el, -tel* oder *-otel*). Es muß sich jedoch nicht unbedingt um einmalig auftretende; es kann sich auch um *produktive* Morpheme handeln: Als Beispiele führt sie Bildungen mit den *splinters -cade, -cast, -legger* etc. an. Auch für Tournier (1991: 79f) handelt es sich um einen Morphemsplitter (er nennt diesen *fracto-morphème*), sobald dieser in mindestens zwei Blends nachgewiesen wurde.

22 Phonästheme (*phonaesthemes*) werden z.B. von Adams (1973: 143) und Waugh (1994: 59) untersucht. Tournier (1991: 93f) nennt sie *idéophones*, und Marchand (²1969: 398ff) bezeichnet diese Elemente des *phonetic symbolism* als *initial symbols* und *final symbols*.

Konzepte hervor, die stark zur konkreten Bedeutung hin tendieren (COMPUTER; ROBOT; MAGAZINE). In diesem Fall spreche ich von *combining forms* (CFs), die sich durch ihren semantischen Inhalt von Affixen abgrenzen. Auf dem Kontinuum zwischen prototypischen gebundenen und prototypischen freien lexikalischen Morphemen (siehe Abb. 3.10) befinden sich CFs somit in der Mittelposition (vgl. auch Fischer 1997: 25ff):

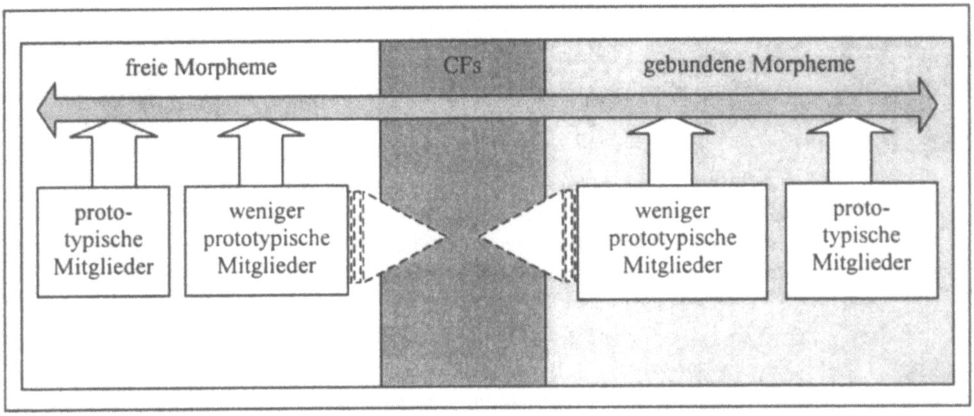


Abbildung 3.10: Kontinuum zwischen freien und gebundenen lexikalischen Morphemen

Der Unterschied zwischen freien und gebundenen Morphemen kann u.a. an der Abstraktheit vs. Konkretheit der durch sie hervorgerufenen Konzepte gemessen werden. Prototypische freie Morpheme sind Konkreta wie *mouse, cookie*; weniger prototypische freie Morpheme Abstrakta, wie *link, memory, interactive* (vgl. Anhang).

*Combining forms* nehmen einen Sonderstatus unter den Morphemen ein, und zwar sowohl hinsichtlich ihrer morphologischen und semantischen Eigenschaften als auch hinsichtlich ihres Beitrags zur lexikalischen Dynamik: Mit freien Morphemen haben sie ihren vergleichbaren semantischen Inhalt gemeinsam (z.B. *-pathy* entspricht *disease*). Dies stellt gleichzeitig ein eindeutiges Unterscheidungskriterium zwischen CFs und Affixen dar. Mit Affixen teilen sie die Bedingung, daß sie nicht als eigenständige Lexeme existieren und Anfangs- oder Endposition einnehmen können (ICFs: *initial combining forms*; FCFs: *final combining forms*). Im Unterschied zu Affixen können sich jedoch zwei oder mehrere CFs zu einer Wortbildung verbinden. Insgesamt stehen CFs meiner Ansicht nach jedoch den freien Morphemen näher, vor allem aufgrund ihrer lexikalischen Bedeutung. Sie sind auf keinen Fall als Unterart von Affixen oder freien Morphemen aufzufassen, sondern konstituieren eine eigene Morphemart. CFs spielen eine wichtige Rolle bei der Wortschatzerweiterung und daher auch im dieser Arbeit zugrundeliegenden Korpus '(Neu)Bildungen aus dem Computerbereich'. Neue CFs entstehen häufig aus *splinters*. Diesen Prozeß möchte ich kurz anhand eines Beispiels aus dem Korpus skizzieren (vgl. auch die Beschreibungen in Warren 1990, Lehrer 1996a und Fischer 1997): Es tritt zunächst eine Neubildung auf, die später als Modellwort fungiert, z.B. *cyborg* (< *cybernetic organism*). In diesem Stadium enthalten diese Lexeme Morphemsplitter – *cyb(er)-* und *-org*. Der Zustand der *splinters* wird meist nicht lange aufrechterhalten, denn häufig bilden sich nach dem Vorbild des Modellwortes schon bald analoge Bildungen und produktive Reihen, in denen der ursprüngliche *splinter* konstant als Morphem auftritt: *cyberspace, cyberlove* etc. Sobald dieser Prozeß in Gang gesetzt wurde, findet der Wandel vom Morphemsplitter zur CF statt – ein neues, produktives Morphem mit eigener Bedeutung entsteht.[23]

Neben den nach der Position im komplexen Lexem (KL) zu unterscheidenden ICFs (*initial CFs*) und FCFs (*final CFs*) sind folgende Typen von CFs für die Korpusanalyse relevant:

- Ehemalige *splinters*, die nicht nur neo-klassische (*cyber-*), sondern auch *native elements* sein können, z.B. *-zine, info-* (dieser Typ wird im DNE2 *abstracted forms* genannt).
- Buchstabenmorpheme: einzelne Buchstaben, die sich mit freien Morphemen zu Komposita verbinden, z.B. *e-* in *e-mail, e-zine, e-book*. Es handelt sich um produktiv gewordene ehemalige *splinters*. Sie zählen für mich als eigenständige, gebundene Morpheme, da sie ein bestimmtes Konzept hervorrufen (*e* steht für *electronic*, *v* für *violence*), also eine klar definierbare Bedeutung besitzen und vor allem produktive Reihen auslösen. Dieser Morphemtyp wird in vielen Veröffentlichungen vernachlässigt, muß jedoch aufgrund seines häufigen Vorkommens im Computervokabular genannt werden.[24]
- Abstrahierte CFs (nach Fischer 1997: 68f): CFs, die sich aus *splinters* entwickelt haben und die, bezogen auf das Modellwort, meist zusätzliche spezielle oder allgemeine semantische Merkmale ausprägen, z.B. im Falle von Kombinationen mit *-gram* (< *telegram, cablegram*): *kissogram, strippogram, autostereogram, candygram. –gram* hat nichts mehr mit einer schriftlichen Nachricht zu tun wie noch in *telegram*.

---

[23] Diesen Übergang von Pseudo- zu produktiven Morphemen beschreibt schon Marchand ([2]1969: 2) am Beispiel von *hamburger* → *beefburger, cheeseburger*, etc.

[24] Algeo (1991: 8) erwähnt *letter compounds* mit Buchstabenmorphemen wie *A-* ('atomic') und *Q-* ('query'), z.B. *A-bomb, Q-fever*.

Zusammenfassung: Die Mophem- und Submorphemtypen

| **Bezeichnung** | **Beschreibung** | **Beispiele aus dem Korpus** |
|---|---|---|
| **Freies lexikalisches Morphem** | Prototypisch: Bezeichnung konkreter Konzepte.<br>Weniger prototypisch: abstrakte Bedeutung. | *mouse, cookie* |
| **Gebundenes lexikalisches Morphem** | - Affix: Präfix, Suffix<br>- prototypisch: abstrakte Bedeutung<br>- weniger prototypisch: eher konkrete Bedeutung<br>- Combining *form* (CF); s.u. | <br>*re-, pre-*<br>*-er, -ie* |
| ***Combining form* (CF)** | Auf dem Kontinuum zwischen freiem und gebundenem lexikalischen Morphem angesiedelt. Kann Anfangs- oder Endposition einnehmen: *initial / final CF* (ICF, FCF).<br>Typen: ehemalige *splinters* (neo-klassisch oder *native element*), Buchstabenmorphem, abstrahierte CFs. | *cyber-*<br>*info-*<br>*e-*<br>*-ware*<br>*-bot* |
| **Submorphem:** Morphemsplitter (*splinter*) | Kein vollständiges Morphem. In nur *einer* Kombination vorkommendes Lexem- bzw. Morphemfragment. Trägt nicht zur Bildung produktiver Reihen bei. Auch einzelne Buchstaben in Akronymen sind Morphemsplitter, nicht aber die Buchstabenmorpheme in produktiven Reihen. | *sys-, -op (sysop)*<br>*-con* (< *earcon)*<br>(*-con* wurde produktiv: *animacon)* |
| **Submorphem:** Phonästhem | Submorphemische Konstituente, aus Konsonanten /gr-/ oder Konsonanten und Vokal /-ash/ bestehend, die in mehreren, semantisch und/ oder phonetisch verwandten Wörtern vorkommt. Dadurch werden bestimmte Bereiche des Wortschatzes strukturiert. | *grrr-*<br>(< *riot grrrl, cyber grrrl*)<br>*sp-, -am*<br>(< *spam*) |

Tabelle 3.1

### 3.3.3 Zur Konstruktion: Wortbildungsprozesse

In den folgenden vier Abschnitten werden alle Wortbildungsarten vorgestellt. Es handelt sich um vier Makrokategorien von Wortbildungsprozessen (Komposition, Derivation, reduktive Prozesse und Ex-nihilo-Bildungen), welchen wiederum mehrere Mikrokategorien zugeordnet werden. Ein tabellarischer Überblick über sämtliche Makro- und Mikrokategorien von Wortbildungs- und allen anderen Lexikonprozessen – Grundlage für die empirischen Untersuchungen – findet sich in 3.3.7.

Die vorausgegangenen Diskussionen haben gezeigt, daß es nicht sinnvoll ist, die traditionelle Unterscheidung zwischen primären und sekundären bzw. regelgeleiteten und unvorhersagbaren Wortbildungsarten vorzunehmen. Denn: auch "unvorhersagbaren" Prozessen liegen gewisse Prinzipien zugrunde. Auch weisen die sog. 'sekundären' Wortbildungsarten im heutigen Englisch ein hohes dynamisches Potential auf.

Ein eindeutiges Unterscheidungskriterium für die Typologisierung besteht in der Art der Bestandteile einer Bildung: Es existieren zum einen morphematische Wortbildungen, die ausschließlich Morpheme enthalten dürfen, welche sich wiederum durch ihre Produktivität auszeichnen. Dies gilt für alle Arten von Komposition und Derivation. Zum anderen gibt es nicht-morphematische Bildungen (die reduktiven Prozesse), die auch oder ausschließlich Submorpheme enthalten. Beiden Prozessen ist die relative Motivation (nach Saussure) bzw. die morphologische Motivation (nach Ullmann 1962) gemeinsam. Im Korpus sind insgesamt 321 morphologisch motivierte Lexeme enthalten. Dies macht einen Anteil von 43% am Gesamtkorpus aus.

### 3.3.3.1 Komposition

Die Komposition nimmt einen Anteil von ca. 65% an den Wortbildungsprozessen ein. Insgesamt 207 Komposita sind im Korpus enthalten. Hinsichtlich ihrer morphologischen Struktur unterscheide ich fünf Mikrokategorien der Komposition. Die Beispiele, die sich hier auf Lexeme mit wörtlicher Bedeutung beziehen, stammen aus dem Korpus. Mit Metapher und Metonymie kombinierte Komposita werden in 3.3.6 behandelt.

**Standardkomposition**
In diesem Prozeß werden zwei freie Morpheme miteinander kombiniert. Dieser Typ, insbesondere die N+N-Komposition, gilt als der produktivste Wortbildungsprozeß im Englischen (vgl. Marchand ²1969: 60, Bauer 1983: 202).[25] Im Korpus sind nur ca. 25% aller Komposita Standardkomposita, z.B. *workgroup*.

**Partikelkomposition**
Dieser Typ stellt eine Unterkategorie der Standardkomposition dar. Partikelkomposita bestehen aus zwei freien Morphemen, davon ist i.d.R. das erste ein Partikel (d.h. Adverb oder Präposition), meist mit ursprünglich lokativer Bedeutung (*down, out, over, under*; siehe Adams 1973: 32f). Diese Komposita entwickeln häufig metaphorische Bedeutung (*download, upgrade*). Im Korpus sind sie mit nur 1,5% aller Komposita vertreten, z.B. *on-line*.

**Kombination[26]**
Kombinationen sind Komposita, die eine oder mehrere CFs aufweisen. Auf dem Kontinuum Derivation – Komposition (vgl. 3.3.1) befinden sie sich in mittlerer Position, jedoch näher an der Komposition. Diese Kategorie umfaßt zum einen die von Adams (1973: 146, 148ff), Bauer (1983: 213ff) und Algeo (1991: 7) als *neo-classical, classical compounds* bzw. *compound-blends* bezeichneten Bildungen (z.B. *aerobatics, breathalyser, dictaphone,*

---

[25] Die N+N-Komposition ist nicht nur im heutigen Englisch, sondern war bereits im Frühmittelenglischen, möglicherweise auch über die gesamte Geschichte der englischen Sprache hinweg, der produktivste Typ von Komposition (Sauer 1992: 722).

[26] Der Begriff 'Kombination' ist eine Lehnübersetzung von Fischers (1997) kreativer Wortbildungsart *combination*.

vgl. Adams 1973: 139ff),[27] zum anderen, entsprechend meiner Typen von CFs (siehe 3.3.2), ehemalige *splinters*, die häufig nicht *neo-classical*, sondern *native compound elements* sind (siehe die Beispiele aus Adams 1973: 188ff). Es kann sich um eine Kombination mit einer CF und einem freien Morphem oder mit zwei CFs handeln. Diese Lexeme bilden mit über 50% die stärkste Gruppe innerhalb der Komposita im Korpus. Als Beispiele sind *cyberspace* und *cyberzine* (*cyber-* + *magazine*) zu nennen.

**Buchstabenkomposition**
Diese stellt eine Unterart der Kombination dar. Buchstabenkomposita bestehen aus einem Buchstabenmorphem und einem freien Morphem (vgl. Algeos (1991: 7f) *letter compounds*). Dieses Bildungsmuster wird unter die Komposition, nicht etwa unter Blending eingeordnet, weil das Buchstabenmorphem mit einem bekannten Konzept verbunden (z.B. *e-: electronic, v-: violence*) und zudem produktiv sein muß. Ist ein Buchstabenmorphem nicht produktiv, handelt es sich um einen Morphemsplitter; die entsprechende Bildung ist dann ein Blend (z.B. *c-mail* für *commercial mail*). Dieser Typ ist mit ca. 8% in der Gruppe der Komposita vertreten. Beispiele sind *e-mail, e-book, v-chip*.

**Phrasenkomposition**
Phrasenkomposita treten im Korpus in nicht zu vernachlässigendem Maße auf (14% aller Komposita; desweiteren sind 26 mit zusätzlicher semantischer Bedeutung vorhanden). Es handelt sich um Bildungen, deren Morphemstruktur über die Lexemebene hinausgeht und die häufig aus mehr als zwei Morphemen bestehen.[28] Sie können dennoch als Komposita angesehen werden, da sie eine semantische Einheit bilden und sich häufig bereits im Prozeß der Institutionalisierung bzw. Lexikalisierung befinden. Sie sind in der Mitte des Kontinuums zwischen Lexem und Phrase anzusiedeln (vgl. Fischer 1997: 26, die diese Bildungen *lexical phrase* nennt), weisen mitunter Phraseneigenschaften auf und sind daher periphäre Mitglieder der Kategorie 'Komposition'.

Neben Bildungen aus mehr als zwei Morphemen fallen in die Kategorie der Phrasenkomposita auch durch Adjektive modifizierte, aus zwei freien Morphemen bestehende Kombinationen wie *artificial life, virtual reality*[29] und Wortgruppenlexeme bzw. Phraseologismen (nach Hansen et al. ²1985: 13). Nach dem von Adams (1973: 57ff) vorgeschlagenen Test entscheide ich, ob es sich um eine Phrase (*free phrase*) im Sinne einer rein syntaktischen Fügung oder um ein (Phrasen)Kompositum handelt:[30] *World Wide Web*, *artificial life* und *cut and paste* (n, v) können nicht modifiziert werden *(*World Wider Web)* und sind deshalb keine Phrasen.

---

27 Im OED2 (vgl. Berg 1993) fallen zusammengesetzte CFs wie *geography, biology* dagegen unter die Rubrik *compound* bzw. *compound words*.

28 Für Hohenhaus (1996: 86ff) stellen Phrasenkomposita eine Unterart der 'Juxtaposition' dar. Algeo (1991: 7f) nennt diese Art von Komposita *compound phrases*, z.B. *back-to-the-basics*. Tournier (1991) bezeichnet Bildungen mit mehr als zwei Morphemen wie *mad cow disease surcomposés* (*secondary compounds*).

29 Diese stuft Berg (1993) dagegen als *collocations* ein, z.B. *environmental engineering*.

30 Zum Problem der Abgrenzung syntaktischer Gruppen von Nominalkomposita und zu weiteren Abgrenzungskriterien wie z.B. Betonungsmuster, morphologische Isolierung und Bedeutung: siehe Sauer (1992: Kap. 2; 714f).

**Ellipse**
Die Ellipse definiere ich als Umkehrung der Komposition, denn ein freies Morphem wird subtrahiert. In formaler Hinsicht handelt es sich um Kürzungen, wobei ein KL, typischerwiese ein Kompositum, das meist aus zwei orthographisch getrennten Morphemen besteht (adj + n oder n + n), an der Morphemgrenze um ein freies Morphem reduziert wird. Die Ellipse zähle ich zur Makrokategorie der Komposition, da sie ein morphematischer Prozeß ist und freie Morpheme beteiligt sind.

Da die Ellipse in Werken zur Wortbildung vernachlässigt wird, bedarf sie einiger Erläuterung.[31] Dieser Typus ist weder der Rückableitung noch dem Clipping zuzuordnen: Es kann sich nicht um eine Rückableitung handeln, da erstens keine Wortklassenänderung stattfindet, zweitens i.d.R. keine Verben entstehen, und drittens das Ausgangslexem nicht um ein *Suffix* gekürzt wird, sondern um ein vollständiges freies Morphem bzw. eine CF, z.B. *floppy* (< *floppy disk)*. Auch 'Clipping' ist nicht die richtige Bezeichnung, da diese Bildungen um vollständige Morpheme, nicht um Morphemteile reduziert werden.

Im Korpus ist nur eine Ellipse (mit rein morphologischer Motivation) vorhanden; in den überwiegenden Fällen tritt diese morphematische Kürzung gleichzeitig mit einer metonymischen Bedeutung auf: *floppy* ist eine Metonymie vom Typ 'Teil (hervorstechende Eigenschaft) für das Ganze'. Charakteristisch für diese Mikrokategorie der Komposition ist auch die Beschaffenheit des Ausgangslexems aus adj + n, wobei sich die Wortklasse des Vorganges insgesamt nicht ändert (*floppy disk* und *floppy* sind Nomina), das adjektivische Determinans sich jedoch zum Nomen wandelt. Daher könnten die Resultate dieser Bildungsart auch als Nullableitungen (adj < n) analysiert werden.

Wie in 3.3.1 erwähnt, ergaben sich in der empirischen Auswertung des Korpus an vielen Stellen Abgrenzungsschwierigkeiten. So mag die Einordnung von *e-zine* in die Makrokategorie 'Komposition' als exotisch erscheinen. Da es sich bei *e-* und *–zine* um zwei produktive CFs handelt, fällt die Bildung unter die Rubrik 'Komposition (mit CFs)', nicht unter 'Blending'. *E-zine* zählt auch nicht zu den Buchstabenkomposita, da *–zine* kein freies Morphem, sondern eine CF ist.

### 3.3.3.2 Derivation

Da es sich bei Derivationen um morphematische Prozesse handelt, sind keine Morphemsplitter beteiligt. Gebundene Morpheme werden entweder addiert oder subtrahiert. Die Makrokategorie 'Derivation' enthält die Mikrokategorien 'Affigierung', 'Nullableitung' und 'Rückableitung'. Im Korpus sind unter den Wortbildungsprozessen mit rein morphologischer Motivation 14 % Derivationen enthalten (insgesamt 45 Stück). Davon entfallen 11% auf Präfigierungen, 53% auf Suffigierungen, 4,5% auf Prä- und Suffigierungen, 27% auf Nullableitungen und 4,5% auf Rückableitungen.

Die **Affigierung** (Prä- und Suffigierung) stellt die Kombination eines freien Morphems oder einer Morphemkombination mit einem Prä- bzw. Suffix dar, jedoch nicht mit einer

---

[31] Ausführliche Beschreibungen finden sich jedoch in Werken zur Semantik. Zu nennen sind insbesondere Ullmann (1962: 222ff) und Geeraerts (1983: 227ff). Im OED2 (CD) werden Einträge wie *floppy* (für *floppy disc*) mit dem Label *ellipt.* gekennzeichnet.

CF. Der Unterschied zwischen Affigierung und Komposition ist entgegen der Auffassung anderer (z.B. Bauer 1983: 35ff) meiner Erfahrung nach relativ eindeutig feststellbar. Dem Problem der Einordnung von Mischtypen habe ich durch Einführung der Mikrokategorie 'Kombination' (vgl. 3.3.3.1) vorgesorgt. Eine wesentliche Abgrenzung zwischen Affigierung und Komposition besteht meiner Ansicht nach in der tendentiell höheren Abstraktheit der Affixe und der Resultate von Affigierungen im Gegensatz zur verhältnismäßig konkreten Bedeutung von Komposita und auch von CFs und Kombinationen mit CFs. Die primäre Funktion von Affixen, insbesondere von Suffixen ist es, Lexeme in eine andere Wortart umzuwandeln – sie sind *class-changing* (vgl. Bauer 1983: 216ff, 220ff). Die abgeleitete Bildung steht gleichzeitig auf einer höheren Abstraktionsstufe als das Grundwort (vgl. *red* - *redness*). Das Verbalsubstantiv (Unterart der Suffigierung)[32] ist eine nicht-prototypische Wortbildungsart, da es sich an der Grenze zur Flexionsmorphologie befindet. Als Beispiel aus dem Korpus dient *authoring*. Es wurde m.E. von dem Verb *author* abgeleitet, welches wiederum von dem Nomen *author* nullabgeleitet wurde.

Die Wortbildungsart **Nullableitung** wird in der Literatur unterschiedlich aufgefaßt und etikettiert: Leech ($^{2}$1981: 215ff), Bauer (1983), Quirk et al. (1985: 1558ff) und Tournier (z.B. 1988: 18ff) nennen sie Konversion, Lyons (1977: 522f) verwendet Nullableitung und Konversion synonym, Marchand ($^{2}$1969), Adams (1973), Kastovsky (1982) und Lipka ($^{2}$1992) bevorzugen die bzw. bestehen auf der Bezeichnung 'Nullableitung'. Alle genannten Autoren sind sich darüber einig, daß es sich um einen extrem produktiven Prozeß im Englischen handelt (vgl. auch Clark & Clarks Studie (1979) zu *contextuals*). Diese verschiedenen Ansichten sind nicht unvereinbar, wenn man erkennt, daß die Autoren jeweils verschiedene Aspekte betonen: Die Vertreter der 'Nullableitungstheorie' heben die morphologische, die Vertreter der 'Konversionstheorie' heben die (kognitiv-)semantische Seite dieser Bildungen hervor. In diesem Sinne nenne ich diese Wortbildungsart Nullableitung, wenn ich mich auf die formale Analyse beziehe, und Konversion, wenn es um (kognitiv-) semantische Aspekte geht (vgl. 2.5.1).

Der Begriff der Nullableitung wird dann problematisch, wenn die Ableitungsrichtung nicht eindeutig feststellbar ist. Dieses *chicken-and-egg problem* (vgl. Leech $^{2}$1981: 224) trat auch bei der Untersuchung des Computerwortschatzes auf, der ja vorwiegend Neubildungen enthält. Da Ableitungen wie *flame* n – *flame* v in einem zeitlich eng begrenzten Rahmen, etwa einem Jahr oder weniger, auftreten und registriert werden, ist die Ableitungsrichtung extrem schwierig festzustellen. Meine Vorgehensweise bestand in solchen Fällen darin, mich auf die wahrscheinlichere Version festzulegen: Es ist bekannt, daß die Ableitungsrichtung Nomen zu Verb weitaus häufiger vorkommt als die umgekehrte Variante (vgl. Hopper & Thompson 1985).

**Rückableitung** definiere ich gemäß der gängigen Auffassung als eine Umkehrung der Suffigierung: Ein Lexem wird um ein echtes (oder vermeintliches) Suffix gekürzt. Im Korpus treten Rückableitungen in sehr geringem Maße auf. Nur zwei Exemplare sind vorhanden: *automagic* adj (< *automagically* adv [*automatically* + *magically*]) und *morph* v (< *morphing* n).

---

[32] Auch Marchand ($^{2}$1969: 302ff) zählt *-ing*-Ableitungen zu den Suffigierungen.

### 3.3.3.3 Reduktive Prozesse

Die Makrokategorie 'reduktive Prozesse' schließt die Mikrokategorien Akronymie, Blending und Clipping ein. Diese sind durch eine *réduction du signifiant* gekennzeichnet (vgl. Tournier 1988: 18ff und 1985: 297ff).[33] Im Korpus sind unter den Wortbildungsprozessen ohne semantische Motivation insgesamt rund 21% reduktive Prozesse enthalten; dies entspricht 67 Stück. Davon entfallen 52% auf Akronyme, 42 % auf Blends und 6% auf Clippings.

Es sind drei Arten von Akronymie zu unterscheiden:

1) Initialismus: Die resultierenden Lexeme werden synonym als Initialismen, Initialwörter, Alphabetismen oder Buchstabenwörter bezeichnet. Initialismen werden aufgrund phonotaktischer Gegebenheiten als Buchstabenfolge ausgesprochen. Beispiele aus dem Korpus sind *FTP* (*file transfer protocol*), *HTML* (*hypertext markup language*) und *CD* (*compact disk*).
2) Akronymie ('echte'):[34] Akronyme werden als Wort ausgesprochen. Im Korpus kommen u.a. *LAN* (*local area network*) und *WAN* (*wide area network*) vor.
3) *Pronunciation spelling*: Diese Art von Akronymie (vgl. Adams 1973: 135ff; ANW50) bildet eine Zwischenform. Die Schreibung paßt sich der Phonemfolge der Aussprache, meist eines Initialismus, an. Häufig werden zusätzliche Phoneme dazwischengeschoben. Das einzige Beispiel aus dem Korpus ist *scuzzy* (für *SCSI – Small Computer System Interface*). (Echte) Akronyme und *pronunciation spellings* neigen aufgrund ihrer phonetischen Ähnlichkeit zu "natürlichen" Lexemen dazu, *anacronyms* (vgl. 2.5.1) zu werden. Dies offenbart sich durch die Schreibung als Lexem und kann den Institutionalisierungsprozeß beschleunigen (z.B. *AIDS, Aids, aids*, auch bei *scuzzy* (< *SCSI*) sichtbar).

Clipping stellt einen nicht-morphematischen Prozeß dar, bei dem ein Ausgangslexem (KL oder SL) i.d.R. an der Silbengrenze gekürzt wird, und zwar um ein oder mehrere Morphemfragmente *(splinters)*. Die Resultate des Clipping sind vorerst ebenfalls als *splinters* einzustufen, z.B. *pub(lic house)*. Da sie als vollständige Lexeme fungieren, müssen sie schließlich als neu gebildete freie Morpheme angesehen werden. Unterarten des Clipping stellen *fore-clipping*, *back-clipping* und *fore-and-back-clipping* dar. Im Korpus treten nur erstere beiden auf, z.B. *net* (< *Internet*) und *app* (< *application*).

Blending stellt eine Kombination zweier Prozesse, Clipping und Zusammensetzung,[35] dar. Für Blending wie auch für alle übrigen reduktiven Prozesse gilt das strikte Kriterium des

---

33 Welte (²1996: 290ff) verwendet die ähnliche Bezeichnung 'reduktive Wortbildungsprozesse' für Clippings, Blendings, Akronyme und zusätzlich für Rückbildungen.

34 Dieser Typ wird in Wortbildungstaxonomien (Bauer 1983: 232ff, ANW50, DNE2, Berg 1993) meist als *acronym* im Gegenteil zu *initialism / abbreviation* klassifiziert und als Unterart der Kürzung (*shortening, abbreviation*) angesehen. Bei mir stellt 'Akronymie' die der (echten) Akronymie und dem Initialismus übergeordnete Kategorie dar.

35 Der Terminus 'Komposition' wird an dieser Stelle vermieden und durch 'Zusammensetzung' ersetzt, da er für die Kombination zweier freier bzw. produktiver Morpheme (auch CFs) reserviert ist.

Beteiligtseins von Morphem*splittern*. Sobald *splinters* produktiv werden, entstehen neue CFs, und es handelt sich damit um eine Komposition vom Typ der Kombination. Die Blends im Korpus habe ich in folgende drei Typen eingeteilt:

1) Portmanteau Blends: Zwei vollständige freie oder geclippte Morpheme wurden ineinandergeschoben, wobei sich die Silben beider Ausgangsmorpheme überschneiden. Es ist häufig nicht möglich, die zwei Bestandteile eindeutig zu isolieren, z.B. bei *modem* (*mod – em* oder *mo – dem* für *modulator-demodulator*?). Weitere Beispiele aus dem Korpus sind *netiquette* (*net* + *etiquette*) und *screenager* (*screen* + *teenager*).
2) Morphemfragment + Morphemfragment (*splinter* + *splinter*): Beide Elemente des Blends sind eindeutig als *splinters* zu identifizieren, wie in *brunch*. Manchmal werden zur Optimierung der Aussprache zusätzliche Phoneme eingeschoben oder bestehende Phoneme durch andere ersetzt, wie in *pixel* (/ktʃ/ aus *pict/ure el/ement* wurde durch /ks/ ersetzt bzw. /ks/ zwischen *pi*- und -*el* eingeschoben). Weitere Beispiele aus dem Korpus sind *animacon* (*animated icon*) und *sysop* (*system operator*).
3) Morphemfragment + Morphem: Ein Element des Blends ist ein *splinter*, das andere ein vollständiges Morphem. Beispiele sind *emoticon* (*emot(ion)* + *icon*) und *c-mail* (*c(ommercial) mail*).

### 3.3.3.4 Ex-nihilo-Bildungen

Zu den Bildungen 'ex nihilo' zähle ich einerseits Lexeme mit unbekannter Etymologie, andererseits künstliche Wortschöpfungen. Sie treten in äußerst geringem Maß im Korpus auf (0,6% aller morphologisch motivierten Prozesse). Ersterer Typ ist mit nur zwei Exemplaren vertreten; letzterer tritt nur in Kombination mit anderen Lexikonprozessen auf.

Als 'Bildungen mit unbekannter Etymologie' stufe ich Lexeme ein, über deren Entstehung auch Lexikographen nur spekulieren können. In den allermeisten Fällen handelt es sich um SLs, die möglicherweise durch Onomatopöie oder andere phonetische oder auch semantische Umstände entstanden sind. Im Korpus betrifft dies *dongle*, *nerd* und *byte*. *Byte* (OED2: "Arbitrary, prob. influenced by bit [...] and bite [...]" hat jedoch zusätzlich metaphorische Bedeutung (vgl. 4.4.4). *Dongle* (OED2: "arbitrary") weise ich phonetische Motivation zu, über die Etymologie von *nerd* läßt sich nur spekulieren (OED2: "Of uncertain origin: sometimes taken as a euphemistic alteration of *turd* [...], though perh. simply derived from the children's book character cited in quot. 1950"). 'Unbekannte Etymologie' bedeutet für mich daher, daß die Etymologie eines Lexems nicht objektiv feststellbar ist, daß jedoch nicht ausgeschlossen werden kann, daß Sprachverwender eine Art von Motivation damit verbinden, z.B. *byte* als *bite* oder *dongle* als Onomatopoeia. Wenn eine Motivationsgebung durch Sprachverwender erfolgt, handelt es sich um 'Volksetymologie und Remotivation' (siehe 3.3.4.5).

Als 'künstliche Wortschöpfungen'[36] werden im allgemeinen Lexeme aufgefaßt, die bewußt zu einem bestimmten Zweck (z.B. Werbung, Kreieren von Markennamen) geschöpft wurden, z.B. *Kodak, PEN*. Diesen werden "natürliche" Wortschöpfungen gegenüberge-

---

36 *word-manufacturing* nach Marchand (²1969: 451ff) und Bauer (1983: 239). Im DNE2 wird diese Bildungsart, die hauptsächlich bei Markennamen auftritt, mit *coinage* bezeichnet, im OED2 (Berg 1993) mit *invented word*, im ANW50 mit *source unknown*.

stellt, die in einem unbewußten Prozeß entstehen, in dem Sprachverwender neue Wörter nach dem Vorbild internalisierter Muster bilden.

> Il est vraisemblable que toute création dite *ex nihilo* soit, en fait, fondée sur des motivations obscures. (Tournier 1991: 123, Hervorhebung im Original)

In diesem – Tourniers – Sinne definiere ich Ex-nihilo-Bildungen als Lexeme, die zwar keine objektiv nachweisbare Etymologie besitzen, die jedoch eine von den Sprachverwendern wahrgenommene Motivation aufweisen. Den subjektiven Erklärungsmöglichkeiten und Assoziationen sind dabei keine Grenzen gesetzt. Im Korpus findet sich nur eine künstliche Wortschöpfung (*velveeta* als Analogiebildung zu *spam*).

### 3.3.4 Die Aus-, An- und Umbauten: Semantische Prozesse

Lexikonprozesse, die durch semantische Motivation (Ullmann 1962) zustandekommen, nenne ich semantische Prozesse. Die Resultate derselben stellen Aus-, An- und Umbauten von SLs und auch von Wortbildungen dar, denn deren ursprüngliche Bedeutungen werden durch Prozesse wie Metaphorisierung, Metonymisierung etc. verändert (umgebaut) oder erweitert (ausgebaut). Es entstehen neue Lexikoneinheiten, welche an eine zu einem Lexem gehörige Reihe von Lexikoneinheiten angebaut werden. Im Korpus sind insgesamt rund 20% rein semantisch motivierte Lexeme enthalten, davon sind 78% Metaphern, 6% Metonymien, 3% Metaphtonymien und 13% *shifts in application*. Volksetymologie und Remotivation treten nur in Kombination mit anderen Lexikonprozessen auf.

#### 3.3.4.1 Metapher

Unter 'Metapher' verstehe ich erstens einen semantischen Prozeß, der sich auf kognitiver Ebene abspielt, und zweitens das Resultat desselben auf der sprachlichen Ebene – die Lexemmetapher. In folgender Abbildung wird das Zustandekommen der Metapherntypen schematisch veranschaulicht:

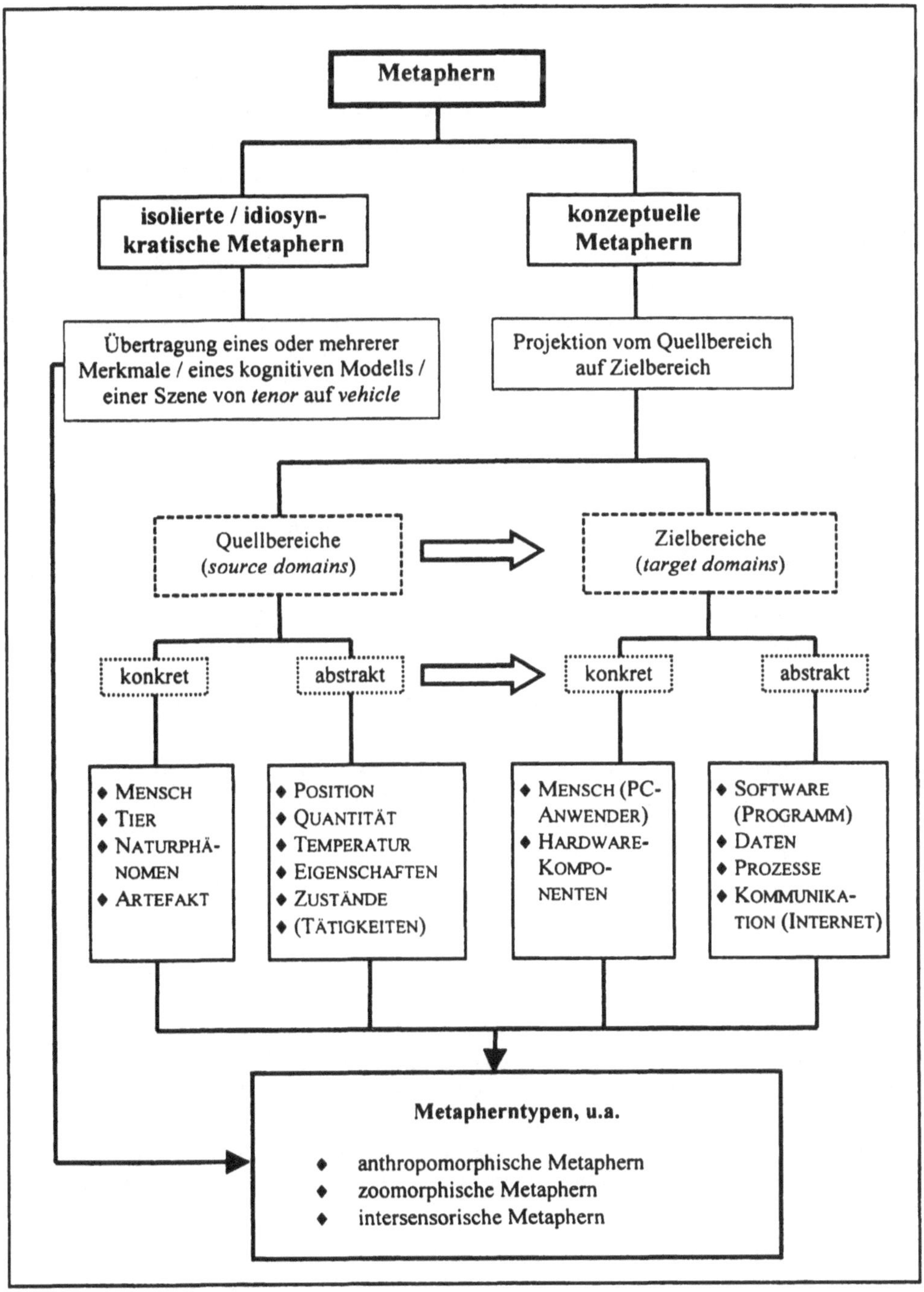


Abbildung 3.11: Metapherntypen

Wie in 2.3.1 dargelegt, unterscheide ich zwischen 'isolierten / idiosynkratischen Metaphern' auf der einen und 'konzeptuellen Metaphern' auf der anderen Seite. Bei der Auswertung stellte ich zunächst fest, um welchen Metapherntyp es sich handelt. Während ersterer auf einer Übertragung von Merkmalen oder kognitiven Szenen beruht (z.B. *strudel*), zeichnet sich letzterer durch eine Projektion eines Quell- auf einen Zielbereich aus (z.B. *brain*). Konzeptuelle Metaphern lassen sich nach Art ihrer Quell- und Zielbereiche aufschlüsseln. Diese können konkreter oder abstrakter Natur sein (siehe Abb. 3.11). Die resultierenden Metapherntypen sind die nach semantischen Kriterien definierten anthropomorphischen, zoomorphischen und intersensorischen Metaphern (vgl. auch Ullmann 1962: 214ff; Tournier 1985: 231ff; 1988: 118ff). Die hier präsentierten Metapherntypen werden im Laufe der empirischen Untersuchungen weiter spezifiziert und konkretisiert, vgl. die Darstellungen in Abschnitt 4.3.

### 3.3.4.2 Metonymie

Unter 'Metonymie' verstehe ich einen kognitiven Prozeß, welcher auf dem Prinzip der Kontiguität zweier Bereiche bzw. zweier Konzepte innerhalb eines Bereiches basiert. In Punkt 2.3.1 wurden die theoretischen Ausgangspunkte zur Metonymie bereits ausführlich dargelegt. Folgende Typen von Metonymie sind für die empirische Auswertung relevant, vgl. auch Tournier (1985: 245ff; 1988: 124ff), Leisi ($^{2}$1985: 190f), Ullmann (1962: 218ff), Lakoff & Johnson (1980a: 41) und Lipka (1988: 360f):

Typ 1: Assoziationsrelation zwischen Konzepten / Bereichen

Bestimmte benachbarte Bereiche bzw. Konzepte stehen für assoziierte andere Bereiche bzw. Konzepte. Dieser Typ enthält Metonymien wie FUNKTION FÜR PRODUKT, ERGEBNIS FÜR TÄTIGKEIT, ORT FÜR PRODUKT (toponymische Metonymie) und EIGENNAME FÜR PRODUKT (anthroponymische Metonymie).

Typ 2: Synekdoche

Die Synekdoche ist eine Teil-Ganzes-Relation, welche sich innerhalb eines Bereiches oder, enger gefaßt, innerhalb eines Konzeptes bewegt. Ein Teil eines Konzeptes steht dabei für das ganze Konzept oder umgekehrt.

Typ 2a: Pars pro toto, z.B. 'typische EIGENSCHAFT für das OBJEKT', wie *portable* (< *a portable computer*). Metonyme dieses Typs sind immer zugleich Ellipsen (siehe 3.3.3.1); KÖRPERTEIL FÜR MENSCH, z.B. *chiphead*.

Typ 2b: Totum pro parte: Ein Teil eines Konzeptes steht für das ganze Konzept, z.B. *beaver* (für *beaver coat*). Im Korpus konnte kein einziges Beispiel festgestellt werden.

### 3.3.4.3 Metaphtonymie[37]

In der lexikologischen Praxis erweist sich die theoretische Unterscheidung zwischen Metapher und Metonymie vielfach als problematisch, so auch in dieser Untersuchung. Metaphtonymie ist derjenige semantische Prozeß, welcher eine Mischform aus Metapher und Metonymie darstellt. Goossens' (1990) Klassifikation ist für meine Zwecke u.a. deshalb wenig geeignet, da sie sich auf Beispiele von Phrasen- und Satzmetaphern konzentriert. Hilfreicher ist Warrens (1992: 85ff) Taxonomie, die ich als Grundlage nehme. Sie umfaßt u.a. folgende Typen:

- Metapher-in-Metonymie: Eine Metonymie, die eine Metapher enthält (vgl. auch Tournier 1985: 294).
- Metonymie-in-Metapher: Eine Metapher, die eine Metonymie enthält.

Hinzu kommt ein dritter Typ, den auch Tournier (1985: 294f) erwähnt:

- Metapher / Metonymie. Es handelt sich um Produkte semantischer Prozesse, die gleichermaßen als Metapher *wie auch* als Metonymie interpretiert werden können. Eine eindeutige Entscheidung ist nicht möglich. Ein Beispiel ist *foot* (*of a sock*): Dies stellt einerseits – aufgrund der Form – eine Metapher dar, andererseits – aufgrund der Kontiguität der Domänen 'Fuß' und 'Socke' – eine Metonymie.

In der empirischen Auswertung (4.4.2) werden Beispiele für diese Typen (z.B. *propellerhead, drunk mouse syndrome* und *fried*) ausführlich erläutert.

### 3.3.4.4 *Shift in application*

Während der Auswertung der Lexeme des Computerwortschatzes begegneten mir neue Bedeutungen, die weder als Metaphern noch als Metonymien oder Metaphtonymien einzustufen waren. Es erschien daher nötig, eine weitere Kategorie von Bedeutungsveränderungen einzuführen.

Tournier (z.B. 1985: 199ff) faßt alle Prozesse, die zur Bedeutungsveränderung beitragen, unter dem Begriff *la métasémie* zusammen. Neben den zwei wichtigsten Prozessen – Metapher und Metonymie – stellt *glissement d'emploi* eine periphäre Art von Metasemie dar. Diese Art von Prozeß stammt ursprünglich von Ullmann ($^2$1957: 63, 114ff), der ihn *shift in application* nannte. Während durch Metapher und Metonymie neue *senses* eines Wortes entstehen, handelt es sich bei *shift in application*[38] um verschiedene Facetten ein und desselben *sense*, wie in <u>*healthy*</u> *complexion* vs. <u>*healthy*</u> *climate*. Das bedeutet, daß durch *shift*, anders als durch Metapher und Metonymie, **keine** neuen lexikalischen Einheiten entstehen, sondern daß sich allenfalls weitere Unterarten der *lexical units* – neue Aspekte und Verwendungsweisen – herausbilden. Die Grenze zwischen *shift* und Metapher / Metonymie ist fließend. So gibt es einerseits "radical shifts in application", andererseits, und nicht weit davon entfernt, "mild cases of polysemy" (Ullmann $^2$1957: 115). Einzelne Aspekte von *senses* können sich zu permanenten Bedeutungen entwickeln (ibid.: 114ff).

---

[37] Diese Bezeichnung stellt eine Übersetzung von Goossens' (1990) Terminus *metaphtonymy* dar.

[38] Im folgenden kürze ich *shift in application* an einigen Stellen zu *shift* ab.

Derartige Abgrenzungsprobleme traten auch im Rahmen dieser empirischen Untersuchung auf. Ullmann rät in diesem Falle zur Strategie der individuellen Einschätzung, räumt aber ein, daß eine eindeutige Lösung oft nicht erreichbar ist (vgl. auch Warren 1992: 33f).

Ich nehme ein Kontinuum zwischen Polysemie und *shift in application* an (vgl. auch Tournier 1985: 202ff). Stärkere Fälle von *shifts* – solche, die eng an der Grenze zur Metapher bzw. Metonymie liegen – tragen zur Polysemie bei, während schwächere Fälle nicht zur Polysemie zu zählen sind, sondern nur kontextsensitive, feine Facetten eines *sense* darstellen. Es handelt sich beispielsweise um Verschiebungen von aktiven zu passiven, von transitiven zu intransitiven Verwendungsweisen bei Verben, und von zählbaren zu nichtzählbaren Nomen (Tournier 1985: 207ff). Folgende Arten von *shifts in application* führen zur Polysemie und spielen bei der Analyse des Computerwortschatzes eine Rolle. Es handelt sich um zwei von insgesamt zehn Typen von *glissements d'application* bei Tournier:

Bei der 'Bedeutungsspezialisierung' (*glissement par restriction sémantique* bei Tournier) findet eine Bedeutungsverengung statt, während die Primärbedeutung gleichzeitig erhalten bleibt. Der ursprünglichen allgemeinen Bedeutung werden ein oder mehrere semantische Merkmale hinzugefügt. Diese Art von Bedeutungsentwicklung wird von Warren (1992: 37ff) *particularization* genannt (z.B. die spezialisierte Bedeutung von *hard* in *hardware, hard copy*). Meist beinhaltet diese Bedeutungsspezialisierung die Ausprägung von Hyponymen (siehe die Auswertung in 4.4.3). Es handelt sich meist um Spezialbedeutungen im Bereich *computing*, die von allgemeinen Bedeutungen abgeleitet sind, z.B. *author* v (ursprüngliche Bedeutung: 'to write a book, a poem, a dissertation etc.', spezialisierte Bedeutung: 'to write a Web page').

Die 'Verschiebung im Anwendungsbereich' (entspricht Tourniers Kategorie *glissement de domaine d'application*) trifft für Tournier auf Lexeme zu, die von bestimmten Fachgebieten auf andere übertragen werden, z.B. *operation* (Mathematik, Medizin, Militär). Im Computervokabular werden häufig Lexeme aus der Elektronik oder der Optik verwendet, etwa *virtual*.

Zur Veranschaulichung der Tatsache, daß sich die Arten von semantischen Prozessen häufig nicht eindeutig abgrenzen lassen, folgt nun eine graphische Darstellung in Form eines 'semantischen Rades':

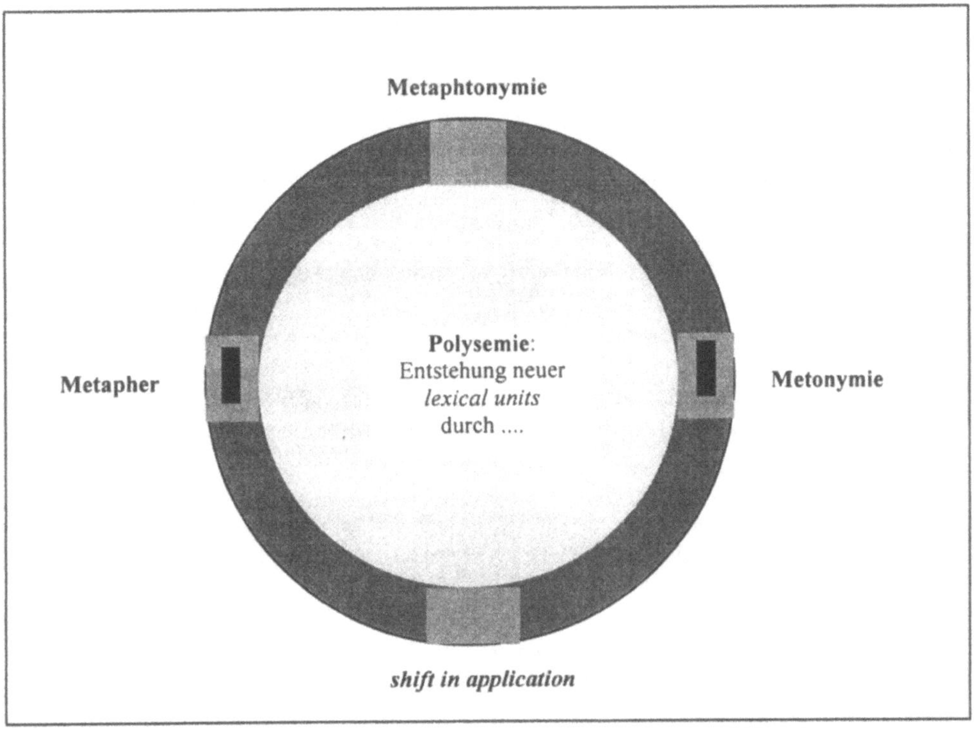


Abbildung 3.12: Das semantische Rad

Zwischen Metapher, Metaphtonymie, Metonymie und *shift in application* erstreckt sich ein Kontinuum. Dieses ist nicht in linearer, sondern in zirkulärer Form dargestellt, um alle Zwischenformen der semantischen Prozesse erfassen zu können. Die eindeutigen Fälle der vier Prozesse werden durch die vier dunkelgrauen Kästchen, die sich um den Kreis herum anlegen, symbolisiert. Die fließenden Übergänge werden durch die mittelgrauen Verbindungsstücke zwischen den vier dunkelgrauen Kästchen veranschaulicht. Es gibt prototypische Fälle von Metapher und Metonymie (gekennzeichnet durch den jeweiligen schwarzen Kern), während Metaphtonymien und *shifts* erfahrungsgemäß immer mehr zur Metapher bzw. Metonymie neigen und generell weniger eindeutig festzulegen sind. Weiter ist anzumerken, daß nur solche *shifts in application* im semantischen Rad vorhanden sein dürfen, die zu eigenen lexikalischen Einheiten führen, und zwar Bedeutungsspezialisierungen einerseits und Verschiebungen im Anwendungsbereich andererseits.

### 3.3.4.5 Volksetymologie und Remotivation

Volksetymologie und Remotivation sind zwei Prozesse, durch welche Sprachverwender nicht motivierten Lexemen bzw. mit anderen Bedeutungen besetzten Lexemen (neue) semantische Motivation zuweisen. Sie unterscheiden sich insofern von Metapher und Metonymie und *shift in application*, als *bestehende Lexeme* nachträglich durch morphologische und semantische (Volksetymologie) oder nur durch semantische Veränderung (Remotivation) neu motiviert werden. Mit den in den vergangenen vier Punkten genannten Kategorien haben sie gemeinsam, daß durch sie neue *lexical units* entstehen können.

Unter 'Volksetymologie' verstehe ich eine formale *und* semantische Re- oder Neuinterpretation eines Simpliziums (vgl. auch Ullmann 1962: 220ff und Geeraerts 1983: 228).[39] Dabei ist Volksetymologie auf jeden Fall eine "Motivationsgebung", nicht immer jedoch eine *Re*motivation, wie sie Tournier (1985: 57ff) und Geeraerts (1983: 228) definieren. Denn typischerweise werden Entlehnungen, die in der Ursprungssprache arbiträre Lexeme waren, dem Vorgang der Volksetymologie unterzogen (z.B. *icon* als *eye* + *con*, s.u.). Es handelt sich in diesen Fällen nicht um *Re*-Motivation, was implizieren würde, daß das Lexem bereits eine Motivation besitzt bzw. besaß, sondern um das Zuweisen einer primären Motivation. Volksetymologie ist ein Phänomen, das nicht durch das Sprachsystem allein erklärt werden kann, denn es ist Ausdruck der Reaktion der Sprachverwender gegen die Arbitrarität der sprachlichen Zeichen (vgl. Ullmann ²1957: 102). Den (unbewußten) Wunsch nach Bedeutungstransparenz (Geeraerts 1983: 228) setzen Sprachverwender um, indem sie einem aus ihrer Sicht arbiträren Lexem formale und semantische Motivation verleihen. Folgende Definition der Volksetymologie drückt diese Auffassung sehr schön aus, obwohl m.E. das Wort "geworden" überflüssig ist:

> der Versuch der Transparenzgewinnung von opak [...] gewordenen Wortstrukturen durch die linguistisch falsche Assoziation mit vertrauten phonologisch ähnlichen Formen. (Welte ²1996: 66)

Die Volksetymologie kann als dynamische Kraft zur Wortschatzerweiterung beitragen. Das Computerlexem *earcon* beispielsweise wurde in Analogie zu *icon* gebildet, wobei *icon* durch Volksetymologie aufgrund der Homophonie (/aɪkɔn/) in zwei Morpheme, *eye* und *-con* zerlegt wurde. Diese Motivationsgebung tritt jedoch nicht in Form der formalen Veränderung (*icon* als *eyecon*) in Erscheinung, sondern bleibt unter dem Deckmantel der Homophonie von /aɪkɔn/ verborgen, um dann als Musterwort für die Analogiebildung *earcon* zu dienen. *Earcon* stellt also selbst keine Volksetymologie dar, sondern ein Neuwort, das durch Wirken der Volksetymologie bei *icon* zustandegekommen ist. *-con* steht dabei vermutlich stellvertretend für *icon*, und wird in die Neubildung *earcon* übernommen.[40] Die Volksetymologie besteht neben der formalen Reinterpretation von /aɪ/ (Buchstabe 'i' → *eye*) in der semantischen Verbindung zwischen *eye* (/aɪ/) und *icon*: Bilder (*icons*) sind visuell (*eye*) wahrnehmbare Objekte ('eye icons'). Auf dieser Semantik basiert die Analogiebildung: *earcons* sind demnach auditiv wahrnehmbare Signale ('ear icons').

---

[39] Die *folk etymology* wird im Gegensatz dazu häufig auch als Rekonstruktion der Etymologie, ohne formale Veränderung, betrachtet. M. Quinion, ein für die *Oxford Dictionaries* tätiger Lexikograph, verwendet beispielsweise diesen Terminus für den Versuch von Sprachverwendern, die Bedeutung, z.B. eines Idioms, zu rekonstruieren (Quelle: Newsletter von Michael Quinion, words@QUINION.COM, 'World Wide Words – 10 Jul 99'). Dieses Phänomen wird von mir als 'Remotivation' bezeichnet.

[40] Im Korpus kommt ein weiteres Lexem mit dem Morphemsplitter *–con* vor, wodurch dieser nun zum neuen Morphem wird, welches für *icon* steht: *animacon* (*animated* + *icon*), das einige Jahre nach *earcon* gebildet wurde.

'Remotivation' beinhaltet im Gegensatz zur Volksetymologie keine formale Veränderung eines Lexems. Aufgrund der empirischen Arbeit (siehe auch 4.4.4) konnte ich zwei Typen von Remotivationen isolieren:

a) Zum einen eine semantische Reinterpretation eines SLs, häufig auch eines KLs. Dieses Phänomen tritt besonders häufig in journalistischen oder humoristischen Textgattungen auf und wird im OED mit *nonce-uses*, von Lipka (1996) mit *contextuals* und von Hohenhaus (1996: 133ff) mit "Ad-hoc-Umdeutungen" bezeichnet. Beispiele lauten (aus Hohenhaus 1996: 134f): *Brechstange* ('Halterung für Seekranke'), *Wirbelsäule* ('rotierendes Bauelement'), *minimum* ('a woman with only one child'). Hier wurden Lexemen mit mehreren zugrundeliegenden morpho-semantischen Strukturen potentielle Bedeutungen zugewiesen.
b) Zu den Remotivationen zähle ich zum anderen Lexeme mit bewußter Motivationsgebung seitens der Sprachverwender. Es handelt sich um den aktiven Vorgang von sprachbewußten Sprechern, einem aus synchronischer Sicht formal unmotivierten SL eine semantische (jedoch keine morphologische) Motivation zu verleihen. Dies findet insbesondere im Falle des Interpretierens metaphorischer Bedeutungen statt mit dem Zweck, eine plausible Erklärung der Etymologie eines Lexems bzw. *lexical units* zu finden (vgl. die Informantenbefragung zu *cookie* in 4.4.4). Jäkel (1998: 109ff) nennt diesen Vorgang nach Traugott (1985: 21) "Reetymologisierung" (die Wiederbelebung von toten Metaphern durch Bewußtmachung der Etymologie der betreffenden Lexeme, z.B. *be-greifen, ent-decken, dis-cover, re-collect*).

Remotivation kann bei der Bildung von Wörtern eine wichtige Rolle spielen. Vor allem Blends und Akronyme können durch Assoziation mit einem Homonym zustandekommen. So erlangen diese Wortbildungen semantische Motivation, und die ursprünglichen Homonyme gewinnen neue *lexical units* hinzu. Zur Veranschaulichung sollen *bit* (*binary digit*) und *BASIC (Beginners' All-purpose Symbolic Instruction Code)* dienen. Es handelt sich um reduktive Bildungen, die durch Assoziationen mit ihren Homonymen aneinander gebunden werden und so semantische Motivation gewinnen: *bit* bezeichnet eine kleine Datenmenge ('a bit of data'), *BASIC* eine grundlegende ('basic') Programmiersprache für Anfänger. Remotivationen kommen somit häufig durch Assoziationen zustande (vgl. Modell des mentalen Lexikons in 2.2.2), welche auf kulturellen Modellen oder auch auf individuellem Wissen basieren.

### 3.3.5 Die Verzierungen: Phonetisch motivierte Prozesse

Die Resultate phonetisch motivierter Prozesse zeichnen sich, im Gegensatz zu den morphologisch motivierten Wortbildungen, durch direkte (Tournier 1991: 122f) bzw. absolute Motivation (Ullmann 1962: 92) aus. Es besteht eine natürliche Verbindung zwischen Form- und Inhaltsseite des sprachlichen Zeichens. So ist eine Lautimitation (Onomatopöie) selbsterklärend, da die phonetische Form direkt auf den Inhalt hindeutet.[41] Dagegen sind relativ

[41] Ein scheinbarer Widerspruch liegt darin, daß ein und derselbe Laut (z.B. das Krähen eines Hahnes) in verschiedenen Sprachen in Form verschiedener Onomatopoeia ausgedrückt wird. Er löst sich

motivierte Bildungen zwar in Elemente zerlegbar, *per se* jedoch nicht motiviert. Die direkte Motivation hat ihr Pendant in kognitiv-linguistischer Terminologie als *image iconicity* (siehe 2.4.1.4).

Im Prozeß der Auswertung des Korpus (siehe Punkt 3.3.1, Abb. 3.8) befinden wir uns nun im Stadium (B): Nachdem bei Prüfung der morphologischen Motivation in Phase (A) ein negatives Ergebnis erzielt wurde, wird nun nach einer möglichen phonetischen Motivation gefragt.

Zu den phonetisch motivierten Prozessen zähle ich Onomatopöie, Phonästhesie und Synästhesie. Als Oberbegriff für diese drei Prozesse verwende ich *sound symbolism* (siehe auch Lu 1998: 52ff). Für Marchand ([2]1969: 397) basiert das Prinzip des *sound symbolism* auf "man's imitative instinct which leads us to use characteristic speech sounds for name-giving." – eine treffende allgemeine Beschreibung des Phänomens der phonetischen Motivation. Nützlich ist auch Dirvens (1985: 88f) Begriff der *sound metaphor*.

Nur Onomatopoeia stellen jedoch direkt motivierte Wörter dar. Sie kommen als Ganzes durch Lautimitation zustande. Phonästhesien sind dagegen nicht als Ganzes direkt phonetisch motiviert, sondern nur ihre Bestandteile, die submorphematischen Phonästheme, welche Laut- oder Bewegungsimitationen darstellen (/sp-/, /kr-/ etc.). Ähnlich verhält es sich bei den Synästhesien. Die Synästhesie betrifft die Beobachtung, daß gewisse Laute mit bestimmten, nicht-akustischen Konzepten in Verbindung gebracht werden: Hohe Laute drücken Helligkeit, Kürze, Freundlichkeit und kleine Größe aus (Diminutivformen auf *-ie*, *-y*), während dunkle Laute Dunkelheit, Länge, Traurigkeit und Größe vermitteln (vgl. Marchand [2]1969: 398ff und Lu 1998: 55ff).

Durch phonetische Motivation entstehen i.d.R. keine Wortbildungen, sondern Moneme. Rein phonetisch motivierte Bildungen, d.h. solche, die keine weiteren Arten von Motivation aufweisen, sind im Korpus mit nur 0,3% oder 2 Exemplaren vertreten. Nur ein onomatopoetisches Lexem ist enthalten (*gronk*), die restlichen drei Exemplare (*click, crunch, crack*) haben metaphorische bzw. metonymische Bedeutung entwickelt. Synästhesie konnte nicht festgestellt werden, und nur drei Phonästhesien sind vertreten (*grrr-l, gr-onk* und *sp-am*), die jedoch gleichzeitig auch als Onomatopoeia (*grrrl, gronk*) oder Metaphern (*spam*) eingestuft werden können. Mit ein Grund für das geringe Ausmaß dieser Arten von Bildungen mag sein, daß Phonästheme im heutigen Englisch nicht mehr produktiv sind (vgl. Tournier 1991: 93f ). Des weiteren gehe ich empirisch sehr vorsichtig mit *sound symbolism* um, da man sich hier in Gefahr begibt, spekulatives Terrain zu betreten. Auch wenn die phonetische Motivation kaum Triebkraft zur Bildung neuer Moneme aufweist, so spielt sie dennoch eine tragende Rolle als zusätzliche Motivation in Wortbildungen (siehe Punkt 3.3.6.2).

### 3.3.6 Kombinierte Konstruktionen

Als 'kombinierte Konstruktionen' bezeichne ich Kombinationen der drei Typen von Lexikonprozessen mit morphologischer, semantischer bzw. phonologischer Motivation. Zur

---

auf, sobald man erkennt, daß die Bildung von Onomatopoeia den morpho-phonemischen Restriktionen des jeweiligen Sprachsystems unterliegt (vgl. Tournier 1991: 134f).

Beschreibung dieser Mischtypen bietet sich Ullmanns (1962: 92) *mixed motivation*[42] an. Diese bezieht sich bei ihm jedoch nur auf Mischungen morphologischer und semantischer Motivation. Ich dehne diesen Begriff auf Mischungen mit phonetischer Motivation aus. Nicht gemeint sind jedoch Mischformen innerhalb gleicher Prozesse (Mischungen aus semantischen Prozessen wurden bereits in 3.3.4.1 unter 'Metaphtonymie' dargestellt; nicht klar voneinander abgrenzbare Wortbildungsprozesse wurden in 3.3.3 angesprochen).

Als Orientierungspunkt für die folgenden Ausführungen verweise ich auf das in 3.3.1 erstellte Diagramm (Abb. 3.8). Dort wird nach der formalen Untersuchung (A), deren Kriterien in 3.3.3 beschrieben wurden, in Schritt (B) danach gefragt, ob die Wortbildungen zusätzliche semantische (Punkt 3.3.6.1) und / oder phonetische Motivation (Punkt 3.3.6.2) aufweisen.

### 3.3.6.1 Wortbildungen, kombiniert mit semantischen Prozessen

Im Korpus sind diese Prozesse mit rund 36% vertreten, das sind 271 Einträge. Ich unterscheide zwei Arten von kombinierter morphologischer und semantischer Motivation:

1) Neuwortbildungen mit semantischer Motivation

Es handelt sich um Wortbildungen, die bisher nicht im Wortschatz existierten, weder in wörtlicher noch in übertragener Bedeutung, und die gleichzeitig mit ihrer Entstehung metaphorische / metonymische Bedeutung oder *shift in application* aufweisen. Häufig haben hier nicht die gesamten Wortbildungen, sondern nur einzelne Morpheme metaphorische Bedeutung. In einem solchen Falle sind die betreffenden Morpheme unterstrichen dargestellt. Im Korpus sind insgesamt rund 20% dieses Typs vertreten. Beispiele sind *search engine* (dt. *Suchmaschine*), und *data scrubbing*.

Als Unterarten dieser Kategorie treten sämtliche in 3.3.4 erläuterten semantischen Prozesse auf, wobei Metaphern den größten Anteil ausmachen. Die Vertreter dieser Kategorie nenne ich aufgrund der Tatsache, daß sie zusammengesetzte Lexeme sind, 'komplexe Metaphern' (rund 80%) , 'komplexe Metonymien' (10%), 'komplexe SiAs' (*shifts in application* – 3%), 'komplexe Metaphtonymien' (2%), 'komplexe Volksetymologien' (1%) und 'komplexe Remotivationen' (4%). In der Untersuchung wurden die Exemplare dieser nach den semantischen Prozessen gegliederten Unterkategorien weiter nach den in 3.3.3 klassifizierten Wortbildungsarten aufgeschlüsselt. Auch Nullableitungen gehören zu den semantischen Prozessen mit komplexer Morphologie, da diese aus formaler Sicht KLs darstellen.

2) Etablierte Wortbildungen mit semantischer Motivation

Es handelt sich um Wortbildungen, die bereits in wörtlicher Bedeutung existieren und eine neue Bedeutung entwickelt haben (z.B. *cookbook, firewall, Easter egg*). Zu einem beste-

---

[42] Ullmann verwendet den Begriff *mixed motivation* selber nicht. Viele Autoren, z.B. Lipka ($^2$1992: 94) benennen die Kombination aus morphologischer und semantischer Motivation treffenderweise so.

henden Eintrag im Lexikon entsteht somit eine neue lexikalische Einheit. Hier sind die gesamten Wortbildungen, nicht einzelne Morpheme, metaphorischer bzw. metonymischer etc. Natur.

Die 'etablierten Wortbildungen mit semantischer Motivation' sind mit rund 16% im Korpus vertreten. Die Unterkategorien lauten: 'Metaphorisierte Wortbildungen' – diese bilden mit rund 65% die größte Gruppe –, 'Metonymisierte Wortbildungen' (22%), 'Wortbildungen mit *shift in application* (8%)', 'Metaphtonymisierte Wortbildungen' (3%) und 'Wortbildungen mit Remotivation' (2%). Volksetymologien konnten in dieser Kategorie nicht aufgespürt werden.

Die mit semantischer Motivation kombinierten Wortbildungen können zusätzlich eine dritte Art von Motivation – phonetisch(-stilistische) Motivation – aufweisen.

#### 3.3.6.2 Die Rolle der phonetisch-stilistischen Motivation in Wortbildungen

In 3.3.5 wurden phonetisch motivierte Prozesse dargestellt, die zur Bildung von SLs führen: Onomatopöie und Phonästhesie. Dieser Art primärer phonetischer Motivation stelle ich die phonetisch-stilistische Motivation gegenüber, welche nicht als Hauptmotiv der Entstehung neuer Wörter fungiert, sondern die "supporting motives" (Algeo 1991: 8) für die Bildung insbesondere neuer KLs, liefert. Die phonetisch-stilistische Motivation[43] betrifft nicht die Imitation von Geräuschen und Bewegungen, sondern stilistische Effekte in Wortbildungen. Gemeint sind Stilmittel wie Reim, Alliteration oder Homophonie, die zugleich phonetischer Natur sind, und durch welche Verbindungen zu anderen Wörtern im mentalen Lexikon hergestellt werden können.

In der Untersuchung wurden die Lexeme mit phonetisch-stilistischer Motivation als eigene Kategorie behandelt. Es gibt drei Arten der Kombination von phonetisch-stilistischer Motivation mit anderen Motivationsarten:
Gruppe (1): morphologische und zusätzliche phonetisch-stilistische Motivation
Gruppe (2): morphologische, semantische und phonetisch-stilistische Motivation
Gruppe (3): semantische und phonetisch-stilistische Motivation.

Der Anteil der phonetisch(-stilistisch) motivierten Lexeme am Gesamtkorpus beträgt etwa 20% (146 von insgesamt 744 Einträgen). Es konnten folgende Arten phonetisch-stilistischer Motivation festgestellt werden:

1) Reimmotivation

Die Reimmotivation stellt mit Abstand die produktivste Art dar (44 Einträge oder 30 % aller Lexeme mit phonetisch(-stilistisch)er Motivation). Sie spielt bei der Bildung und Memorisierung von Lexemen eine wichtige Rolle. Von 'Binnenreim' spreche ich, wenn ein

---

[43] Diese Bezeichnung wurde von Fischers (1997: 17, 58) Terminus 'stilistische Motivation' beeinflußt, welchen sie für Assonanz, Konsonanz, Alliteration, für die Wiederholung von Morphemen und für figurative Bildungen verwendet. Aufgrund der Tatsache, daß hier Lauteffekte eine wichtige Rolle spielen, bezeichne ich diesen Motivationstyp jedoch als *phonetisch*-stilistische Motivation.

Lexem aus zwei sich reimenden Morphemen besteht, z.B. *careware, hack attack, snail mail.*[44] Um 'Echo-Reim' handelt es sich, wenn das neue Lexem keine interne Reimstruktur aufweist, sondern sich auf ein bereits existierendes, im mentalen Lexikon (ML) semantisch damit verbundenes Lexem reimt, z.B. *screenager* (< *teenager*), *Cybrarian* (< *librarian*) oder *mouse arrest* (< *house arrest*).[45] Echos treten häufig in Analogiebildungen auf, und es sind semantische Relationen zwischen Musterwort (z.B. *teenager*) und Neubildung (*screenager*) zu beobachten (Hyponymie). Die sich reimenden Elemente können in Form von Suffixen, Phonästhemen (Marchands *final symbols*), FCFs, vollständigen Morphemen oder nicht-morphematischen Elementen wie z.B. Silben in Erscheinung treten. Unter 'Reim' verstehe ich grundsätzlich starken Reim, der auftritt, wenn sich die betonten Silben reimen (*spám – jám; móbot – róbot*). Um schwachen Reim handelt es sich, wenn sich unbetonte Silben bzw. Morpheme reimen oder identisch sind, z.B. *compúterate – líterate*; *webhead – chiphead*. Dieser ist jedoch bei weitem nicht so effektvoll wie der starke Reim. Im *LexicalFreeNet* (siehe 2.2.3) entspricht diese Kategorie einer der beiden phonetischen Relationen – 'rhymes with', die ebenfalls nur für starken Reim gilt.

2) Alliteration

Es handelt sich um KLs, deren Morphemstruktur interne Alliteration aufweist, z.B. *penputer, bozo button, wetware, World Wide Web.*[46] Insgesamt sind 16 Einträge im Korpus durch Alliteration gekennzeichnet.

3) Lautassoziation

Lexeme können Assoziationen zu anderen Lexemen hervorrufen, wenn sie eine ähnliche Lautung aufweisen. Dieses Phänomen betrifft die zweite Kategorie im *LexicalFreeNet* – 'phonetically similar' (vgl. 2.2.3). Im Korpus sind 12 Lexeme mit Lautassoziation enthalten. Ein Beispiel ist *applet* (*application + -let*), welches *apple* (in der Bedeutung 'Obst' oder 'Computermarke AppleMac') hervorrufen kann (vgl. 4.4.4).

Psycholinguistische Evidenzen für o.g. drei Kategorien – Reimmotivation, Alliteration und Lautassoziation – beschreibt Aitchison ($^2$1994: 133ff): Wörter sind im ML durch Lautmuster und durch Bedeutung miteinander verbunden. Untersuchungen von Versprechern lassen Aufschlüsse darüber zu, welche Rolle phonetische Eigenschaften spielen. Wörter sind im ML bezüglich ihrer Lautstruktur in dreierlei Gruppen angeordnet:

---

[44] Siehe Marchands ($^2$1969: 429ff) *rime motivation* in *rime combinations* wie *hifi, hocus-pocus.* Algeo (ANW50: 8) führt die Kategorie *sound patterns in compounds* für Reim und Alliteration ein und bringt Beispiele wie *jet set, brain drain, no-show* für Reim.

[45] Siehe Marchands ($^2$1969: 419ff) *rime derivation*, welche durch *final symbols* wie *-am, -ash* erfolgt: "Words may be derived from others as their riming counterparts, distinguished from them by the initial only." (ibid.: 419).

[46] Algeo (ANW50: 8) bringt folgende Beispiele für Alliterationen: *baby bust, belly bundle, double-digit.* Als zweite Art von Lautmuster nennt er den Reim (vgl. auch Adams 1973: 163).

(1) Gruppen mit ähnlichen oder identischen Wortanfängen
(2) Wortgruppen mit ähnlichen oder identischen Endungen, und
(3) Wortgruppen mit ähnlichen oder identischen Rhythmusmustern.

Lexeme der Gruppe (1) sind meiner Kategorie der 'Alliteration' zuzuordnen. Dadurch, daß ihre Morphemanfänge durch lexeminterne Alliteration gekennzeichnet sind, weisen sie hohe perzeptuelle Salienz auf. Wörter der Gruppe (2) sind durch 'Reim' miteinander verbunden. Lexeme der Gruppe (3) deuten ebenfalls die prominente Rolle von reimmotivierten Wörtern an, denn sich reimende Wörter haben häufig den gleichen Rhythmus.

Versprecher wie *cylinders* statt *syllables*, *profession* statt *procession* weisen darauf hin, daß ähnlich lautende Wörter im ML zu Gruppen verbunden werden. Es handelt sich jedoch laut Aitchison nicht um fixierte, sondern um flexible, immer wieder neu aktivierbare Verbindungen. Dies untermauert die Existenz von Lautassoziationen. Die erhöhte Memorisierbarkeit von Lexemen mit identischen Wortendungen (Reim), Wortanfängen (Alliteration) oder von ähnlich klingenden Lexemen (Lautassoziation) spielt beim Auftreten von Neologismen eine wichtige Rolle, da diese von den Sprachverwendern zuerst gelernt werden müssen. Erinnert sie eine Neubildung an eine bereits existierende Bildung, die zudem eine semantische Relation aufweist, z.B. *netiquette* (Hyponymie von *etiquette*), *webarian* (Hyponymie von *librarian*), so ist diese verhältnismäßig leicht einprägsam.

Reim stellt meiner Ansicht nach die stärkste Kraft aller phonetisch-stilistischen Motivationen dar, gefolgt von Lautassoziation und Alliteration. Durch Reim werden Lexeme im ML nicht nur phonetisch, sondern auch semantisch miteinander verbunden und können auch gegenseitig hervorgerufen werden. Reim wirkt als analogie-verstärkende und analogie-schaffende Kraft. Adams (1973), obwohl eine prä-psycholinguistische Wortbildungsforscherin, verleiht ihren Aussagen psycholinguistisches Flair, wenn sie feststellt:

> One obvious advantage which suffixes have over prefixes in the forming of associations between words is that words containing the same suffix rhyme with one another, and *rhyme is a powerful way of linking words together*. (Adams 1973: 162, meine Hervorhebungen, MB)

Folgende drei Arten phonetisch-stilistischer Motivation spielen in der Analyse des Korpus eine ebenso wichtige Rolle:

4) Assonanz

Sie tritt auf, wenn die mittleren Vokale zweier Lexeme oder zweier Morpheme innerhalb eines Lexems identisch sind. Ersteren Fall nenne ich 'Echo-Assonanz', z.B. *mouse potato* (Echo: /au/ in *couch potato*), letzteren Fall 'Binnenassonanz', z.B. *nethead* (/nethed/) oder *newsgroup*.[47] Im Korpus sind 14 Lexeme durch Assonanz gekennzeichnet.

---

[47] Auch Algeo (ANW50: 8) behandelt Vokalassonanz. Als Beispiele nennt er *brass hat, date rape, eager beaver, hit list*.

5) Homophonie

ist häufig bei kreativen, spielerischen Neubildungen zu beobachten, z.B. *Cyberia* (< *Siberia*). Es herrscht Lautidentität zwischen dem neuen *lexical unit* und einem etablierten Lexem. Dadurch können bestimmte Assoziationen und semantische Relationen hervorgerufen werden (z.B. Computerlexem *BASIC* und etabliertes Adjektiv *basic*). Dies bietet die Grundlage für das Entstehen von Remotivationen durch Sprachverwender (z.B. *byte*, *nybble*, *gopher*). Häufig ist die Homophonie zu etablierten Lexemen rein zufälliger Natur, so daß nur mit Mühe auch semantische Verbindungen zwischen dem neuen *lexical unit* und dem etablierten Lexem hergestellt werden können, z.B. *RAID* ('Redundant Arrays of Inexpensive Disks'). Im Korpus sind 18 Lexeme mit Homophonie vorhanden.

6) Konsonanz

Lexeme mit Konsonanz weisen Morpheme mit gleichen Konsonanten auf ('Binnenkonsonanz', z.B. *laptop*) bzw. haben die gleichen konsonantischen Endungen wie andere Lexeme, mit denen sie im mentalen Lexikon verbunden sind ('Echo-Konsonanz', z.B. *animacon* < *icon*). Im Korpus sind 12 Lexeme dieser Kategorie enthalten.

Im untersuchten Korpus konnten ferner 18 Fälle festgestellt werden, in denen Wortbildungen kombiniert mit Onomatopöie auftreten, z.B. *hack*, *zap*, und 11 Wortbildungen, die Phonästhesie aufweisen, z.B. *web grrrrl*, *spam*.

Des weiteren sind alle Kombinationen mit den gleichen CFs automatisch durch Echo-Konsonanz bzw. Echo-Reim miteinander verbunden, z.B. alle Kombinationen mit *–zine* (*cyberzine*, *digizine*, *e-zine*, *faxzine*, *hyperzine*, *webzine*). Diese wurden nicht gesondert aufgeführt, jedoch erhöht sich dadurch der Anteil an Lexemen mit zusätzlicher phonetisch-stilistischer Motivation im Korpus auf etwa 30 bis 40 %.

Die genannten Arten phonetisch-stilistischer Motivation können auch in Kombination auftreten. Manchmal überschneiden sich die Kategorien, wodurch eine eindeutige Klassifikation erschwert wird (Beispiel: *voxel* und *pixel*: gleichzeitig Konsonanz und Lautassoziation).

Zusammenfassend lassen sich folgende Konsequenzen für das Lexikon feststellen: Durch phonetisch-stilistische Motivation werden nicht nur phonetische, sondern auch semantische Verbindungen zwischen Einträgen im ML transparent. Insgesamt weist das Lexikon somit "a strong iconic correspondence between sound form and meaning" auf, und zwar durch "both image relations (e.g., sound symbolism, synesthesia) and diagrammatic ones (e.g., morphemes, phonesthemes, submorphemes, word affinities, word constellations)" (Waugh & Newfield 1995: 189). Diese Behauptung kann ich im Rahmen der aus der empirischen Untersuchung gewonnenen Erkenntnisse nur bestätigen.

Anders als die morphologische oder semantische Motivation ist die phonetisch-stilistische Motivation nicht primär für das Zustandekommen einer Neubildung verantwortlich. Die Bedeutung dieser sekundären Motivation ist jedoch keinesfalls zu unterschätzen, und zwar aus zwei Gründen:

a) Sie ist aufs Engste mit der Sprachspielerei verbunden, welche als eine der Ursachen für die Neu(wort)bildung gilt (vgl. 3.1.1). Für eine solche Nebenrolle der phonetisch-stilistischen Motivation bei der Neubildung spricht auch die Tatsache, daß die Mehrheit der Bildungen, die diese Art von Motivation aufweisen, morphologische bzw. morphologisch-semantische *Neu*bildungen darstellen, während vergleichsweise wenige *etablierte* Wortbildungen und SLs, die eine semantische Erweiterung erfahren haben, zusätzliche phonetisch-stilistische Motivation aufweisen.

b) Die phonetisch-stilistische Motivation, insbesondere in ihren Ausprägungen 'Binnenreim', 'Assonanz' und 'Alliteration', fungiert als eine von mehreren Faktoren, welche den Institutionalisierungsprozeß von Neubildungen positiv beeinflussen (vgl. Fischer 1997: 58; 193). So hat sich etwa *right-to-die* in Analogie zu *right-to-life* gegenüber dem konkurrierenden Terminus *right-to-death* durchgesetzt.

### 3.3.7 Die Gesamtansicht

Als Zusammenfassung der in 3.3.1 bis 3.3.6 dargestellten Typologie der Lexikonprozesse und ihrer Resultate dient folgende tabellarische Übersicht. Sie fungierte als Grundlage für die Auswertung des Korpus. Unmittelbares Resultat dieser empirischen Untersuchung bildete eine nach Makro- und Mikrotypen aufgegliederte Auflistung sämtlicher Einträge des Korpus, die jedoch nicht in die Arbeit integriert wurde. Stellvertretend für eine erschöpfende Auswertung des Gesamtkorpus werden in Kapitel 3, 4 und 5 die einzelnen Lexikonprozesse anhand von aussagekräftigen Beispielen dargestellt. In folgender Gesamtansicht werden für jeden Prozeß einzelne Beispiele aus dem klassifizierten Korpus genannt.

Die Lexikonprozesse und ihre Resultate in tabellarischer Übersicht:

**Wortbildungsprozesse**

| *Bezeichnung der Lexikonprozesse* | | *Beschreibung der Resultate* | *Beispiele* |
|---|---|---|---|
| **Komposition** | | **morphematisch** | |
| Standard-komposition | | Standardkomposita bestehen aus zwei freien Morphemen. | *workgroup* |
| | Partikelkom-position | Unterkategorie der Standard-komposita: Partikel (Adverb, Präposition) + freies Morphem. | *download, upload* |
| Kombination | | – CF + CF,<br>– CF + freies Morphem oder<br>– freies Morphem + CF. | *cyberzine, cyberspace* |
| | Buchsta-benkom-position | Unterkategorie der Kombination:<br>– Buchstabenmorphem (CF) + freies Morphem oder<br>– Buchstabenmorphem + CF | *e-mail, e-book, v-chip, e-zine* |
| Phrasenkomposition | | Phrasenkomposita bestehen i.d.R. aus mehr als zwei freien Morphemen und weisen Phrasenmerkmale auf. Aufgrund ihrer semantischen Einheit sind sie Komposita. Phrasenkomposita können auch adj + n -Kombinationen sein. | *World Wide Web*<br>*artificial life*<br>*cut and paste*<br>*slice-and-dice* |
| Ellipse | | KL wird an der Morphemgrenze um ein freies Morphem oder eine CF gekürzt. Wortklasse bleibt erhalten. | *floppy (disk)*<br>*master (computer)* |
| **Derivation**<br>Affigierung | | **morphematisch**<br>Freies Morphem oder Morphemkombination + Affix | |
| | Präfigierung | Präfix + freies Morphem | *exput* n |
| | Suffigierung | Freies Morphem + Suffix | *computeracy* n |
| | Prä- und Suffigierung | Präfix + freies Morphem + Suffix | *remailer* n |

| *Bezeichnung der Lexikonprozesse* | | *Beschreibung der Resultate* | *Beispiele* |
|---|---|---|---|
| Nullableitung | | Freies Morphem oder Morphemkombination + Nullmorphem. | *mouse* v |
| Rückableitung | | Umkehrung der Suffigierung: KL wird um ein Suffix gekürzt. Wortklasse ändert sich. | *reverse-engineer* v |
| **Reduktive Prozesse** | | **nicht-morphematisch** | |
| Akronymie | Initialismus | Initialismen werden als Buchstabenfolge ausgesprochen. | *HTML, CD* |
| | Akronymie ('echte') | Akronyme werden als Wort ausgesprochen. | *LAN, WAN* |
| | *pronunciation spelling* | Schreibung paßt sich der Aussprache (Phonemfolge) des Initialismus an. | *scuzzy (SCSI)* |
| Clipping | | Kürzung eines KL oder SL nicht an der Morphem-, sondern an Silbengrenze. Wortart bleibt gleich. | |
| | *fore-clipping* | Kürzung des Wortanfangs. | *net (Internet)* |
| | *back-clipping* | Kürzung des Wortendes. | *sig (signature)* |
| Blending | | Kombination aus Clipping + Zusammensetzung. | |
| | Portmanteau | Ineinanderfließen zweier vollständiger freier oder geclippter Morpheme. Morpheme, Phoneme bzw. Silben überschneiden sich. | *screenager, netiquette, modem* |
| | *splinter + splinter* | Besteht aus zwei, selten mehreren, Morphemsplittern. | *sysop, animacon* |
| | *splinter* + Morphem oder umgekehrt | Ein Morphemfragment wird mit einem freien oder gebundenen Morphem (auch CF) kombiniert. | *c-mail, emoticon* |

| *Bezeichnung der Lexikonprozesse* | | *Beschreibung der Resultate* | *Beispiele* |
|---|---|---|---|
| **Ex nihilo** | | Die Etymologie und die Motivation sind objektiv nicht eindeutig feststellbar. Die Lexeme können subjektiv empfundene Motivation (Transparenz) aufweisen. | |
| | unbekannte Etymologie | Etymologie ist selbst von Lexikographen nicht eindeutig feststellbar. | *dongle*<br>*nerd* |
| | künstliche Wortschöpfung | Im Gegensatz zu 'natürlichen' Wortbildungen bewußt, zu einem bestimmten Zweck (z.B. Erfindung von Markennamen) geschöpftes Lexem. | *velveeta* |

**Semantische Prozesse**

| *Bezeichnung der Lexikonprozesse* | *Beschreibung der Resultate* | *Beispiele* |
|---|---|---|
| **Metapher** | Ähnlichkeitsrelation; Projektion eines Quellbereichs /-konzepts auf einen Zielbereich / ein Zielkonzept.<br>- konzeptuelle Lexemmetaphern<br>- isolierte Lexemmetaphern | |
| anthropmorphisch | MENSCH ⇒ COMPUTER<br>- konkret → konkret<br>- konkret → abstrakt<br>- abstrakt → abstrakt | <br>*master, slave*<br>*vaccine*<br>*intellligent* |
| zoomorphisch | TIER ⇒ COMPUTER<br>- konkret → konkret<br>- konkret → abstrakt | <br>*mouse*<br>*gopher, bug* |

| *Bezeichnung der Lexikonprozesse* | *Beschreibung der Resultate* | *Beispiele* |
|---|---|---|
| **Metonymie** | - Konzeptuelle Kontiguitätsrelation<br>- Metonyme (Lexemebene) | |
| Typ 1: Assoziationen zwischen Bereichen / Konzepten | Zwei Bereiche / Konzepte stehen in einer Assoziationsrelation nebeneinander: | |
| | GERÄUSCH für TÄTIGKEIT | *crack, hack* |
| | FUNKTION für PRODUKT | *antivirus* |
| | ORT für PRODUKT / GATTUNGSNAME (toponymische Metonymie) | *High Sierra* |
| | EIGENNAME für PRODUKT / GATTUNGSNAME (anthroponymische Metonymie) | *Michelangelo* |
| Typ 2: Synekdoche | Ein Teil eines Konzeptes steht für das ganze Konzept oder umgekehrt. | |
| 2a: Pars pro toto | Teil fürs Ganze, z.B.<br>MATERIAL FÜR PRODUKT<br>EIGENSCHAFT FÜR PRODUKT. | *iron*<br>*handheld,*<br>*portable* |
| 2b: Totum pro parte | Eine Ganzheit steht für einen Teil. | (keine Vorkommnisse) |
| **Metaphtonymie** | Mischform aus Metapher und Metonymie. | |
| Metapher-in-Metonymie | Metonymie enthält eine Metapher. | *propeller-head* n |
| Metonymie-in-Metapher | Metapher enthält eine Metonymie. | *drunk mouse syndrome* n |
| Metapher/Metonymie | Zugleich Metapher und Metonymie. | *fry* v,<br>*crunch* v |
| ***Shift in application*** | Bedeutungsverschiebung. | |
| Bedeutungsspezialisierung (sp) | Bedeutungsverengung durch zusätzliche(s) semantische(s) Merkmal(e); ursprüngliche Bedeutung bleibt erhalten. | *author* n, v,<br>*browse,*<br>*user* |

| *Bezeichnung der Lexikonprozesse* | *Beschreibung der Resultate* | *Beispiele* |
|---|---|---|
| Verschiebung im Anwendungsbereich (anw) | Verwendungen von Lexemen in verwandten Gebieten, z.B.<br>Optik → Computer<br>Kartenspiel → Computer. | *work station*<br>*virtual*<br>*wild card* |
| **Volksetymologie** | Formale (graphemisch, phonetisch, morphologisch) <u>und</u> semantische Re- oder Neu-Interpretation eines Simpliziums. | *icon* /aɪkɔn/ *("eyecon")* *→ earcon* |
| **Remotivation / Assoziation** | Semantische (Re-)Interpretation oder Neu-Motivation eines SLs oder KLs.<br><br>Lexeme, für deren Bildung die Remotivation (= semantische Motivation durch Assoziationen mit (homonymen) etablierten Lexemen) eines etablierten Lexems eine mehr oder weniger große Rolle spielte. | *cookie,*<br>*Apple,*<br>*Java*<br><br>*bit,*<br>*BASIC* |

**Phonetisch motivierte Prozesse**

| *Bezeichnung der Lexikonprozesse* | *Beschreibung der Resultate* | *Beispiele* |
|---|---|---|
| **Onomatopöie** | Lautimitation. Imitation von menschlichen Geräuschen, Geräuschen von Tieren oder Gegenständen. Resultate: Onomatopoeia. | *gronk,*<br>*click* |
| **Phonästhesie** | Phonästhesien: Lexeme, die ein oder mehrere Phonästheme (submorphematische Elemente mit phonetischer Motivation) enthalten | *grrrl (/grrr-/)*<br>*spam*<br>*(/sp-/, /-am/)* |
| **Synästhesie** | Laute werden mit verbundenen Konzepten assoziiert (/i/ für Freundlichkeit, /u/ für Traurigkeit etc.).<br>Resultate: Synästhesien | (keine Vorkommnisse im Korpus) |

**Kombinierte Konstruktionen**

| *Bezeichnung der Lexikonprozesse* | *Beschreibung der Resultate* | *Beispiele* |
|---|---|---|
| **Wortbildungen mit semantischer Motivation** | | |
| Komplexe Metapher | Wortbildungen entstehen neu und haben zugleich metaphorische Bedeutung. Oft weist nur ein Morphem der Bildung metaphorische Bedeutung auf. | *client-server*<br>*snail mail*<br><br>*motherboard*<br>*daughterboard* |
| Komplexe Metonymie | Wortbildungen entstehen neu und haben zugleich (als Ganzes oder einzelne Morpheme) metonymische Bedeutung. | *chiphead*<br>*nethead* |
| Komplexe Metaphtonymie | Wortbildungen entstehen neu und sind zugleich Metaphtonymien. | *propeller-head* |
| Komplexe *shift in application* | Wortbildungen entstehen neu und weisen zugleich SiA auf. | *keyboard plaque* |
| Komplexe Volksetymologie | Wortbildungen entstehen neu und stellen zugleich Volksetymologien dar. | *earcon* |
| Komplexe Remotivation | Wortbildungen entstehen neu und weisen zugleich Remotivation auf. | *applet,*<br>*Cyberia* |
| Metaphorisierte Wortbildungen | Etablierte Lexeme (Wortbildungen) entwickeln neue *lexical units* mit metaphorischer Bedeutung. | *cokebottle,*<br>*cookie jar,*<br>*Easter egg* |
| Metonymisierte Wortbildungen | Etablierte Lexeme (Wortbildungen) entwickeln neue *lexical units* mit metonymischer Bedeutung. | *helpdesk,*<br>*portable,*<br>*desktop* |
| Metaphtonymisierte Wortbildungen | Etablierte Wortbildungen entwickeln neue *lexical units* mit metaphtonymischer Bedeutung. | *number cruncher* |

| *Bezeichnung der Lexikonprozesse* | | *Beschreibung der Resultate* | *Beispiele* |
|---|---|---|---|
| Wortbildung mit *shift in application* | | Etablierte Lexeme (Wortbildungen) entwickeln *shift in application.* Zwei Unterarten: Bedeutungsspezialisierung (sp) oder Verschiebung im Anwendungsbereich (anw). | *benchmark* n, v (sp) *author* v (sp) *wild card* n (anw) |
| Wortbildung mit Remotivation | | Etablierte Lexeme (Wortbildungen) entwickeln neue *lexical units*, die Remotivationen darstellen. | *BASIC* *bit* |
| **Wortbildung mit phonetisch-stilistischer Motivation** | | | |
| **Reimmotivation** | | **Lexeme / Morpheme reimen sich** | |
| | Binnenreim | Morpheme innerhalb KLs reimen sich. | *careware, snail mail* |
| | Echo | Lexem reimt sich auf ein anderes Lexem, das mit ihm meist zusätzlich durch semantische Relation (Antonymie, Hyponymie etc.) im ML verbunden ist. | *screenager (< teenager), Cybrarian (< librarian)* |
| **Alliteration** | | Morphemstruktur eines Lexems weist interne Alliteration auf. | *penputer, wetware* |
| **Lautassoziation** | | Lexeme rufen Assoziationen mit ähnlich klingenden Lexemen hervor. | *applet (< apple, Apple)* |
| **Assonanz** | | Mittlere Vokale zweier Morpheme oder Lexeme sind identisch. | |
| | Binnenassonanz | Morpheme innerhalb eines KL weisen Assonanz auf. | *nethead* |
| | Echo-Assonanz | Zwei im ML verbundene Lexeme weisen die gleichen mittleren Vokale auf. | *mouse potato (< couch potato)* |

| *Bezeichnung der Lexikonprozesse* | | *Beschreibung der Resultate* | *Beispiele* |
|---|---|---|---|
| **Homophonie** | | Lautidentität eines neuen *lexical unit* mit einem etablierten Lexem. Manchmal semantische Relation oder Remotivation. | *Cyberia (< Siberia), DIP (< dip)* |
| **Konsonanz** | | Zwei Lexeme oder Morpheme weisen gleiche konsonantische Endungen auf. | |
| | Binnen-konsonanz | Zwei Morpheme innerhalb eines Lexems weisen die gleichen Konsonanten auf. | *laptop* |
| | Echo-Konsonanz | Zwei Lexeme weisen die gleichen konsonantischen Endungen auf. | *animacon* (> *icon)* |

Tabelle 3.2

# 4. Analyse des Computerwortschatzes

## 4.1 Vorbemerkungen

In diesem Kapitel erfolgt die Analyse des Computerwortschatzes. Die Auswertung teilt sich in zwei Hauptbereiche auf. In Abschnitt 4.2 wird die quantitative, in den Abschnitten 4.3 und 4.4 die qualitative Auswertung des in Kapitel 3 beschriebenen Arbeitskorpus dargestellt.

Durch diese empirische Auswertung des Korpus erwarte ich Aufschlüsse über die Eigenschaften des Computerwortschatzes des Englischen, insbesondere hinsichtlich der Unterschiede zum allgemeinsprachlichen Wortschatz. Antwort auf die theoretische Fragestellung – einer Integration kognitiv-linguistischer Ansätze in die Lexikologie und Wortbildung – erhoffe ich durch die gezielte Auswahl des speziellen Wortschatzbereiches, dem Computervokabular, zu erhalten. Denn bereits bei kursorischer Durchsicht des zusammengestellten Computerwortschatzkorpus (siehe Anhang) entsteht intuitiv der Eindruck, daß er in besonders großem Ausmaß metaphorische Bedeutungen beinhaltet. Hier schließt sich nahtlos die auf der Lakoff & Johnson'schen kognitiven Metapherntheorie basierende Ausgangshypothese an, welche im weiteren Verlauf des Kapitels geprüft werden wird:

> Der (Neu-)Wortschatz aus dem Bereich *computing* enthält im Vergleich zu den Neologismen des Allgemeinwortschatzes einen höheren Anteil an metaphorischen bzw. metonymischen *lexical units*. Der Grund besteht darin, daß die Vorgänge und Objekte im Bereich *computing* im Gegensatz zu Alltagskonzepten tendentiell häufiger abstrakter bzw. virtueller Natur sind.

**Zur Methode der Introspektion**

Sowohl die lexikometrische als auch die semantische Auswertung der Einträge im Korpus erfolgte vorwiegend introspektiv, doch wurden objektive Interpretationshilfen herangezogen. Die elektronisch abfragbaren Wörterbücher RHD (CD) und OED2 (CD) bieten meiner Ansicht nach im Vergleich zu Umfragen unter *native speakers* sogar verläßlichere Informationen zu den Bedeutungen und Etymologien der untersuchten Lexeme. Dies wird auch der Tatsache gerecht, daß ich schwerpunktmäßig Untersuchungen zum Sprachsystem, nicht zur Performanz vornehme. Dabei gehe ich davon aus, daß die Informationen in diesen Wörterbüchern ein ideal(isiert)es, summiertes Abbild der Einträge im kollektiven mentalen Lexikon der Sprachgemeinschaft darstellen – das RHD für die US-amerikanische, das OED2 für die britische Sprachgemeinschaft.

Um die genaue Bedeutung anfangs neuer oder schwer verständlicher Computerlexeme und die damit verbundenen Konzepte herauszufinden, habe ich diverse weitere Quellen konsultiert, z.B. *Langenscheidts Internet-Wörterbuch Englisch – Deutsch*, außerdem verschiedene aktuelle Computerglossare im Internet und Computermagazine und –bücher (vgl. Bibliographie). Informantenbefragungen wurden in geringem Maße durchgeführt: Zur Bedeutung und Motivation von Lexemmetaphern wie *cookie*, *Apple* und *Java* wurden Teilnehmer einer Internet-Mailingliste befragt (siehe 4.4.4). Dies brachte Aufschluß über die semantischen Phänomene Remotivation und Volksetymologie.

Die Auswertung nach phonetisch-stilistischer Motivation (bereits in 3.3.6.2 dargestellt) wurde teils nach objektiv feststellbaren, teils nach introspektiven Kriterien durchgeführt: Die Typen phonetisch-stilistischer Motivation 'Binnenreim', 'Binnenassonanz', 'Binnenkonsonanz', 'Alliteration' und 'Homophonie' lassen sich objektiv durch Untersuchung der Lautstruktur der Lexeme feststellen. Ob bestimmte Lexeme bei Sprachverwendern Assoziationen mit anderen Lexemen im mentalen Lexikon hervorrufen, z.B. mit sich reimenden, homophonen oder ähnlich klingenden Lexemen (Typen 'Echoreim', 'Lautassoziation' und 'Echo-Konsonanz'), ist nicht eindeutig belegbar. Aufgrund der bereits gewonnenen Erkenntnisse bzgl. der Verknüpfungen im mentalen Lexikon postuliere ich das potentielle Vorhandensein derartiger phonetischer Verbindungen.

**Zur Repräsentativität des Korpus**

Insgesamt existieren in der englischen Sprache derzeit schätzungsweise mehrere tausend Computerlexeme. Hier stellt sich die Frage, ob das aus 744 Einträgen aus dem Bereich *computing* bestehende Korpus für den gesamten Computerwortschatz repräsentativ ist. Andersherum gefragt: Stellt das Arbeitskorpus einen repräsentativen Querschnitt durch das gesamte englische Computervokabular dar?

Die Antwort muß eindeutig mit "nein" beantwortet werden: Das Korpus bildet sicherlich keinen repräsentativen Quer- oder Ausschnitt aus dem *gesamten* Spektrum des englischen Computervokabulars – nicht vertreten sind Fachbegriffe aus der Computertechnologie (*techspeak, computerese*). Das Korpus spiegelt jedoch ein repräsentatives Bild des *allgemeinsprachlichen* Computerwortschatzes wieder.

Um den Computerwortschatz realistisch darzustellen und methodisch präzise zu bearbeiten, wurde das Korpus in zwei Teilkorpora unterteilt:

(A) Allgemeinsprachlicher Computerwortschatz (AC)
(B) *Hackers' slang* (im Anhang erkennbar durch die Kennzeichnung der Einträge mit 'NHD').

Teilkorpus (A) enthält Computerlexeme aus dem ODNW, LRNW, ANW, RHD und OED2. Bei der Auswahl der in das ODNW aufgenommenen Computertermini vertraue ich dem Können der ODNW-Lexikographen und auch meiner Erfahrung dahingehend, daß möglichst alle geläufigen Wörter aus diesem Bereich berücksichtigt wurden. Daher gehe ich davon aus, daß Teilkorpus (A), wenn auch nicht absolut, so dennoch ausreichend repräsentativ für den gesamten allgemeinsprachlichen Computerwortschatz ist.

Die strikte methodische Trennung zwischen Teilkorpus A und Teilkorpus B ist nötig, da die aus dem NHD ausgewählten Lexeme nicht dem allgemeinsprachlichen Computerwortschatz angehören, sondern der Varietät *hackers' slang*. Da ich diese Lexeme bezüglich ihrer metaphorischen und metonymischen Bedeutung vorselektiert habe, würde das Ergebnis erheblich verfälscht werden, würden beide Teilbereiche vereint behandelt.

## 4.2 Lexikometrische Auswertung[1]

### 4.2.1 Vorgehensweise

Die Klassifikation der Einträge des Korpus wurde entsprechend der in 3.3.1 erläuterten Schritte vorgenommen (siehe Strukturbaum in Abb. 3.8): Zunächst eine morphologische, anschließend eine semantische und phonologische, und schließlich eine kognitive Analyse.

**Dynamische Synchronie**
In der Empirie tauchte das Problem auf, daß die Etymologie insbesonderer neuer lexikalischer Einheiten häufig über einige diachronische Entwicklungsstufen hinweg, d.h. mehrere Jahrzehnte oder sogar Jahrhunderte, zurückverfolgt werden kann. Als Beispiel sei *Java* angeführt, das zunächst eine Metonymie darstellte (URSPRUNGSORT für PRODUKT: indonesische Insel steht für den dort produzierten Kaffee). Die Computerbedeutung von *Java* (Programmiersprache) entwickelte sich metaphorisch aus der Kaffee-Bedeutung. Die Frage ist nun, ob es sich um eine Metapher-in-Metonymie handelt oder ob nur die letzte Entwicklungsstufe, d.h. die Metapher, beachtet wird. Generell gehe ich nach dem Prinzip vor, jeweils nur die letzte Stufe der Bedeutungsentwicklung zu berücksichtigen, da diese für die aktuelle Computerbedeutung entscheidend ist.[2] Dies gilt nicht nur für neue Bedeutungen, sondern auch für Wortbildungen. Diese Vorgehensweise entspricht der dieser Arbeit zugrundeliegenden Perspektive der dynamischen Synchronie (vgl. 1.2).

**Segmentierung von Lexemen in formale Bestandteile**
In der Empirie kam es des öfteren vor, daß ein Lexem auf mehrere Arten segmentiert werden kann, z.B. bei *Archie / archie* (entweder [*arch*(*ive*) + *-ie*] oder der Eigenname *Archie* aus *Archibald*). In derartigen Zweifelsfällen wird intensiv in der jeweiligen Quelle nachgeforscht, erst dann wird die plausibelste Alternative gewählt. Im Falle von *Archie* ist dies, den Informationen im ODNW nach zu schließen, [*arch*(*ive*) + *-ie*].

**Klassifikation von Morphemen**
Ein weiteres Problem in der lexikologischen Praxis bestand in der Unterscheidung zwischen Affixen und *combining forms*, z.B. *anti-*. Zunächst konsultierte ich Wörterbücher (RHD und OED2). Da deren Methodik bei der Zuteilung der Labels nicht ersichtlich ist, stellte ich eine eigene Regel auf:

> Affixe
> Wenn ein gebundenes Morphem durch ein (fast-) synonymes Prä- oder Suffix oder durch ein synonymes freies grammatikalisches Morphem der *closed class* ersetzbar ist, handelt

---

[1] Den Begriff 'Lexikometrik' übernehme ich von Tournier (1991: 108): "La lexicométrie, ou lexicostatistique, est la partie de la lexicologie qui concerne les analyses quantitatives."

[2] Ein weiteres geeignetes Beispiel stellt *cursor* dar: die Bezeichnung geht bis ins Lateinische zurück ('Bote' / 'Kurier'), wurde dann für den Schieber auf Linealen / Rechenschiebern verwendet. Diese letzte Bedeutung diente erst als Grundlage für die Computerbedeutung von *cursor*.

es sich um ein Affix (z.B. *anti-*: synonym zu *against*), wenn nicht, um eine *combining form*.

*Combining forms*
Für CFs läßt sich i.d.R. ein gleichbedeutendes freies lexikalisches Morphem finden. Beispiel: *cyber-*: kein Affix entspricht diesem Morphem, sondern ein freies Morphem wie *computer, cyberspace*. Ein weiteres, sekundäres Kennzeichen von CFs ist, daß sie diachronisch gesehen meist verhältnismäßig neue Bildungen sind, während Affixe wie *anti-* in einer früheren Sprachstufe in die englische Sprache aufgenommen wurden.

Für Morphemsplitter (*splinters*) gilt die in 3.3.2 aufgestellte Voraussetzung der Einmaligkeit.

**Verwendung von Nachschlagewerken**
Insbesondere für Schritt (B) der Auswertung (phonetisch und semantisch motivierte Bildungen) war ein Rückgriff auf Nachschlagewerke äußerst nützlich, und zwar zur Klärung von Etymologien und Bedeutungen, außerdem zum Aufspüren der Primärbedeutungen im Falle von neuen *lexical units*. Um festzustellen, ob es sich um eine im englischen Wortschatz etablierte oder neue Bildung handelt (siehe 3.3.6.1), wurden Nachschlagewerke herangezogen (vgl. Bibliographie). Falls sich die betreffenden Lexeme nicht im äußerst umfangreichen OED2 und auch nicht im RHD befinden, wurden sie als Neubildungen mit semantischer Motivation gewertet.

### 4.2.2 Die Verteilung der Lexikonprozesse: Statistiken, Interpretationen

Im folgenden wird die lexikometrische Auswertung des Korpus vorgestellt. Grundlage dafür bildete eine nach Makro- und Mikrokategorien von Lexikonprozessen aufgegliederte Auflistung sämtlicher Einträge des Korpus (vgl. 3.3.7).

#### 4.2.2.1 Das Gesamtkorpus

Von den insgesamt 744 Einträgen (Lexemen und *lexical units*) im Gesamtkorpus stellen 470 Neuwortbildungen (= 63%) und 274 etablierte Lexeme mit neuer Bedeutung (= 37%) dar. Diese Einteilung läßt sich differenzierter aufschlüsseln, wie in folgender Tabelle dargestellt:

| 744 Einträge im Korpus, davon ... | Anzahl | % von 744 (= 100%)[3] |
|---|---|---|
| (a) morphologisch motiviert (Neubildungen) | 321 | 43,0% |
| (b) phonetisch motiviert (Neuwörter) | 2 | 0,3% |
| (c) morphologisch und semantisch motiviert (Neubildungen) | 147 | 19,7% |
| (d) semantisch motiviert (etablierte SLs) | 150 | 20,3% |
| (e) morphologisch und semantisch motiviert (etablierte Lexeme) | 124 | 16,7% |

Tabelle 4.1

Folgende graphische Darstellung illustriert diese Verteilung:

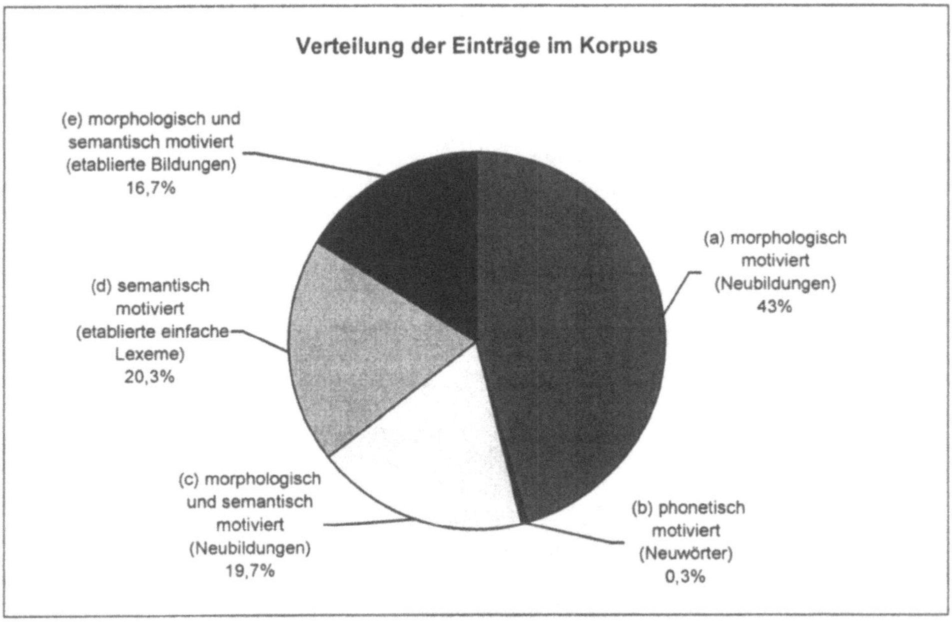


Abbildung 4.1: Die Verteilung der Einträge im Korpus

Die Tatsache, daß über die Hälfte der Einträge (421 = 56,7%) semantisch motivierte Bildungen bzw. SLs sind (Kategorien c, d und e), ist als signifikant zu bewerten.

Im Zuge der Klassifikation der Lexikonprozesse (Abschnitt 3.3) wurden die prozentualen Anteile der einzelnen Lexikonprozesse im Korpus erwähnt. Im folgenden wird nun differenzierteren Fragestellungen nachgegangen.

Untersuchenswert ist zunächst der Anteil der verschiedenen Wortbildungsarten am Gesamtanteil *aller Neubildungen*. Dies betrifft die Segmente (a) und (c) im Tortendiagramm

---

[3] Die hier und im folgenden angegebenen Prozentzahlen sind Rundungen (bis auf maximal eine Stelle hinter dem Komma).

in Abb. 4.1, d.h. alle morphologisch und morphologisch-semantisch motivierten Neubildungen:

| Neubildungen | Anzahl mo. mot. (a) | Anzahl mo. + se. mot.[4] (c) | Anzahl gesamt | % von Anzahl gesamt (468 Bildungen = 100%) |
|---|---|---|---|---|
| Komposita | 207 | 128 | 335 | 71,6 % |
| Derivationen | 45 | 16 | 61 | 13,0% |
| Reduktive Bildungen | 67 | 3 | 70 | 15,0% |
| Ex nihilo | 2 | 0 | 2 | 0,4% |

Tabelle 4.2

In Abschnitt 3.3 bezogen sich die Prozentzahlen auf die rein morphologisch motivierten Prozesse. Bezieht man zusätzlich die semantisch motivierten Prozesse mit ein (siehe Tab. 4.2), so ergibt sich insgesamt ein etwas höherer Anteil an Komposita (71,6% im Vergleich zu 64,5%), während Derivationen (13% vs. 14%) und Ex-nihilo-Bildungen (0,4% vs. 0,6%) etwa gleich bleiben. Reduktive Bildungen sind jedoch mit 15% weniger vertreten als unter den rein morphologisch motivierten Prozessen (21%). Diese Verteilung wird im folgenden graphisch dargestellt:

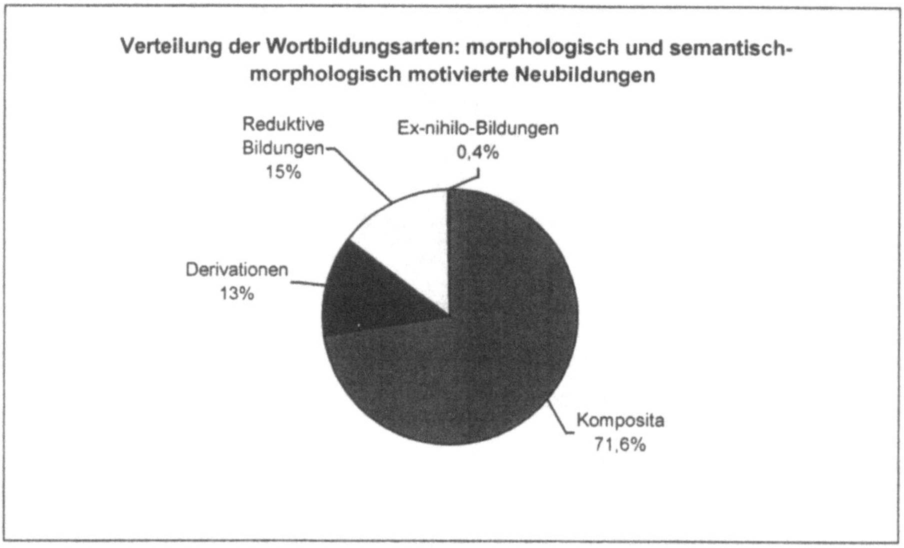


Abbildung 4.2: Verteilung aller Neubildungen im Gesamtkorpus nach Wortbildungsarten

Weiter von Interesse sind die semantisch motivierten Einträge. In Abschnitt 3.3 wurden die Anteile an den jeweiligen semantisch motivierten Einträgen separat erwähnt. In folgender

---

[4] Die Abkürzungen 'mo. mot.' und 'se. mot.' werden aus Platzgründen hier und im folgenden für 'morphologisch motiviert' und 'semantisch motiviert' verwendet.

Tabelle wird dagegen die Verteilung *aller* semantisch motivierten Einträge (inklusive der morphologisch und semantisch motivierten Neubildungen und etablierten Lexeme – Kategorien (c), (d) und (e) im Diagramm in Abb. 4.1 oben) auf die verschiedenen Typen von semantischen Prozesse dargestellt.

| Semantisch motivierte Einträge | Etablierte SLs (d) | Etablierte KLs (e) | Neue KLs (c) | Anzahl gesamt | % von Anzahl gesamt (421 =100%) |
|---|---|---|---|---|---|
| Metaphern | 118 | 80 | 118 | 316 | 75,1 % |
| Metonymien | 9 | 27 | 14 | 50 | 11,9 % |
| Metaphtonymien | 4 | 4 | 3 | 11 | 2,6 % |
| *Shifts in application* | 19 | 10 | 5 | 34 | 8,1 % |
| Volksetymologien | 0 | 0 | 1 | 1 | 0,2 % |
| Remotivationen | 0 | 3 | 6 | 9 | 2,1 % |

Tabelle 4.3

Folgende Graphik illustriert die Verteilung der semantisch motivierten Prozesse:

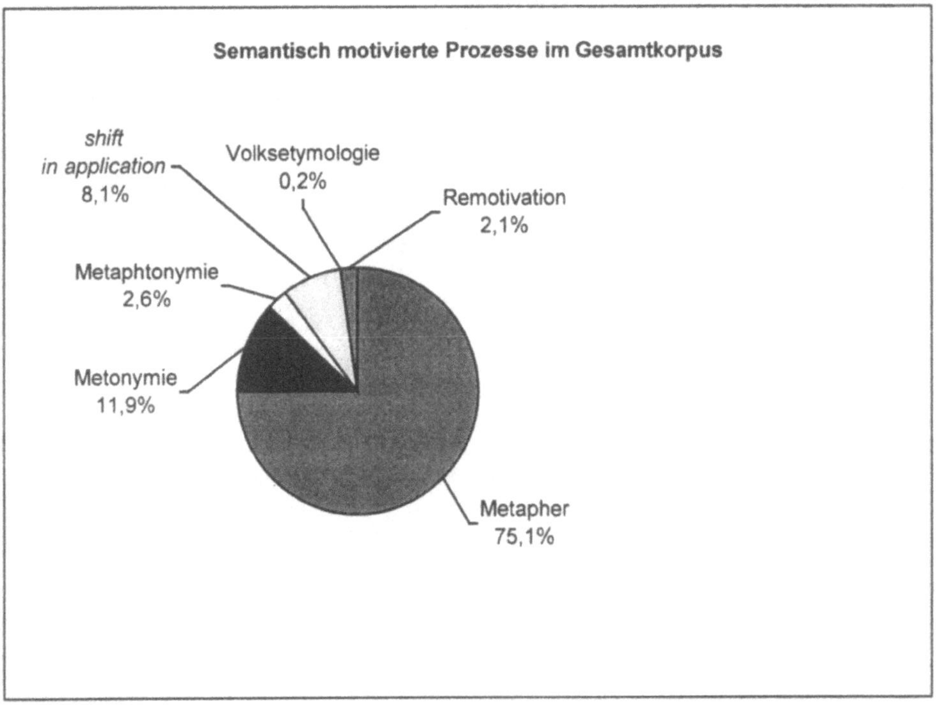


Abbildung 4.3: Verteilung der semantisch motivierten Prozesse im Gesamtkorpus

#### 4.2.2.2 Die beiden Teilkorpora: Allgemeinsprachlicher Computerwortschatz und *hackers' slang*

Wie in 4.1 erläutert, treffe ich methodische Vorkehrungen, um die Repräsentativität des Korpus hinsichtlich des allgemeinsprachlichen Computerwortschatzes möglichst hoch zu halten. Da die Lexeme des *hackers' slang* nicht einer breitgestreuten Auswahl unterzogen wurden, sondern mit Schwerpunkt auf Metaphern / Metonymien selektiert wurden, ist es wahrscheinlich, daß der Anteil semantischer Neologismen am Gesamtkorpus (56,7%; vgl. Tab. 4.1 und Abb. 4.1 in 4.2.2.1) leicht erhöht und deshalb nicht mehr repräsentativ ist. Um derartigen Verzerrungen vorzubeugen, erfolgt nun eine getrennte Auswertung für den allgemeinsprachlichen Computerwortschatz und für *hackers' slang*.

Das Gesamtkorpus (GK) besteht aus 744 Einträgen. Teilkorpus B – *hackers' slang* – umfaßt 120 Einträge, so daß auf Teilkorpus A – allgemeinsprachlicher Computerwortschatz – die restlichen 624 Einträge entfallen.

**Übersicht allgemeinsprachlicher Computerwortschatz (Teilkorpus A)**
Im allgemeinsprachlichen Computerwortschatz (AC) beträgt der Anteil der Neuwortbildungen rund 70%, der Anteil der etablierten Lexeme mit semantischer Motivation rund 30%. Dieses Ergebnis läßt sich wie folgt aufschlüsseln:

| 624 Einträge in Teilkorpus A, davon ... | Anzahl | % von 624 (= 100%) |
|---|---|---|
| (a') morphologisch motiviert (Neubildungen) | 314 | 50,3% (43,0%) |
| (b') phonetisch motiviert (Neuwörter) | 1 | 0,2% ( 0,3%) |
| (c') morphologisch und semantisch motiviert (Neubildungen) | 120 | 19,2% (19,7%) |
| (d') semantisch motiviert (etablierte SLs) | 98 | 15,7% (20,3%) |
| (e') morphologisch und semantisch motiviert (etablierte Lexeme) | 91 | 14,6% (16,7%) |

Tabelle 4.4

Die Verteilung der Kategorien (a') bis (e') im AC unterscheidet sich unwesentlich von der Verteilung der Kategorien (a) bis (e) im Gesamtkorpus (vgl. 4.2.2.1).

Von besonderem Interesse ist der Anteil der semantischen Prozesse im AC im Vergleich zum Gesamtkorpus. Diese Verteilung ist aus folgender Aufstellung ersichtlich:

| | % von 100 im AC | % von 100 im GK[5] |
|---|---|---|
| – Morphologisch motivierte Prozesse (rein morphologisch; ohne semantische Motivation) | 50,3% | 43,0% |
| – Phonetisch motivierte Prozesse | 0,2% | 0,3% |
| – Semantisch motiviert (SLs und Wortbildungen) | 49,5% | 56,7% |

Tabelle 4.5

Erwartungsgemäß liegt der Anteil der semantisch motivierten Lexeme im allgemeinsprachlichen Computerwortschatz, verglichen mit dem Gesamtkorpus, etwas niedriger, der Anteil der morphologisch motivierten Lexeme etwas höher. Entscheidend ist nach wie vor, *daß der Anteil der semantisch motivierten Prozesse im allgemeinsprachlichen Computerwortschatz fast 50% beträgt.*

**Übersicht *hackers' slang* (Teilkorpus B)**

Teilkorpus B ist von der Verteilung der Lexikon-, insbesondere der Wortbildungsprozesse her weniger interessant, da die Einträge gezielt nach dem Schwerpunkt der Metaphorizität ausgewählt wurden. Anstelle einer differenzierten Auswertung soll daher folgende Übersicht genügen.

| 120 Einträge in Teilkorpus B, davon ... | Anzahl | % von 120 (= 100%) |
|---|---|---|
| (a') morphologisch motiviert (Neubildungen) | 7 | 5,8% |
| (b') phonetisch motiviert (Neuwörter) | 1 | 0,8% |
| (c') morphologisch und semantisch motiviert (Neubildungen) | 28 | 23,3% |
| (d') semantisch motiviert (etablierte SLs) | 53 | 44,2% |
| (e') morphologisch und semantisch motiviert (etablierte Lexeme) | 31 | 25,9% |

Tabelle 4.6

Unter den Einträgen mit semantischer bzw. morphologisch-semantischer Motivation (Kategorien c' bis e') sind folgende Arten von semantischem Transfer enthalten:

| | Anzahl der Einträge | % von 112 (= 100%) |
|---|---|---|
| Metapher | 98 | 87,5% |
| Metonymie | 7 | 6,3% |
| Metaphtonymie | 6 | 5,3% |
| *Shift in application* | 1 | 0,9% |

Tabelle 4.7

[5] Die Zahlen wurden aus Tab. 4.1, Punkt 4.2.2.1 übernommen.

### 4.2.2.3 Allgemeinsprachlicher Computerwortschatz vs. Allgemeinwortschatz – Diskrepanzen und Parallelen

Um Aussagen über Charakteristika des allgemeinsprachlichen Computerwortschatzes (AC) treffen zu können, muß eine Vergleichsmöglichkeit mit dem Allgemeinwortschatz (AW; *common vocabulary*, siehe 3.2.2) gegeben sein. Der Vergleich zwischen diesen beiden zielt darauf ab, Erkenntnisse über folgende Fragen zu erlangen:

- Wie sieht die Verteilung aller Typen von Lexikonprozessen im allgemeinsprachlichen Computerwortschatz im Vergleich zum Allgemeinwortschatz aus? (dieser Abschnitt)
- Wie hoch ist der Anteil der semantischen Prozesse, insbesondere der Metaphern und Metonymien, am allgemeinsprachlichen Computerwortschatz im Vergleich zum Anteil der semantischen Prozesse am Allgemeinwortschatz? (Abschnitt 4.2.2.4)
- Wie ist die Verteilung der einzelnen Wortbildungsarten bei den Neubildungen im allgemeinsprachlichen Computerwortschatz im Vergleich zum Allgemeinwortschatz? (Abschnitt 4.2.2.5)

Für den Vergleich mit dem allgemeinsprachlichen Computerwortschatz wird Algeos Statistik zur Verteilung der verschiedenen Typen von Neubildungen im Allgemeinwortschatz herangezogen (Algeo 1991: 14). Diese schließt Neubildungen (semantischer und morphologischer Art) sowohl aus Neologismenwörterbüchern des AmE (DNE1 und ANW50) als auch des BrE (LRNW1) ein. Deshalb ist sie mit meinem Korpus des allgemeinsprachlichen Computerwortschatzes vergleichbar. Auch berücksichtigte Algeo bereits die Tatsache, daß den Statistiken der Wörterbücher verschiedene Klassifikationsmethoden zugrundeliegen und paßte seine Aufstellung entsprechend an sein Klassifikationsschema an.

Algeo (1991: 3ff) teilt Neubildungen in sieben verschiedene *etymological types* ein. Damit eine Vergleichsbasis von Algeos Statistik des AW mit der Statistik des AC hergestellt werden kann, muß meine Typologie (vgl. Punkt 3.3) an diejenige von Algeo angepaßt werden. Algeos Typen und die vergleichbaren Typen meiner Klassifikation werden in folgender Tabelle vorgestellt:

| 7 *etymological types* in Algeo (1991) | Mit Algeos Typen vergleichbare Typen des Computerwortschatzes |
|---|---|
| **Combining**<br>Compound forms<br><br><br><br>Affixed forms | **Komposition und Affigierung** aus Kategorien (a') u. (c')[6]<br>Komposition:<br>- Standardkomposition<br>- Buchstabenkomposition<br>- Phrasenkomposition<br>- Affigierung (Prä- und Suffigierung)<br>- Partikelkomposition<br>- Kombination (50%)[7] |
| **Shifting**<br><br><br>- **Semantic shift** ("a major change in the kind of thing to which a word is applied" - Algeo 1991:13)<br><br>- **Grammatical shift** | **Semantische Prozesse**<br>(nur etablierte SLs und WBn mit semantischer Motivation - Kategorien (d') und (e')):<br>- Metapher<br>- Metonymie<br>- Metaphtonymie<br>- *shift in application*<br>- Volksetymologie und Remotivation[8]<br>**Nullableitung** (aus a' und c') |
| **Shortening** | **Reduktive Bildungen** ohne Blending (aus a' und c'):<br>- Clipping<br>- Akronymie (Initialismus, Akronymie, *pronunciation spelling*)<br>**Ellipse** (aus a' und c')<br>**Rückableitung** (aus a' und c') |
| **Blending** | **Blending** (aus a' und c'):<br>- Portmanteau<br>- Splitter + Splitter<br>- Splitter + Morphem<br>**Kombination** (50%) (aus a' und c') |
| **Borrowing** | **(Entlehnungen)**[9] |
| **Source Unknown** | **Unbekannte Etymologie** (Ex-nihilo-Bildungen) |
| **Creating** | **Künstliche Wortschöpfung** (Ex-nihilo-Bildungen)<br>**Phonetische Prozesse** (Onomatopöie; Phonästhesie) |

Tabelle 4.8

---

6 Zu den Kategorien (a') bis (e'): vgl. Punkt 4.2.2.2.

7 Meine Kategorie der Kombination (Verbindungen mit *combining forms*) ist in Algeos Klassifikation teils unter Prä- und Suffigierung vertreten, teils unter Blending (vgl. Algeo 1991: 5ff, 10ff). Um eine Vergleichsbasis zu schaffen, zähle ich die Hälfte der Kombinationen aus meinem Korpus zu den Affigierungen, die andere Hälfte zu den Blends.

8 Diese beiden Kategorien treten in Algeo (1991) nicht als solche auf. Lexeme dieser Typen werden dort als Akronyme, Blends etc. klassifiziert. Ich zähle sie weiterhin zu den *semantic shifts*, denn durch ihre relativ geringe Anzahl im Korpus besteht keine Gefahr, daß das Ergebnis verfälscht wird.

9 Entlehnungen wurden von Anfang an aus dem Korpus ausgeschlossen.

In folgender Tabelle werden die durchschnittlichen Prozentzahlen für den Anteil der allgemeinsprachlichen Neuwortbildungen aus den drei Wörterbüchern dargestellt, welche nach Tabelle 2 in Algeo (1991: 14) ausgerechnet wurden:

| Verteilung der etymologischen Typen der Neubildungen des Allgemeinwortschatzes (Ø aus ANW50, DNE1, LRNW1) | % von 100 |
|---|---|
| **Combining** | **62,2** |
| Compounds | 35,5 |
| Affixations | 26,7 |
| **Shifting** | **17,0** |
| **Shortening** | **9,1** |
| **Blending** | **6,4** |
| **Borrowing** | **4,3** |
| **Creating** | **0,2** (nur ANW50) |
| **Source Unknown** | **1,0** |

Tabelle 4.9

Die in Tab. 4.9 aufgezählten Typen sind nach absteigender Produktivität geordnet. In allen drei zugrundeliegenden Wörterbüchern stimmt die Produktivität überein: an erster Stelle steht *combining*, an zweiter *shifting* (*semantic* und *grammatical shifting*), gefolgt von *shortening*. *Blending* und *borrowing* stellen mindere Prozesse dar, *creating* ist eine weitgehend unbedeutende Quelle für Neuwörter, und auch der Anteil der Lexeme mit unbekannter Etymologie (*source unknown*) hält sich gering. Diese Durchschnittszahlen zum AW dienen als Basis für den statistischen Vergleich mit dem AC (vgl. Tab. 4.10).

Im Anschluß an diese Aufstellungen wurde die Verteilung der Lexikonprozesse im AC festgestellt. Als Basis diente Algeos Taxonomie (vgl. Tab. 4.8 oben). In folgender Tabelle werden die auf diese Weise errechneten Zahlen für die einzelnen Lexikonprozesse in prozentualer Form dargestellt (Spalten 3 und 4) und der Aufstellung Algeos gegenübergestellt (Spalten 1 und 2):

| **Verteilung von etymologischen Typen der Neuwörter des Allgemeinwortschatzes** (∅ ANW50, DNE1, LRNW1) | **% von 100** | **Verteilung der etymologischen Typen des allgemeinsprachlichen Computerwortschatzes** (Teilkorpus A) | **% von 100** (624 Einträge) |
|---|---|---|---|
| **Combining** | **62,2** | **Komposition und Affigierung** | **44,7** (16 mit se. Mot.)[10] |
| Compounds | **35,5** | Komposition<br>- Standardkomposition<br>- Buchstabenkomposition<br>- Phrasenkomposition | **27,7** (12,7)<br>18,6 (10,6)<br>2,7 (0,2)<br>6,4 (1,9) |
| Affixations | **26,7** | Affigierung<br>- Prä- und Suffigierung<br>- Partikelkomposition<br>- Kombination (50%) | **17,0** (3,3)<br>5,9 (1,3)<br>1,5 (0,9)<br>9,6 (1,1) |
| **Shifting**<br>- semantic<br>- grammatical | 17,0<br>ca. 11%<br>ca. 6% | **Semantische Prozesse u. Nullableitung**<br>- Semantische Prozesse<br>- Nullableitung | **33,3** (1,3)<br>30,3 (--)<br>3,0 (1,3) |
| **Shortening** | 9,1 | **Insgesamt**<br>- Clipping<br>- Akronymie<br>- Ellipse<br>- Rückableitung | **7,1** (0,5)<br>0,6 (0)<br>5,6 (0)<br>0,6 (0,5)<br>0,3 (0) |
| **Blending** | 6,4 | **Blending und Kombination**<br>- Blending<br>- Kombination (50%) | **14,3** (1,4)<br>5,0 (0,5)<br>9,3 (0,9) |
| Borrowing | 4,3 | (Entlehnungen) | (-) |
| **Creating** | 0,2 (nur ANW) | **Insgesamt**<br>- Künstliche Wortschöpfung<br>- Onomatopöie, Phonästhesie | **0,3**<br>0,0 (-)<br>0,3 |
| **Source Unknown** | 1,0 | **Unbekannte Etymologie** | **0,3** |

Tabelle 4.10

Diese Tabelle gilt als Basis für den nun folgenden differenzierten Vergleich des AC mit dem AW.

---

[10] Die in Klammern angegebenen Prozentzahlen beziehen sich auf die enthaltenen Einträge, die zusätzlich zur morphologischen auch semantische Motivation aufweisen.

**Diskrepanzen und Parallelen in der Verteilung der Lexikonprozesse**
Vergleicht man als erstes die Prozentzahlen der beiden Statistiken zum Allgemein- und allgemeinsprachlichen Computerwortschatz (vgl. Tab. 4.10), so stellt man fest, daß diese Übereinstimmungen aufweisen. Vor allem die Produktivitätsgrade der einzelnen Prozesse im AW decken sich weitgehend mit denjenigen im AC. Mit Ausnahme des *Blending* und *Shortening* stimmt die Reihenfolge der Produktivität der einzelnen Prozesse im AC mit dem AW überein:

- AW: 1. *Combining*, 2. *Shifting*, 3. *Shortening*, 4. *Blending*, (*Borrowing*), 5. *Creating*, 6. *Source unknown*.
- AC: 1. *Combining*, 2. *Shifting*, 3. *Blending*, 4. *Shortening*, 5. *Creating* und *source unknown*.

Die Kategorie *Borrowing* kommt für den allgemeinen Computerwortschatz nicht in Frage, da Entlehnungen von vornherein ausgeschlossen wurden. Als Beispiel für eine Entlehnung im Computerwortschatz kann *otaku*, ein (Fast-)Synonym zu *mouse potato,*[11] genannt werden. Es stellt die einzige Entlehnung innerhalb der *computing*-Einträge im ODNW dar.

Nimmt man die Verteilung der einzelnen Prozesse genauer unter die Lupe, so sind einige signifikante Diskrepanzen zwischen dem Allgemeinwortschatz und dem allgemeinsprachlichen Computerwortschatz festzustellen:

1) Combining

In Algeos Statistik zum AW befinden sich über 60% *combinings*, während der AC unter 50% enthält. Der Unterschied bzgl. des Anteils der Komposition fällt dabei geringer aus (ca. 8% Differenz) als der Unterschied bzgl. der Affigierung (ca. 10% Differenz). Zu erklären sind diese Diskrepanzen durch zwei Tatsachen:

a) Der Anteil der Affigierungen ist im AC um ca. ein Drittel geringer als im AW, da mit einer Ungenauigkeit bzgl. der Vergleichsbasis von Algeos Kategorien mit den Kategorien der Klassifizierung des Computerkorpus zu rechnen ist: Algeo zählt die Bildungen, die ich als Kombinationen (Verbindungen mit CFs) klassifiziere, teilweise zu den Affigierungen, teilweise zu den Blends. Daher habe ich die Zahl der Kombinationen je zur Hälfte auf diese beiden Kategorien aufgeteilt. Zur Kategorie *blending* zählen insgesamt 9,3% Kombinationen, zur Kategorie 'Affigierung' 9,6%. Nimmt man an, daß diese 50/50-Verteilung nicht realistisch ist und zählt man daher den Anteil der Kombinationen in der Kategorie *blending* zu den Affigierungen, entsteht ein Gesamtanteil von ca. 27% Affigierungen. Diese Zahl deckt sich wiederum mit Algeos Anteil an Affigierungen im AW.
   Eine wesentliche Ursache für den unterschiedlichen Anteil an Komposita und Affigierungen im AC besteht somit meines Erachtens in der hohen Anzahl von Kombinationen im Korpus, welche eine Mittelposition zwischen Komposition und Affigierung einneh-

[11] Definition *otaku*: "in Japan: a derog. term for socially inadequate young people who are particularly interested in and knowledgeable about computer technology; esp. such people who are obsessed with the trivia of a particular hobby ..." (ODNW).

men (vgl. das Kontinuum in Abb. 3.9, Punkt 3.3.1). Sie sind dazu prädestiniert, Schwierigkeiten bei der Einordnung in strikte Kategorien zu bereiten.

b) Ein weiterer Erklärungsaspekt für den insgesamt um ca. 15% niedrigeren Anteil von Kompositionen und Affigierungen im AC mag darin liegen, daß in diesem Wortschatzbereich ein wesentlich höherer Anteil an semantischen Prozessen vorhanden ist als im AW (ca. 30% im AC vs. unter 17% im AW). Während Konzepte im AW üblicherweise mit Hilfe von Komposition und Affigierung ausgedrückt werden, findet im Computerbereich offenbar häufiger eine Kodierung durch semantische Motivation auf Basis etablierter einfacher und komplexer Lexeme statt. Die tieferen Gründe dafür werden in den folgenden Abschnitten erarbeitet.

Ebenso wie im Allgemeinwortschatz befinden sich im Computerwortschatz weit mehr Suffigierungen als Präfigierungen: Im Gesamtkorpus sind 6 Präfigierungen vs. 31 Suffigierungen enthalten.

2) Shifting

Ein signifikanter Unterschied zwischen der Statistik des AW und derjenigen des AC besteht im jeweiligen Anteil von *shifts*: im AW befinden sich durchschnittlich 17% *shifts*, während der Anteil im AC fast doppelt so hoch – bei 33,3% – liegt. Besonders interessant ist hier der Anteil der *semantic shifts* an der Gesamtkategorie *shifting*: Dieser ist in Algeos Statistik (Algeo 1991: 14, Tabelle 2) zwar nicht ausgewiesen, doch kann aufgrund der Aufschlüsselung der Statistik, die sich nur auf ANW50 bezieht (siehe Algeo 1991: 14, Tabelle 1) geschlossen werden, daß der durchschnittliche Anteil des *semantic shifting* (semantische Prozesse) 11 % beträgt, der des *grammatical shifting* (Nullableitung) 6%. Während sich die 6% Nullableitungen des AW kaum von den 3% Nullableitungen im AC unterscheiden, ist eine beachtliche Differenz zwischen dem Anteil der semantischen Prozesse im AW (11%) und im AC (30,3%) abzulesen: *im AC befindet sich etwa die dreifache Menge an semantisch motivierten Einträgen, verglichen mit dem AW.* Der Anteil von 30,3% beinhaltet nur die etablierten einfachen und komplexen Lexeme, welche einem semantischen Prozeß unterzogen wurden. Zählt man die *Neu*bildungen mit semantischer Motivation hinzu (diese wurden in der Statistik – Tabelle 4.10 – aufgrund der Tatsache, daß es sich um *Neu*bildungen handelt, zu den Wortbildungsarten gezählt), so erhält man zusätzlich 19,2% semantische Prozesse.[12] Es ergibt sich somit für den AC ein Gesamtanteil von 49,5% Prozessen mit semantischer Motivation (vgl. auch Tab. 4.5, Punkt 4.2.2.2).

3) Shortening

Diese Kategorie, welche die reduktiven Bildungen (ohne Blending) Akronymie und Clipping umfaßt, des weiteren Rückableitung und Ellipse, ist im AC zu einem etwas geringeren Anteil vertreten (7,1%) als im AW (9,1%), jedoch durchaus vergleichbar. Algeos Feststellung (1991: 14), daß die Wortbildungsarten, durch welche neue Morpheme zustandekom-

[12] Dieser Anteil von 19,2% errechnet sich aus den in Tab. 4.10 in Klammern angegebenen Anteilen von Bildungen mit semantischer Motivation: 16% für Kategorie *combining*, 1,3% (Nullableitung), 0,5% (*shortening*) und 1,4% (*blending*).

men (reduktive Prozesse, Ex-nihilo-Bildungen und Entlehnung), gleichzeitig die am wenigsten produktiven sind, trifft auch auf den Computerwortschatz zu.

4) Blending

Der Anteil der Einträge dieser Kategorie ist im AC etwa doppelt so hoch, verglichen mit dem AW (14,3% vs. 6,4%). Wie unter 1. *combining* bereits erwähnt, ist es wahrscheinlich, daß die Verteilung meiner Kategorie der Kombination (50% zu Affigierung, 50% zu Blending) inadäquat ist. Rechnet man damit, daß ein Großteil der Kombinationen nicht in die Kategorie *blending* fällt, so ist die Anzahl der Blendings im AW (6,4%) mit derjenigen im AC (ca. 5-7%) vergleichbar.

5) Creating und Source unknown

Den fünften und letzten Platz in der absteigenden Reihenfolge der produktiven Prozesse im Computerwortschatz teilen sich Ex-nihilo-Bildungen (künstliche Wortschöpfung, unbekannte Etymologie) und phonetische Prozesse (Onomatopöie und Phonästhesie). Sie sind mit durchschnittlich nur 0,3% im AC vertreten. Diese Zahl ist mit derjenigen der Statistik zum AW vergleichbar: hier entfallen ca. 0,2% auf künstliche Wortschöpfung und phonetische Prozesse; 1,0% auf unbekannte Etymologie. Auch im AC spielen somit die phonetischen Prozesse eine unerhebliche Rolle für die Neuwortbildung, ebenso die künstliche Wortschöpfung. Die Kategorie 'unbekannte Etymologie' bezieht sich nicht auf eine Art von Bildungsprozeß, sondern bezeichnet lediglich Lexeme, deren Entstehungsprozeß von den Lexikographen nicht hergeleitet werden kann. Sie schwankt je nach Art des zu klassifizierenden Korpus (1% im AW, welchen die Lexikographen des ANW50, LRNW1 und DNE1 bearbeiteten; 0,3 im von mir kategorisierten AC).

#### 4.2.2.4 Der Anteil der semantischen Prozesse im allgemeinsprachlichen Computerwortschatz

Der Anteil der semantischen Prozesse im AC kann festgestellt werden, indem die Einträge nach ihrer Motivationsart miteinander verglichen werden:

| | AW:[13] % von 100 | AC: % von 100[14] |
|---|---|---|
| Morphologisch motivierte Prozesse (rein morphologisch; ohne semantische Motivation) | 83,5 [15] | 50,3 |
| Phonetisch motivierte Prozesse | 0,2 | 0,2 |
| Semantisch motivierte Prozesse (etablierte und neue Simplizia und Wortbildungen) | 11,0 | 49,5 |

Tabelle 4.11

Während sich die Anteile der phonetisch motivierten Prozesse decken, *unterscheidet sich der AW vom AC eklatant bzgl. der Verteilung morphologisch und semantisch motivierter Prozesse.* Der Großteil der Einträge im AW (über 80%) ist rein morphologisch motiviert, während im AC nur etwa 50% diese Eigenschaft aufweisen. Im AC entfallen knapp 50% auf semantisch motivierte Bildungen.

An dieser Stelle schließt sich die brennende Frage an, wie hoch der Anteil der einzelnen Typen von semantischen Prozessen, insbesondere Metapher und Metonymie, am gesamten Teilkorpus A ist. Diese Verteilung wird in folgender Tabelle dargestellt:

| Semantisch motivierte Einträge | Etablierte SLs (d') | Etablierte KLs (e') | Neue KLs (c')[16] | Anzahl gesamt | % Anzahl gesamt von 624 (=100%) |
|---|---|---|---|---|---|
| Metaphern | 72 | 50 | 95 | 217 | 34,8 % |
| Metonymien | 6 | 26 | 12 | 44 | 7,1 % |
| Metaphtonymien | 2 | 3 | 1 | 6 | 1,0 % |
| Gesamt | | | | 267 | 42,9 % |

Tabelle 4.12

Der Anteil der Metaphern, Metonymien und Metaphtonymien beträgt 42,9%, gemessen am gesamten allgemeinsprachlichen Computerwortschatz. Eine Vergleichsmöglichkeit zum AW hinsichtlich der Verteilung der einzelnen semantischen Prozesse ist nicht möglich, da Algeos Aufstellung (Algeo 1991: 14, Tabellen 1 und 2) keine entsprechend differenzierte Aufschlüsselung beinhaltet.

Wie aus der Tabelle oben abzulesen ist, beträgt der Anteil der Einträge vom Typ Metapher im AC knapp 35%, wobei der Gesamtanteil aller semantischen Prozesse im AC rund 50% ausmacht (vgl. Tab. 4.11 oben). *Die Metapher nimmt mit ca. 75% den Großteil aller Typen von semantischen Prozessen im AC ein.* Auf Metonymie entfallen nur 7,1%, auf

[13] Die für den AW angegebenen Zahlen beziehen sich auf die in Tab. 4.10 dargestellte Statistik, welche die Durchschnittswerte aus den Korpora ANW50, DNE1 und LRNW1 enthält.

[14] Die Zahlen für den AC wurden aus Tab. 4.5, Punkt 4.2.2.2 übernommen.

[15] Für den AW fehlen insgesamt 5,3%, um 100% zu erhalten. Dies ist dadurch zu erklären, daß die etymologischen Typen *Borrowing* (4,3%) und *Source unknown* (1%) nicht mitgezählt wurden, da sie weder zu den morphologischen noch zu den phonetischen oder semantischen Prozessen zählen.

[16] Kategorien (c') bis (e'): siehe Punkt 4.2.2.2, Tab. 4.4.

Metaphtonymie lediglich 1% der Einträge des Teilkorpus A. Die restlichen Prozesse (*shift in application*, Volksetymologie und Remotivation) sind mit insgesamt nur 6,6% vetreten.

Weiter von Interesse ist die Frage, wie das Verhältnis 'Metaphern zu Metonymien' aussieht. Von den insgesamt 261 Metaphern und Metonymien im AC entfallen 217 auf Metaphern (= 3,1%) und 44 auf Metonymien (= 16,9%). Im Korpus 'allgemeinsprachlicher Computerwortschatz' befindet sich somit ca. die fünffache Anzahl an Metaphern im Vergleich zu den Metonymien. Dieses Verhältnis ist in etwa mit dem Ergebnis anderer lexikologischer Studien vergleichbar, die eine quantitative Überlegenheit der Metaphern über Metonymien beobachten (vgl. Tournier 1985: 292 und Dirven 1993: 1).

Einen weiteren untersuchenswerten Aspekt stellt die Korrelation zwischen Metaphern, Metonymien und Wortarten dar. In folgenden Tabellen wird die Verteilung der Wortarten bei den Metaphern, Metonymien und Metaphtonymien festgestellt. Die Zahlen beziehen sich auf das Gesamtkorpus, da aufgrund der semantischen Prozesse aus dem *hackers' slang* nicht mit einer Verfälschung zu rechnen ist.

| Wortarten bei den Metaphern im Computerbereich | | |
|---|---|---|
| Nomen | 240 | 76% |
| Verben | 57 | 18% |
| Adjektive | 19 | 6% |
| | Gesamt: 316 Metaphern = | 100% |

Tabelle 4.13

| Wortarten bei den Metonymien im Computerbereich | | |
|---|---|---|
| Nomen | 44 | 88% |
| Verben | 6 | 12% |
| Adjektive | 0 | - |
| | Gesamt: 50 Metaphern = 100% | |

Tabelle 4.14

| Wortarten bei den Metaphtonymien im Computerbereich | | |
|---|---|---|
| Nomen | 7 | 64% |
| Verben | 2 | 18% |
| Adjektive | 2 | 18% |
| | Gesamt: 11 Metaphtonymien = 100% | |

Tabelle 4.15

Bei den Metaphern nehmen Nomen mit ca. 76% den größten Teil ein, gefolgt von Verben (18%) und Adjektiven (6%). Dies entspricht der allgemeinen Beobachtung, daß Metaphern in verschiedenen Wortarten vorkommen, während Metonymien typischerweise durch Nomen realisiert werden (vgl. Dirven 1993: 26; Warren 1992: 93). Dieser These widerspricht jedoch die Tatsache, daß 12% der Metonymien im Computerwortschatz Verben sind. Ich sehe eine Erklärung für diese Abweichung darin, daß alle 6 Verben Geräuschverben sind und die Gemeinsamkeit aufweisen, Metonymien des Typs GERÄUSCH STEHT FÜR HANDLUNG (*click, crack, crash, hack, tap, double-click*) zu sein. Die beiden Domänen GERÄUSCH und HANDLUNG stehen hier nebeneinander und treten gemeinsam in den Vordergrund (weitere Details: siehe 4.4.1). Metaphtonymien verhalten sich ähnlich wie Metaphern: den größten Anteil nehmen Nomen ein (64%), gefolgt von Verben und Adjektiven (je 18%).

#### 4.2.2.5 Die Verteilung der Wortbildungsarten im allgemeinsprachlichen Computerwortschatz

Im folgenden wird festgestellt, wie die Verteilung der *Neubildungen* im allgemeinsprachlichen Computerwortschatz (AC) auf die verschiedenen Wortbildungsprozesse aussieht.[17] Insgesamt beträgt der Anteil der Neubildungen (morphologisch und morphologisch-semantisch motiviert), gemessen am gesamten Teilkorpus A (AC), 69,5%.

| **Neubildungen im allgemeinsprachlichen Computerwortschatz** | Anzahl mo. mot. (a') | Anzahl mo. + se. mot. (c') | Anzahl gesamt | % (Anzahl gesamt) vom gesamten Teilkorpus A (624 Bildungen = 100%) |
|---|---|---|---|---|
| Komposita | 204 | 102 | 306 | 49,0 % (16,3%)[18] |
| Derivationen | 42 | 16 | 58 | 9,3 % ( 2,6%) |
| Reduktive Bildungen | 66 | 2 | 68 | 10,9 % ( 0,3%) |
| Ex nihilo | 2 | 0 | 2 | 0,3 % ( 0,0%) |
| **Gesamt** | **314** | **120** | **434** | **69,5 % (19,2%)** |

Tabelle 4.16

In obiger Tabelle ist abzulesen, daß sich der Computerwortschatz bzgl. der Streuung der Wortbildungsarten generell wie der Allgemeinwortschatz (AW) verhält: die Mehrheit der Bildungen sind Komposita, gefolgt von reduktiven Bildungen, Affigierungen und Ex-nihilo-Bildungen (vgl. auch die Statistik in Tab. 4.9).[19] Ein bereits erläuterter Unterschied zum AW besteht in der relativ höheren Anzahl von Komposita und in der relativ geringen Anzahl von Affigierungen im AC.

Die Komposition ist mit 49% der produktivste Wortbildungsprozeß im AC und gleicht somit dem AW. Ein signifikanter Unterschied zum AW besteht jedoch bezüglich der weiteren Untergliederung der Komposita im AC. Entgegen der in Neuwortstatistiken erwähnten Tatsache, daß die produktivste Unterart der Komposition die N+N-Komposition darstellt, entfallen im AC nur ca. 30% der Komposita auf diesen Typ. Kombinationen übertreffen

[17] In 4.2.2.1 bezog sich dieser Untersuchungsaspekt dagegen auf das Gesamtkorpus.

[18] Die Prozentzahlen in Klammern beziehen sich auf den jeweiligen Anteil der Neubildungen mit morphologischer und semantischer Motivation (c'), gemessen am gesamten Teilkorpus A.

[19] Eine mit Algeos Statistik vergleichbare Reihenfolge der Produktivität von Wortbildungsprozessen, Komposition als produktivster Prozeß, gefolgt von Affigierung und reduktiven Prozessen, wird auch in Standardwerken zur Wortbildung vorgenommen (vgl. Bauer 1983, Marchand ²1969, Quirk et al. 1985).

mit ca. 39% die N+N-Komposita. Die restlichen Unterarten (Komposita, die Adjektive oder Verben enthalten, außerdem Phrasenkomposita, Buchstabenkomposita, Partikelkomposita und Ellipse) sind erwartungsgemäß weniger stark vertreten.

Die Anzahl der im Korpus vorhandenen Neubildungen mit CFs wurde nach absteigender Produktivität geordnet. Die produktivste *combining form* im Computerwortschatz stellt *–ware* dar (25 Neubildungen mit *–ware*, z.B. *groupware, freeware, shareware*), gefolgt von *cyber-* (21 Neubildungen, z.B. *cybernaut, cyberpunk, cyberphobia*). Mit Abstand folgen *tele-* (16 Kombinationen, z.B. *telebanking, telemedicine*), *info-* (15 Bildungen, z.B. *infonaut, infotainment*), *e-* (13 Lexeme wie *e-book, e-business*) und *techno-* (12 Lexeme, z.B. *technofear, technospeak*). Eine geringe Produktivität weisen *hyper-* (*hyperlink, hypertext*), *-zine* (*cyberzine, faxzine*) und *-bot* (*infobot, knowbot*) auf. Mit drei und weniger Bildungen sind vertreten: *micro-* (z.B. *microprocessor*), *-size* (*infosize* v), *v-* (*V-chip* [*violence chip*]), *-arian* (*cybrarian*), *-nesia* (*infonesia*), *super-* (*supertwist*), *tool-* (*toolbar*), *-gram* (*autostereogram*), *mini-* (*minidisc*), *multi-* (*multimedia*) und *–net* (*Internet*). Es ist anzunehmen, daß CFs wie *cyber-*, *tele-*, *info-*, *e-* und *techno-* eine höhere Produktivität unter den CFs im Computerbereich aufweisen, denn sie treten häufig in *nonce-formations* auf, welche im Korpus nicht berücksichtigt wurden.

### 4.2.3 Fazit: Besonderheiten des Computerlexikons?

Die in 4.2.2 vorgenommene klassifikatorische Auswertung hat deutlich gemacht, daß sich der allgemeinsprachliche Computerwortschatz (AC) als Ausschnitt aus dem Allgemeinwortschatz (AW) in einigen Punkten gravierend von letzterem unterscheidet.

**Kombinationen**
Anders als im Allgemeinwortschatz nehmen im Computerwortschatz N+N-Komposita mit nur etwa 30% nicht den Löwenanteil an der Gesamtkategorie 'Komposition' ein. Der Anteil der Kombinationen übertrifft mit ca. 40% aller Komposita den der N+N-Komposita (im gesamten Korpus AC befinden sich 18,9% Kombinationen). Es ist zu vermuten, daß Kombinationen im Computerwortschatz an die Stelle der sonst so hochproduktiven N+N-Komposita im Allgemeinwortschatz treten. Erklären läßt sich dieses Phänomen durch zwei Punkte: Erstens besteht ein genereller Trend im heutigen Englisch zur Verstärkung der Sprachökonomie (vgl. Fischer 1997: 75). Mittel für die Sprachökonomie sind sowohl reduktive Prozesse als auch die Verwendung von CFs im Lexikonprozeß 'Kombination'. Kombinationen stellen zwar verkürzte Formen dar, bereiten dennoch im Vergleich zu Affixen oder Morphemsplittern keine Schwierigkeiten bei der kognitiven Verarbeitung: Sie sind motiviert, da sie tendentiell konkreten semantischen Inhalt aufweisen und in synonymer Verbindung zu freien Lexemen (Nomen) stehen, z.B. *cyber-* für *computer*, *info-* für *information*, *-bot* für *robot*. Zweitens potenziert sich diese Tendenz zur Sprachökonomie im Computerbereich, da dieser sich mehr als jeder andere Bereich durch rasante Veränderungen und Schnellebigkeit auszeichnet.

**Akronyme**

Gemeinhin wird angenommen, die Computersprache zeichne sich durch eine große Anzahl an Akronymen aus, was sie schwer verständlich mache.[20] Wider Erwarten findet sich im allgemeinsprachlichen Computerwortschatz eine bescheidene Anzahl von nur 5,6% Akronymen. Erklären läßt sich diese Tatsache damit, daß Akronyme typischerweise auf den Computer*fachjargon* (*techspeak, hackers' jargon*) beschränkt sind. Weil sich meine Studie jedoch mit dem *allgemeinsprachlichen* Computerwortschatz als Teil des Allgemeinwortschatzes beschäftigt und die dortigen von Laien verwendeten Lexeme eine höhere Transparenz erfordern, fällt die Anzahl der Akronyme entsprechend geringer aus. Ich nehme an, daß die typischerweise abstrakten Konzepte im Bereich des Computerwortschatzes um einer optimalen kognitiven Verarbeitung willen bevorzugt in Form von semantischen Prozessen und auch Kombinationen mit CFs kodiert werden (vgl. auch Ende dieses Abschnitts), während Konzepte im AW aufgrund ihrer oft konkreten oder leichter verständlichen Bedeutung in Form von Akronymen oder auch Blends und Clippings ausgedrückt werden können.

Akronyme und auch Blends mit konstruierter Motivation sind symptomatisch für den Computerbereich. Diese *reverse-engineered acronyms* (Barry 1991: 73) entstehen folgendermaßen: Die Bezeichnungen für bestimmte Produkte werden vorher festgelegt, etwa *VIEW* für *visually oriented graphics programming environment*. Eine Aneinanderreihung der Anfangsbuchstaben ergäbe kein griffiges Akronym (*VOGPE*). Daher werden zu den einzelnen Buchstaben der anfangs angestrebten Bezeichnung nachträglich passende Wörter gesucht: *VIEW*: *Visual/ Integrated Environment for Windows*.

Beispiele aus meinem Korpus für *reverse-engineered acronyms* – diese entsprechen meiner Kategorie der Wortbildungen bzw. reduktiven Bildungen mit Remotivation – lauten: *BASIC, VERONICA* (*Very Easy Rodent-Oriented Net-wide Index to Computerized Archives*) und *YAHOO* (*Yet Another Hierarchical Officious Oracle*). Diese Akronyme sind anfällig für den Prozeß der Remotivation, da Sprachverwender stets bestrebt sind, diesen Lexemen eine Motivation zu verleihen, insbesondere, indem eine semantische Brücke zwischen den Akronymen und ihren Homonymen geschlagen wird (siehe auch 4.4.4).

**Affigierungen**

Im allgemeinsprachlichen Computerwortschatz sind im Vergleich zum Allgemeinwortschatz auffällig wenige Affigierungen vorhanden. Die Ursache ist darin zu sehen, daß aus Motivationsgründen anstelle von relativ abstraken Affixen die transparenteren *combining forms* für Neubildungen bevorzugt werden. Anstelle der Affigierungen treten somit vermehrt Kombinationen und auch semantische Prozesse (s.u.) auf.

---

[20] Barry (1991: 70) stellt fest, daß die Computerindustrie der nach dem US-amerikanischen *Department of Defense* zweitgrößte Produzent von Akronymen ist. Abhilfe bei Verständnisschwierigkeiten bieten Akronym-Glossare zur Computersprache im Internet (siehe Bibliographie). Dort kann man sich auch einen Überblick über das Ausmaß der im Computerbereich entstandenen Akronyme verschaffen.

**Phonetisch-stilistische Motivation**

Obwohl kein statistischer Vergleich zwischen dem Computer- und dem Allgemeinwortschatz hinsichtlich des Ausmaßes an zusätzlicher phonetisch-stilistischer Motivation stattfinden konnte, so können dennoch interessante Beobachtungen vorgenommen werden.

Schätzungsweise 30 – 40% aller Computerlexeme weisen zusätzlich zu ihrer morphologischen und / oder semantischen Motivation phonetisch-stilistische Motivation auf. Diese Zahl basiert zwar nicht auf empirisch gewonnenen Daten zur Sprachverwendung, ist jedoch realistisch, wenn man die Kapazitäten untersucht, die auf der Ebene des Sprachsystems (lexikalische und phonetische Ebene) vorhanden sind.

Das Wirken der phonetisch-stilistischen Motivation im Wortschatz ist darin zu sehen, daß sie sowohl bei der Neubildung als auch bei der Institutionalisierung von Lexemen eine Nebenrolle spielt. Untersuchungen zufolge werden Neologismen mit phonetisch-stilistischer Motivation gegenüber Neologismen ohne diese sekundäre Art von Motivation bevorzugt verwendet und mit einer höheren Wahrscheinlichkeit auf Dauer in den etablierten Wortschatz übernommen (vgl. 3.3.6.2).

**Semantisch motivierte Prozesse**

Die signifikanteste Diskrepanz zwischen dem untersuchten allgemeingebräuchlichen Computerwortschatz und den Neubildungen des Allgemeinwortschatzes besteht bezüglich des Anteils an semantisch motivierten Bildungen. Der Computerwortschatz beinhaltet im Vergleich zum Allgemeinwortschatz etwa die doppelte Menge an semantisch motivierten Prozessen (30% vs. 17%). Zählt man die semantische Prozesse beinhaltenden *Neu*bildungen hinzu, so erhöht sich der Gesamtanteil semantisch motivierter Bildungen auf rund 50% des Korpus 'allgemeinsprachlicher Computerwortschatz'. Die Metapher nimmt mit ca. 75% den größten Anteil an den semantisch motivierten Prozessen ein. Metaphern machen etwa 35% des allgemeinsprachlichen Computerwortschatzes (AC) aus.

Obwohl für das zusammengestellte Computerwortschatzkorpus kein Anspruch auf absolute Repräsentativität erhoben werden kann (vgl. 4.1), so kann dennoch davon ausgegangen werden, daß die eklatanten Zahlen von mindestens der doppelten Menge semantisch motivierter Bildungen im allgemeinsprachlichen Computerwortschatz im Vergleich zum Allgemeinwortschatz einen zuverlässigen Trend darstellen.

Zweifelsohne verdient das Phänomen der *Proliferation der semantisch motivierten Bildungen im Computerlexikon, darunter einer Mehrzahl an Metaphern,* aufgrund der oben geschilderten signifikanten Ergebnisse eingehendere Beschäftigung. In den nächsten beiden Abschnitten wird deshalb das Ziel verfolgt, die Hintergründe und Ursachen dieses Trends aufzudecken.

## 4.3 Metapher als prominentester semantischer Prozeß im Bereich *computing*

### 4.3.1 Pilotstudie

Um eine geeignete Methode zur Auswertung der Metaphern im Computerwortschatz zu finden, wurde eine Pilotstudie durchgeführt. Zunächst wurde versucht, eine Analyse der Metaphern auf Grundlage der Typologie von Tournier (1985: 231ff; 1988: 118ff) durchzuführen. Diese wurde gewählt, weil sie aufgrund ihrer klar abgegrenzten Kategorien und ihrer logischen Struktur äußerst attraktiv erscheint. Tourniers Klassifikation basiert auf der Komponentenanalyse. Die Metaphern stellen jeweils eine Kombination zweier Klasseme (d.h. distinktive Merkmale einer Kategorie) von S (der Primärbedeutung) und Σ (der metaphorischen Bedeutung) dar. Die vier Klasseme AH (*animé-humain*: Menschen), ANH (*animé-non humain*: Tiere), NAM (*non animé-matériel*: konkrete Gegenstände, Pflanzen) und NM (*non-matériel*: Abstraktes) werden miteinander kombiniert, so daß sich insgesamt 16 Metapherntypen (A1 bis D4) ergeben.

Es hat sich aufgrund dieses Tests herausgestellt, daß Tourniers Klassifikation nicht als Grundlage für eine Auswertung des Computerwortschatzes in Frage kommt: Die 16 Kategorien und 4 Klasseme eignen sich allenfalls für eine Untersuchung der Metaphern im *Allgemein*wortschatz (so wie sie Tournier vornimmt), nicht aber für eine Erforschung des *Computer*wortschatzes, dessen elaborierte Metaphorik spezielle Anforderungen stellt. Aufgrund der Proliferation der anthropomorphischen Metaphern im Computerwortschatz boten sich durch Tourniers Klassemtypologie zu wenige Differenzierungsmöglichkeiten: Lediglich das Klassem AH (*animé-humain)* kam für die Primärbedeutung in Frage. Eine weitere Differenzierung dieser Kategorie wäre wünschenswert gewesen, z.B. in Unterkategorien wie 'menschliche Eigenschaften', 'Menschentypen', 'menschliche Tätigkeiten' für Metaphern wie *dumb, orphan, to munch*. Bei Metaphern wie *cookie* und *strudel* ist die Primärbedeutung schwer klassifizierbar: Ist diese als AH (menschlich) einzuordnen oder handelt es sich um NAM (sachlich)?

Ebenso schwer fiel die Klassifikation bei den Klassemen NAM (Gegenstände, Pflanzen) und NM (Abstraktes) für die übertragenen Bedeutungen: Hardwarekomponenten, z.B. Bildschirm oder Maus, sind eindeutig als Gegenstände (NAM) zu typologisieren. Anders bei den Softwareprogrammen, für die eine übergeordnete Kategorie schwer zu finden ist: Diese sind zwar in einer Hinsicht konkrete Gegenstände (sie sind auf konkreten Datenträgern wie Festplatten, CD-ROMs etc. gespeichert), in anderer Hinsicht sind Softwareprogramme als Anordnung immaterieller Daten jedoch als abstrakt einzustufen.[21] Hier müßte eine eigene Kategorie geschaffen werden, welche zwischen konkret und abstrakt angesiedelt ist (vgl. dazu 4.3.6).

Metaphern, deren Verständnis auf kulturellem Wissen beruhen, wie etwa *Trojan horse* (es handelt sich um eine Art von Computervirus), ließen sich ebenfalls nur mit Mühe einordnen: Als Primärbedeutung kam allenfalls die Kategorie NAM (Gegenstände) in Frage, da es sich um ein Holzpferd handelt. Der Fokus liegt jedoch nicht primär auf dem Gegenständlichen, sondern auf der mit dem Trojanischen Pferd verbundenen Geschichte. Die Tat-

---

[21] Meyers Taschenlexikon ([5]1995) definiert Software-Programme als 'immaterielle Ware'. Dies bedeutet, daß sie aus Daten bestehen und daher keine konkreten Gegenstände sind.

sache, daß sich Angreifer in dem Pferd versteckt befanden, bildet die Basis für das Verständnis dieser Metapher. Da es sich um kulturelles Gedankengut handelt, wäre die Kategorie AH (Menschen) passender, jedoch wiederum zu allgemein. Eine Unterkategorie wie 'Kulturgeschichte / Sagen / Mythologie' wäre angebracht. Für das weitere Vorgehen standen nun zwei Optionen offen:

a) Zum einen bestand die Möglichkeit, Tourniers Klassifikation um diverse Kategorien und Unterkategorien zu erweitern.
b) Zum anderen bot es sich an, ein anderes Klassifikationsschema zugrundezulegen.

Ich habe mich für die zweite Alternative entschieden, da eine Erweiterung von Tourniers Schema aufgrund der Vielzahl an zusätzlich nötigen Kategorien zu noch mehr Unschärfe führen würde (*principle of diminishing returns*, vgl. Lipka [2]1992: 151).

Die oben dargestellten Untersuchungsergebnisse auf Grundlage von Tourniers Klassifikation dürfen jedoch keinesfalls unterbewertet oder gar völlig verworfen werden. Sie geben bereits erste wichtige Aufschlüsse über typische Eigenschaften der Computermetaphern. So wurden wertvolle Erkenntnisse zur Produktivität einzelner Metapherntypen und Bereiche erzielt: Typ C4 (Primärbereich: Gegenstände; übertragener Bereich: Abstraktes) stellt mit Abstand die produktivste Kategorie bei den Computermetaphern dar (z.B. *bookmark, bomb, kiosk*), gefolgt von A4 (Primärbereich: Menschen / Lebewesen; übertragener Bereich: Abstraktes, z.B. *virus, smart, brain-dead*) und B4 (Primärbereich: Tiere; übertragener Bereich: Abstraktes, z.B. *bug, spider, worm*), die bei Tournier erst an siebter bzw. zehnter Stelle stehen. Im Computerwortschatz überwiegen somit anthropomorphische und zoomorphische Metaphern sowie Metaphern zur Bezeichnung abstrakter Prozesse.

### 4.3.2 Diskussion: *strudel, spam* und *Easter eggs*

Da sich Tourniers Metaphernklassifikation als wenig geeignet für die Untersuchung der Computermetaphern erwiesen hat, stellt sich nun die Frage nach einer adäquaten Alternative. Eine solche müßte so gestrickt sein, daß keine starren Kategorien von Metaphern angenommen werden, in welche die einzelnen Lexemmetaphern hineingepreßt werden müssen.

In Kapitel 2 (Punkt 2.3.1) wurden verschiedene linguistische Auffassungen von Metaphern diskutiert, wobei der Schwerpunkt auf der Gegenüberstellung der traditionellen, prinzipiell auf der Merkmalsemantik beruhenden Metapherntheorie mit neueren kognitiven Ansätzen zur Metapherntheorie lag. Nun stellt sich die Frage, ob sich eine der beiden Theorieströmungen zur weiteren Metaphernanalyse eignet oder ob Vorzüge aus beiden Ansätzen gezogen werden können. Nicht nur durch die theoretische Beschäftigung, sondern auch durch die empirische Analyse von Computermetaphern hat sich herausgestellt, daß generell eine Integration von kognitivem und traditionellem Metaphernansatz sinnvoll ist. Insgesamt hat sich für die Analyse der Computermetaphern jedoch eine Überlegenheit des kognitiven Metaphernansatzes herauskristallisiert (vgl. auch Bründl 1999).[22] Dies soll im folgenden anhand von drei ausgesuchten Computermetaphern erläutert werden: (a) *strudel*, (b) *spam* und (c) *Easter eggs*.

---

[22] Zu den Vorzügen dieses Ansatzes für Metaphern im allgemeinen siehe auch Nöth (1985: 5).

Die Metapher *strudel* ist auf die Varietät *hackers' slang* beschränkt und weist folgende Primär- und übertragene Bedeutung auf:

| Primärbedeutung | Computerbedeutung |
|---|---|
| A pastry, usually consisting of a fruit, cheese, or other mixture, rolled in a paper-thin sheet of dough and baked. (RHD)<br>[a. Ger., lit. 'eddy, whirlpool'.] A baked sweet of Austrian origin, made of very thin layers of pastry with a filling, usu. of fruit ... (OED2)<br>A sort of cake of Austrian origin, made of light pastry with fruit inside: *apple strudel.* (LDELC) | Common (spoken) name for the at-sign: @. (NHD) |

Tabelle 4.17

*Strudel* beinhaltet eine doppelte Metapher: Die Primärbedeutung '(Apfel)-Strudel' stellt selbst eine Metapher dar (siehe Angabe im OED2 in obiger Tabelle: 'eddy, whirlpool'). Diese metaphorische Bedeutung dient als Grundlage für die Computermetapher, welche durch eine Ähnlichkeit des Zeichens @ mit der gerollten Form des (Apfel)Strudels zustandekommt. Für die Erklärung der Metapher *strudel* genügt somit auf den ersten Blick eine konventionelle Analyse: Der *ground of comparison* liegt in der äußerlichen Ähnlichkeit zwischen der Form des Gerichtes (Apfel)Strudel und dem @-Zeichen. Die Metapher besteht darin, daß das semantische Merkmal 'gerollte Teighülle mit Füllung' von dem *vehicle* auf den *tenor* übertragen wurde:

| | | | | |
|---|---|---|---|---|
| X (tenor) | is like | Y (vehicle) | in respect of | Z (ground) |
| ⇓ | | ⇓ | | ⇓ |
| @ | | *strudel* | | shape: roll with filling |

Abbildung 4.4: Analyse von *strudel*, basierend auf der traditionellen Metaphernanalyse

Würde man die Analyse dabei belassen, so würden einige interessante Aspekte dieser Metapher außer acht gelassen werden. Der kognitive Ansatz stellt daher eine notwendige Bereicherung dar.[23] Die Ähnlichkeit zwischen X und Y ist keineswegs objektiv gegeben, denn @ könnte durchaus mit anderen Objekten als dem *strudel* verglichen werden. Diese Gegebenheit kann belegt werden, indem man die Bezeichnungen für @ in verschiedenen Sprachen betrachtet:

---

[23] Zu einer auf der kognitiven Metapherntheorie basierenden Beschreibung von @, vgl. auch Androutsopoulos (1997). Dort wird auch die Entstehungsgeschichte von @ aufgerollt.

| | | |
|---|---|---|
| Deutsch | *Klammeraffe*[24] | |
| Niederländisch | *api* | (vollständig: *ape-staart*: 'Affenschwanz') |
| Finnisch | *miau* | (Katzenschwanz) |
| Dänisch | *snabel a* | (ein 'a' mit einem Rüssel) |
| Französisch | *petit escargot* | (kleine Schnecke) |
| Italienisch | *chiocciolina* | (kleine Schnecke) |
| Norwegisch | *kanel-bolle* | (spiralförmiges Zimtgebäck) |
| Iwrith[25] | *shtrudel* | (Strudel) |
| Spanisch | *un arroba* | (eine Einheit von etwa 25 Pfund)[26] |
| Tschechisch | *zavinač* | (Rollmops) |
| Mandarin* | *xiao laoshu* | (kleine Maus)[27] (*Taiwanesische Varietät) |

Tabelle 4.18

Die Wahl des gleichen *ground of comparison* in den verschiedensten Sprachen (das semantische Merkmal 'gerollte Form') läßt zwar auf eine universal empfundene Ähnlichkeitsbeziehung schließen; die unterschiedlichen Konzepte, die als *vehicle* dienen – von Tieren bis hin zu Gerichten –, sprechen jedoch gleichzeitig für eine (inter)subjektive oder gar kulturspezifische Herstellung der Ähnlichkeitsrelation. Dieser Aspekt ist mit der Wahl gleicher *vehicles* in verschiedenen Sprachen und sogar in gleichen Sprachfamilien zu belegen: 'Schneckchen' wird in den romanischen Sprachen Italienisch und Französisch, 'Affe / Affen- / Katzenschwanz' in den germanischen Sprachen Deutsch und Niederländisch, aber auch im Finnischen verwendet.[28]

Obige Liste läßt eine Sprache vermissen: die englische Standardsprache (BrE bzw. AmE). Eine Nachfrage bei Muttersprachlern und Branchenkennern[29] bestätigte die Existenz dieser lexemmetaphorischen Lücke. Stattdessen werden folgende Synonyme mit wörtlicher Bedeutung verwendet: *at-sign, curly a, circle A* (letzteres analog zu *circle C* für © und *circle R* für ®).

Innerhalb der Varietät *hackers' jargon* existieren dagegen weitere Synonyme zu *strudel*: *vortex, whirlpool, cyclone, snail, ape, cat, rose* und *cabbage* (NHD). Dies bestärkt die

---

24 In einigen deutschen Dialekten wie dem Sächsischen werden die Bezeichnungen *Schweinchen*; *Schweinekringel* für @ verwendet (eigene Beobachtung).

25 'Iwrith' wurde in der Quelle mit *Israeli* bezeichnet. Aufgrund einer Umfrage in *LinguistNetwork* (zwischen 25.03.00 und 05.04.00) wurde von ca. 20 Informanten bestätigt, daß die Sprache Iwrith gemeint ist.

26 Diese Bezeichnungen wurden von Ray Tomlinson, der 1971 @ als Trennzeichen zwischen dem Namen und der *location* in e-mail-Adressen eingeführt hat, in einem Artikel im *Today's San Francisco Chronicle* (Oct. 23, 1996) zusammengestellt. Diese Information stellte mir freundlicherweise Retta Whinnery, Kansas, USA (R2Whinnery@aol.com, 14.5.98, "no strudel in U.S.") bereit.

27 Die Quelle für die letzten beiden Bezeichnungen ist Lukas Havlicek (serpentino@telecom.cz - "Email sign "@" in various languages", 16.12.98 an *Linguist Network*; ferner "@ in Czech", 30.08.99).

28 Mittlerweile wurde in *Linguist List* eine äußerst umfangreiche Sammlung von Bezeichnungen für @ in 37 Sprachen veröffentlicht (http://linguistlist.org/issues/11/11-1740.html). Der interessierte Leser findet hier zahlreiche weitere metaphorische Bezeichnungen wie z.B. 'Rose' im Türkischen oder 'Ohr' im Arabischen.

29 Quelle: E-mail von R2Whinnery@aol.com am 14.5.98, "no strudel in U.S.".

These, daß diese Metaphern nicht auf einer objektiv gegebenen Ähnlichkeit, sondern auf *subjektiv konstruierten und kulturspezifischen Vergleichen* beruhen. Dafür spricht auch, daß *ape* und *cat* objektiv gesehen nicht einer Rolle gleichen. Aus ihrem Weltwissen inferieren Sprecher, daß diese Tiere sich gelegentlich zusammenrollen (Katze: liegend; Affe: am Baum hängend) und ihre Gestalt erst dann dem @-Zeichen gleicht.

Die genannten Lexemmetaphern für @ stellen insofern einen Sonderfall unter den Computermetaphern dar, als der Tenor @ kein Lexem, sondern ein graphisches Symbol darstellt. Die übertragene Bedeutung wird somit direkt über die bildliche Form des Zeichens @ transportiert, nicht indirekt über die mit einem Lexem verbundene Bedeutung. @ weist graphemische Motivation[30] auf, weshalb eine Betrachtung aus kognitiver Perspektive lohnt. Aus Informantenbefragungen geht hervor, daß das *a* in @ mit *apple* assoziiert wird. So kann eine ikonische Relation zwischen dem *a* in @ und der Apfelfüllung in (*apple*) *strudel* hergestellt werden: beides befindet sich im Inneren einer Rolle. Die die Füllung umgebende gerollte Teighülle des Apfelstrudels wird ikonisch auf den das *a* in @ umgebenden Kreis übertragen. Durch das mit *apple* assoziierte *a* gewinnt das Zeichen @ zusätzliche Motivation. Das Zustandekommen der ikonischen Relation wird in folgender Abbildung dargestellt:

| | | |
|---|---|---|
| a | ≅ | *apple* (Apfelfüllung) |
| + | | + |
| ɔ (Kreis um das *a*) | ≅ | *strudel* (Teigrolle) |
| = | | = |
| @ | ≅ | (*apple*) *strudel* |

Abbildung 4.5: Ikonizität von @

Die Tatsache, daß eine (inter)subjektive und kulturspezifische Kategorisierung stattfindet, spricht gegen eine ausschließlich auf semantische Merkmale beschränkte Metaphernanalyse.

Die Überlegenheit des kognitiven Ansatzes zeigt sich auch in der Analyse der Lexemmetapher *spam*.

---

[30] Zu einer Beschreibung der graphemischen Motivation, insbesondere der chinesischen Schriftzeichen, siehe Lu (1998: 60ff).

| Primärbedeutung | Computerbedeutung |
|---|---|
| Spam, spam n<br>[sp(iced + h)am].<br>The proprietary name of a type of tinned meat consisting chiefly of pork; also (with lower-case initial) applied *loosely* to other types of tinned luncheon meat.[31] (OED2) | spam, Spam n:<br>In online jargon, the undesirable practice of posting the same message repeatedly to a large number of Usenet newsgroups. A fig. use of the trade name of a US brand of tinned meat. (ODNW)<br>spamming:<br>Zusammenziehung aus *spill* (überlaufen lassen) und *cram* (vollstopfen, überladen) zur Bezeichnung für das Überfluten von Newsgroups, Mailboxen oder anderen Online-Foren mit Nachrichten, die entweder unnütz, unbestellt oder auf andere Weise ärgerlich sind, z.B. Werbesendungen kommerzieller Anbieter. (Langenscheidts Internet-Wörterbuch).<br>"... to 'Spam' the Net, a colorful bit of Internet jargon meant to evoke the effect of dropping a can of Spam into a fan and filling the surrrounding space with meat ..." (ANW 4/94)<br>A term derived from a brand of pink, canned meat that splatters messily when hurled. (ANW 4/94).<br>The usual reason for spamming is to advertise, which is a grave breach of online custom. In the US the word *spam* became associated with the practice through the highly repetitious *Monty Python* restaurant sketch in which *Spam* appears to be served with everything: "Don't make a fuss, dear. I'll have your spam. I love it. I'm having spam spam spam spam spam spam spam baked beans spam spam spam and spam!" Example for a spam: E-mail: "make money fast!". (ODNW)<br>Derived from the Monty Python sketch: "Well, we have Spam, tomato & Spam, egg & Spam, Egg, bacon & Spam..." (WI) |

Tabelle 4.19

Diese Metapher ist höchst komplex und kann keinesfalls durch ein einziges übertragenes Merkmal beschrieben werden. Deshalb wurde in der Tabelle oben ein breites Spektrum an Definitionen aus verschiedenen Quellen angegeben, wodurch ein facettenreiches Gesamtbild der Metapher *spam* entsteht. Sie konstituiert sich mindestens aus folgenden Vergleichen: *Spam* im Computerbereich wird so genannt, weil diese E-mails unangenehm und ärgerlich sind, und zwar deshalb, weil sie

a) wie das Dosenfleisch *spam* schlecht "schmecken" und
b) elektronische Mailboxen überfluten, was ebenso ärgerlich ist wie das Verschütten des Dosenfleisches beim Öffnen der Dose (siehe Definition aus dem ANW oben).

Des weiteren sind *spam-mails*, wie auch das Dosenfleisch, langweilig, weil man sie ständig, zusammen mit anderen E-Mails, beim Herunterladen der neuen E-mails vom Mail-Server "serviert" bekommt ("Spam appears to be served with everything...", siehe 'Monty-Python-Sketch'; zweite Definition aus dem ODNW oben). Der Phantasie sind kaum Grenzen

[31] Bei dieser zweiten Unterbedeutung handelt es sich selbstverständlich um eine *Metonymie*: Eine spezielle Art von Dosenfleisch – *spam* – steht für andere Arten von Dosenfleisch.

gesetzt, wenn es darum geht, weitere Parallelen zur Internet-Praktik zu finden. So entsteht beispielsweise die Assoziation, daß jemand die Werbe-E-Mails am liebsten von sich wegschleudern würde, ebenso wie das schlecht schmeckende Dosenfleisch *spam*, das "splatters messily when hurled" (siehe Definition ANW 4/94 oben).

Die unterschiedlichen Erklärungen zur Etymologie von *spam* in den genannten Wörterbuchquellen sind Ausdruck der elaborierten metaphorischen Motivation dieser Computermetapher. Die Suche nach einem *einzigen* semantischen Merkmal, welches Primär- und Computerbedeutung teilen, ist zum Scheitern verurteilt. Hier deutet sich bereits an, daß die metaphorische Bedeutung durch eine *Übertragung komplexer (kulturell verankerter) Szenen* stattfindet. Diese sind in Form von individuellen bzw. kulturell determinierten Assoziationen im mentalen Lexikon der Sprachverwender gespeichert. Alle bis auf die erste der in obiger Tabelle genannten Definitionen von *spam* sind als Versuche zu deuten, die metaphorische Motivation für die Benennung des Internet-Begriffs zu finden. Es handelt sich um den Prozeß der Remotivation (siehe dazu Punkt 4.4.4).

Daß diese Metapher keine objektiv gegebenenen oder gar notwendigen übertragenen Merkmale beinhaltet, zeigt eine Analyse der Wörterbuchdefinitionen der Primärbedeutung von *spam* ('Dosenfleisch'): Aus der Definition des OED2 ist es nicht möglich, Merkmale zu extrahieren, die auf die neue Bedeutung übertragen worden sind. Stattdessen ist zum Verständnis Welt- und kulturelles Wissen erforderlich. Schlägt man in einem Wörterbuch nach, welches enzyklopädische Informationen beinhaltet, stößt man auf folgende Definition:

> spam *n tdmk.* A kind of inexpensive tinned meat, usu. eaten cold, made mainly of pork and pink colours. Spam was popular in Britain esp. during and after the Second World War, but is not eaten so much now. It is still quite popular in the U.S. (LDELC 1992)

Verglichen mit der Definition des OED2 erhalten wir aus dem LDELC einige kulturelle Informationen, welche als Übertragungsmerkmale dienlich sein könnten, nämlich 'inexpensive', 'eaten cold', 'was popular in Britain during/after WW2' und 'is not eaten so much nowadays in Britain, but still in U.S.'. Leider kommt hier allenfalls *ein* Merkmal als Übertragungsmerkmal in Frage: 'inexpensive'. Dies wird dann besonders deutlich, wenn bekannt ist, daß *junk e-mail* ein Synonym von *spam* ist. An dieser Stelle muß die Merkmalsemantik erneut für untauglich erklärt werden, da 'inexpensive' allein das Wesen der Metapher nicht erklären kann. Für eine adäquate Beschreibung dieser Metapher ist es unumgänglich, das spezifisch kulturelle Wissen einer Sprachgemeinschaft bzw. das individuelle Wissen der Sprachverwender, etwa die Kenntnis des Monty-Python-Sketches, heranzuziehen. Die übertragenen komplexen Szenen, welche das Vehikel der Metapher *spam* ausmachen, beinhalten subjektiv und kulturell bestimmte Attribute und Konnotationen wie 'tastes bad', 'is inexpensive', 'is annoying' etc. So ergeben sich folgende weitere Parallelen zwischen dem Dosenfleisch und den E-Mails:

- Spam-Mails zu verschicken ist *inexpensive*, verglichen mit den Gebühren für *snailmail* (Briefpost).
- Das Öffnen von Spam-Mails ist *annoying*, da diese nach dem Lesen des Inhaltes gelöscht werden müssen und dies eine Zeitverschwendung darstellt. Ebenso ärgerlich ist es, wenn man Dosenfleisch *spam* öffnet, dies herausquillt und man das Verschüttete wieder säubern muß (vgl. auch Kreisel & Tabbert 1997: 138).

- *Spam*-Mails werden von Firmen in die E-Mail-Postfächer der E-Mail-Verwender "gesteckt", ebenso wie die billige Fleischzubereitung *Spam* in die Dosen gequetscht wird (ibid.).

Daß Metaphern wie *spam* in der Denkstruktur der Sprachverwender verankert sind und Assoziationen auslösen können, zeigen journalistische Verwendungen des SPAM-Konzepts:

> Spam. The very last thing you would expect to see *on the menu* at the Ivy, but if you connect your Psion[32] [...] you will *eat a lot of spam* before you *get to the meat* ... (British Airways Magazine July / August 1998: 8; meine Hervorhebungen, MB).

Diese syntaktisch-semantischen Erweiterungen zeigen, daß *spam* keine tote Metapher ist. Von der Lebendigkeit der Metapher zeugen auch deutsche journalistische Texte: In einem Artikel in *Computer & Co* macht sich der Autor über die adäquate deutsche Übersetzung von *spam* Gedanken.[33] Er gelangt zu dem Schluß: "wäre die deutsche Sprache etwas humorvoller angelegt" (Bock 1998: 24), so müßte *spam* in Deutschland *Sülze*, in Bayern *Preßsack* genannt werden.[34] Diese beiden Gerichte sind das Äquivalent zu dem angloamerikanischen "undefinierbaren Frühstücksfleisch" (ibid.: 24). Die Bezeichnung *Sülze* beinhaltet auch im Deutschen eine metaphorische Bedeutung: Es geht um das in Spam-Mails enthaltene "werbende Gesülze".

Es muß noch erwähnt werden, daß *spam* zusätzlich zur semantischen auch phonetische Motivation besitzt: Es handelt sich um zwei Phonästheme: *sp-* (wie *spill, spit* etc.) und *-am* (wie *cram*). *Langenscheidts Internet-Wörterbuch* gibt die Etymologie [*sp*(*ill*) + (*cr*)*am*] an. Diese Alternative halte ich für durchaus plausibel, und zwar im Sinne einer zusätzlichen Motivation im Prozeß der Remotivation (siehe 4.4.4).

Zum Schluß folgt eine Analyse der Metapher *Easter egg*:

| Primärbedeutung | Computerbedeutung |
|---|---|
| Eggs painted in bright colours, which it was (and, by a partial revival, still is) customary to present to friends at Easter (= pace-eggs); now chiefly, egg-shaped forms of confectionery presented at Easter. (OED2) | Unexpected operation programmed into commercial software as a joke and activated by a secret command. (ANW 2/96)<br>"Programmers have been hiding Easter eggs since the earliest days of software ..."; "The surprises that pop up can range from computer-graphic animations to snapshots of the programmer's family" (Zitate in ANW 2/96). |

Tabelle 4.20

Vergleicht man die Primär- mit der Computerbedeutung von *Easter egg* (siehe Tabelle oben) und läßt man dabei das Weltwissen beiseite, so stellt man fest, daß es nicht möglich

---

[32] Anm.: *Psion* ist ein *personal digital assistant* – eine kleinere, "abgespeckte" Form eines Laptops.

[33] Bzgl. der Frage der Übersetzbarkeit von englischen Computertermini sei auf folgende Artikel hingewiesen: Bödeker (1999) und das darauf bezogene Leserecho in der Zeitschrift *c't* 13/1999, 8-9.

[34] Offiziell wird *spam* im Deutschen *elektronische Massenwerbesendung* genannt.

ist, Merkmale zu finden, welche beide Bedeutungen teilen und die sich somit als *ground of comparison* eignen würden. Die Begründung ist darin zu sehen, daß in Wörterbüchern aus Platzgründen meist nur die notwendigen Merkmale, nicht zusätzliches enzyklopädisches Wissen, aufgeführt sind.[35] Die Merkmalsemantik bietet somit einen zu engen Spielraum, um die Tiefe und Komplexität dieser Metapher auszuleuchten. Um die semantische Motivation zu erklären, die zu dieser Lexemmetapher führt, muß massiv auf kulturelles, enzyklopädisches Wissen zurückgegriffen werden:[36] Der *ground of comparison* besteht in einem komplexen kulturellen (kognitiven) Modell – dem westlichen (christlichen) Brauch, an Ostern Ostereier zu verstecken, die dann von Kindern gesucht werden.[37] In kognitiven Begriffen ausgedrückt bedeutet das: Das kulturelle Modell EASTER EGG fungiert als Quellbereich, der auf den Zielbereich COMPUTERS (speziell die Unterkategorie SOFTWARE PROGRAMS) projiziert wird. Es handelt sich um eine *strukturelle* Projektion (vgl. Lakoff 1993), denn nur einige Elemente der gesamten Struktur des Quellbereichs werden auf die Struktur des Zielbereichs übertragen. Substantielle Merkmale der Ostereier (wie Form, Farbe, Beschaffenheit oder Geschmack) werden bei der Projektion ausgespart. Es handelt sich vielmehr um mit der komplexen Szene des Ostereiersuchens und –findens assoziierte Handlungen und Gefühle, welche in Form von kulturellen kognitiven Modellen im Bewußtsein der Sprecher gespeichert sind: Das Verstecken von Ostereiern (seitens der Eltern / des "Osterhasen" bzw. der Programmierer), das Suchen nach ihnen, der Konsum derselben (seitens der Kinder bzw. der Anwender).

Um ein *Easter egg* im Computer zu finden, muß man die geheime Befehlskombination knacken, durch die sie ausgelöst werden. Bis der Inhalt des *Easter egg* entdeckt wird (es kann sich um eine graphische Animation, Bilder der Softwareentwickler etc. handeln), entstehen Gefühle der Spannung, Aufregung und Überraschung. In diesem Sinne kann diese Metapher auch als Übertragung einer komplexen prototypischen Situation (nach Lipka ²1992: 125f) interpretiert werden. Das deutsche Pendant für die Computermetapher *Easter egg*, die in einigen Computerzeitschriften zu finden ist (siehe z.B. PC-Magazin 5/98), lautet *Überraschungsei*.[38] Dieser Terminus vermag das Wesen dieser Metapher weit besser zu erfassen als das englische *Easter egg*, da es nicht nur auf semantischer, sondern auch auf formal-morphologischer Ebene eines der wichtigsten Elemente der Quelldomäne enthält, die auf die Zieldomäne projiziert wird: das Konzept der ÜBERRASCHUNG.

---

[35] Eine Ausnahme stellen Wörterbücher dar, die explizit darauf angelegt sind, kulturelle Information zu vermitteln. Es handelt sich meist um *learners' dictionaries* wie dem LDELC. Dort werden *Easter eggs* mit dem Zusatz definiert "In the US, these eggs are then hidden by the child's parents, and on Easter morning, the child hunts for them, believing them to have been hidden by the Easter Bunny." (LDELC).

[36] Während Sprecher aus dem westlichen Kulturkreis dieses Wissen automatisch zum Verständnis heranziehen würden (der Bedeutungsaspekt 'unexpected' liefert einen Hinweis auf die Ähnlichkeit mit echten Ostereiern), könnten Sprecher aus einem nicht-westlichen / -christlichen Hintergrund das Wesen der Metapher vermutlich nicht ohne weiteres verstehen.

[37] Von *native speakers* wurde mir mitgeteilt, daß dieser Brauch in Großbritannien heute selten geworden ist. In den USA dagegen (ebenso wie in Deutschland) wird er vielerorts praktiziert, und dort liegt auch der Ursprung der Computermetapher *Easter eggs*.

[38] Die Primärbedeutung von *Überraschungsei* bezieht sich auf die rot-weiß-blau verpackten Schokoladeneier, die verschiedene kleine, meist zusammensetzbare Spielzeuge enthalten und ganzjährig im Lebensmittelhandel erhältlich sind.

Die drei oben erläuterten Lexemmetaphern verdeutlichen jeweils unterschiedliche Aspekte des sich abzeichnenden Gesamtbildes: Eine auf der Merkmalsemantik beruhende Metaphernanalyse kann das gesamte Bedeutungsspektrum vieler Computermetaphern nicht darstellen. Anhand der unterschiedlichen Bezeichnungen für @ in verschiedenen Varietäten wurde eine objektiv gegebene Ähnlichkeitsrelation widerlegt. *Spam* ist als Metapher stark an kulturell geprägte Assoziationen gebunden und beruht auf einer Übertragung konnotativer Bedeutungen und Attribute. Für das Verständnis der Metapher *Easter eggs* sind die enthaltenen komplexen kulturellen Modelle und Situationen entscheidend.

### 4.3.3 Methodik

Vorangegangene Diskussion spricht eindeutig dafür, daß für eine Erklärung der Computermetaphern ein kognitiver im Gegensatz zu einem rein traditionellen Ansatz optimal geeignet ist. Daher rührt mein Entschluß, die Metaphern im Korpus primär auf Grundlage der Lakoff & Johnson'schen Metapherntheorie auszuwerten. Als Voraussetzung habe ich im Verlauf von Kapitel 2 eine Übertragung ihrer Theorie auf die Lexemebene und die Lexikologie dargelegt.

Die lexikometrische Auswertung ergab, daß etwa die Hälfte der Einträge im allgemeinsprachlichen Computerwortschatz semantisch motivierte Prozesse und ein Drittel Metaphern darstellen (vgl. 4.2.3). Diese Verhältnisse bestätigen die in 4.1 aufgestellt Ausgangshypothese, die nun ein Stück weitergesponnen werden kann:

> Angesichts der zahlreichen aufgrund ihrer Abstraktheit oder Neuigkeit kognitiv schwer zu verarbeitenden Vorgänge und Zustände im Computerkontext finden sich im (allgemeinsprachlichen) Computerwortschatz verhältnismäßig wenige nicht-transparente Bildungen.[39] Die relativ hohe Anzahl an Bildungen, die durch semantische Prozesse zustandekommen, allen voran die Metapher, dient der Erleichterung des kognitiven Aufwandes beim Memorisieren und Verstehen von Computertermini.[40]

Diese Erklärung beruht auf den Kernaussagen der Lakoff & Johnson'schen kognitiven Metapherntheorie, die bereits in Abschnitt 2.3.1 zusammengefaßt wurden. Hinzuweisen sei an dieser Stelle lediglich auf eine der wichtigsten Funktionen von Metaphern in der Alltagssprache (im Gegensatz zu literarischen Metaphern): Als *Denkinstrument* dienen sie dazu, schwer verständliche Konzepte kognitiv leichter verarbeitbar zu machen. Dies wird dadurch erzielt, daß durch die Projektion einer (konkreten) Quell- auf eine (abstrakte) Zieldomäne eine Brücke zwischen *Bekanntem* (den Basisbegriffen) und Neuem bzw. schwer Begreiflichem geschlagen wird.

Es muß angemerkt werden, daß es sich bei oben genannter These um eine *generalisierte* Aussage handelt, die im Detail keinesfalls auf sämtliche der in den vergangenen und folgenden Abschnitten untersuchten Metaphern zutrifft. Jedoch ist die Mehrzahl der Compu-

---

[39] Dies betrifft auch die Vielzahl an Kombinationen im Korpus (siehe 4.2.3).

[40] Vgl. dazu auch Lipkas Erklärung im Zusammenhang mit Lexemen aus dem Computerbereich: "Admittedly, the target domain may seem quite mysterious to some people and is becoming less so through metaphorization" (Lipka 1996: 56).

termetaphern im Korpus davon betroffen, welche in den überwiegenden Fällen eine abstrakte bzw. virtuelle Zieldomäne aufweisen. So lautet der produktivste Zielbereich der in Abschnitt 4.3.1 durchgeführten Untersuchung 'Abstraktes'. Mit Ausnahme von Konzept 8 sind alle restlichen 12 metaphorischen Konzepte in der folgenden Untersuchung (siehe 4.3.4) durch abstrakte Zielbereiche wie SOFTWARE, PROGRAMMIERPROZESSE, DATEN etc. gekennzeichnet. Insgesamt handelt es sich um gut drei Viertel aller untersuchten Metaphern.

In den Fällen, in denen die Metaphern *konkrete* Zielbereiche (z.B. Hardware-Teile, Bezeichnungen für Computerbenutzer) aufweisen (z.B. Konzept 8), ist die Metaphorizität des betreffenden Computerkonzeptes folgendermaßen zu sehen: Die Metapher hilft dabei, Neues mit Hilfe von schon Bekanntem zu konzeptualisieren. Die Versprachlichung neuer Konzepte erfolgt manchmal bevorzugt in Form einer Lexemmetapher, weil dadurch das auszudrückende Konzept griffiger und anschaulicher in Sprache gegossen werden kann als durch eine wörtliche Konstruktion. Die Rede ist hier von der kognitiven Ökonomie als eine der Funktionen der Metapher. In Abschnitt 2.3.1.2 wurde in diesem Zusammenhang das Beispiel der Computermaus (*mouse* vs. *computer pointing device*) angebracht. Ähnliches gilt auch für die Computermetapher *strudel*, die einen eher außergewöhnlichen Fall darstellt (vgl. 4.3.2). *Strudel* und auch die anderen metaphorischen Ausdrücke für @ kamen vermutlich zustande, weil dadurch eine graphische Form äußerst bildlich in eine sprachliche Form transformiert werden konnte. Hinzu kommt, daß das graphische Zeichen @ offensichtlich die Phantasie der Sprachverwender stark dazu angeregt hat, kreative Metaphern dafür zu erfinden.

Nun zur Vorgehensweise bei der Metaphernanalyse: Eine zentrale Aussage des Lakoff & Johnson'schen Ansatzes besagt, daß Metaphern nicht isoliert auftreten, sondern in strukturierte Konzepte einzuordnen sind. Nun sind die wenigsten der in Lakoff & Johnson (1980a) und auf Lakoffs Conceptual Homepage (1994) verwendeten Beispiele von metaphorischen Konzepten (z.B. ARGUMENT IS WAR) direkt auf den Computerbereich anzuwenden. Jedoch stellen die dort enthaltenen konzeptuellen Metaphern keinesfalls eine endliche, alle Bereiche des englischen Vokabulars abdeckende Menge dar. Deshalb legte ich die passenden Quell- und Zielbereiche und entsprechend auch die metaphorischen Konzepte für die Lexemmetaphern selbst fest.[41]

Im Einzelnen wurden folgende Stadien durchlaufen: Nachdem in Schritt B der Analyse der Lexeme im Korpus (vgl. 3.3.1) die semantisch motivierten Bildungen identifiziert wurden, wurden diese einer Bedeutungsanalyse unterzogen. Für jeden Eintrag wurde eine Primärbedeutung postuliert, von welcher die neue Bedeutung abgeleitet wurde. Aufgrund der Art der Verbindung zwischen Primär- und neuer Bedeutung wurde entschieden, um welche Art von semantischem Prozeß es sich handelt. Als Entscheidungsgrundlage dienten die in 3.3.4 ausgearbeiteten Kriterien. Die Bedeutungsanalyse wurde nach einem ersten Durchgang erneut durchgeführt, um die Zuordnung zu bestätigen oder ggf. zu revidieren. Diese Methode entspricht in ihren Grundzügen Warrens (1992: 32ff) Vorgehensweise. Es muß

[41] Als Grundlage für die Festlegung von Quell- und Zieldomänen dienten einige der in Miller (1990) aufgeführten semantischen Primitiva, z.B. ANIMAL, ARTIFACT, FOOD, PLACE, HUMAN BEING, NATURAL PHENOMENON etc. Der verbleibende Bedarf an Namen für Domänen wurde durch eigene Bezeichnungen gedeckt.

darauf hingewiesen werden, daß eine semantische Analyse wie diese bis zu einem gewissen Ausmaß subjektiver Natur ist (vgl. Leisi [2]1985: 185). Dies ist unvermeidlich, da "meanings are mental constructs, products of human perception and cognition" (Warren 1992: 33). Betroffen sind insbesondere die von mir wie auch von Lexikographen postulierten Bedeutungen und Verbindungen zwischen Bedeutungen. Es muß in Kauf genommen werden, daß verschiedene Leser bestimmte Einträge u.U. anders klassifizieren würden.

Die Auswertung für Metonymien, Metaphtonymien und Volksetymologie / Remotivation wird erst in Punkt 4.4 vorgestellt. Im folgenden werden die insgesamt 316 Lexemmetaphern und 11 Metaphtonymien aus dem Korpus behandelt. Diese wurden zunächst einer erneuten Bedeutungsanalyse unterzogen, mit dem Ziel, das Wesen der metaphorischen Bedeutung zu erfassen. Als Hilfsmittel dienten das RHD und das OED2 (beide auf CD-ROM), in einigen Fällen, insbesondere, um enzyklopädische Informationen in Erfahrung zu bringen, wurde auch die *Encyclopaedia Britannica* auf CD-ROM hinzugezogen. Anschließend wurden die Metaphern zwei Kategorien zugeordnet (vgl. 3.3.4.1):

Erstens *konzeptuelle Metaphern* (Kap. 4.3.4): die betreffenden Einträge ließen sich metaphorischen Konzepten (kognitive Ebene, z.B. COMPUTERS ARE PEOPLE) zuordnen. Diese Metaphern wurden zusätzlich nach ihrem jeweiligen Quellbereich (z.B. MENSCHEN), welchem die Primärbedeutung angehört, und nach ihrem Zielbereich (z.B. HARDWARE, SOFTWARE), dem die neue Computerbedeutung angehört, aufgeschlüsselt. Daß der kognitiv-linguistische Metaphernansatz insgesamt eine höhere Tauglichkeit für die Analyse von Computermetaphern an den Tag legt, bedeutet jedoch nicht, daß traditionelle Ansätze völlig verworfen werden müssen. Die zweite Kategorie bilden deshalb *isolierte* (= *idiosynkratische*) *Metaphern* (Kap. 4.3.5). Die betreffenden Einträge ließen sich keinem metaphorischen Konzept zuordnen. Für diesen Metapherntyp eignet sich eine auf der Merkmalsemantik beruhende Analyse, wobei als *tertium comparationis* nicht nur ein Merkmal, sondern auch ein kulturelles bzw. kognitives Modell oder eine übertragene Situation in Frage kommen kann. Diese Metaphern werden bezüglich ihrer Art der Ähnlichkeitsrelation klassifiziert. Die Typologie basiert auf Warrens (1992: 81ff) Einteilung der Metaphern in Typen von *ground* (z.B. *similarity as to effect / concrete shape / function* etc.), welche jedoch für den Computerwortschatz erweitert werden mußten.

Obwohl oben beschriebene Vorgehensweise durch eine Kombination von "Versuch und Irrtum" mit den Erfahrungen aus der theoretischen Beschäftigung mit Metaphern hervorgeht, traten einige unvermeidliche Probleme auf: Während die Einordnung von *etablierten* einfachen Lexemen und Wortbildungen mit metaphorischer Erweiterung relativ problemlos verlief, stellten sich *Neu*bildungen mit metaphorischer Bedeutung häufig als schwer klassifizierbar heraus. Der Grund ist darin zu sehen, daß diese Bildungen typischerweise nur *ein* Morphem mit metaphorischer Bedeutung enthalten, z.B. *banana* *label* (Etikett, das einer Banane ähnelt). Hier fällt die Entscheidung schwer, welches Konzept als Quellbereich anzusetzen ist: das Determinans (FRUIT) oder das Determinatum (LABEL)? Ähnliche Schwierigkeiten bereiteten Fälle, in denen beide Morpheme metaphorisch sind, jedoch unterschiedlichen Konzepten angehören, z.B. *Apple talk* (*Apple*: FRUIT / FOOD; *talk*: COMMUNICATION / HUMAN ACTIVITY). Hier stellt sich die Frage, welches der beiden Konzepte als Quellbereich dient. Zur Lösung dieses Problems wurde folgendermaßen vorgegangen: Wenn beide Morpheme einer Wortbildung metaphorisch sind, wurde – analog zur angenommenen Dominanz des Determinatums in Wortbildungen – i.d.R. das Determinatum als

Grundlage für die Quelldomäne verwendet (*Apple* talk). Wenn in einer Wortbildung nur ein Morphem metaphorische Bedeutung aufweist, wurde dieses als Quellbereich verwendet (banana *label*).

Ein Klassifikationsproblem ergab sich hinsichtlich der Abgrenzung von Metaphern von *shifts in application*. Die Entscheidung, ob es sich bei bestimmten Einträgen um *shift* oder Metapher handelt, hängt stark davon ab, wie allgemein oder speziell die Primärbedeutungen in den jeweiligen Wörterbüchern definiert sind. Je spezieller die Definitionen, desto eher handelt es sich um eine Metapher / Metonymie, und je allgemeiner, desto eher läßt sich das gefragte Element als Hyponym einer Kategorie, d.h. als *shift*, einstufen. Am Beispiel von *bomb* n soll dies erläutert werden. Als allgemeinsprachliche Primärbedeutung wird 'an explosive device' festgesetzt. In der Computerbedeutung ('a spectacular program or system failure') handelt es sich demnach um eine Metapher, die in einer Übertragung einer konkreten (BOMBE als Gegenstand) auf eine abstrakte Domäne (das FEHLSCHLAGEN) besteht. Nun leiten sich (Computer)Metaphern bekanntlicherweise häufig aus Slangbedeutungen ab. Daher wäre es möglich, als Primärbedeutung für *bomb* eine weitere der im RHD angegebenen Bedeutungen auszuwählen: "*Slang.* An absolute failure; fiasco". In diesem Falle wäre die Computerbedeutung von *bomb* als *shift in application* zu interpretieren: Die allgemeine Bedeutung des Slang-Lexems *bomb* – 'failure' – verengt sich mit der Computerbedeutung durch Hinzutreten eines weiteren semantischen Merkmals auf 'program/system failure'. Meine Vorgehensweise bestand in derartigen Fällen darin, grundsätzlich die dominante, allgemeinsprachliche Primärbedeutung, nicht eine Slang- oder anderweitig sekundäre Bedeutung zu postulieren. Dieses Prinzip erscheint am verläßlichsten, denn würde die Slangbedeutung als Primärbedeutung festgesetzt, so würde dies nicht rechtfertigen, warum nicht eine andere, z.B. fachsprachliche, Wortbedeutung des Lexems[42] dafür in Frage käme. Auch aus Sicht der Sprachverwender ist es sinnvoller, von der allgemein bekannten Primärbedeutung auszugehen.

### 4.3.4 Metaphorische Konzepte im Computerwortschatz

#### 4.3.4.1 Übersicht

Metaphorische Konzepte (*metaphorical concepts*, nach Lakoff & Johnson 1980a) stellen den kognitiv-konzeptuellen Überbau des Computerwortschatzes dar. Konzeptuelle Metaphern (*conceptual metaphors*) beruhen auf dem Prinzip der metaphorischen Abbildung (*metaphorical mapping*) bestimmter kognitiver Domänen auf andere kognitive Domänen (vgl. 2.3.1). Als allgemeine Zieldomäne weisen sie COMPUTING auf, während die Quelldomäne durch verschiedene Bereiche wie MENSCHEN, TIERE usw. realisiert wird. Diese Domänen können in Unterkategorien spezifiziert werden, z.B. COMPUTING → HARDWARE; SOFTWARE (siehe Abb. 4.6 und 4.7 unten).

[42] Ein fachsprachlicher *lexical unit* für *bomb* wäre beispielsweise: "*Geol.* a rough spherical or ellipsoidal mass of lava, ejected from a volcano and hardened while falling" (RHD).

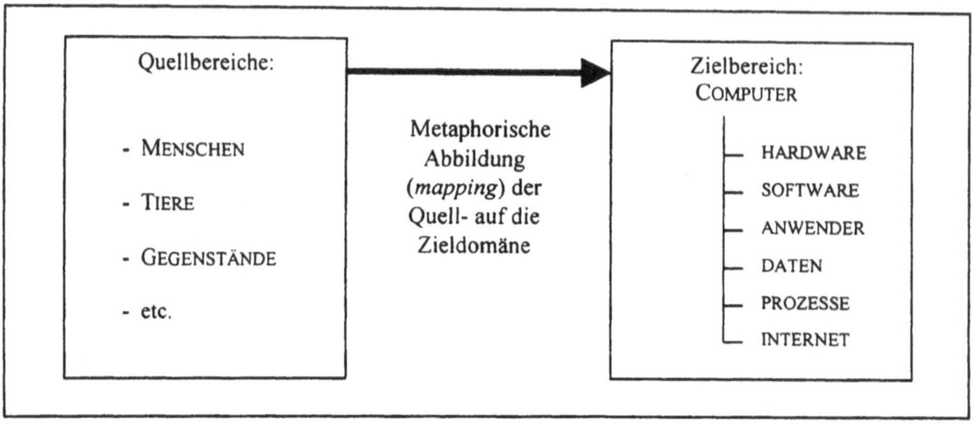


Abbildung 4.6: Allgemeines Schema für metaphorische Konzepte im Computerwortschatz

Sprachlich manifestieren sich metaphorische Konzepte und die ihnen zugeordneten konzeptuellen Metaphern in Form von (Lexem)Metaphern (bei Lakoff & Johnson: *metaphorical expressions*). Durch die empirische Analyse wurden insgesamt 13 kognitive Konzepte im Computerbereich isoliert, z.B. COMPUTERS ARE HUMAN BEINGS, mit zugehörigen Lexemmetaphern wie *client, server, orphan* etc. Zu den einzelnen Konzepten werden im folgenden ausgewählte Beispiele präsentiert.

Als erster Überblick dient folgendes Diagramm, welches die Vernetzung der wichtigsten metaphorischen Konzepte und deren einzelnen Domänen im Computerwortschatz transparent macht. Es handelt sich um insgesamt sechs Konzepte, welche dem übergeordneten Konzept 1 – COMPUTERS ARE LIVING ORGANISMS, dem insgesamt größten metaphorischen Konzept im Computerbereich, zugeordnet werden können:

2. COMPUTERS are HUMAN BEINGS
3. COMPUTER PARTS (HARDWARE, SOFTWARE) are ANIMALS
4. COMPUTING is HANDLING FOOD
5. COMPUTER PARTS are OBJECTS / ARTEFACTS
6. USERS' ACTIVITIES WITH COMPUTERS are (COMMON) TASKS
7. COMPUTER PARTS (HARDWARE, SOFTWARE) are CULTURAL ASSETS

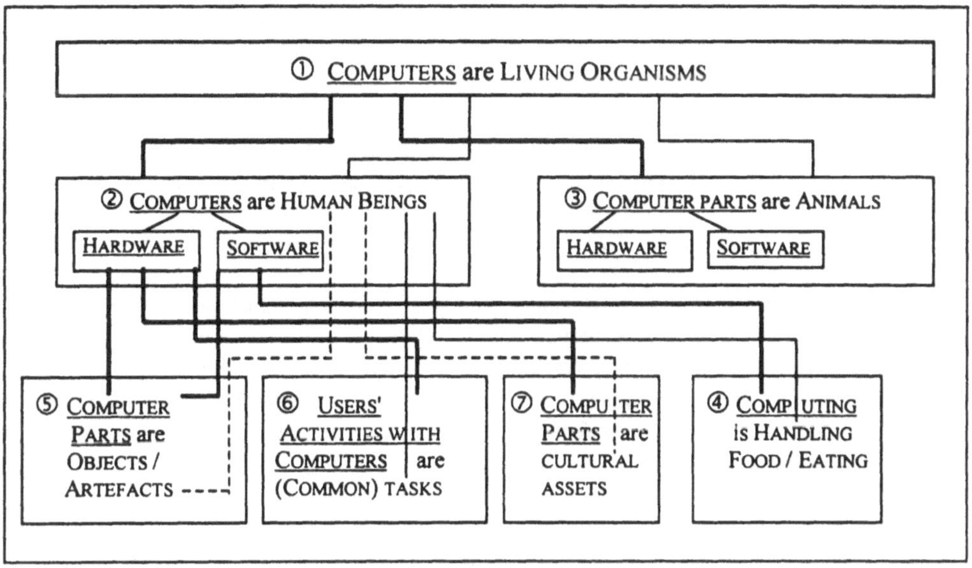


Abbildung 4.7: Vernetzung metaphorischer Konzepte im Computerwortschatz

Unterstrichen: symbolisiert den Zielbereich COMPUTER, mit den Unterkategorien SOFTWARE und HARDWARE.
Normal: symbolisiert den Quellbereich LIVING ORGANISMS, mit den beiden Unterkategorien HUMAN BEINGS und ANIMALS.
Die Verbindungslinien zeigen die parallelen Abbildungen der Strukturen der Quelldomänen (dünne Linien) auf die Zieldomänen (dicke Linien).
Die gestrichelten Linien bedeuten, daß ARTEFACTS und CULTURAL ASSETS keine direkten Unterkategorien von HUMAN BEINGS sind. Es handelt sich dennoch um Bereiche, die mit dem Menschen in Verbindung stehen: Artefakte und Kulturgüter sind vom Menschen hergestellte Gegenstände.

Abbildung 4.7 zeigt die enge Vernetzung der einzelnen metaphorischen Konzepte und auch ihrer Domänen auf, so wie sie in den Wissenskomponenten des mentalen Lexikons (siehe Modell A, Punkt 2.2.2) gespeichert sind. Wesentlich ist hier auch die hierarchische Struktur der Konzepte und Domänen. So sind z.B. HARDWARE und SOFTWARE in COMPUTERS eingeschlossen, ebenso wie die Konzepte 5 und 6 in das übergeordnete Konzept 2.

Neben den in obiger Abbildung dargestellten sieben sind weitere sechs metaphorische Konzepte im Computerwortschatz präsent, die jedoch keine derart engen Verbindungen untereinander aufweisen wie die Konzepte 1 bis 7:

8. COMPUTER USERS ARE ANIMALS
9. THE INTERNET IS THE SEA / A STRETCH OF WATER
10. A COMPUTER / A COMPUTER-NETWORK IS A BOOK
11. THE INTERNET IS A HIGHWAY / DATA ARE VEHICLES
12. COMPUTER PARTS (HARDWARE, SOFTWARE) ARE ABSTRACT CONCEPTS
13. COMPUTER PARTS ARE NATURAL PHENOMENA

Nun erfolgt eine detaillierte Erläuterung der 13 metaphorischen Konzepte im Bereich *computing*.

Hinweise:

- Aus Platzgründen kann keine ausführliche Erläuterung sämtlicher, sondern nur ausgewählter Metaphern aus dem Korpus stattfinden. Oft genügt jedoch die Zuordnung zu einem metaphorischen Konzept, um das Wesen der Metapher zu verstehen. Es wird empfohlen, bei Bedarf zusätzlich die Definitionen zu den Lexemmetaphern im Anhang nachzuschlagen.
- Einige Lexemmetaphern werden mehreren metaphorischen Konzepten zugeordnet, da diese oft eng miteinander verwoben sind.
- Die auf *hackers' slang* beschränkten Metaphern werden durch ein '[H]' hinter dem betreffenden Eintrag gekennzeichnet. Lexemmetaphern, die dem allgemeingebräuchlichen Computerwortschatz angehören, werden nicht gesondert ausgewiesen.
- Wortarten werden nur angegeben, wenn diese nicht evident sind (*Christmas tree* wäre beispielsweise nicht durch 'n' für 'Nomen' gekennzeichnet).
- Metaphtonymien werden mit (MM) hinter dem Eintrag gekennzeichnet. Sie werden aufgrund ihrer metaphorischen Teilbedeutung in diese Untersuchung einbezogen.

### 4.3.4.2 Konzept 1: COMPUTERS ARE LIVING ORGANISMS

Diese übergeordnete Kategorie schließt zum einen sämtliche Metaphern der metaphorischen Konzepte 2 und 3 ein (siehe Diagramm in Abb. 4.7), indirekt auch die Metaphern der den Kategorien 2 und 3 untergeordneten metaphorischen Konzepte 4 bis 7. Es handelt sich somit um das umfang- und facettenreichste aller metaphorischen Konzepte im Computerwortschatz. Zum anderen treten im Computerwortschatz Metaphern auf, welche alleine der Kategorie 1 angehören, denn als Quellbereich kommt weder MENSCHEN (Kategorie 2) noch TIERE (Kategorie 3) in Frage. Es handelt sich um das metaphorische Konzept LEBENDE ORGANISMEN:

a) Quellbereich PFLANZEN

*Apple* als Bezeichnung für einen Computer stellt insofern eine Metapher dar, als der Miterfinder der *Apple Computers* Computer in Analogie zu biologischen Organismen betrachtete:[43]

> [...] he formulated his 'biological analogy.' Kay postulated that the ideal computer would function like a living organism; each 'cell' would behave in accord with others to accomplish an end goal but would also be able to function autonomously. 'Cells' could also regroup themselves in order to attack another problem or handle another function.' (http://perl.guru.org/scott/kay. Stand: 05/98)

---

[43] Diese und nachfolgende Informationen stammen aus folgenden Quellen: Biographien über Alan Kay im Internet (siehe Bibliographie); E-mail Korrespondenz mit Alan Kay persönlich (alank@wdi.disney.com, 9.5.98, "Origin of Apple") und mit Retta Whinnery (R2Whinnery@aol.com, 1.5., 7.5., 12.5.98, "Apple").

Auch die Bezeichnungen *Smalltalk* und *Apple talk* (Programmiersprachen der *Apple Computers*, siehe Konzept 2) sind im Rahmen des Bildes der miteinander kommunizierenden Zellen zu betrachten. Symptomatisch für diese Analogie aus der Biologie war das ursprüngliche Logo von *Apple* – ein grüner Apfel.

b) Quellbereich MIKROORGANISMEN

Dazu gehört insbesondere *virus* mit seinen Unterarten *cruise virus* und *stealth virus*. Auch *phage* stellt eine Art von COMPUTERVIRUS, dem Zielbereich dieser Gruppe, dar. Die Lexemmetapher *virus* weist eine äußerst komplexe Struktur auf, welche im folgenden ausführlich erläutert wird.

| Primärbedeutung | Computerbedeutung |
|---|---|
| An infectious organism that is usu. submicroscopic, can multiply only inside certain living host cells (in many cases causing disease) and is now understood to be a non-cellular structure lacking any intrinsic metabolism and usually comprising a DNA or RNA core inside a protein coat ... (OED2) | A piece of program code that attaches itself to computer applications, executes when they do, attempts to copy itself, and which may cause damage or loss of data. A fig. use of *virus* based on the ability of the computer virus to replicate itself within the computer system. (ODNW) |

Tabelle 4.21: Primär- und übertragene Bedeutung der Metapher *virus*

Die metaphorische Bedeutung umfaßt neben dem im ODNW erwähnten Vergleich zwischen biologischen und Computerviren noch weitere Aspekte. Wie in der Abbildung unten dargestellt, beinhaltet die Lexemmetapher *virus* eine doppelte Analogie:

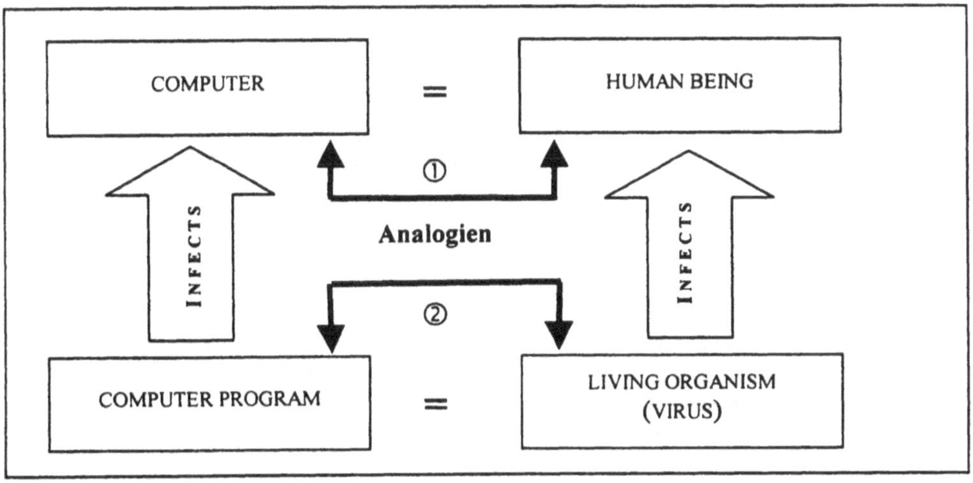


Abbildung 4.8: Analogie biologisches Virus – Computervirus

Analogie (1): Zum einen steht die Bedeutung mit dem metaphorischen Konzept 2 – COMPUTERS ARE HUMAN BEINGS – in Verbindung: Die Tatsache, daß ein Computer durch Viren infiziert werden kann, impliziert einen direkten Vergleich mit dem Menschen.[44] Analogie (2): Viren werden als Computerprogramme mit den lebendigen, biologischen Organismen gleichgesetzt, da sie Krankheiten bzw. Defekte auslösen können. Das entsprechende metaphorische Konzept (1) lautet: COMPUTER PROGRAMS ARE LIVING ORGANISMS.

Die beiden Analogien und damit auch die beiden metaphorischen Konzepte sind insofern miteinander verzahnt, als beide – der Computer und der Mensch – von Viren (Computerprogrammen bzw. Mikroorganismen) infiziert werden können (siehe Verbindungspfeile 'infects' im Diagramm oben). Die Computervirus-Metapher ist höchst produktiv, denn in ihrem Umfeld ist weiteres metaphorisches Vokabular zu finden. Dieses basiert auf weiteren Parallelen zwischen dem biologischen und dem Computervirus (vgl. auch Fauconnier 1997: 18ff):

- Viren dringen von außen in ein System (Mensch / Maschine) ein.
- Computer werden wie auch Menschen von Viren infiziert ('get *infected* by a virus'), sie werden von einer *viral infection* (Konzept 2) befallen.
- Es gibt Programme, mit deren Hilfe Datenträger *desinfiziert* werden ('to *disinfect* disks'). Als vorbeugende Maßnahme können Computer durch Programme namens *vaccines* (Konzept 2) gegen Viren geimpft werden. Programme namens *Virus Shield* und *Dr. Solomon* diagnostizieren Computerviren.
- Viren sind ansteckend.
- Viren verursachen Schaden: Menschen werden krank; Computer funktionieren nicht mehr.
- Die Lexeme *physicians, (infections) spread, contaminated, immune* und *healthy* werden verwendet, um über den Zielbereich COMPUTER zu sprechen (vgl. Fauconnier 1997: 18ff). Dadurch wird der Eindruck einer Anthropomorphisierung des Computers verstärkt.[45]

Die Computerviren-Metapher stellt ein Paradebeispiel für das Versagen der Merkmalsemantik dar. Tatsache ist, daß nicht einzelne Merkmale, sondern ganze Strukturen dieser elaborierten Metapher von der Quell- (HEALTH) auf die Zieldomäne (COMPUTERS) übertragen werden. Diese metaphorische Abbildung resultiert aus der Lebenserfahrung der Sprachverwender und basiert auf allgemein beobachtbaren Prinzipien wie der Tatsache, daß Viren ansteckend sind, daß sie bekämpft werden müssen und man sich dagegen impfen kann (vgl. Fauconnier 1997: 19ff).

---

[44] Auch ein Vergleich mit einem Tier und damit eine Verbindung zum 3. metaphorischen Konzept – COMPUTERS ARE ANIMALS – wäre denkbar. Dies halte ich jedoch aufgrund des Überwiegens der anthropomorphischen Metaphern im Computerwortschatz generell für weniger wahrscheinlich.

[45] Die Arzt-Patient-Metaphorik drückt sich auch in Programmen namens *DiskDoctor* und *Dr. Watson* aus, welche die Funktion haben, Fehler in Computersystemen zu diagnostizieren und Schäden zu reparieren (bei *Dr. Watson* – das zugehörige Bildschirmsymbol zeigt den Detektiv und Arzt Dr. Watson mit Stetoskop – spielt die Detektivarbeit dieser Figur aus *Sherlock Holmes* zusätzlich eine Rolle: das Fehlererkennungsprogramm kann aufgetretenen Fehlern durch Protokollierung auf die Spur kommen).

Auch *phage*, *cruise virus* und *stealth virus* stellen Typen von Computerviren dar.[46] Die letzten beiden beinhalten neben der oben geschilderten komplexen metaphorischen Bedeutung von *virus* weitere Vergleiche: Ein *cruise virus* wird mit der Funktionsweise einer *cruise missile* verglichen; *stealth virus* beinhaltet eine Analogie mit der menschlichen Eigenschaft der List (*stealth*).

#### 4.3.4.3 Konzept 2: COMPUTERS ARE HUMAN BEINGS

Dieses zweite metaphorische Konzept ist als Unterkategorie von Lakoffs Konzept MACHINES ARE PEOPLE (*Conceptual Metaphors Homepage* 1994) aufzufassen, denn *computer* ist Hyponym von *machine*. Es handelt sich um anthropomorphische Metaphern, die mit 85 Einträgen und über 25% den größten Bereich aller Computermetaphern darstellen. Sie können entsprechend der verschiedenen Quellbereiche in drei Unterkategorien aufgegliedert werden:

a) Quellbereich TYPES OF HUMAN BEINGS

Dieser Quellbereich umfaßt verschiedene Arten von Menschen, die bzgl. ihrer Berufe und sozialen Rollen klassifiziert werden. Die Zielbereiche werden durch die Konzepte COMPUTERTYPEN, SOFTWAREPROGRAMME, HARDWAREKOMPONENTEN und PROGRAMMIERPROZESSE realisiert. Die dazugehörigen Lexemmetaphern werden im folgenden erläutert:

Der *server* ist

> a computer that makes services, as access to data files, programs, and peripheral devices, available to workstations on a network. (RHD),

der *client*:

> a workstation on a network that gains access to central data files, programs, and peripheral devices through a server. (RHD)

In *Langenscheidts Internet-Wörterbuch* wird *client-server* treffend mit 'Kunde-Dienstleister' übersetzt, denn der *server* stellt den *clients* seine Dienste zur Verfügung. Diese metaphorische Bedeutung von *server* wird in Windows-Programmen durch folgendes Symbol (*icon*) bildlich dargestellt:

Abbildung 4.9: Symbol für Server

---

[46] Im Korpus sind weitere Computervirentypen enthalten, die jedoch anderen metaphorischen Konzepten zuzuordnen sind, z.B. *Trojan horse, worm* (siehe Konzepte 3 und 7).

*Guest* bzw. *guest-computer* und *host* bzw. *host-computer* werden häufig als Synonyme für *client* und *server* verwendet: der *host* bedient den *guest*. *Host* wird im Vergleich zu *server* häufig für größere Systeme, etwa Computer von Internet-Providern, verwendet. Ein *guest computer* kann vom *host cookies* (siehe Kategorie 4a) angeboten bekommen. Die Bezeichnungen *master* und *slave* sind vermutlich aufgrund dessen, daß sie nicht politisch korrekt sind, weniger gebräuchlich (geworden). *Master-slave* bezeichnet ein stärkeres Abhängigkeitsverhältnis als *client-server* und *host-guest*. *Master* wird definiert als "A device for controlling another device [= slave]" (RHD). *Master* und *slave* können sowohl Computer als auch Disketten sein *(master disk, slave disk)*. Im folgenden Textausschnitt wird die metaphorische Bedeutung besonders hervorgehoben: "der Bus-Master [kann] den anderen Beteiligten seine Daten gewissermaßen *aufzwingen*." (Schüller&Veddeler 1996: 756f, meine Hervorhebung, MB). Im Gegensatz zu *client-server*-Netzwerken handelt es sich bei *peer-to-peer* um Computernetzwerke, in denen alle beteiligten Computer gleichberechtigte Partner sind. Zur Gruppe der Metaphern mit dem Zielbereich COMPUTERTYPEN zu zählen ist ferner *computer* selber: Obwohl sie als tote Metapher zu werten ist, lautet die ursprüngliche Bedeutung 'a person who computes; computist.' (RHD).

Zum Zielbereich SOFTWARE PROGRAMS zählen u.a. die Metaphern *agent, electronic agent, intelligent agent* und *software agent*. Die Primärbedeutung von *agent* lautet: "a person responsible for a particular action" (RHD). *To browse* stellt eine menschliche Tätigkeit dar, welche ein Computerprogramm – *browser / Web browser* – übernimmt, um das Internet zu durchsuchen.

Zu den Hardwarekomponenten mit dem Quellbereich FAMILIENMITGLIEDER zählt *daughterboard*, welches offensichtlich in Analogie zu *motherboard* (der Hauptplatine im Computer) gebildet wurde, und *infant mortality* [H] (Synonym: *sudden infant death syndrome* – NHD). *Orphan* [H] ("a process whose parent has died" – NHD) bezeichnet einen Programmiervorgang; *parent* stellt einen übergeordneten Prozeß in einer hierarchischen Vererbungsstruktur dar (nicht im Korpus vertreten).

b) Quellbereich PARTS OF THE HUMAN BODY

Alle Lexemmetaphern dieser Gruppe gehören dem Zielbereich HARDWAREKOMPONENTEN an. Als Quellbereiche treten KÖRPERTEILE und ORGANE des Menschen auf, die ebenso wie beim Computer dessen "Hardware" ausmachen.

Dazu gehören die Metaphern *backbone* (das Rückgrat eines Computersystems, durch welches alle wichtigen Daten fließen), *brain* (elektronisches Gerät, das komplizierte Rechenoperationen durchführt) und *memory* (der Speicher des Computers). *Footprint* [H] und *toeprint* [H] sind auf *hackers' jargon* beschränkt und bezeichnen die Umrisse, die Computer auf ihrem Stellplatz hinterlassen. Die Primärbedeutungen beziehen sich somit nur indirekt auf die Körperteile. Diese Semantik impliziert jedoch, daß der Computer als Mensch betrachtet wird,[47] dessen Füße und Zehen (d.h. die Stellflächen des Computers) Abdrücke hinterlassen. Es handelt sich hier definitiv weder um eine isolierte noch um eine durch einen einfachen Merkmalsvergleich zu beschreibende Metapher. Eine Ähnlichkeit zwischen

---

[47] Es wäre auch denkbar, daß der Computer als Tier, nicht als Mensch angesehen wird. Dies ist jedoch aufgrund der allgemeinen Prominenz der anthropomorpischen Metaphern weniger wahrscheinlich.

den Abdrücken des Computers und denjenigen des Menschen ist keineswegs objektiv gegeben: Erstere sind i.d.R. rechteckig, jedoch ohne die für ihre menschlichen Pendants charakteristischen Rundungen und Unregelmäßigkeiten. Eine Ähnlichkeit ist allenfalls bzgl. der ungefähren Größe der Abdrücke denkbar. Deshalb kommt allein eine Interpretation als konzeptuelle Metapher in Frage, die tief in das übergeordnete metaphorische Konzept COMPUTERS ARE HUMAN BEINGS eingebettet ist.

c) Quellbereich HUMAN ACTIVITIES / REACTIONS / QUALITIES

In diesem Bereich werden menschliche Tätigkeiten, Reaktionen und Eigenschaften auf Computer(programme) übertragen: Ein Computer kann krank werden und sterben (*die* [H], *dead* [H], *brain-dead* [H], *breath-of-life packet* [H]); er kann lesen (*read* v), schreiben (*write* v), sprechen (*speak* v, *talk* v), hören (*hear* v) und sehen (*see* v); er kann denken (*think* v), lernen (*learn* v) und sich erinnern (*remember* v), er ist intelligent oder dumm (*dumb, smart*), sein Benehmen ist *ill-behaved* [H] oder *well-behaved* [H]. Computer essen *cookies, spam, bytes* (vgl. 4.3.4.5), zermalmen Daten (*crunch* (MM), *munch* [H]), saugen sie auf (*slurp v* [H]) und kommunizieren mit anderen Computern in *peer-to-peer-* oder *client-server-*Netzwerken oder mit Menschen. Erstere Kommunikationsform wird durch die Metaphern *Apple talk* und *Smalltalk* (Programmier*sprachen* von Apple Computern, siehe 4.3.4.2) und auch *handshake* deutlich.

### 4.3.4.4 Konzept 3: COMPUTER PARTS ARE ANIMALS

Dieses metaphorische Konzept umfaßt 22 zoomorphische Lexemmetaphern. Vorgänge im Computerbereich werden hier als Tätigkeiten von TIEREN, dem Quellbereich, kodiert.

Dem Zielbereich HARDWARE sind u.a. folgende Metaphern zuzuordnen: *hamster* n 2 [H] stellt eine analogische Erweiterung zu *mouse* dar. Es handelt sich um eine "tailless mouse" (NHD), d.h. eine Computermaus ohne Kabel. Die Ähnlichkeit zwischen einer Computermaus (*mouse*) und einer tierischen Maus liegt neben der optischen Ähnlichkeit auch in ihrer Flinkheit und ihrem niedlichen Aussehen.[48]

Dem Zielbereich SOFTWARE gehören Metaphern wie *bug, (Web) crawler* und *gopher* an. Ein *gopher* ist ein System, welches das Internet nach Informationen durchsucht. Das entstehende Bild ist das einer Beutelratte, die sich durch das Internet wühlt, um die gewünschten Informationen "auszugraben". Das Konzept hängt etymologisch und semantisch eng mit dem homophonen *gofer* (RHD: "*Slang*: an employee whose chief duty is running errands" > "to go for") zusammen (vgl. 4.4.4).

*Worms* und *mockingbirds* stellen Unterarten von Viren dar. Ein *worm* vermehrt sich selbständig in Computernetzen und richtet dort Schaden an. Die Metaphorik besteht in der Übertragung einer Szene. Ebenso wie sich ein Wurm durch die Erde windet, so schlängelt

[48] Dazu muß angemerkt werden, daß die Bezeichnung *mouse* aufgrund eines (teilweisen) Referenzwandels (Lipka 1981) bzw. *denotational change* (Lipka 1992: 105f) derzeit einer (eingeschränkten) Demotivierung unterzogen wird: Einige der modernen Computermäuse gleichen nicht tierischen Mäusen, sondern sind Füßen, Händen, Pfoten, etc. nachempfunden. Bei dieser Metapher zeichnen sich somit erste Anzeichen des Lexikalisierungsprozesses ab.

sich ein *worm* durch Datennetze. Ein *mockingbird* unterbricht die Kommunikation, z.B. während sich ein Anwender in ein System einloggt, um wertvolle Daten wie Paßwörter zu stehlen. Der Virus *mockingbird* ähnelt einer Spottdrossel in ihrer Fähigkeit, "to mimic the songs of other birds" (RHD), denn er imitiert die Reaktionen des normalen Programms, ohne daß der Anwender dies merkt. Das breite Bedeutungsspektrum von *mock* v ("to mimic, imitate"; "to deceive, delude" und "to ridicule by mimicry of action or speech" (RHD) mag wesentlich an dieser Metapher beteiligt sein. Die metaphorische Bedeutung von *spider* kommt durch folgendes Zitat hervorragend zur Geltung:

> Spiders are so called because they usually visit many sites in parallel at the same time, their "legs" spanning a large area of the "web." Spiders can crawl through a site's pages in several ways... (WI)

### 4.3.4.5 Konzept 4: COMPUTING IS HANDLING FOOD[49]

Dieses metaphorische Konzept umfaßt nach Kategorie 2 die zweitgrößte Menge an Lexemmetaphern, und zwar insgesamt 52 Stück oder rund 16% aller Computermetaphern. Es bot sich an, diese in drei Unterkonzepte zu unterteilen (4a bis c). Auffallend ist, daß die Mehrheit der Lexeme (36 Stück) dem *hackers' jargon* angehören. Ein möglicher Grund besteht darin, daß Programmierer mehr mit (PROGRAMMIER)DATEN und PROGRAMMEIGENSCHAFTEN – häufige Zielbereiche dieses Konzeptes – zu tun haben als durchschnittliche Anwender. Als Quellbereiche treten des weiteren in Erscheinung: LEBENSMITTEL, GERICHTE, GETRÄNKE, ESSENSZUBEREITUNG, ZUTATEN und GESCHMACK(SRICHTUNGEN).

a) DATA IS FOOD

Programmiersprachen, Programme und E-Mails bestehen aus DATEN. Dieser abstrakte Zielbereich wird mit Hilfe des Quellbereichs FOOD konzeptualisiert.

Dem Unterkonzept DATENEINHEITEN SIND ESSENSEINHEITEN können folgende Metaphern zugeordnet werden: Die auf die Hackersprache beschränkten Bezeichnungen *crumb* (2 bits), *nybble* (4 bits), *byte* (8 bits; auch Allgemeinsprache), *playte* (16 bits) und *dynner* (32 bits) besitzen eine innere Logik, denn sie bezeichnen eine wachsende Menge an Daten, und zwar analog zu den jeweiligen Primärbedeutungen: *crumb* stellt die kleinste Essenseinheit dar, *nibble* ist etwas größer, ein *bite* noch umfangreicher, *plate* umfaßt ein ganzes Gericht, und *dinner* eine gesamte Mahlzeit. Mit *donut* werden beliebige Mengen an Bits bezeichnet.

Die Lexemmetaphern *cookie, magic cookie* [H] bezeichnen Dateneinheiten (*cookies* sind in der Regel ca. 8 Kilobyte groß), welche vorwiegend über das Internet ausgetauscht werden, und zwar meist ohne das Wissen des Anwenders. *Cupcakes* ist in Analogie zu *cookies* entstanden – es handelt sich im Gegensatz zu *cookies* um persönliche Informationen, über die der Anwender Kontrolle besitzt (vgl. 4.4.4).

DATA IS FOOD bedeutet, daß das Verarbeiten von Daten im Computer mit dem Verarbeiten von Nahrung beim Menschen verglichen wird:

---

[49] Der Quellbereich FOOD schließt immer auch Getränke (DRINKS) ein. HANDLING FOOD stellt den Oberbegriff für EATING, COOKING, TASTING dar.

[cruncher] relies on the imagery of the computer as 'eating' and 'digesting' large amounts of data and later spewing out the results. (ODNW)

Eine weitere Analogie zu DATA IS FOOD besteht darin, daß Daten, ebenso wie Nahrungsmittel, aufbewahrt werden, etwa in einem *cookie jar* [H]. Auch die zu den anthropomorphischen Metaphern gehörigen *munch* v [H] und *slurp* v [H] (siehe 4.3.4.3) sind in diesem Bereich anzusiedeln.

Zum Schluß sei eine Metapher vorgestellt, die das Konzept DATA IS FOOD am deutlichsten zur Sprache bringt: "to feed the computer with data" (dt: "den Computer mit Daten füttern"). Daten werden als Nahrungsmittel für den Computer angesehen, welche ihm eingegeben werden (*to feed*) bzw. welche von diesem aufgenommen (*to slurp*), verarbeitet (*to crunch, munch*) und bei Bedarf wieder ausgespuckt werden (*to spew out data*; dt: "Daten ausspucken").

b) SOFTWARE / HARDWARE IS FOOD

In diesem zweiten Unterkonzept von COMPUTING IS HANDLING FOOD werden Softwareprogramme, Programmiersprachen und Programmiercodes als Nahrungsmittel betrachtet. *Java* ist die Bezeichnung für eine Programmiersprache. Eine mögliche Ähnlichkeit zwischen Quell- und Zielbereich besteht in der Stärke und Intensität der beiden Objekte[50] (vgl. auch die detaillierte Erläuterung in 4.4.4). *Hot Java* ist ein *Web browser*, der in Java geschrieben wurde. Durch das Determinans *hot* wird die metaphorische Bedeutung von *Java* (wieder) aktiviert: *hot Java* – 'heißer Kaffee' – 'attraktive Programmiersprache'. *(Java) beans* sind Komponenten, aus denen sich Java-Anwendungen (welche in der Programmiersprache *Java* geschrieben sind) zusammensetzen lassen. Es besteht eine Analogie zu den Primärbedeutungen: Kaffeebohnen sind die Materie, aus dem Kaffee hergestellt wird. *Java, Java beans, cookies* und *cupcakes* werden semantisch in einem Bereich zusammengefaßt und sind als solcher im mentalen Lexikon der Computeranwender verankert. Symptomatisch dafür sind die Homepages mit den Namen *Coffee & Cookies*; *Kaffee & Kuchen*; *Kakao & Kekse, Milch & Zucker* (Adressen: vgl. Bibliographie). Diese Konzepte sind des weiteren mit dem gesamten FOOD-Bereich im Computerwortschatz verbunden (z.B. GESCHMACKSRICHTUNGEN, ZUTATEN als Quellbereiche).

c) PROGRAMMING IS PREPARING FOOD

Diverse Aspekte des Programmierprozesses werden metaphorisch durch Quellbereiche aus der Essenszubereitung ausgedrückt. So beinhaltet *cookbook* [H] das metaphorische Konzept PROGRAMMIEREN IST KOCHEN NACH REZEPT. *Cooked mode* [H], *rare mode* [H], *raw mode* [H] bezeichnen Modi eines Systems beim Programmieren: im *cooked*-Modus ist eine aufwendige Vorverarbeitung der Daten erforderlich; im *raw*-Modus findet keinerlei Vorverarbeitung statt – sie werden "roh" geliefert, und der *rare*-Modus liefert Daten im "halbgaren" Zustand. *Slice-and-dice* bezeichnet den Vorgang, durch welchen Daten zusammengestellt

---

[50] Java in der Computerbedeutung geht auf eine Metonymie zurück: Sie ist von Java in der Bedeutung URSPRUNGSORT FÜR PRODUKT abgeleitet (OED2: "*ellipt.* Coffee from Java; also (slang) any sort of coffee").

werden, indem Teile eines größeren Ganzen ausgeschnitten und neu zusammengesetzt werden.

Dem Unterkonzept COMPONENTS FOR SOFTWARE-PROGRAMS are INGREDIENTS zuzuordnen sind diverse "Zutaten", die den Programmierprozeß begleiten: Als *bread crumbs* [H] werden Signale bezeichnet, anhand derer man *bugs* (Fehler) im Programm wiederfinden kann (siehe auch Kategorie 7). *Syntactic sugar* [H] ist eine Bezeichnung für *features*, die in Computerprogramme eingebaut werden, um die Benutzerfreundlichkeit zu erhöhen; dann werden sie 'süßer' im Sinne von 'attraktiver'.

Programmeigenschaften können "Geschmack" haben (*flavor* n 2 [H], *flavorful* adj [H], *tayste* [H]). *Vanilla* adj bezeichnet die Standardausrüstung von PCs. Die Metapher rührt von der Bedeutung von *vanilla* als "Standardvariante". Zum Verständnis der Metapher ist unbedingt kulturelles Wissen nötig, denn *vanilla* gilt als Standardsorte z.B. bei Eiscreme. Es handelt sich hier um intersensorische / synästhetische Metaphern. Diese zeichnen sich dadurch aus, daß ein Sinnesbereich auf einen anderen Sinnesbereich übertragen wird, in diesem Falle der GESCHMACKSSINN auf die WAHRNEHMUNG / EMPFINDUNG: Programme 'schmecken gut', 'sind süß', wenn sie einfach anzuwenden sind; schwierige Programmeigenschaften sind salzig, da sie Probleme bereiten. *Salt* kann (wohl in geringen Mengen) auch gegen zu große Eintönigkeit von Programmen helfen.

### 4.3.4.6 Konzept 5: COMPUTER PARTS ARE OBJECTS / ARTEFACTS

Dieses metaphorische Konzept ist dem Konzept 2 – COMPUTERS ARE HUMAN BEINGS – untergeordnet, denn bei den Quellbereichen handelt es sich um vom Menschen produzierte und verwendete Gegenstände bzw. von menschlicher Hand errichtete Bauwerke. Quantitativ gesehen umfaßt diese Kategorie in etwa gleich viele Lexemmetaphern (55 Stück) wie Konzept 4 (52 Stück). Die Konzepte 4 und 5 stehen somit an zweiter Stelle nach den anthropomorphischen Metaphern (Konzept 2). Die häufigsten Quellbereiche sind GEBÄUDE, MECHANISCHE GERÄTE und BÜROUTENSILIEN. Typisch für die Metaphern dieser Kategorie ist das häufige Auftreten von Projektionen von konkreten Quell- auf abstrakte Zielbereiche.

Die Zieldomäne HARDWARE / SOFTWARE wird typischerweise mit Hilfe von Gebäude(teilen) konzeptualisiert. Zu nennen sind *tower* und *firewall*, aber auch *back door* n, v, *bridge*, *data warehouse*, *gateway*, *kiosk* und *port* n, v. HARDWARE und SOFTWARE werden häufig mit mechanischen Geräten verglichen, z.B. *(search) engine*, *flytrap* [H] oder *tool* [H] / *toolkit*. Dazu gehören auch Büroutensilien wie *file*, *pen* und *trash* (siehe 4.3.6).

Durch das metaphorische Konzept DATENEINHEITEN SIND GELDEINHEITEN werden die Metaphern *deckle* [H] und *nickle* [H] ausgedrückt. *Nickle* ist eine Maßeinheit, die auf Daten (*bits*) übertragen wurde: Ein *nickle* umfaßt 5 *bits*, analog zur 5-Cent-Münze, die *nickel* genannt wird. *Deckle* (10 bits) weist nur zufällig eine Homonymie mit *deckle* (dt. *Bütte*) auf, denn die Etymologie sieht folgendermaßen aus:

dec- (für 10) + k (vermutlich aus *nickle*) + (nybb)le (*nybble*: Datenmaßeinheit, siehe Kategorie 4a).

*Shell* nennt man die "sichtbare Benutzeroberfläche eines Programms" (Schüller & Veddeler 1996), mit anderen Worten die Schale oder das Gehäuse eines Programms.[51] Als *kernel* (nicht im Korpus) wird das Gegenteil bezeichnet: "the operating system's inmost layer or core of services" (WI).

### 4.3.4.7 Konzepte 6, 7 und 8

Konzept 6: USERS' ACTIVITIES WITH COMPUTERS ARE (COMMON) TASKS

Dieses metaphorische Konzept ist dem Konzept 2 (COMPUTERS ARE HUMAN BEINGS) untergeordnet, denn als Quellbereiche treten hier typische menschliche Tätigkeiten auf. (Alltags)Tätigkeiten werden auf Tätigkeiten am Computer übertragen, z.B. die Anwendung von Programmen, Programmierung oder der Umgang mit Hardware. Insgesamt gehören diesem Konzept 27 Lexemmetaphern an, die vorwiegend im allgemeinsprachlichen Computerwortschatz angesiedelt sind.

Ausgewählte Beispiele aus dem Bereich des Programmierens sind *data scrubbing, flush* v [H], *garbage collection* [H], *tweak* v, *twiddle* v [H], und aus dem Wortschatz der Computeranwender *bundle* v / *unbundle* v, *cut and paste* v, n, *scroll* v und *window shopping* [H]. Nicht zu vergessen sind ferner *unzip* v und *zip* v mit der Bedeutung 'Komprimieren' (*zip*) bzw. 'Dekomprimieren' (*unzip*) von Dateien. *Zip* und *unzip* sind vermutlich von der Primärbedeutung "to fasten or unfasten with a zipper" (RHD) abgeleitet.[52] Das Symbol des Programms *WinZip Self-Extractor* beinhaltet das Bild eines Reißverschlusses:

Abbildung 4.10: *Icon* des *WinZip Self-Extractor*

Im Programm *WinZip* wird das Bild des Komprimierens durch das Symbol eines Schraubstockes veranschaulicht:

Abbildung 4.11: *Icon* des Programms *WinZip*

[51] Auch eine Zuordnung dieser Metapher in die Kategorie 13 wäre möglich, da *shell* auch als Naturgegenstand (Muschel, Schale) aufgefaßt werden kann.

[52] *Zip* stellte ursprünglich ein Onomatopoeia dar (OED2: "imitative"), bevor es sich aufgrund der begleitenden phonetischen Motivation zur metonymischen Bedeutung 'Reißverschluß öffnen' weiterentwickelte. Die Computerbedeutung steht auf der jüngsten etymologischen Stufe. Die ursprüngliche phonetische Motivation spielt in dieser Bedeutung möglicherweise noch eine Rolle.

Konzept 7: COMPUTER PARTS (HARDWARE, SOFTWARE) ARE CULTURAL ASSETS

In diesem metaphorischen Konzept, ebenfalls der Kategorie 2 – COMPUTERS ARE HUMAN BEINGS – untergeordnet (Kulturgüter werden vom Menschen geschaffen), werden Konzepte aus dem Quellbereich KULTUR auf Zielbereiche aus dem Bereich COMPUTING (SOFTWARE-PROGRAMME, HARDWAREKOMPONENTEN, PROGRAMMEIGENSCHFTEN, ANWENDER, INTERNET etc.) übertragen. Im folgenden wird eine Auswahl der insgesamt 14 Lexemmetaphern dieses Konzeptes vorgestellt:

a) Quellbereich MYTHOLOGIE

Eine "Web site that is no longer maintained but that remains available for viewing" (whatis.com 06/99) nennt man *ghost site*. Die Metaphorik besteht darin, daß diese Internet-Seiten ebenso wie Geister entkörpert sind, da ihr Inhalt "gestorben" (d.h. nicht mehr gültig) ist. *Zombie* [H] bedeutet in der Hackersprache "a process that has died but has not yet relinquished its process table slot" (NHD). Im Internet-Bereich hat *zombie* eine neue, verwandte Bedeutung angenommen: "A ghost site that for some reason seems to have moved to another location is a zombie." (whatis.com 06/99). Zu erwähnen sind ferner *daemon* [H] (vgl. 4.4.4), *dragon* [H], *Trojan horse* und *wizard.*

b) Quellbereich LITERATUR

Die maximale Speicherkapazität eines Computers wird mit *moby* n [H], einer Metaphtonymie, bezeichnet. Die Metapher basiert auf der immensen Größe: 4 Gigabyte werden mit *moby* kategorisiert – einem Wal von riesigen Ausmaßen (Moby Dick im Roman von Melville). *Bread crumbs* [H] gehört dieser Kategorie an, wenn man den Bedeutungsaspekt 'Nahrung' ins Visier nimmt. Die metaphorische Bedeutung – ein Signal, anhand dessen man Fehler in einem Programm aufspüren kann – basiert auf einem Märchen:

> The term is probably a reference to the Hansel and Gretel story from the Brothers Grimm; in several variants, a character leaves a trail of bread crumbs so as not to get lost in the woods. (NHD)

*Cookie monster* [H], eine Figur der TV-Serie *Sesame Street*, wird auf einen Typ von Virus projiziert, welcher sich dadurch bemerkbar macht, daß der Anwender auf die ständig auftauchende Aufforderung reagieren muß: "I want a cookie" (vgl. die Definition im Anhang).

c) Quellbereich BRÄUCHE / TRADITIONEN

*Christmas tree* [H] bezeichnet eine Hardware-Komponente, welche aufgrund von bunt blinkenden Lichtern einem Christbaum ähnelt (siehe auch 4.3.5). *Easter egg* wurde bereits in 4.3.2 erklärt. *Fortune cookie* [H] bezieht sich auf den chinesischen / US-amerikanischen Brauch, in Glückskeksen versteckte Botschaften zu lesen. Dieser wird hier auf die Computerdomäne übertragen. Es handelt sich um "a random quote, item of trivia, joke, or maxim printed to the user's tty [teletype terminal]" (NHD).

Konzept 8: COMPUTER USERS ARE ANIMALS

Dieses metaphorische Konzept umfaßt nur drei Lexemmetaphern, die zudem auf *hackers' jargon* beschränkt sind: *frog* [H], *hog* 2 [H] und *weasel* [H] (siehe Anhang). Mit diesen zoomorphischen Metaphern werden Computeranwender bezeichnet.

### 4.3.4.8 Konzepte 9, 10 und 11

Konzept 9: THE INTERNET IS THE SEA / A STRETCH OF WATER

Dieses metaphorische Konzept umfaßt in erster Linie das Bild des Internet als Meer, auf dem Schiffe fahren und auf dem verschiedene Tätigkeiten wie Wassersport, Angeln und Fischen ausgeübt werden können. Im Prinzip könnte es sich in dieser Hinsicht auch um ein anderes Gewässer – einen See, einen Fluß – handeln. Einige Hinweise wie z.B. die entsprechenden Bildschirmsymbole (s.u.) sprechen jedoch für den Quellbereich MEER.

a) USING THE INTERNET IS NAVIGATING

*Anchors* (synonym: *HTML tags)* haben eine Funktion beim Navigieren durch das Internet ("[to] navigate from page to page" ODNW). Mit einem *anchor* "legt man" an einer gewünschten Stelle im Internet "an". Sobald man die gewünschten Informationen bekommen hat, löst man sich von diesem Anker und navigiert weiter, bis man mit Hilfe eines weiteren Ankers erneut anhält, usw. Zu diesem Bild gehört ebenfalls der nicht im Korpus enthaltene Name eines Browsers – *Netscape Navigator*. Dieser dient dem *Navigieren* durch *Netscape*, d.h. durch die "Landschaft" des Internet – *(Inter)netscape*. Dieses Bild wird um so deutlicher, betrachtet man das Bildschirmsymbol der älteren Version 2.0 des *Netscape Navigator* (vgl. Abb. unten), das ein Steuerrad darstellt. Der Anwender befindet sich in der Perspektive des Schiffskapitäns, der über das Steuerrad hinaus auf das Meer (*seascape*) bzw. auf *(Inter)Netscape* blickt:

Abbildung 4.12: Symbol des *Netscape Navigator*

Eine neuere Version des *Netscape Navigator* (4.5) – *Netscape Communicator* – spinnt das Konzept THE INTERNET IS THE SEA weiter: das neue Symbol ist das eines *Leuchtturms* (vgl. Abb. unten). Ebenso wie der Leuchtturm als wichtiger Orientierungspunkt und als Informationszentrale für den Schiffskapitän dient, so fungiert in dieser Metapher das Internet als Informationsquelle für den Internet-Surfer.

Abbildung 4.13: *Icon* des *Netscape Communicator*

b) USING THE INTERNET IS SURFING

Die metaphorische Bedeutung von *surf* v besteht laut ODNW in folgender Eigenschaft: "to indicate 'riding, as though on a surfboard'". Im ANW finden wir eine andere Definition: "To use (the Internet) randomly or without a set goal." Als weitgehende Synonyme kommen im Korpus *Web surf* v, *websurfer*, *netsurfer* und *electronic surfing* vor. Meiner Ansicht nach erfaßt keine dieser Erklärungen das Wesen dieser Metapher vollständig. Denn hier wird offensichtlich eine ganze Szene übertragen: Der *websurfer* segelt meist mit hoher Geschwindigkeit durch das Informationsmeer 'Internet', möglicherweise "randomly or without a set goal" (s.o.), und kommt an vielen Orten vorbei, an denen er innehält, um dann zum nächsten Ort zu segeln.

c) WRITING E-MAILS IS ANGLING[53]

*Trolls* sind, ebenso wie *flame baits*, "inflammatory electronic messages" (ODNW), die als Köder "ausgelegt" (d.h. durch das Internet geschickt) werden, um zu provozieren, *flames* zu ernten und *flame wars* (siehe Kategorie 13) anzuzetteln. *Trollers* sind die Verfasser von *flame mails* (vgl. 13). Sie legen ihre Köder aus, "in the hope that those who read them will 'rise to the bait'" (ODNW).

Nicht speziell auf das Internet, sondern auf den COMPUTER bezogen sind folgende Lexemmetaphern: *submarining* bedeutet das "Untertauchen" eines Cursors unter die Bildschirmoberfläche. Die Metapher besteht in folgender Analogie: die Bildschirmoberfläche wird mit dem Meer verglichen; der Cursor mit einem U-Boot. Die *submarine* (= Cursor) taucht unter die Wasseroberfläche (= Bildschirmoberfläche). *Icebreaker* [H] ist ein Programm, das Sicherheitssysteme (*ice*, siehe Kategorie 13) knackt.

Konzept 10: A COMPUTER / A COMPUTER-NETWORK IS A BOOK

Hier entsteht das Bild des Computernetzes *Internet* als umfangreiches Buch. Dort kann durch verschiedene Seiten – *home pages* oder *Web pages* – geblättert werden, und Lesezeichen (*bookmark* n) können gesetzt werden (*bookmark* v):

> You can think of your browser as a book full of (millions of) Web pages and a few well-placed bookmarks that you have chosen. (WI)

---

[53] Ob es sich bei den folgenden Metaphern um Angeln oder Fischen als Quellbereich handelt, ist nicht eindeutig. Wahrscheinlicher ist jedoch der Angelsport - "the act or art of fishing with a hook and line, usually attached to a rod" (RHD).

Das Lesen eines Word-Dokumentes wird mit dem Durchblättern eines Buches verglichen. Ein *thumb* n [H] ist ein verschiebbarer Balken auf Bildlaufleisten (*scroll bars*, Kategorie 6) in Windows-Fenstern, mit dessen Hilfe man "to browse through the contents of a text window in a way analogous to thumbing through a book" (NHD) kann. Auch der Computer selbst wird als Buch bzw. Heft angesehen. Dies äußert sich in Metaphern wie *notebook* oder *subnotebook*.

Konzept 11: THE INTERNET IS A HIGHWAY / DATA ARE VEHICLES

Innerhalb dieses metaphorischen Konzeptes wird das Internet als Autobahn angesehen, auf der sich Fahrzeuge in Form von Daten schnell fortbewegen. *Data highway*, *electronic highway*, *infobahn*, *information superhighway*, *superhighway*[54] werden als Synonyme für die Datenautobahn verwendet. *Universal Serial Bus* (*USB*) und *bus* bezeichnen Hardware-Komponenten. In einem *bus* werden Daten zwischen Computerteilen transportiert:

> a bus is a transmission path on which signals are dropped off or picked up at every device attached to the line [...] the term derives from its similarity to autobuses that stop at every town or block to drop off or take on riders. (whatis.com 06/99, vgl. auch Schüller & Veddeler 1996: 756f)

Diese Metapher beinhaltet neben dem Konzept DATA are VEHICLES eine weitere Analogie: Die Hardwarekomponente *bus* wird mit einem Autobus verglichen, der Passagiere (Signale / Daten) transportiert, d.h. diese an einer Haltestelle aufnimmt und am gewünschten Ziel wieder absetzt; es handelt sich um das metaphorische Konzept DATA / SIGNALS ARE PASSENGERS IN A BUS.

### 4.3.4.9 Konzepte 12 und 13

Konzept 12: COMPUTER PARTS (HARDWARE, SOFTWARE) ARE ABSTRACT CONCEPTS

Die in diesem metaphorischen Konzept enthaltenen Lexemmetaphern konzentrieren sich auf den Zielbereich SOFTWARE (Daten, Programme, Prozesse), aber auch auf HARDWARE. Diese Zielbereiche werden ausschließlich durch abstrakte Quellbereiche konzeptualisiert:

a) Quellbereich QUANTITY

Hier werden Mengen (von Daten / Programmen) durch Mengenbezeichnungen benannt, welche sich außerhalb des Computerbereichs auf konkrete Objekte beziehen: *batch* n ist ein Stapel an Daten / Befehlen, die vom Computer als Einheit behandelt werden; *bundle* n bezeichnet eine gebündelte Menge an Softwareprogrammen. *Stack* n bezeichnet eine Liste, in der Daten / Befehle so gespeichert sind, daß das letzte Element als erstes wieder abgerufen werden kann. Hier besteht folgende Analogie: das oberste Element, welches von einem Stoß (z.B. Papier) weggenommen wird, ist auch dasjenige, welches zuletzt dort abgelegt wurde.

---

[54] Laut OED2 existiert die Computerbedeutung von *highway* schon seit 1949.

b) Quellbereich DIRECTION / POSITION

Das Unterkonzept UP IS FUNCTIONING, DOWN IS NOT FUNCTIONING beinhaltet die Metaphern *down*, *up* und *uptime* n, die Zustände des Computers bezeichnen: *down* bedeutet 'nicht funktionsfähig'; *up* / *uptime* 'funktionsfähig'.

Das Unterkonzept UP IS BIG, DOWN IS SMALL beinhaltet Metaphern wie *download* v, n, *upload* v: Daten / Programme können von größeren Systemen (z.B. Server) auf kleinere Systeme (Clients) "heruntergeladen" werden (DOWN IS SMALL). Umgekehrt werden sie von kleineren auf größere Systeme "heraufgeladen" (UP IS BIG).

Dem Unterkonzept UP IS BETTER QUALITY zuzuordnen ist *upgrade* v mit der Bedeutung 'die Qualität eines Computerprogramms verbessern'. Nicht im Korpus enthalten und wohl erst seit kurzem registriert, ist das Gegenteil davon, *downgrade*:

> This word, both verb and noun, has turned up in the computer world recently as the opposite of 'upgrade'. In this situation *it refers to the replacement of current versions of computer software by older versions with fewer facilities*. It's an idea that's been seriously put forward by users fed up with buggy, slow, over-complex and virus-prone software, who want to return to software that is simple, fast and easy to use. (Michael Quinion in: *WorldWideWords-Newsletter* 19.6.99, meine Hervorhebungen, MB)

c) Den Quellbereich PLACE weisen *Web site*, synonym *site* n, und *storage* (ein Synonym von *computer memory*) auf.

d) Den Quellbereich QUALITY enthalten die bekannten Lexeme *hardware* und *software*.

Diese Art der Kategorisierung abstrakter Bedeutungen ist keineswegs typisch für den Computerwortschatz, sondern ist auch in vielen anderen Bereichen des Vokabulars zu finden (vgl. die ähnlichen metaphorischen Konzepte in der *Conceptual Metaphor Homepage* wie CONTROL is UP, EUPHORIC STATES ARE UP, RATIONAL IS UP).

Konzept 13: COMPUTER PARTS ARE NATURAL PHENOMENA

Diese Metaphern weisen Bezeichnungen für Naturphänomene bzw. -elemente auf. Ausgewählte Beispiele sind Komposita mit der Komponente *flame* n, v ("to post an electronic message to s.o. which is destructively critical, abusive, or intended to provoke dissent or controversy." (ODNW): *dictionary flame* [H], *spelling flame* [H], *flame mail, flame war* und auch die Verben *flame on* [H], *flame out*. Sie gehören gleichzeitig dem metaphorischen Konzept ANGER IS FIRE (nach Lakoff & Johnson 1980a) an. *Cobweb site* bezeichnet eine Internet-Domäne, die seit längerem nicht mehr aktualisiert wurde. Diese Metapher vermittelt das Bild einer mit Spinnweben überwachsenen Seite. Zum Verständnis ist Weltwissen nötig: Es muß bekannt sein, daß mit Spinnweben umgebene Gegenstände oder Häuser alt sind. Hier schließt sich auch *link rot* ("The process by which links on a web page become as obsolete as the sites they are connected to change location or die" – ANW) an, das sich auf den mit *cobweb site* bezeichneten Alterungs- und Verfallprozeß von Internet-Seiten, inklusive ihrer Links (Verknüpfungen) bezieht. *Ice* [H] ist ein Sicherheitssystem, das mit einem *icebreaker* (Kategorie 9) geknackt werden kann. Mit *vapo(u)rware* werden Softwareprogramme, die zwar angekündigt werden, jedoch nie auf den Markt kommen, bezeichnet. Sie lösen sich wieder in Luft auf – sie "verdunsten".

### 4.3.5 Isolierte Metaphern: *cokebottles, loops & snail mail*

Wie im vorhergehenden Abschnitt dargestellt, ist es zwar prinzipiell möglich, sämtliche im Korpus enthaltenen Metaphern in die oben beschriebenen Kategorien metaphorischer Konzepte einzuordnen. Bei tiefergehender Analyse stellte sich jedoch heraus, daß einige Metaphern nur zufällig einer der Kategorien aus dem Computerbereich angehören. Es handelt sich um isolierte Metaphern (synonyn: idiosynkratische / *one-shot metaphors* / *image metaphors*; vgl. 2.3.1). Als Beispiel sei *mouse <u>potato</u>* angeführt – oberflächlich betrachtet eine *food metaphor* (siehe 4.3.6). Bei eingehender semantischer Investigation muß festgestellt werden, daß sie sich keiner der Unterkategorien des metaphorischen Konzeptes 4 zuordnen läßt. Sie ist eine Bezeichnung für Computeranwender, die – ebenso wie *couch potatoes* – aufgrund ihrer durch langes Sitzen und mangelnde Bewegung geprägten Körperform und -haltung einer Kartoffel ähnlich sehen. Aufgrund dieses Bildes ist *mouse potato* nicht innerhalb des Bildbereichs DATA IS FOOD oder HARDWARE bzw. SOFTWARE IS FOOD angesiedelt, sondern stellt vielmehr eine isolierte *image metaphor* dar. Im Korpus sind insgesamt 34 Lexemmetaphern dieses Typs enthalten. Sie werden nachfolgend in Auswahl dargestellt und zwei Sparten zugeordnet:

a) Idiosynkratische Metaphern, die auf einem (einfachen) Vergleich beruhen. Für eine erschöpfende Erklärung der metaphorischen Bedeutung dieser Metaphern genügt die Anwendung der auf der Merkmalsemantik basierenden Analyse nach dem Schema "X is like Y in respect of Z" (vgl. 2.3.1).
b) Idiosynkratische Metaphern, die auf der Übertragung einer (komplexen) Szene oder auf (kulturellen) Assoziationen beruhen. Für eine Beschreibung dieses Typs ist das Konzept der *Merkmals*übertragung allein nicht ausreichend. Vielmehr muß ein kognitives Modell als Brücke zwischen Primär- und metaphorischer Bedeutung postuliert werden.

Auffällig viele der ursprünglich dem metaphorischen Konzept 5 (COMPUTER PARTS ARE OBJECTS / ARTEFACTS) zugeordneten Metaphern stellen sich als isolierte Metaphern dar: 13 von insgesamt 34 isolierten Metaphern, also fast 40%, gehören diesem Konzept an. Eine mögliche Erklärung sehe ich darin, daß die Quelldomäne ARTEFACTS / OBJECTS eine heterogene Mischung von Konzepten umfaßt und nur schwer ein semantischer Überbau in Form eines verbindenden metaphorischen Konzeptes hergestellt werden kann, verglichen mit homogenen Quellbereichen wie etwa BOOK in Konzept 10 – A COMPUTER / COMPUTER NETWORK IS A BOOK.

a) Auf einem (einfachen) Vergleich beruhende isolierte Metaphern

**Übertragung des Merkmals 'Form' / 'Aussehen'**
Hardware-Komponenten werden mit Gegenständen verglichen, die ähnlich aussehen. So bezeichnet *<u>banana</u> label* [H] ein Etikett, welches die Form einer Banane aufweist. Auf-

grund der rot und grün blinkenden Lichter gleicht die Hardwarekomponente *Christmas tree* [H] einem Weihnachtsbaum. Bei *condom* [H] handelt es sich um eine Plastikhülle für Disketten bzw. Tastaturen. Einige Schriftzeichen werden aufgrund ihrer optischen Ähnlichkeit mit Dingen aus dem Bereich FOOD verglichen: das @-Zeichen, *strudel* [H] genannt, ist ähnlich gerollt wie die Süßspeise (vgl. 4.3.2), und *cokebottle* [H] wird ein Zeichen genannt, das die Form einer umgedrehten Colaflasche aufweist.

**Übertragung des Merkmals 'Größe'**

*Washing machine* [H] wurden früher Festplatten genannt, die in riesigen Schränken auf dem Boden standen und einen Toploader hatten. Neben dem Merkmal 'Größe' wird hier auch das Merkmal 'Aussehen' ('wie eine Waschmaschine') übertragen. Zu erwähnen ist ferner *moby* (vgl. 4.3.4.7).

**Übertragung von '(charakteristischen) Eigenschaften'**

Die Metaphorik von *boat anchor* [H] und *doorstop* [H] (Synonyme) besteht in der Übertragung des Merkmals 'Hindernis'. Es handelt sich um defekte Hardware, die aus Sicherheitsgründen aufbewahrt werden muß. In *bulletproof* [H] wird die konkrete Eigenschaft 'kugelsicher' auf den abstrakten Bereich des Programmierens übertragen: "Used of an algorithm or implementation considered extremely robust; lossage-resistant; capable of correctly recovering from any imaginable exception condition." (NHD). *Snailmail* v, n; *snail* v [H] beinhaltet eine Übertragung der für Schnecken typischen Eigenschaft: *snail mail* ist auf konventionellem Wege versandte Post und im Gegensatz zur sekundenschnell übertragbaren *E-mail* so langsam wie eine Schnecke ('Schneckenpost'). *Spaghetti code* [H] und *spaghetti inheritance* [H] bezeichnen im Bereich 'Programmieren' komplexe, verworrene Code-Strukturen. Es handelt sich nicht um eine Ähnlichkeit bzgl. der Form, da Spaghetti bekanntlich gerade sind. Ihre charakteristische Eigenschaft erlangen sie erst, wenn sie gekocht in den Teller gelegt werden: sie 'verwursteln' sich. Zum Verständnis dieser Metapher ist daher Weltwissen nötig. Als Synonym wird *kangaroo code* verwendet. Es basiert auf dem Vergleich "such code has so many jumps in it" (NHD).

**Übertragung des Merkmals 'Funktion'**

Das Merkmal 'Schutz vor gefährlichen / unerwünschten Flüssigkeiten' wird in der Metapher *condom* 2 [H] auf die Computerdomäne übertragen (es besteht zudem eine Ähnlichkeit bzgl. der Form, s.o.). *Sponge* [H] wird ein Filter in einem Programm genannt, der Daten 'aufsaugt', ähnlich einem Schwamm, der Flüssigkeiten aufnimmt. Die Funktion einer Falltür, die nur in eine Richtung zu öffnen ist, wurde mit *trapdoor* auf den Bereich *computing* übertragen: "a property of some mathematical functions that it is relatively easy to compute results using them but extremely difficult to work backwards from the result to discover the original numbers." (ODNW).

**Merkmal 'Effekt'**

In <u>*killer*</u> *application* fungiert *killer* als *intensifier* in der Bedeutung "*Slang.* something or someone having a formidable impact, devastating effect" (RHD). Der Effekt besteht darin, daß es die Anwender einer derartigen Applikation vor Begeisterung "umhaut".

b) Auf der Übertragung einer (komplexen) Szene beruhende isolierte Metaphern

Nur wenige Lexemmetaphern, die auf der Übertragung einer mehr oder weniger komplexen Szene beruhen, sind keinem metaphorischen Konzept zuzuordnen. Sich wiederholende Computer-Instruktionen werden *loops* genannt. Die Metapher basiert auf einer dynamischen Szene: die Befehle bewegen sich über die Schlaufe (*loop*) fortlaufend im Kreise. Dies verbildlicht das abstrakte Konzept der Rekursivität.[55] Ähnlich wie *loop* basiert *streamer* auf einer dynamischen Szene. Es handelt sich um ein Magnetband, welches sich während der Datensicherung ausrollt, wie eine Luftschlange (*streamer*), die sich in ständigem Fluß befindet.

### 4.3.6 Anthropomorphische Metaphern, *food metaphors* und Metaphern für virtuelle Phänomene: *clients & servers*, *donuts*, *bookmarks & buttons*

Betrachtet man alle bisher untersuchten Metaphern, so kristallisieren sich drei Typen heraus, die typisch für den Computerbereich sind: anthropomorphische Metaphern, *food metaphors* und Metaphern für 'virtuelle Phänomene'. Ihnen allen ist gemeinsam, daß sie überwiegend einen abstrakten bzw. schwer verständlichen Zielbereich aufweisen (vgl. 4.3.3).

Anthropomorphische Metaphern zeichnen sich dadurch aus, daß als Quellbereich MENSCH, als Zielbereich COMPUTER fungiert. Das metaphorische Konzept 2 – COMPUTERS ARE HUMAN BEINGS – ist Hauptrepräsentant dieses Metapherntyps (siehe 4.3.4.3). Es umfaßt ca. 25% aller Lexemmetaphern. Indirekt gehören auch die metaphorischen Konzepte 4, 5, 6 und 7 zu den anthropomorphischen Metaphern (vgl. Abb. 4.7 in Punkt 4.3.4), denn als QUELLDOMÄNEN dienen MENSCHLICHE TÄTIGKEITEN, EIGENSCHAFTEN und PRODUKTE. Insgesamt handelt es sich somit um den weitaus umfangreichsten metaphorischen Bereich im Computerwortschatz: 231 von insgesamt 327 Lexemmetaphern (316 Metaphern und 11 Metaphtonymien), d.h. etwa 70%, sind anthropomorphische Metaphern. Es ist daher durchaus berechtigt, vom Anthropo*zentris*mus (vgl. Dirven 1988: 337ff) im Computerbereich zu sprechen.

Die Anthropomorphisierung wird häufig auch bei Metaphern des Allgemeinwortschatzes beobachtet. Wierzbicka (1985: 343ff) fällt auf, daß Konzeptualisierungen alltäglicher Gegenstände häufig "with reference to the human body" stattfinden, etwa in *neck of a bottle*, *mouth of a river*, *legs of trousers*. Dieser *body-centrism* betreffe vor allem Bezeichnungen für menschliche Artefakte (entspricht meiner Kategorie 2b mit der Quelldomäne PARTS OF THE HUMAN BODY). Smith et al. (1981) stellen in einer Studie zu Metaphern aus den letzten 300 Jahren amerikanischer Kulturgeschichte fest, daß die häufigsten Themen,

[55] Im Gegensatz dazu klassifiziert Warren (1992: 84) *loop* als Metapher, die durch den *ground* "similarity as to abstract shape" gekennzeichnet ist. Warrens statische Beschreibung ist in meinen Augen nicht optimal für die Interpretation dieser Metapher geeignet, denn es handelt sich um einen *ground*, der eine *dynamische Szene* beinhaltet. Warren definiert diesen selber als "that which is like a loop in that *it goes round and round without an end or beginning*" (Warren 1992: 84; Hervorhebung im Original).

die metaphorisiert werden, abstrakte Phänomene wie psychologische Vorgänge, Natur, Gesellschaft und Religion sind. Als Quellbereich fungiert am häufigsten der menschliche Körper, an zweiter Stelle steht die Natur. Für die Computermetaphern gilt Ähnliches: sie finden vor allem dort Anwendung, wo es sich um abstrakte Vorgänge in Bereichen wie Programmieren oder Datenverarbeitung handelt. Jedoch stellt nicht der menschliche Körper die häufigste Quelldomäne dar, sondern generell der Bereich MENSCHEN mit Unterkategorien wie MENSCHENTYPEN, der MENSCHLICHE KÖRPER, MENSCHLICHE AKTIVITÄTEN, EIGENSCHAFTEN oder PRODUKTE.

In Lakoffs *Conceptual Metaphor Homepage* (1994) findet sich die Aussage, daß Laien dazu tendieren, den ganzen Computer zu personifizieren, während versiertere Anwender allenfalls einzelne Programme und Applikationen anthropomorphisieren. Computerexperten dagegen neigen dazu, sogar einzelne spezielle Computerkomponenten zu personifizieren. Dieses Prinzip trifft im großen und ganzen auch auf das untersuchte Computerwortschatzkorpus zu (siehe metaphorisches Konzept Nr. 2 COMPUTERS ARE HUMAN BEINGS in Punkt 4.3.4.3): Die Lexemmetaphern, die Computertypen bezeichnen (z.B. *client, server*), sind dem allgemeinsprachlichen Computerwortschatz zuzuordnen. Sobald es sich um das Innenleben von Computerprogrammen handelt (z.B. Eigenschaften und Reaktionen wie *choke, grind, ill-behaved* etc.), mit denen i.d.R. nur Fachleute in Berührung kommen, sind die betreffenden Metaphern auf die Hackersprache beschränkt. Im *New Hackers' Dictionary* (online) findet sich ein profunder Erklärungsversuch für den Hang zur Anthropomorphisierung seitens der 'Hacker':

> Semantically, one rich source of jargon constructions is the hackish tendency *to anthropomorphize hardware and software*. This isn't done in a naive way; hackers don't personalize their stuff in the sense of feeling empathy with it, nor do they mystically believe that the things they work on every day are 'alive'. What is common is to hear *hardware or software talked about as though it has homunculi talking to each other inside it, with intentions and desires*. Thus, one hears 'The protocol handler got confused', or that programs 'are trying' to do things, or one may say of a routine that 'its goal in life is to X'. One even hears explanations like '... and its poor little brain couldn't understand X, and it died.' (NHD-online, meine Hervorhebungen, MB)

Ein entscheidender Grund für die Tendenz zur Anthropomorphisierung liegt in folgender Erklärung:

> Sometimes modelling things this way actually seems to make them easier to understand, perhaps because it's instinctively natural to think of anything with a really complex behavioral repertoire as 'like a person' rather than 'like a thing'. (NHD-online, meine Hervorhebungen, MB)

Einen prominenten Bereich unter den Computermetaphern stellen auch die *food metaphors* dar. Dazu zählen alle zu dem metaphorischen Konzept 4 gehörigen Metaphern (siehe 4.3.4.5), die eine Unterkategorie der anthropomorphischen Metaphern darstellen. Die metaphorische Projektion des Quellbereichs FOOD[56] auf den Zielbereich COMPUTING wird in folgender Abbildung schematisch dargestellt:

---

[56] Der Bereich FOOD beinhaltet auch Getränke.

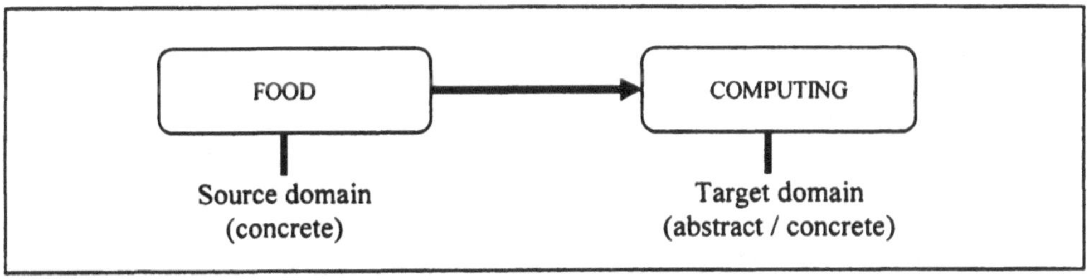


Abbildung 4.14: *food metaphors* im Computerbereich

Signifikant ist die Tatsache, daß es sich um einen konkreten Quellbereich handelt, durch den zumeist abstrakte Sachverhalte wie Daten, Datenverarbeitung, Programmierprozesse oder Softwareprogramme konzeptualisiert werden. Die einzelnen den *food metaphors* zuzuordnenden Bilder lauten:

- DATA IS FOOD: Hier werden Nahrungsmittel zur Bezeichnung (unterschiedlich großer) Datenmengen gewählt (*cookie, cupcake, donuts*). Besonders interessant ist die quantitativ ansteigende Reihe *byte, crumb, donut, dynner, nybble, playte* (vgl. 4.3.4.5). Auch PROCESSING OF DATA IS EATING bewegt sich im Rahmen dieses Bildes: Der Computer wird als Lebewesen angesehen, welches (Daten) aufnimmt (*to crunch / munch / slurp*) und die Ergebnisse anschließend ausspuckt.
- SOFTWARE / HARDWARE IS FOOD: Programme und Hardware-Komponenten werden mit Hilfe von Essenstermini konzeptualisiert, z.B. *Apple (computer), bean, pizza.*
- In der Hackersprache wird das Programmieren mit der Essenszubereitung verglichen, z.B. *cookbook, fry* v, *rare mode, cooked mode* etc. Im Rahmen dieses metaphorischen Konzepts PROGRAMMING IS PREPARING FOOD werden Programmkomponenten mit Zutaten verglichen: *bread crumbs, salt, syntactic sugar.*

*Food metaphors* sind in der Hackersprache besonders zahlreich vertreten: ca. 65% davon gehören dem *hackers' slang* an. Dies ist darauf zurückzuführen, daß Hacker dazu tendieren, Dinge in ihrer unmittelbaren Arbeitsumgebung als Quellkonzepte für Metaphern aufzugreifen (Quelle: NHD-online). Dazu gehören Nahrungsmittel und Getränke (*pizza, cookie, cokebottle, strudel* etc.) ebenso wie (Alltags)Gegenstände (*nickle, toy, condom*, etc.).

Der Typ der Metaphern für virtuelle Phänomene (Objekte und Vorgänge) wird neu eingeführt, um ein in den vorhergehenden Punkten angedeutetes klassifikatorisches Dilemma zu lösen, das insgesamt 20 Metaphern aus dem Korpus betrifft. Es setzt sich aus zwei Aspekten zusammen:

- Einige Einträge konnten weder eindeutig den Metaphern noch den *shifts in application* zugeordnet werden. Lexikalische Einheiten wie *menu* können einerseits als mindere Bedeutungsveränderungen und damit als *shifts in application* eingestuft werden. Andererseits ist es ebenso möglich, diese als Projektion einer konkreten auf eine abstrakte (?) Domäne zu betrachten.
- In diesem Zusammenhang ergab sich der Bedarf, eine zwischen den Kategorien ABSTRAKT und KONKRET angesiedelte Kategorie für bestimmte Konzepte aus dem Computerbereich zu erschaffen. Einen geeigneten Quellbereich für lexikalische Einheiten wie

*anchor, bookmark, button, tile, wallpaper* zu finden, fällt nicht schwer: Es handelt sich um konkrete Gegenstände. Die Bestimmung des Zielbereichs fällt hingegen schwerer: Die lexikalischen Einheiten bezeichnen typischerweise auf dem Computerbildschirm sichtbare Objekte (*button, tile, wallpaper*) bzw. nicht sichtbare Objekte, mit deren Hilfe Funktionen ausgeführt werden können (z.B. Einmerken von Internet-Seiten durch *bookmarks*). Hier stellt sich nun die Frage, ob es sich um konkrete oder abstrakte Zielbereiche handelt. Abstrakt sind sie nicht, da man die bezeichneten Phänomene auf dem Bildschirm sehen und damit konkrete Anwendungen tätigen kann. Andererseits sind sie auch nicht als konkret einzustufen, da es sich um nicht antastbare, sondern nur als Bild oder Funktion auf dem Bildschirm erscheinende Phänomene handelt.

Um dieses Dilemma zu lösen, habe ich die Kategorie VIRTUELL als Zwischenstufe zwischen ABSTRAKT und KONKRET eingeführt. Anhand des geeigneten Beispiels *trash* (siehe Abb. 4.15) soll dies näher erläutert werden. Der Papierkorb in *Windows* dient dazu, überflüssige Dokumente zu entsorgen. Ebenso wie den real existierenden Papierkorb füllt man ihn durch *drag & drop* mit unbrauchbaren Dokumenten auf. Einen gefüllten Papierkorb erkennt man daran, daß er Papier enthält (siehe Abb. 4.16). Man leert ihn bei Bedarf aus. Falls irrtümlicherweise Dokumente in den Papierkorb gezogen wurden, können diese vor dem Leeren wieder herausgenommen werden, analog der realen Situation.

Abbildung 4.15: Symbol für Papierkorb

Abbildung 4.16: Symbol für 'gefüllter Papierkorb'

Betrachtet man die Symbole und Programme im Betriebssystem *Windows*, so finden sich weitere Beispiele dieser Kategorie von Metaphern. Diese sog. *office metaphors* (www.whatis.com) sind allerdings nicht im Korpus enthalten, sondern wurden durch Inspektion aller zugänglichen *Windows*-Programme in Erfahrung gebracht. *Office* umfaßt alle *Windows*-Programme (*Word, Excel, Access, PowerPoint* etc.), mit welchen Bürotätigkeiten ausgeführt werden können. *Word* stellt eine Metonymie 'pars pro toto' dar: WORD steht für den TEXT, der mit *Word* erzeugt werden kann, und auch für das gesamte TEXTVERARBEITUNGSPROGRAMM. *Clipboard* bezeichnet eine virtuelle Zwischenablage: dort kann man wichtige Dokumente "anheften", bevor sie weggeworfen oder anderweitig verarbeitet werden. Im deutschen Programm wird dies *Ablagemappe* genannt. Mit *drag and drop* wird das virtuelle "Ziehen und Fallenlassen" von Objekten auf der Windows-Oberfläche bezeichnet. Auch *Word-Pad* (ein Textverarbeitungsprogramm mit eingeschränkten Funktionen), *Rech-*

*ner* (ein virtueller Taschenrechner) und die virtuelle *Uhr* in *Windows* fallen in diese Kategorie.

Es handelt sich bei der Kategorie 'Metaphern für virtuelle Phänomene' somit keineswegs um eine *mixed bag* oder gar um ein *waste basket*, sondern um eine für den Computerbereich dringend benötigte Kategorie. Sie ist dadurch charakterisiert, daß Quellbereiche konkreter Natur auf virtuelle Zielbereiche projiziert werden:

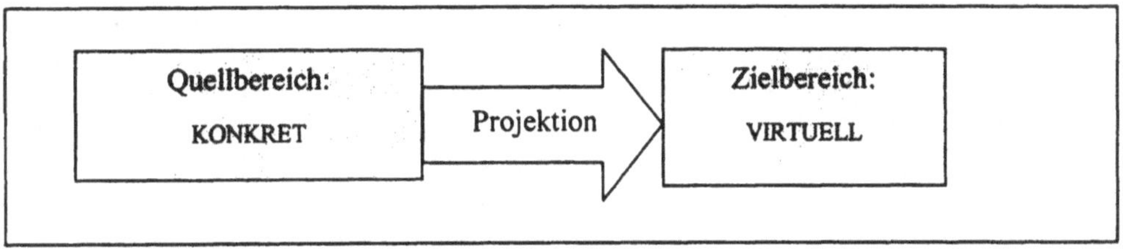


Abbildung 4.17: Metaphern für virtuelle Phänomene

Die Bedeutung von 'virtuell' entspricht hier der gängigen Bedeutung im Zusammenhang mit Computern und der virtuellen Realität:

> In computing: not physically existing but made to appear so from the point of view of the user; involving *the replication of a physical object by an electronic equivalent*. (ODNW 1997: 336; meine Hervorhebung, MB)

und

> the word *virtual* also took on a weakened sense referring to the replacement of a physical entity by an electronic equivalent using telecommunications. (ODNW 1997: 337)

Es handelt sich somit um elektronisch erzeugte Bilder konkreter Objekte.

Durch die Einführung dieser neuen Kategorie VIRTUELL wird gleichzeitig das klassifikatorische Problem gelöst: Da eine plausible Zieldomäne gefunden wurde, fällt die alternative Deutung als *shifts in application* weg. Bei den Metaphern für virtuelle Phänomene handelt es sich um weniger prototypische Mitglieder der Kategorie der (Computer)Metaphern. Sie befinden sich im Übergangsbereich zwischen Metaphern und *shifts* auf dem 'semantischen Rad' (siehe Abb. 3.12 in 3.3.4.4). Auch die Tatsache, daß die beteiligten Domänen KONKRET und VIRTUELL i.d.R. nicht weit auseinander liegen, spricht für die Randmitgliedschaft dieses Metapherntyps: Der virtuelle und der echte Papierkorb gleichen sich äußerlich und erfüllen die gleiche Funktion.

Diese Kategorie von Metaphern enthält zwei Unterkategorien, zu denen jeweils ausgewählte Beispiele aus dem Korpus vorgestellt werden:

a) Metaphern für virtuelle Objekte

Hier besteht eine Relation der Ikonizität zwischen beiden beteiligten Bereichen: die Bildschirmsymbole bilden Objekte direkt ab. Neben einer Ähnlichkeit bzgl. des Aussehens besteht meist auch eine Ähnlichkeit bzgl. der Funktion(en):

*Buttons*, dt. *Schaltflächen*, sehen aus wie Knöpfe (3D-Effekt in neueren Programmen, z.B. Word97). Wenn man sie per Mausklick drückt, wird eine Funktion ausgelöst. Ein *cursor* gleicht einem Schieber (z.B. auf einem Lineal) dahingehend, daß er sich an der gewünschten Stelle positionieren läßt. Auf einem *desktop* n 1 – einer Computer-Schreibtischoberfläche – befinden sich die Dinge, die zum Arbeiten benötigt werden: Akten (*files*), ein Papierkorb, ein Rechner, Software-Programme (*Word, Excel*, Internetprogramme), Kalender, Notizblöcke etc. Bei *thumb* n [H] handelt es sich um den verschiebbaren Balken auf Bildlaufleisten. Er ähnelt von der Größe her einem echten Daumen, insbesondere aber aufgrund seiner Funktion – das Scrollen eines Computer-Dokumentes wird mit dem Blättern in einem Buch verglichen ("to thumb through a book"). *Tile* v, das auch als Nomen existiert, bezeichnet die Funktion, daß Fenster in Windows-Programmen so angeordnet werden können, daß sie sich nicht überlappen. Es ergibt sich so das Bild einer gefließten Wand. In Windows-Programmen kann man sich das Hintergrundmuster für die Bildschirmoberfläche – *wallpaper* – aussuchen: es gleicht in Aussehen (Muster) und Funktion (Dekoration) einer Tapete. Ein "Fenster" auf dem Computerbildschirm – *window* – gleicht einem echten Fenster dahingehend, daß es einen Rahmen hat, durch den man hineinblicken kann: man bekommt einen Ausschnitt eines Ganzen (eines Dokumentes, eines Bildes) zu Gesicht (vgl. dazu auch Warren 1992: 82).

b) Metaphern für virtuelle Vorgänge / Objekte, ohne bildhafte Repräsentation

Hier handelt es sich um Bezeichnungen für Vorgänge und Objekte, für die keine Symbole existieren. Sie erfüllen mit ihren realen Pendants vergleichbare Funktionen.

Bei *anchor* handelt es sich um nicht als Bild eines Ankers in Erscheinung tretende Verknüpfungen, durch die Web-Seiten und auch einzelne Elemente innerhalb einer Seite miteinander verbunden werden können. Ein *Lesezeichen* (*bookmark* n, v) tritt nicht in Form eines solchen auf, sondern lediglich als Name in einer Liste im Internet-Browser. Es erfüllt die gleiche Funktion wie ein Lesezeichen für Bücher: man merkt sich eine (Internet)-Seite ein (*to bookmark*). Wie aus einer Papierseite "schneidet" man mit Hilfe von *cut and paste* (v, n) Objekte / Texte aus einem Word-Dokument aus und "klebt" sie an anderer Stelle wieder ein. Ein Briefkasten im Computer – *mailbox* – gleicht äußerlich kaum einem realen Briefkasten, erfüllt jedoch die gleichen Funktionen: man kann Post empfangen und abschicken. Ein *Menü*[57] (*menu* n) ist eine Auswahlliste, von der man die gewünschten Programme oder Funktionen auswählen kann.

---

[57] *Menü* ist eine in Windows-Programmen verwendete, leider falsche Übersetzung für *menu*: es handelt sich auch in der Computerbedeutung um eine Auswahlliste, wie eine Speisekarte, und nicht um eine Abfolge von Gängen (die übliche Bedeutung von dt. *Menü*).

## 4.4 Weitere semantische Prozesse im Bereich *computing*

Die Gruppe der Metaphern macht ca. 35% aller Lexikonprozesse des allgemeinsprachlichen Computerwortschatzes (bzw. 42% des Gesamtkorpus) aus. Metaphern stellen im untersuchten Korpus auch den weitaus größten Anteil der semantisch motivierten Prozesse dar (75%). Folgende Abschnitte sind den restlichen 25% der semantischen Prozesse im Korpus gewidmet: den Metonymien, Metaphtonymien, *shifts in application* und Volksetymologien / Remotivationen. Obwohl zahlenmäßig in geringerem Ausmaße vertreten, sind diese nicht minder untersuchenswert, da auch durch sie Computerkonzepte kognitiv leichter zu verarbeiten sind (vgl. 4.3.3).

### 4.4.1 Metonymie: *cyberheads*, *laptops* und *smileys*

Die Metonymie nimmt einen Anteil von knapp 12% aller semantischen Prozesse ein. Im Korpus sind insgesamt 50 Metonyme vorhanden. Nur 6 davon gehören der Varietät *hackers' slang* an, die restlichen 44 dem allgemeinsprachlichen Computerwortschatz. Auffällig ist, daß 40% der Metonyme zusätzlich zur semantischen bzw. semantisch-morphologischen Motivation phonetische Motivation aufweisen. Im folgenden werden ausgewählte Metonyme im Rahmen ihrer Typologisierung (vgl. 3.3.4.2) vorgestellt. Bei den Metonymen handelt es sich vorwiegend um Bezeichnungen für

- Computeranwender: Diese Lexeme weisen typischerweise die Form von Komposita mit *-head* auf: *chiphead, cyberhead* etc.
- Softwareprogramme und Computertypen, z.B. *antivirus, handheld, laptop.*
- Eigenschaften von Programmen: *brain-damaged, flavo(u)rful.*
- Aktivitäten von Programmen: *to crash, to crunch.*

Typ 1: Assoziationen zwischen Bereichen / Konzepten

Im Computerwortschatz treten u.a. folgende Assoziationsrelationen zwischen Bereichen bzw. Konzepten auf:

a) MATERIAL FÜR PRODUKT
In *iron* n [H] und *big iron* n steht das Material EISEN für den gesamten COMPUTER.

b) GESCHMACKSRICHTUNG für TYP
Bei *flavor* n 1 [H] steht GESCHMACK(SRICHTUNG) stellvertretend für einen TYP (von Computersystem). *Vanilla* (eine Metapher, siehe 4.3.4.5) stellt dabei den Standardtyp dar. Im NHD findet sich folgende Information zur Entstehung von *flavor* im Computerbereich:

> This usage was certainly reinforced by the terminology of quantum chromodynamics, in which quarks (the constituents of, e.g., protons) come in six flavors (up, down, strange, charm, top, bottom) and three colors (red, blue, green) – however, hackish use of 'flavor' at MIT predated QCD. (NHD)

Entscheidend ist, daß *flavor* nach o.g. Information als erstes im Computerbereich verwendet wurde. Die spätere oder möglicherweise zeitgleiche Verwendung von *flavor* im Bereich der Teilchenphysik zeigt, daß diese Metonymie – GESCHMACK FÜR TYP – offensichtlich in der Kognition der Sprachverwender präsent ist und zu verschiedenen Anlässen in Form von Metonymen an die sprachliche Oberfläche gelangt.

c) CHARAKTERISTIK / TÄTIGKEIT für ANWENDER
*Twink* n [H] bezeichnet einen "read-only user" (NHD). "Zwinkern" steht hier als typische Tätigkeit des Anwenders für den Anwender selbst. Da zusätzlich zwei benachbarte Konzepte – ZWINKERN und LESEN – involviert sind, handelt es sich nicht (nur) um eine Teil-Ganzes-Relation.

d) FUNKTION für PRODUKT
Die Funktion eines Computerprogramms mit Namen *antivirus* (n) steht für das Programm selber: *antivirus program*.

e) ERGEBNIS für TÄTIGKEIT
*Twiddle* n [H] stellt das Ergebnis der Tätigkeit *twiddle* v ("A small and insignificant change to a program" – NHD) dar.

f) ORT für PRODUKT (toponymische Metonymie)
*High Sierra* steht für die "specification for the file structure of CD-ROMs" (ODNW).

g) EIGENNAME für PRODUKT (anthroponymische Metonymie)
*Michelangelo* ist die Bezeichnung für ein Computerprogramm von der Art 'Computervirus'.

h) GERÄUSCH für TÄTIGKEIT
Diese Art der Relation zwischen Konzepten nimmt das größte Ausmaß innerhalb des Typs 1 ein. Es handelt sich vorwiegend um Geräuschverben: *click* v (P), *double-click* v (P); *crack* v (P); *cracker* n (P); *cracking* n (P); *crash* n (P); *crash* v (P); *hack* v (P); *hack* n (P); *hack attack* n (P); *hacker* n; *tap* v (P). Das Verb ist eine für die Metonymie untypische Wortart (zur Statistik bzgl. der Korrelation der Wortarten mit den Typen semantischer Motivation: siehe 4.2.2.4). Eine Ausnahme scheinen solche Metonymien zu sein, die in Kombination mit phonetischer Motivation auftreten. Dieses Phänomen gilt es näher zu beleuchten.

Die Geräuschverben des Computerkorpus stellen in ihrer wörtlichen Bedeutung auf ihrer früheren etymologischen Stufe Onomatopoeia dar: *click, crack, crash* etc. Sie erfuhren im Computerbereich metonymische Bedeutungserweiterungen, so daß neue lexikalische Einheiten entstanden: *to crack* steht für das Einbrechen in Computersysteme; *to crash* bedeutet das Aussetzen der Funktionsfähigkeit eines Computersystems. Bei den Geräuschmetonymien *click, double-click, hack, tap* und auch bei *crash* ist zu beobachten, daß in der Bedeutung meist eine Geräuschkomponente mitschwingt, die vermutlich Anlaß für die Ausbildung der Metonymie war. Es handelt sich somit um Metonymien, bei denen beide Bereiche – GERÄUSCH und HANDLUNG – erhalten bleiben bzw. die Geräuschdomäne nachträglich aktiviert werden kann. Das Klicken der Maus (*to click, double-click*) ist i.d.R. hörbar und löst gleichzeitig eine Aktion oder Funktion aus. Ebenso verhält es sich bei *tap* v (siehe

Anhang). Die Bedienung der Tasten ist während der Ausführung der Tätigkeit i.d.R. wahrnehmbar. Auch *hack* v beinhaltet gleichzeitig zwei Domänen – die Primärbedeutung lautet "to chip" – "a sharp instrument produces sharp, repetitive impact noises" (Warren 1992: 88), die metonymische Bedeutung stützt sich auf "to devise or modify (a computer program), usually skillfully" (RHD). Die beiden Bereiche sind dadurch verbunden, daß durch das Geräusch und die Tätigkeit des 'Einhackens auf die Tastatur' die eigentliche Handlung – das Modifizieren eines Programms – ausgeführt werden kann.[58]

Die Reaktion eines Computers, "abzustürzen" (*to crash*) ist nicht zwangsläufig mit dem Geräusch *crash* verbunden. Tatsache ist jedoch, daß Computer in diesem Fall bestimmte Geräusche wie Alarmsignale auslösen. Die Geräuschdomäne ist jedoch weder bei den Geräuschmetonymien *to crack* (in ein System einbrechen) noch bei den Erweiterungen *cracker*, *cracking* und *hacker* präsent. Zur Veranschaulichung des Phänomens der Präsenz bzw. Absenz der GERÄUSCH-Domäne in diesen Metonymien eignet sich auch Leisis Analyse des Feldes der Geräuschwörter (vgl. Leisi [2]1985: 108ff).

Typ 2: Synekdoche

Im Computerkorpus ist kein Exemplar für den Typ 'totum pro parte' zu finden. Dies ist nichts Außergewöhnliches, da dieser Typ im allgemeinen nur sehr selten vorkommt (vgl. Tournier 1985: 252). Alle Metonyme im Korpus sind somit dem Typ 'Pars pro toto' zuzuordnen. In die Kategorie KOPF FÜR COMPUTERBENUTZER fallen die weitgehend synonymen Komposita, die als Determinatum das Morphem *-head* enthalten, z.B. *chiphead, cyberhead, nethead, webhead.* Die Kategorie EIGENSCHAFT FÜR PRODUKT enthält drei Gruppen:

- Bezeichnungen für Computer(systeme): Es handelt sich um Eigenschaften von Computern, welche für die Computer selber stehen: Einen *portable* kann man tragen; *palmtops* und *handhelds* sind so klein, daß sie in der Hand Platz haben. Als Beispiele sind des weiteren zu nennen *desktop* n 2, *interactive* n, *look-alike* n, *stand-alone* n und *workalike* n. Auffällig ist bei dieser Gruppe, daß es sich um Nomen (für die Computer) handelt, die sich von Adjektiven (die Eigenschaften der Computer) herleiten (Ellipsen), z.B. *laptop* adj (von *laptop computer*) für *laptop* n.
- Bezeichnungen für Speichermedien und Software: Bei *spreadsheet* n handelt es sich um ein Computerprogramm, welches ein virtuelles *spreadsheet* beinhaltet. Dieses steht stellvertretend für das gesamte Programm. Auch *copybroke* n (für *copybroke disk*), *floppy* n (für *floppy disk*) und *Floptical* n (für *Floptical disk*) gehören dieser Gruppe an.
- Bezeichnungen für Emoticons wie *smiley* n und *frowney* n.

Auffallend ist die Korrelation zwischen der Wortbildungsart Ellipse und der Metonymie (vgl. 4.2.2.4). Fast die Hälfte der o.g. Metonymien (21 von insgesamt 50 Stück) stellen von

[58] Warren (1992: 88) klassifiziert *hack v* dagegen als Metapher, die in dem übertragenen Merkmal "a repetitive motion achieved by a finger which serves as a sharp instrument and which produces characteristic sharp, repetitive impact noises" besteht. Die Computerbedeutung beinhaltet meines Erachtens jedoch mehr als das Eintippen (*to hack*) von Daten, nämlich die Tätigkeit, Programme zu modifizieren (im Extremfall, um in Computersysteme einzubrechen). Deshalb scheint mir eine Interpretation als Metonymie plausibler: diese entsteht durch das Nebeneinanderliegen der zwei Konzepte EINTIPPEN (MIT GERÄUSCH) und MODIFZIEREN VON PROGRAMMEN.

der formalen Seite betrachtet Ellipsen dar. Die Ausgangslexeme sind typischerweise Adjektiv-, Nomen- oder N+N-Kombinationen. Diese werden um das letzte freie Morphem (Nomen) gekürzt, z.B. *portable* adj (+ *computer* n) → *a portable* (*computer*). So entsteht die Ellipse auf formaler und die Metonymie auf semantischer Ebene.

Kennzeichnend ist auch, daß diese Ellipsen vorwiegend dem Typ 'Pars pro toto', mit der Unterart EIGENSCHAFT ALS TEIL DES PRODUKTES, angehören. Je nachdem, welches Morphem mit welcher ursprünglichen Wortart in dem Metonym erhalten bleibt, unterscheide ich drei Arten von Metonymen: adjektivische Ellipsen (adj → n) wie *handheld, interactive* oder *floppy*, nominale Ellipsen (n → n) wie *adventure* (für *adventure game*) oder *antivirus* (für *antivirus program)*, und Ellipsen mit *combining forms* (CF → n), z.B. *Cyber* n (aus *cyber-*) oder *beta* n (aus *beta version*).

### 4.4.2 Metaphtonymie: *propeller-head* und *drunk mouse syndrome*

Nur ein sehr geringer Anteil an der Gesamtzahl der semantischen Prozesse entfällt auf Metaphtonymien: 2,6%. Im folgenden werden einige aussagekräftige Exemplare der elf im Korpus enthaltenen Metaphtonymien basierend auf der Klassifikation (vgl. 3.3.4.3) erläutert.

Typ 1: Metapher-in-Metonymie

Die Metaphtonymie *propeller-head* n beinhaltet eine Metonymie des Typs 'pars pro toto': HEAD steht für die PERSON. Durch das Determinans wird diese Bezeichnung spezifiziert: *propeller* stellt den metaphorischen Vergleich mit Technik-Fans her, die angeblich "a beanie hat with a propeller on top" (ODNW) tragen. Dieser Hut ist ein Symbol für Science-Fiction-Fans und konstituiert die metaphorische Bedeutungskomponente. Es handelt sich somit in erster Linie um eine Metonymie (der Hauptfokus der Bedeutung liegt auf dem Determinatum *head*), welche durch eine metaphorische Bedeutung (ausgedrückt als Determinans) ergänzt wird.

Typ 2: Metonymie-in-Metapher

Es handelt sich um neue lexikalische Einheiten, welche primär metaphorische Bedeutung aufweisen, jedoch zusätzlich ein metonymisches Element beinhalten. Stellvertretend für die vier im Korpus enthaltenen Exemplare sei folgende Metonymie-in-Metapher erläutert: *drunk mouse syndrome* [H], synonym *mouse on drugs* (zur Bedeutung: vgl. Anhang). Die Computermaus (*mouse*) wird zunächst aufgrund ihrer äußeren Ähnlichkeit mit einer tierischen Maus verglichen. Diese Metapher wird durch die Eigenschaft *drunk* erweitert. Dadurch wird *mouse* durch ein anthropomorphisches Element ergänzt (*drunk mouse*). Das wesentliche metaphorische Element besteht in folgendem Vergleich: Die nicht steuerbaren, willkürlichen Hin-und-Her-Bewegungen des Cursors liefern das Potential für den Vergleich mit dem Betrunkensein eines Menschen bzw. Tieres, welche in diesem Zustand ebenfalls unkoordinierte Bewegungen ausführen. Das metonymische Element kommt ins Spiel, sobald bekannt ist, daß Computermäuse häufig mit einem alkoholischen Reiniger gesäubert wurden. Aus einer Zusatzinformation im NHD erfahren wir:

At Xerox PARC in the 1970s, most people kept a can of copier cleaner (isopropyl alcohol) at their desks. When the steel ball on the mouse had picked up enough cruft to be unreliable, the mouse was doused in cleaner, which restored it for a while. However, this operation left a fine residue that accelerated the accumulation of cruft, so the dousings became more and more frequent. Finally, the mouse was declared 'alcoholic' and sent to the clinic to be dried out in a CFC ultrasonic bath. (NHD)

Die metonymische Bedeutungskomponente besteht somit in einer Kontiguität zwischen den Domänen ALKOHOL und BETRUNKEN. Letztere Domäne ist zusätzlich in eine metaphorische Bedeutung eingebettet: Die unkoordinierten Bewegungen des Cursors werden mit dem Betrunkensein verglichen; die Computermaus wird anthropomorphisiert.

Typ 3: Metapher/Metonymie

*Fry* v 1, *fried* adj [H] sind Bezeichnungen für defekte Hardwarekomponenten. Diese können durch elektrische Störungen bzw. Kurzschluß ausbrennen. Es handelt sich hier um den Typ Metapher/Metonymie, da *fry* / *fried* im Computerzusammenhang immer in einer metaphorischen Bedeutung verwendet werden: Die Szene TO FRY HARDWARE ähnelt der wörtlichen Bedeutung von *fry* dahingehend, daß etwas unter Rauch- und möglicherweise auch unter Geruchsentwicklung verbrannt wird. Diese Szene enthält gleichzeitig metonymische Bedeutung. Es herrscht eine Kontiguitätsrelation zwischen den Domänen VERBRENNEN / BRATEN (erhitzen und Rauch produzieren) und NICHT-FUNKTIONIEREN. Es handelt sich um eine Metonymie des Typs 1: die URSACHE ('Verbrennen') steht für die WIRKUNG ('defekt'). In der Definition von *fry* v 1 finden sich zwei subtile Bedeutungsvarianten:

- Zum einen kann es sich um "smoke-producing hardware failures" (NHD) handeln. Ebenso kann *fried* bedeuten: "burnt out". In diesem Falle sind beide nebeneinander liegenden Domänen in der metonymischen Bedeutung präsent: die betroffene Hardware verbrennt tatsächlich und wird dadurch defekt.
- Zum anderen kann sich die Bedeutung auf "More generally, to become non-working." (NHD) beschränken, ebenso bei *fried*: "Non-working due to hardware failure" (NHD). In diesem Falle tritt die Domäne BRATEN / VERBRENNEN in den Hintergrund, und nur die Domäne NICHT-FUNKTIONIEREN ist in der Bedeutung präsent.

### 4.4.3 *Shift in application*: *icons*, *links* und *users*

Nur 8,1%, gemessen an der Gesamtzahl der semantisch motivierten Prozesse im Computerwortschatz, stellen *shifts in application* dar. Im folgenden werden ausgewählte Beispiele aus den insgesamt 34 im Korpus vorkommenden *shifts* präsentiert. Die Methode zum Feststellen des Status *shift in application* bestand darin, die Primärbedeutung des Lexems zu finden und diese mit der neuen Bedeutung zu vergleichen. So wird im Falle der Unterart 'Bedeutungsspezialisierung' deutlich, von welcher allgemeinen Bedeutung die spezialisierte Bedeutung abgeleitet wurde, und im Falle der Unterart 'Verschiebung im Anwendungsbereich', wie der Zusammenhang zwischen den Bedeutungen in den verschiedenen Varietäten gestaltet ist.

### a) Bedeutungsspezialisierung

Bedeutungsspezialisierungen oder -verengungen zeichnen sich dadurch aus, daß sie im Vergleich zur allgemeinen Bedeutung zusätzliche Merkmale besitzen. Beispiele aus dem Computerkorpus sind *author*, *to browse*, *icon*, *link*, *mailing list*, *scan / scanner*, *user* und *wired*, die in folgender Tabelle zusammen mit ihrer Primär- und verengten Bedeutung dargestellt werden (die zusätzlichen Merkmale werden unterstrichen dargestellt):

| *Shift in application* | Primärbedeutung (allgemeine Bedeutung) | Neue, spezialisierte Bedeutung |
|---|---|---|
| *author* n, *author* v | n: "a person who writes a novel, poem, essay, etc."; "the maker of anything; creator; originator.." (RHD) v: "to write; to be the originator of" (RHD) | n: "The writer of a software program, esp. a hypertext or multimedia application .." (RHD) v: "to make a Web page" (ANW) |
| *browse* v, *browse* n | v: "to look through or glance at casually" (RHD)[59] | v: "to read or survey (data files), especially across a computer network ..." (ODNW) |
| *icon* n | "a picture, image, or other representation." (RHD) | "A picture or symbol that appears on a monitor and is used to represent a command ...." (RHD) |
| *link* n | "anything serving to connect one part or thing with another" (RHD) | "A connection from one web site to another" (ANW) |
| *mailing list* n | "a list of addresses to which mail, esp. advertisements, can be sent." (RHD) | " *Computers*. A list of E-mail addresses to which messages, usually on a specific topic, are sent; a discussion group whose messages are distributed through E-mail:" (RHD) |
| *scan* v, *virus scanner* n | *scan* v: "to examine the particulars or points of minutely; scrutinize"; "to glance at or over or read hastily" (RHD) | " to read (data) for use by a computer or computerized device, esp. using an optical scanner." (RHD) |
| *user* n | "a person or thing that uses." (RHD) | "A person who uses a computer." (RHD) |
| *wired* adj | "equipped with wires ..." (RHD) | "connected electronically to one or more computer networks" (RHD) |

Tabelle 4.22

### b) Verschiebung im Anwendungsbereich

Bei *shifts* dieses Typs handelt sich um lexikalische Einheiten, welche von einem Anwendungsbereich, meist einer Fachsprache, auf einen anderen Anwendungsbereich (*computing*) übergetreten sind, z.B. *to log in*, *virtual* oder *wild card* (die Bereiche werden in der Tabelle unten unterstrichen hervorgehoben):

---

[59] Diese Primärbedeutung stellt selbst eine Metapher dar. Es findet eine sehr seltene Übertragung von TIER auf MENSCH statt: ("To feed *on* the leaves and shoots of trees and bushes; [...]: said of goats, deer, cattle" (OED2) → " to look through or glance at casually" (RHD).

| *Shift in application* | Primärbedeutung | Neuer Anwendungsbereich |
|---|---|---|
| *log in* v, *log off* v | *log* n: "any of various records, made in rough or finished form, concerning a trip made by a ship or aircraft and dealing with particulars of navigation, weather, engine performance, discipline, and other pertinent details; logbook." (RHD) | *log* n: "Computers. Any of various chronological records made concerning the use of a computer system, the changes made to data, etc." (RHD) |
| *virtual* adj | "Optics. Noting an image formed by the apparent convergence of rays geometrically, but not actually, prolonged, as the image formed by a mirror (opposed to *real*); noting a focus of a system forming virtual images." (RHD) | Computing: "not physically existing but made to appear so from the point of view of the user ..." (ODNW) |
| *wild card* n | "Cards. A card having its value decided by the wishes of the players." (RHD) | Computing: "A character that will match any character or combination of characters in a file name, etc." (OED2)[60] |

Tabelle 4.23

### 4.4.4 Volksetymologie und Remotivation: *daemons*, *cookies* und *Java*

Diese Typen semantisch motivierter Prozesse sind am geringsten im Korpus 'Computerwortschatz' vertreten: Nur 0,2% aller semantisch motivierten Einträge stellen Volksetymologien, 2,1% stellen Remotivationen dar.

Unter Volksetymologie verstehe ich eine formale *und* semantische Re- oder Neuinterpretation eines Simpliziums. Im Korpus finden sich nur zwei Exemplare: *earcon* (Erläuterung: siehe 3.3.4.5) und *daemon* n [H].

Bei *daemon* handelt es sich um "A program that is not invoked explicitly, but lies dormant waiting for some condition(s) to occur." (NHD). *Daemon* stellt zunächst eine Metapher dar, die dem Konzept 7 mit dem Quellbereich MYTHOLOGIE (vgl. 4.3.4.7) zuzuordnen ist. Sie besteht in der gemeinsamen Charakteristik der beiden Konzepte (des Dämons und des Programms), ein "attendant power or spirit" (whatis.com 06/1999) zu sein. In der Definition im NHD findet man folgende Information zur Etymologie von *daemon*: "from the mythological meaning, later rationalized as the acronym 'Disk And Execution MONitor'". Hier schließt sich die Interpretation als Volksetymologie an: Sie besteht darin, daß *daemon* eine neue Etymologie zugeschrieben wurde. Erstens handelt es sich um eine formale Uminterpretation: das ursprünglich monomorphematische Lexem wird zum Akronym umgedeutet, indem Ausgangslexeme dazu erfunden wurden;[61] zweitens fand auch eine semantische Neuinterpretation statt, denn die zum Akronym gehörigen Ausgangslexeme weisen eine andere Bedeutung als das Monem *daemon* auf.

[60] Warren (1992: 83) klassifiziert diese Bedeutung als Metapher. Das übertragene Merkmal lautet "can take any desired value". Meiner Auffassung nach handelt es sich jedoch um ein zu offensichtliches Merkmal, so daß eine Metapher nicht in Frage kommt.

[61] Diese Bildungsart wird in der Neuwortlexikographie häufig *retrofitted* genannt.

Remotivation stellt die semantische Reinterpretation eines einfachen, häufig auch eines komplexen Lexems dar. Im Korpus sind im Vergleich zu den Volksetymologien weit mehr Remotivationen zu finden: insgesamt 15 Exemplare, von welchen einige auch Metaphern bzw. phonetisch motivierte Bildungen darstellen. Entsprechend der Klassifikation in 3.3.4.5 werden nun ausgesuchte Beispiele aus dem Korpus erläutert. Zur Kategorie (a) – vorwiegend Wortbildungen mit semantischem Re-Interpretationspotential – zählen u.a. folgende Einträge im Korpus:

Das Lexem *mailman* in *E-mailman* ("Author of an e-mail program" – ANW) wurde remotiviert, da es in seiner ursprünglichen, institutionalisierten Bedeutung wenig mit der neuen Bedeutung gemeinsam hat (*mailman*: "a person employed by the post office to deliver mail; mail carrier." – RHD). *Mailman* wurde in der Wortbildung *E-mailman* neu motiviert als "a person who writes e-mail programs".

*Grrrl* ist primär phonetisch motiviert. Das Phonästhem *grrr-* kann als Lautimitation des Brüllens eines Löwen oder anderen wilden Tieres angesehen werden und symbolisiert somit die 'Wildheit' der *grrrls* ("woman rock or metal musician; woman computer hacker or nerd"; ANW 1/97). *Grrrl* ist in der AmE Aussprache homonym mit *girl* (/gɛ:rl/). Dadurch besteht eine Assoziation im Sinne einer semantischen Brücke zwischen *grrrl* und *girl*. *Girl* wurde somit remotiviert.

*Router* stellt eine völlige Neumotivation dar. Dieses Lexem existiert in einer anderen Bedeutung (RHD: "any of various tools or machines for routing, hollowing out, or furrowing" bzw. "a machine or tool for cutting into or below a main surface, as of a die or engraving plate"). Da hier keine Bedeutungsverwandtschaft zwischen der urprünglichen und der neuen Bedeutung von *router* festgestellt werden kann, muß es sich um eine neue Motivationsgebung handen. Die Computerbedeutung ("An electronic device used to connect LANs [...] They direct network traffic by the most appropriate route" – ODNW) wurde offensichtlich von *route* (RHD: "a course, way, or road for passage or travel") abgeleitet, während *router* in der ursprünglichen Bedeutung von *rout* v ("to hollow out or furrow, as with a scoop, gouge, or machine" – RHD) stammt.

*BASIC* (*Beginners' All-purpose Symbolic Instruction Code*) bezeichnet eine Programmiersprache für Anfänger. Es besteht eine Assoziation zu *basic* adj, da *BASIC* n eine grundlegende, einfache Programmiersprache darstellt. Es ist naheliegend, daß es sich hier wie auch im Falle von *daemon* um ein *retrofitted acronym* handelt.

*Bit* (*binary digit*) bezeichnet die kleinste Dateneinheit und steht damit in Assoziation mit *a bit* (of data). Im NHD wird zur Etymologie angegeben: "... and from the mainstream meaning *bit*"). Auch die Bezeichnung *byte* für eine Dateneinheit von 8 *bits* kam vermutlich durch die Homophonie mit *bite* und durch die phonetische Ähnlichkeit / Lautassoziation (vgl. 3.3.6.2) mit *bit* zustande (vgl. die Etymologie im OED2: "arbitrary, prob. influenced by bit and bite"). Diese These wird dadurch untermauert, daß in der Sprache der Hacker weitere Bezeichnungen aus dem Essensbereich für größere Datenmengen existieren (*crumb, nybble, playte, dynner* etc., vgl. 4.3.4.5).

In Kategorie (b) sind Lexeme mit bewußter Motivationsgebung seitens der Sprachverwender einzuordnen. Dieser Prozeß ist prinzipiell bei allen neuen lexikalischen Einheiten möglich: Sprachverwender, wenn nach der Brücke zwischen Primär- und neuer Bedeutung gefragt, finden meist eine plausible Erklärung für die Bezeichnung eines neuen Gegenstandes oder Sachverhaltes im Computerbereich. Dieses Phänomen wurde anhand von Informantenbefragungen zu drei *food metaphors* – *Apple, Java* und *cookie* – getestet. Diese versprechen aufgrund ihrer komplexen Bedeutungen und kulturellen Assoziationen besonders interessante Aufschlüsse zum Thema der Remotivation.

Die ursprüngliche Motivation, einen Computer *Apple* zu nennen, war nicht metaphorischer Natur: Nach Aussage von A. Kay, einem der Mitentwickler der ersten *Apple*-Computer, erfolgte die Benennung aus einem rein praktischen Grunde.[62] Die metaphorische Bedeutung ist jedoch definitiv enthalten: A. Kay verglich Computer mit biologischen Organismen und konzipierte sie dementsprechend (*biological analogy*, vgl. 4.3.4.2). Eine weitere Motivation für die Namensgebung mag sein, daß ein hochfrequentes, einen alltäglichen Gegenstand bezeichnendes "appetitliches" Wort gesucht wurde, kurz, ein *basic-level term*.[63] In diesem Zusammenhang ist auch auch folgender plausibler Versuch der Motivationsgebung zu sehen: Das Konzept der *Apple*-Computer ist von Anfang an gewesen, Computer für alle Menschen, insbesondere Kinder, intuitiv verständlich zu machen. Eine Informantin baute diesen Gedanken folgendermaßen aus:

> [...] putting together his [Alan Kay's] development of 'object'-oriented programming, his use of analogies to explain things, and his interest in making things understandable to children, he may have used the first object in a children's book 'A is for apple' to explain what an object is, what its attributes are, and what it does.[64]

und:

> there are other object books that begin with 'A is for alligator' [...], but I think the computer developers wanted a term that would be simple enough for kids to say and use. So, I still bet they picked 'apple' (instead of any other object, such as alligator, bear, cat, dog, etc.) because of it's appeal to kids and it's[65] simplicity.[66]

Ein weiterer Bedeutungsaspekt kommt durch folgende Interpretation hinzu:

> Also, we have a saying 'an apple for the teacher' to gain favor or get 'Brownie points' by giving her/him a treat. Apple Computers donated thousands of computers [...] to the public schools for education.[67]

Die Re-Etymologisierung seitens der Informantin ist auf eine Assoziation mit einem Sprichwort zurückzuführen. Die Informantin unternahm weitere Versuche, Gemeinsamkeiten zwischen der Frucht und *Apple Computers* herzustellen:

---

62 "the official story in the early days was that the two Steves [Steve Jobs und Steve Wozniak, die Begründer von *Apple*] wanted to be ahead of Atari (a company they had both worked for and had offered the first Apple computer to as a product) in the phone book." Quelle: E-Mail von Alan Kay: alank@wdi.disney.com, 9.5.98, "Origin of Apple".

63 Auch die Beatles gaben ihrer Plattenfirma den griffigen Namen *Apple*.

64 Quelle: E-Mail von R. Whinnery: R2Whinnery@aol.com, 1.5.98, "Re: Apple".

65 Bei "it's" handelt es sich vermutlich nicht um einen grammatikalischen Fehler, sondern ist der Varietät des AmE zuzuschreiben.

66 Quelle: E-Mail von R. Whinnery: R2Whinnery@aol.com, 7.5.98, "Re: Apple".

67 Quelle: so.

The main similarity I can see is that *they're both handy to have on your desk.* Computers (and dictionaries) have to be accessible to be useful. If employees have to get up from their desks to go use a computer (or a dictionary), they will not use them very often. Likewise, if you have to get up from your desk to go get an apple, you're less likely to nosh.[68] (meine Hervorhebung, MB)

Eine weitere Gemeinsamkeit besteht darin, daß Äpfel keiner Zubereitung bedürfen. Analog dazu sind *Apple Computers* einfach zu bedienen:

It requires no cooking as a chocolate torte would, and it requires no special tools, no nutcrackers, etc. Likewise, the Apple computers were supposed to be so easy to use that a kid could do it, just as they can eat apples without having any special tools or knowledge. It's 'intuitive.[69]

*Applet* [ODNW: app(lication) + -let - "A small computer program ..."] steht in enger semantischer und phonetischer Verbindung mit *Apple*. Die Informantin machte folgende Beobachtung: "these are small applications, but it sounds like small apples."[70] Zur Veranschaulichung verwendet sie den Ausdruck *juicy applets*, der die im Bewußtsein der Sprachverwender vorhandenen Assoziationen verdeutlicht. *Applet* trägt zusätzliche phonetische Motivation: es beinhaltet eine Lautassoziation zu *Apple* (*Computers*) und *apple* (Frucht). Das Wesen der Remotivation besteht darin, daß Sprachverwender dazu neigen, *applet* als *apple* bzw. *Apple* + *-(le)t* (Diminutivform) aufzufassen, während die korrekte Etymologie *app*(*lication*) + *-let* lautet.

Zu *Java*, der Bezeichnung für eine Programmiersprache, existieren mehrere Entstehungstheorien. Das ODNW gibt an, die metaphorische Bedeutung bestehe in der Ähnlichkeit der Sprache mit dem Kaffee ("a cup of Java"):

named in allusion to *Java coffee*, a favourite drink of many US computer programmers, intended to reflect the richness and strength of the language. (ODNW)

Diese Erklärung stellt jedoch nur eine von mehreren Möglichkeiten dar, die Motivation von *Java* zu rekonstruieren:

- Aus Computerfachkreisen ist zu erfahren, daß die Programmiersprache *Java* genannt wurde, weil die Herstellerfirma – *Sun* – ihre mit dieser Sprache ausgerüsteten Mikrochips auch in Kaffeemaschinen und andere Haushaltsgeräte einbaut. Hier bestünde eine Metonymie, die durch eine Kontiguitätsrelation zwischen den Domänen KAFFEE (Kaffeemaschine) und der PROGRAMMIERSPRACHE zustandekommt.
- Eine weitere Erklärungsmöglichkeit der Namensgebung besteht laut NHD darin, daß Programmierer typischerweise Computerteile nach Dingen bezeichnen, die sich in ihrer unmittelbaren Arbeitsumgebung befinden, wie Getränke oder Essen (z.B. *cokebottle*, *pizza*, etc.). In diesem Falle käme eine metaphorische oder metonymische Bedeutung nicht in Frage, und die vom ODNW angegebene semantische Motivation (*Java* ist so stark wie der Kaffee) wäre im Nachhinein als Re-Motivierung zustandegekommen.

---

[68] Quelle: s.o.

[69] Quelle: s.o.

[70] Quelle: E-Mail von R. Whinnery, R2Whinnery@aol.com, 21.2.98, "cookies and more metaphors".

- Eine weitere Alternative stellt die Interpretation dar, *Java* sei nach seinem Erfinder, Steve *Coffey* (homophon zu *coffee*; Assoziation mit *Java*) benannt worden.[71]
- Ein Informant[72] war der Meinung, "Java was, I believe, named during a discussion over a cup of coffee ("java" being a (mainly US) slang term for "coffee")." *Java* wäre demnach eine Metonymie.

Aufgrund der Tatsache, daß die Motivation mancher Computerlexeme oft nicht eindeutig auf der Hand liegt, sind sie dazu prädestiniert, daß ihre Motivation von Sprachverwendern nachträglich konstruiert wird.

> Cookies. Engl.: Kekse. Kleine Datei, die von einer besuchten Website auf der Festplatte des Anwenders erzeugt wird und die Aktivitäten des Anwenders protokolliert. (Pluta 1997: 26)

Um Näheres über die (metaphorische) Bedeutung von *cookie* herauszufinden, schickte ich eine diesbezügliche Anfrage an die Internet-Mailingliste *Linguist Network* (ehemals *Linguist List*).[73] Insgesamt 24 Personen (davon 7 weiblich, 17 männlich) antworteten mir, einige davon mehrmals. Sie stammen vorwiegend aus dem angloamerikanischen Raum (USA, Kanada, Großbritannien), außerdem aus Deutschland und Polen. Ihre Informationen sind als verläßlich einzustufen, da es sich weniger um interessierte Laien als vielmehr um versierte Fachleute handelt. Beruflich tätig sind sie in den Bereichen Linguistik, Informatik, Computertechnologie und Technische Redaktion. Ihre Antworten bestätigten meine Vermutung, daß es sich bei *cookie* um eine Metapher handelt. Die Informanten bezeichneten ihre Spekulationen über die Etymologie metasprachlich als 'folkloric guess' oder sogar als 'folk etymology'.[74] Die metaphorischen Bedeutungsaspekte und damit das Wesen der Remotivation lassen sich an folgenden Punkten festmachen:

Die Etymologie von *cookie* läßt sich präzise rekonstruieren. Es wurde in den 70er Jahren als Bezeichnung für eine Art harmlosen Computervirus erfunden, der vom Computeranwender von Zeit zu Zeit verlangte: "Give me a cookie!". Dies bezog sich wiederum auf das *cookie monster* ('Krümelmonster') aus der TV-Serie Sesamstraße. Ein Informant[75] liefert folgende Erklärung:

> [...] Many people are familiar with the Cookie Monster character and his unending search for cookies, in which he will say to anyone (often annoyingly) "Give me a cookie!" There was a computer program, [...], called COOKIE. When run on an unsuspecting person's account, it would from time to time break in to whatever they were doing and demand "Give me a cookie!" If the person typed "cookie" on the keyboard, the program went back to sleep. Anything else typed would result in a repeated "Give me a cookie!"

---

71 Quelle: E-mail von R. Whinnery: R2Whinnery@aol.com, 21.2.98 "cookies and more metaphors".

72 Quelle: E-mail von R. Timms: uclyrti@ucl.ac.uk, 25.2.98 "Cookies".

73 Diese Anfrage wurde veröffentlicht in *Linguist List* Vol-9-254, am 18.2.98.

74 Volksetymologie ist nach meiner Definition jedoch die falsche Bezeichnung. Da hier nicht formale, sondern ausschließlich semantische Veränderungen betroffen sind, handelt es sich um Remotivation.

75 Quelle: E-Mail von Rich Alderson, alderson@netcom.com, am 20.2.98, "cookies".

Von dieser Bedeutung ausgehend hat sich die Bedeutung von *cookie* im Laufe der Jahre metaphorisch weiterentwickelt. Beibehalten wurde die Bedeutungskomponente "something given on demand to a remote host". Die aktuelle Bedeutung von *cookie* (Ende des 20. / Anfang des 21. Jh) beinhaltet eine andere Referenz: *cookie* bezieht sich heute vorwiegend auf den Internet-Kontext:

> *Cookie*: A piece of data handed from a server (Web page) to a client (browser; users' hard disk). It is a piece of data a user of the Internet has to accept in order to proceed to various links of a website.[76]

Es handelt sich um eine bidirektionale Interaktion: die *cookies* werden der Festplatte des Anwenders "ausgehändigt", dort gespeichert und zu einem späteren Zeitpunkt dem Browser bzw. der Homepage wieder "zurückgegeben", d.h. von der Festplatte des Anwenders gelöscht.

Diese Aussagen zur Entstehung und Entwicklung von *cookie* seit den 70er Jahren sind Fakten, während die folgenden Mutmaßungen über die metaphorischen Bedeutungen weitgehend der Kreativität der Informanten entspringen. Das Konzept der *cookies* rief bei den Befragten vielfältige Assoziationen hervor:

a) *Cookie* als Pfand / Gutschein

Ein *cookie* wird mit einem Pfand verglichen. Eine Informantin[77] ist der Meinung, der Internet-Terminus *cookie* sei eine Kürzung von *magic cookie*, einer Bezeichnung aus der Prä-Internet-Ära: "something passed between routines or programs that enables the receiver to perform some operation; a capability ticket or opaque identifier." (NHD). Drei weitere Informanten, die sich ebenfalls in diese Richtung äußerten, gaben an, *token* sei ein Synonym für *cookie*. Im NHD findet sich eine passende Definition von *cookie*:

> A handle, transaction ID, or other token of agreement between cooperating programs. "I give him a packet, he gives me back a cookie." The claim check you get from a dry-cleaning shop is a perfect mundane example of a cookie; the only thing it's useful for is to relate a later transaction to this one (so you get the same clothes back). (NHD)

b) *Cookie* als Paß

Eine Informantin schreibt dazu: "... a cookie is like a passport that gets stamped as you enter various territories."[78] Weitere Informanten fassen *cookies* in ähnlicher Weise als Mittel auf, sich Zugangsberechtigungen zu Computersystemen zu verschaffen ("for authentification / identification").

---

[76] Eigene Definition.

[77] Quelle: E-Mail von Karen Courtenay; Karen@lec.com, 23.2.98, (ohne "Betreff").

[78] Quelle: s.o.

c) *Cookie* als Belohnung / Bestechung / süße Verlockung

Sechs Personen gaben diese Erklärung an. Ein Informant[79] beschreibt diese Beziehung wie folgt:

> A cookie is something you give to a child when he/she has been good. However [...], you only get a cookie if you are good. So the child is being bribed.

Für einen weiteren Informanten[80] besteht darin eine Verlockung: *cookies* schmecken süß, und der Anwender muß sie "schlucken", um an bestimmte Informationen heranzukommen. Was seiner Auffassung nach dabei verharmlost wird, ist, daß der Anwender durch die Annahme des *cookies* die Sicherheit seines Computersystems gefährden muß. Diese Tatsache wird verschleiert, weil dem Anwender diese Vorstellung durch das *cookie*-Konzept "schmackhaft" gemacht wird. Der Informant vergleicht die Technik mit "the practice of giving preschoolers their polio vaccine on a sugar cube or hiding Rover's heart-worm pill in a meatball."

d) *Cookies* als Mittel, um den Rückweg zu finden (Hänsel & Gretel)

Ebenso wie mit Hilfe einer Krümelspur der Rückweg zum Ausgangspunkt gefunden werden kann, so dienen *cookies* dazu, die gesuchte Homepage wiederzufinden. Umgekehrt können die Betreiber der Homepage durch die vom Benutzer im Internet hinterlassene Datenspur den Weg zu dem Computer zurückverfolgen, der sie aufgerufen hat. Diese Funktion der *cookies* assoziierten zwei Informanten mit dem Märchen von Hänsel & Gretel, in welchem eine Krümelspur dazu dient, den Weg nach Hause zu finden. Für diese Etymologie spricht auch die Existenz von *bread crumbs*, einer Metapher (siehe Punkt 4.3.4.7), die ebenfalls durch Hänsel & Gretel angeregt wurde: Es handelt sich um ein Signal, anhand dessen man Fehler in einem Programm aufspüren kann, ebenso wie die Krümelspur als Signal für den richtigen Weg dient.

Die oben dargestellten Erklärungen stellen eine Verbindung zu den metaphorischen Konzepten her, die an der Metapher *cookie* beteiligt sind: Zum einen ist *cookie* in das Konzept 2 (COMPUTERS are HUMAN BEINGS) einzuordnen: Der Server (die Homepage) überreicht dem Client (dem Internet-Benutzer) *cookies*, welcher sie wieder an den Server zurückgibt. Es besteht eine Analogie zu einer menschlichen Transaktion wie dem Austausch von Gütern. Zum anderen ist *cookie* noch stärker mit dem Konzept 4 (DATA is FOOD) verknüpft: "The site [= Internet site] that is customized by a cookie takes on a certain "flavor" that the user likes."[81] *Cookies* weisen eine Reihe von Ähnlichkeiten mit ihren eßbaren Pendants auf:[82]

---

[79] Quelle: E-Mail von Sam Salt: D.W.Salt@derby.ac.uk, 23.2.98, "Cookies".

[80] Quelle: E-Mail von Mitch Smith: mitchs@gate.net, 21.2.98 , "Re: 9.254, Qs: False friends, Cookies, Journal, IR".

[81] Quelle: E-Mail von Retta Whinnery: R2Whinnery@aol.com, 21.2.98, "cookies – metaphorical meanings".

[82] Quelle: Diese Anregungen entstanden innerhalb der E-Mail-Korrespondenz mit Retta Whinnery (R2Whinnery@aol.com) zwischen 21.2.98 und 26.2.98.

- *Cookies* haben ein Verfallsdatum: sie werden i.d.R. nach sieben Wochen automatisch von der Festplatte gelöscht.
- *Cookies* sind klein, d.h. sie nehmen etwa 4 Kilobyte Speicherplatz ein.
- Auf einem Computer können maximal etwa 20 *cookies* gespeichert werden. Dies entspricht in etwa der Anzahl von Keksen, die in einer Kekspackung enthalten sind.

Das *cookie*-Konzept ist keinesfalls isoliert: Es steht im mentalen Lexikon mit weiteren Konzepten aus der FOOD-Domäne in Verbindung, wodurch ein komplexes semantisches Netz entsteht: Die Assoziation *Coffee & Cookies* (eine US-amerikanische Homepage) ergibt sich daraus, daß Computer-*cookies* eine wichtige Funktion im Internet darstellen und typischerweise in der im Internet weit verbreiteten Programmiersprache *Java* verwendet werden. Ein Informant[83] ist der Auffassung, daß *cookies* so genannt wurden, weil man sie zusammen mit *Java* konsumiert. Die deutschsprachige Java-Webseite heißt 'Kaffee & Kuchen'. Dort kann man im 'Coffeeshop' Java-Applikationen bestellen. Weitere Seiten wie 'Kakao & Kekse' und 'Milch & Zucker' entstanden analog dazu (Internet-Adressen: siehe Bibliographie). Für eine (bis jetzt meines Wissens nicht existente) britische Homepage wäre die Bezeichnung *Tea & Biscuits* denkbar. An diesen Bezeichnungen zeigt sich, daß in verschiedenen Sprachgemeinschaften unterschiedliche kulturelle Modelle vorhanden sind. Das semantische Feld wird weiter durch Bezeichnungen wie *JavaBeans* (Komponenten von *Java*-Applikationen), *HotJava* (ein Web-Browser) und *Java Coffee Break* (eine Internet-Seite, auf der ein *Java*-Kurs angeboten wird) ausgedehnt.

*Cookies* werden in *cookie jars* aufbewahrt. Es kann sich um das Verzeichnis auf der Festplatte oder um eine Webseite[84] handeln, in dem bzw. auf der *cookies* gespeichert werden. *Cupcakes* stellen eine Weiterentwicklung der mit Vorsicht zu genießenden *cookies* dar. Als Süßigkeit sind sie zwar ebenso verlockend wie *cookies*, jedoch kann der Internet-Anwender bei *cupcakes* selber bestimmen, welche Informationen über ihn gespeichert werden (vgl. Definition im Anhang).

Zusammenfassend läßt sich feststellen, daß das Wesen der Metapher *cookie* in einer Übertragung eines komplexen Netzes an Szenen und Assoziationen liegt. Diese metaphorische Projektion besteht in den strukturellen Korrespondenzen zwischen den diversen Elementen der Quelldomäne (EDIBLE COOKIE) und denjenigen der Zieldomäne (COMPUTER COOKIE): Größe, Verpackung, Verfallsdatum, außerdem den oben dargelegten assoziierten Konzepten (a) bis (d).

Auch *strudel* und *spam* (siehe die ausführlichen Erläuterungen in 4.3.2) stellen Remotivationen dar. Die unterschiedlichen Erklärungen bzgl. der Entstehung der Computermetapher *spam* veranschaulichen die Versuche der Lexikographen, die Etymologie auf plausible Art und Weise zu rekonstruieren und die Lexembedeutung zu motivieren.

Zu guter Letzt sei auf die Computermetapher *gopher* hingewiesen. Die anerkannte Etymologie lautet, daß es sich um das Maskottchen der University of Minnesota handelt, an der das System 1991 erfunden wurde. *Gopher* wurde durch die Assoziation zu dem Homophon *gofer* remotiviert: Der Computeranwender kann das *gopher*-System verwenden und ihm befehlen, "to *go for* the information needed" (ODNW), (vgl. auch 4.3.4.4).

---

[83] Quelle: E-mail von Robert Timms: uclyrti@ucl.ac.uk, 25.2.98 "Cookies".

[84] Quelle: E-mail von Jason D. Haugen: adjdh@utxdp.dp.utexas.edu, 20.2.98, "re: cookies".

Die obigen Ausführungen, die sich vorwiegend auf Informantenaussagen stützen, bestätigen die These, daß Sprachverwendern der Drang innewohnt, gegen die Arbitrarität des sprachlichen Zeichens anzukämpfen, wann immer sich die Gelegenheit dazu ergibt. Genau darin besteht das Wesen der Volksetymologie und der Remotivation.

# 5. Lexikonprozesse aus kognitiv-linguistischer Sicht

Die Proliferation von semantischen Prozessen (50%), insbesondere von Metaphern (35%), im Computerwortschatz ebnet den Weg für eine Auswertung dieses lexikalischen Bereiches nach kognitiven Kriterien: Abstrakte Vorgänge sind durch Metaphern auf optimale Weise kodier- und dekodierbar. Doch nicht nur Metaphern dienen als Verständnishilfe im Computerbereich. In folgenden Abschnitten werden weitere kognitive Parameter dargestellt, die ähnliche Funktionen aufweisen.

In diesem Kapitel wird untersucht, ob die in Abschnitt 2.5.2 dargestellten kognitiv-linguistischen Parameter auf den Bereich des Computerwortschatzes zutreffen. Diesem zentralen Thema, welches die zu Beginn der Arbeit gestellte Fragestellung bezüglich der Anwendbarkeit kognitiv-linguistischer Theorieaspekte auf eine lexikologische Studie wieder aufgreift, sind folgende Abschnitte gewidmet. Hintergrund dieser Fragestellung bildet eine Lücke in der gegenwärtigen Forschung, die es zu schließen gilt. Sie ergibt sich dadurch, daß kognitiv-linguistische Forschungen bisher ihren Fokus auf der semantisch-syntaktischen Ebene hatten, während die lexikalische Ebene mehr oder weniger stark vernachlässigt wurde.

## 5.1 Die lexikalische Ebene aus kognitiv-linguistischer Perspektive

Die kognitive Sicht auf die lexikalische Ebene der Sprache gestaltet sich folgendermaßen: Wie ein Schirm, der über die Disziplin der Lexikologie gespannt wird, so erfüllen die Ansätze aus der kognitiven Linguistik die Funktion, diese Disziplin und ihren Untersuchungsgegenstand – die Lexeme – unter einer neuen Perspektive zu betrachten. Folgende Abbildung illustriert diese Sichtweise:

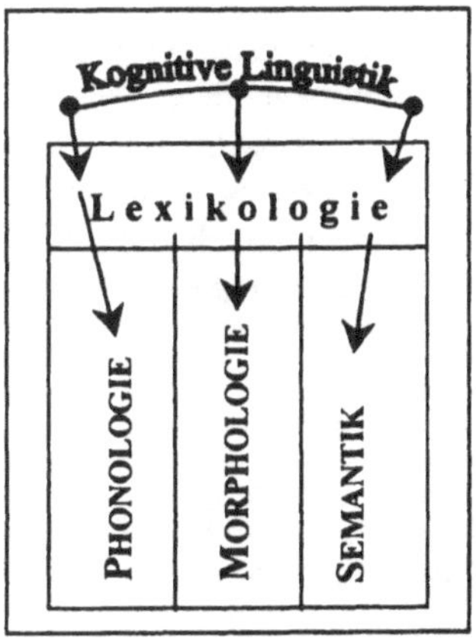


Abbildung 5.1: Die kognitiv-linguistische Sicht auf die lexikalischen Ebene

Die Abbildung ist folgendermaßen zu deuten: Das Lexikon schließt die Ebenen der Phonologie, Morphologie und Semantik ein. Es wird durch die linguistische Disziplin der Lexikologie untersucht, im Rahmen derer alle drei Ebenen berücksichtigt, oder auch Schwerpunkte wie Wortsemantik oder Wortbildung gesetzt werden können. Mit Hilfe der Instrumente der Kognitiven Linguistik kann nun der Wortschatz aus einer erweiterten Perspektive untersucht werden. Diese eröffnet sich durch die Einbettung der Lexembedeutungen in die Kognition der Sprachverwender und in die Kultur der Sprachgemeinschaft(en).

## 5.2 Die kognitiv-linguistischen Parameter und ihre Analyse

Dieser Abschnitt fungiert quasi als Spiegel zu den in 2.5.2 erarbeiteten kognitiv-linguistischen Parametern. Jeder einzelne Parameter wird dahingehend untersucht, in wieweit er sich für die Analyse des Computerkorpus eignet. Damit wird der in Punkt 3.3.1 vorgestellte dritte Analyseschritt (C: Analyse nach kognitiv-linguistischen Kriterien, vgl. Abb. 3.8) nachgeholt. Zur Methode muß angemerkt werden, daß es sich nicht um eine erschöpfende Darstellung sämtlicher kognitiv-linguistischer Aspekte aller 744 Korpuseinträge handelt. Die Parameter werden stattdessen anhand ausgewählter, aussagekräftiger Beispiele erläutert.

1) Metaphorizität

Metaphern und Metonymien sind Phänomene, die sowohl auf der kognitiven als auch auf der sprachlichen Ebene angesiedelt sind. Durch ihre Bildhaftigkeit und Griffigkeit wird das Verständnis komplizierter und abstrakter Sachverhalte erleichtert. Dieser Vorteil wirkt sich gerade im Computerbereich positiv aus, da dieser vielfach Konzepte enthält, die abstrakter bzw. virtueller Natur sind. Dadurch erklärt sich auch das Ausmaß der Metaphorizität im allgemeinsprachlichen Computerwortschatz, das im Vergleich zum Allgemeinwortschatz etwa doppelt so hoch ausfällt (vgl. 4.2.2.3).

Der Großteil der Computermetaphern konnte den 13 metaphorischen Konzepten zugeordnet werden (vgl. 4.3.4). Dies zeigt die Verankerung der Computerkonzepte in der Kognition deutlich auf und unterstützt insgesamt den kognitiven Metaphernansatz. Das metaphorische und metonymische Potential ist in allen Typen von Lexikonprozessen außer der Ex-nihilo-Bildung (welche *per definitionem* nicht motiviert ist) vorhanden: Sowohl morphologisch als auch semantisch und phonetisch motivierte Prozesse können zusätzlich metaphorisch oder metonymisch motiviert sein.

2) Ikonizität / Motivation

Aufgrund der Tatsache, daß ca. die Hälfte aller Lexikonprozesse im Computerbereich semantisch motiviert, die restlichen morphologisch und phonetisch motiviert sind,[1] ist festzu-

[1] Des weiteren befinden sich im Korpus zwei Ex-nihilo-Bildungen. Sie machen einen Anteil von ca. 0,3% aus.

stellen, daß der Computerwortschatz insgesamt als nicht-arbiträr angesehen werden muß. Alle drei Arten von Ikonizität (vgl. 2.4.1.4) sind im Computerbereich zu finden. Sie sind in fast allen Arten von Lexikonprozessen vertreten:

Durch diagrammatische Ikonizität gekennzeichnet sind morphematische und submorphematische Wortbildungen. Diese systematische Rekurrenz bestimmter Form-Bedeutungs-Korrespondenzen wird am Beispiel der Unterart der Komposition 'Kombination' deutlich. Der Anteil der Kombinationen an den Komposita ist mit ca. 35% fast so hoch wie derjenige der Standardkomposita (vgl. 4.2.2.3). Es finden sich 25 Kombinationen mit der *combining form –ware*, z.B. *hardware, software, freeware, groupware* im Korpus. Diese Lexeme werden im (mentalen) Lexikon durch die gemeinsame *combining form* (CF) *–ware* verbunden. Voraussetzung dafür ist, daß die betreffende CF nicht polysem ist. Die Polysemie stellt ein Gegengewicht zur Ikonizität dar. So wird z.B. *–ware* neben seiner ursprünglichen Bedeutung "used to construct words describing various kinds of software" auch im übertragenen Sinn verwendet, z.B. in der Kombination *wetware* ('Firmenpersonal').

*Image iconicity* betrifft phonetisch motivierte Bildungen. Diese sind im Computer- wie auch im Allgemeinwortschatz zu einem geringen Anteil (0,3%) vertreten: nur ein Onomatopoeia (*gronk* v) und eine Phonästhesie (*grrrl* n) sind dort zu finden. Lexeme wie *click* v, *zip* v (vgl. 4.4.1) weisen zwar in ihrer ursprünglichen Bedeutung phonetische Motivation auf; in ihrer übertragenen Computerbedeutung handelt es sich jedoch nur um sekundäre Motivation.

Metaphorische Ikonizität ist in allen Metaphern vertreten. Besonders deutlich kommmt sie in den 'Metaphern für virtuelle Phänomene' (vgl. 4.3.6) zum Ausdruck, z.B. *trash, button, bookmark, tile*. Die ikonische Relation besteht in einem Eins-zu-eins-Verhältnis zwischen der Bezeichnung, die oft durch ein Bildschirmsymbol (*icon*) ergänzt wird, und der Funktion des Computerbegriffs. So dient ein virtueller ebenso wie ein realer Papierkorb (AmE: *trash*) dazu, nicht mehr benötigte Dokumente zu entsorgen.

3) Perzeptuelle Salienz: der *bath-tub effect*

Das Prinzip der *perceptual salience* hat sich als sehr nützlich zur Erklärung der Struktur von Akronymen, Clippings und Blends erwiesen: Gekürzt wird tendentiell an Silbengrenzen, wodurch Bildungen wie *app* (von *application*) und *sysop* (von *system operator*) zustandekommen (vgl. 2.4.1.3). Als Konsequenz ergibt sich, daß die bisher in wortbildungstheoretischen Werken weit verbreitete Auffassung, diese Wortbildungsarten seien durch ihre Unregelmäßigkeit und Unvorhersagbarkeit gekennzeichnet, widerlegt werden muß. Auch mit zusätzlicher phonetischer Motivation ausgestattete Wortbildungs- oder semantische Prozesse wie *penputer* oder *wetware* (interne Alliteration, siehe 3.3.6.2) können perzeptuelle Salienz aufweisen. Dies hat positive Auswirkungen auf die Verankerung derartiger Lexeme im mentalen Lexikon (ML) und auf den Institutionalisierungsprozeß.

4) Kognitive Modelle, kulturelle Modelle

Kognitive Modelle mit der Unterart der kulturellen Modelle stellen einen äußerst wichtigen Aspekt des Computerwortschatzes dar. Insbesondere für das Verständnis von Metaphern, die in diesem Wortschatzbereich ja sehr zahlreich auftreten, spielen sie eine gewaltige Rolle. Wie anhand der ausführlichen Analysen von Lexemmetaphern wie *Easter eggs, coo-*

*kies, strudel, Java* und *spam* (vgl. 4.3.2 und 4.4.4) demonstriert wurde, sind die mit den Lexemen im ML der Sprachverwender verknüpften kognitiven bzw. kulturellen Modelle für die assoziativen Bedeutungsaspekte der neuen *lexical units* zuständig. Kognitive Modelle werden auch transparent, wenn man sich mit Volksetymologien und Remotivationen seitens der Sprachverwender beschäftigt. So wurde durch die Informantenbefragung (vgl. 4.4.4) deutlich, daß die Metapher *cookie* u.a. mit dem Märchen von Hänsel & Gretel, ein im Bewußtsein der westlichen Welt verankertes kulturelles Modell, und auch mit der TV-Serie *Sesame Street* in Verbindung gebracht wird.

Symptomatisch ist die Tatsache, daß viele Informanten Assoziationen mit weiteren metaphorischen Computerlexemen wie *cookie jar, Easter eggs* und *Java* herstellten. Die These, daß "All types of metaphor are found to be the result of creative cognitive processes, which depend on language- and culture-specific conceptualization." (Lipka 1996: 66) wird dadurch bestätigt.

5) Konzeptuelle (semantische) Relationen

Konzeptuelle Relationen sind aus kognitiver Perspektive betrachtete semantische Relationen. Im Computerwortschatz sind sie in fast allen Lexikonprozessen vertreten.

Die Relationen der Antonymie und der Hyponymie tragen am häufigsten zur Bildung neuer Lexeme und auch neuer lexikalischer Einheiten bei. Beispiele für die Ausbildung von Hyponymen sind *cybrarian* ('Librarian who uses computers' – ANW) und *webarian* ('Librarian who uses the Web – ANW), Hyponyme von *librarian*, außerdem *webliography* (von *bibliography*) und *screenager* [*screen* + *teenager*], ein Hyponym von *teenager*. Typischerweise stellen auch *shifts in application* vom Typ 'Bedeutungsspezialisierung' Hyponyme zu ihren Primärbedeutungen dar, z.B. *icon*, das im Computerkontext "A picture or symbol *that appears on a monitor*..." (RHD; meine Hervorhebung, MB) bedeutet. Setzt man 'Familienmitglieder' als Hyperonym an, so wurde *daughterboard* als Ko-Hyponym zu *motherboard* gebildet. Ferner gehen *computerate* und *literate* (Hyperonym: *-ate*: 'being able to': 'read' – 'use computers') wie auch *LAN* und *WAN* (*local / wide area network*; gemeinsames Hyperonym: *network*) die Relation der Ko-Hyponymie ein.

Bildungen wie <u>*cooked*</u> *mode* stehen in einem Antonymieverhältnis zu <u>*raw*</u> *mode* und <u>*rare*</u> *mode*, ebenso wie <u>*up*</u>*load* und <u>*down*</u>*load*. *Kiss-of-death packet* ist in der Hackersprache offensichtlich in Antonymie zu *breath-of-life packet* entstanden. Im allgemeinsprachlichen Computerwortschatz sind zu finden <u>*ex*</u>*put* (das Gegenteil von <u>*in*</u>*put*) und *intranet* vs. *Internet*.

Die Relation der Synonymie ist im untersuchten Korpus extrem selten zu beobachten (Beispiel: *chiphead, webhead, cyberhead, nethead*), ebenso verhält es sich mit Meronymie / Holonymie (Beispiel: <u>*toe*</u>*print* – <u>*foot*</u>*print* als anthropomorphische Bezeichnungen für den Abdruck, den Computer auf dem Boden hinterlassen).

Assoziative Relationen treten dagegen sehr häufig auf; sie sind objektiv nicht eindeutig feststellbar, können jedoch den verschiedensten Lexemkombinationen zugeschrieben werden. So ruft das Neuwort *mouse arrest* die Assoziation mit *house arrest* hervor, und *mouse elbow* erinnert an *tennis elbow*.

6) Kategorisierung, Begriffshierarchien

Die hierarchische Struktur der im mentalen Lexikon gespeicherten Konzepte wurde im oben erläuterten Parameter 'konzeptuelle Relationen' bereits deutlich: Durch die Relationen der Hypo-, Ko-Hypo- und Hyperonymie entstehen hierarchisch angeordnete Konzeptstrukturen, die sich auf der Lexemebene durch die meisten Lexemprozesse ausdrücken.

Ein häufig im Computerbereich anzutreffendes Phänomen betrifft die Erweiterung von Kategorien durch Neuwortbildungen. Es handelt sich um von Leisi (1997) mit 'Neuwörter ex contrario' bezeichnete Typen. Leisi definiert dieses Phänomen wie folgt:

> Dinge, die es schon lange gegeben hat und die schon lange einen festen Namen hatten, erhalten eine neue Bezeichnung, die dazu dienen soll, sie von einer neuen, verwandten, aber nicht identischen Kategorie abzugrenzen. (Leisi 1997: 106)

Als Beispiel soll die Erweiterung der Kategorie MAIL durch die Entstehung der Neubildung ex contrario *e-mail* erläutert werden. Analog zu Leisis Definition verhält es sich damit wie folgt: Die herkömmliche Post ist die Briefpost (AmE: *mail*). Diese hat eine neue Bezeichnung bekommen (*snailmail*), um sie von der neuen Kategorie E-MAIL (*electronic mail*) abzugrenzen. Die Kategorie MAIL rutscht somit eine Stufe höher und fungiert nun als übergeordnete Kategorie, die neben BRIEFPOST weitere Kategorien einschließt. Die Hierarchie mit der übergeordneten Kategorie MAIL und den neu entstandenen untergeordneten Kategorien E-MAIL, SNAIL-MAIL, V-MAIL (*video mail*), C-MAIL (*commercial mail*) und VOICE MAIL wird im folgenden Schema dargestellt:

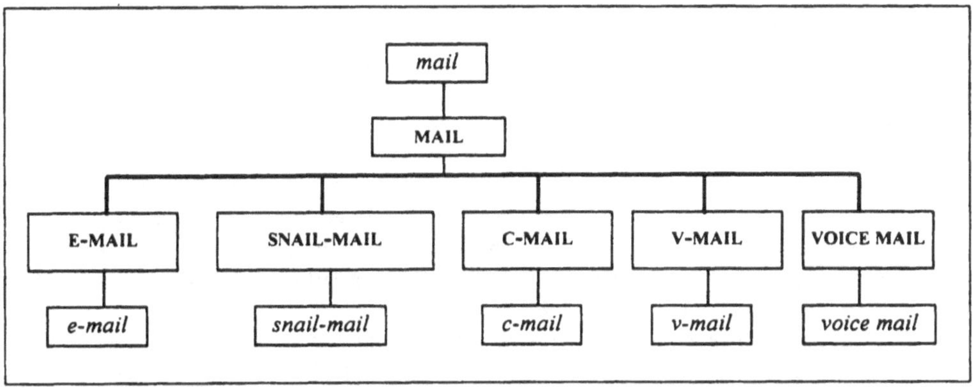


Abbildung 5.2: Erweiterung der Kategorie MAIL

Für den Computerwortschatz hat sich die These, daß Basisbegriffe die wichtigste Quelle für die Wortschatzerweiterung darstellen (Schmid 1996), als nicht gültig erwiesen. Einzelne Beispiele finden sich im Korpus freilich schon: die Quellbereiche von Metaphern wie *cookie, Apple, mouse, hamster, toast* sind als *basic-level concepts* zu interpretieren. Andererseits finden sich viel mehr Gegenbeispiele, z.B. die Primärbedeutungen komplexer metaphorischer Lexeme wie *bulletproof, Christmas tree, firewall*, und auch abstrakte Quellbereiche wie diejenigen der Metaphern to *crunch, munch, see, talk, zip* und *ill-behaved, well-*

*behaved, elephantine*. Eine mögliche Erklärung für die nebensächliche Rolle von Basisbegriffen ist darin zu sehen, daß aufgrund der komplexen, überwiegend abstrakten bzw. virtuellen Zieldomänen im Computerbereich oft nur schwer Ähnlichkeitsbeziehungen mit den konkreten *basic-level categories* hergestellt werden können. Die Kategorisierung des Computerbereiches findet vielmehr meist über untergeordnete, häufig auch über abstrakte Kategorien statt (vgl. z.B. die vielen Kombinationen mit den abstraken CFs *info-, cyber-, hyper-* und *techno-*).

7) Analogie

Wie in Punkt 3.1.2 ausführlich beschrieben, stellt die Analogie ein auf kognitiver Ebene wirkendes Prinzip dar, welches für die Entstehung kreativer und produktiver Lexikonprozesse sorgt. Sie betrifft fast alle Wortbildungsarten und semantischen Prozesse.

Durch morphologische/formale Analogie, welche immer auch eine semantische Dimension beinhaltet, kommt es einerseits zur Ausprägung von Mikrosystemen, andererseits zu (unbeschränkt produktiven) Reihenbildungen. Mikrosysteme, die im Computerwortschatz weit stärker vertreten sind als Reihenbildungen, entwickeln sich nach Modellwörtern aus dem Computerbereich oder auch aus anderen Wortschatzbereichen. So entstanden nach dem Modellwort *icon* (Computerbedeutung) *animacon* [*animated icon*] und *earcon* ("An audio signal produced by a computer representing a particular activity ..." – LRNW1). Weitere Beispiele aus dem Korpus sind *Netscape*, das sich in Analogie zu *landscape*, *seascape* etc. gebildet hat, *lapjack*, das auf der Analogie zu *hijack* (*skyjack*, *carjack*) basiert, und *eyephone* in Analogie zu *earphone*. *Copyleft* entstand analog zu *copyright.*[2] Reihenbildungen werden im Computerkorpus häufig durch Kombinationen mit *combining forms* realisiert: Mit *–zine* (von *magazine*) gebildet wurden *digizine*, *e-zine*, *faxzine*, *hyperzine* und *webzine*. Die *combining form –head* enthalten Kombinationen wie *chiphead*, *cyberhead*, *nethead*, *propeller-head* und *webhead*. In allen Beispielen fällt auf, daß konzeptuelle (semantische) Relationen beteiligt sind.

Für das Phänomen, daß durch Analogien unproduktive bzw. wenig produktive Morpheme reaktiviert werden können, gibt es im Computerwortschatz zumindest ein Beispiel. Laut Bauer (1983: 220) weist das Suffix *–dom* einen sehr geringen Produktivitätsgrad auf. In den 80er Jahren entstand *yuppiedom* (OED2), im Computerkorpus ist *hackerdom* zu finden. Laut Quinion (1999)[3] entstanden in den 90er Jahren Bildungen wie *committeedom*, *groupiedom*, *outsiderdom* und auch *computerdom*.

Die semantische Analogie ist vorwiegend bei Metaphern wirksam, denn im Prinzip basiert jede Metapher auf einer Analogie. In der Hackersprache werden folgende Metaphern zur Bezeichnung von Dateneinheiten verwendet: Der ursprüngliche Blend *bit* (Grundeinheit: 1 *binary digit*) wurde rasch durch Homonymie mit *bit* ('ein bißchen'; 'klein-

2 Das Analogieverhältnis *copyright – copyleft* ist erklärungsbedürftig: *copyleft* entstand offensichtlich in Antonymie zu *right* (im Sinne der Richtung) in *copyright*. *Right* in *copyright* wurde somit umgedeutet, denn es weist eine andere Bedeutung auf (der juristische Sinn). Die Antonymie bezieht sich formal auf *left* vs. *right* (Richtungen), aber auch semantisch auf *left* (in *copyleft* im Sinne von 'prohibition') vs. *right* (*copyright*: Gegensatz: 'Recht; Erlaubnis (zu kopieren nach Beantragung oder unter Gebühr').

3 Quelle: Michael Quinions *Newsletter World Wide Words*, Ausgabe vom 11. September 1999.

ste Einheit') semantisch motiviert. Durch phonetische, möglicherweise auch semantische Relation entstand *byte* (8 *bits*). Die Homophonie zu *bite* (Bissen; Essen) setzte folgende Analogiebildungen in Gange, welche metaphorisch im FOOD-Bereich angesiedelt sind: *crumb*, *nybble*, *playte*, *dynner* und *donuts*. Die semantische Analogie (sie drückt sich nicht formal durch gemeinsame Morpheme bzw. Submorpheme aus) besteht in der kontinuierlich größer werdenden Menge an ESSEN (Quellbereich), die sich analog auf den Zielbereich (die jeweilige Menge an BITS) überträgt:

- *bit* (1 *bit*); *crumb* (2 *bits*), *nybble* (4 *bits*), *byte* (8 *bits*), *playte* (16 *bits*), *dynner* (32 *bits*).[4]
- *donuts* dient der Bezeichnung beliebiger Mengen an *bits*.

Es handelt sich um eine äußerst logische Relation: die immer größer werdenden Dateneinheiten werden mit immer größer werdenden außersprachlichen Objekten bezeichnet. Da hier die Strukturen der außersprachlichen Welt direkt auf sprachliche Strukturen abgebildet werden, wird das Phänomen der Ikonizität wirksam. Hiermit ist es gelungen, die vorwiegend auf den syntaktischen und flexionsmorphologischen Bereich beschränkte Behandlung der Ikonizität (vgl. 2.3.2; 2.4.1.4) auf der lexikalischen Ebene festzumachen.

Wie auch aus Beispielen zu den konzeptuellen Relationen (Parameter 5) ersichtlich ist, so spielt auch in Analogiebildungen die phonetisch(-stilistisch)e Motivation (siehe 3.3.6.2) eine entscheidende Rolle. Es ist ein Zusammenwirken zwischen phonetischer Motivation und aufeinander bezogenen Analogiebildungen zu beobachten: Wortpaare wie *cybrarian – librarian*; *screenager – teenager* sind durch Reimmotivation verknüpft, ebenso wie *mouse* und *house* in *mouse arrest – house arrest*. Die Assonanz wirkt in <u>*couch*</u> *potato* – <u>*mouse*</u> *potato*, und *animacon / earcon* sind durch Lautassoziation mit *icon* verbunden. Als Effekt stellt sich eine Stärkung der Verbindungen der Einträge im mentalen Lexikon ein, da sie durch gemeinsame semantische, phonetische und morphologische Eigenschaften aneinandergebunden werden.

8) Kognitive Ökonomie – sprachliche Ökonomie

Diese Prinzipien sind universal auf alle Lexikonprozesse anwendbar. Sämtliche Einträge können hinsichtlich ihres Grades an sprachlicher Ökonomie (SÖ) und kognitiver Ökonomie (KÖ) gemessen werden. Dementsprechend werden SÖ und KÖ nachfolgend in Form von Kontinua dargestellt. Die Kennzeichen, anhand welcher die sprachliche Ökonomie beschrieben wird, stammen aus Tournier (1985); die Kennzeichen, durch welche die kognitive Ökonomie beschrieben wird, aus Haiman (1983) und Hillert (1987: Kap. 4, 8, 9):

---

[4] Das Ersetzen des Buchstaben 'i' durch 'y' stellt eine Konvention im *hackers' jargon* dar. Aufgrund der Homophonie mit den entsprechenden ursprünglichen Lexemen (*nibble, bite, plate, dinner*) ist die Bedeutung jedoch identisch.

a) Kontinuum 'Niedrige sprachliche Ökonomie – Hohe sprachliche Ökonomie'

| Niedrige SÖ ------------------------------------------ | Hohe SÖ |
|---|---|
| - Komplexe Lexeme | - Reduktive Bildungen |
| - Je länger die Lexeme, desto niedriger die SÖ | - Zu einem Lexem gehörige *lexical units* |

b) Kontinuum 'niedrige kognitive Ökonomie – hohe kognitive Ökonomie'

| Niedrige KÖ ------------------------------------------ | Hohe KÖ |
|---|---|
| - Hoher Verarbeitungsaufwand, da Motivation aktiv interpretiert wird<br><br>= semantische Verarbeitung | - Niedriger Verarbeitungsaufwand, da bekannte Lexeme (Motivation nicht interpretiert, da Bedeutung bekannt)<br>= automatische Verarbeitung |
| - da hohe Prominenz (Auffälligkeit) | - da keine Prominenz |
| - wenn Verarbeitung ohne Kontext | - wenn Verarbeitung im Kontext |
| - ineffiziente Speicherung von Begriffen | - effiziente Speicherung von Begriffen (durch Hierarchie; Prototypikalität) |

Abbildung 5.3: Kognitive und sprachliche Ökonomie

Je stärker institutionalisiert bzw. lexikalisiert ein Lexikonprozeß ist, desto weniger wird er (bewußt) semantisch verarbeitet und desto automatisierter ist er. Dann ist eine hohe KÖ vorhanden. Sprachliche und kognitive Ökonomie interagieren auf komplexe Weise miteinander. Von den vier Kombinationsmöglichkeiten wäre der Idealfall ein Lexem mit hoher kognitive Ökonomie, da diese den Verarbeitungsaufwand im ML reduziert, kombiniert mit einer hohen sprachlichen Ökonomie, weil für Sprachverwender das Prinzip des geringsten Aufwandes am vorteilhaftesten ist.

Begünstigend auf Neubildungen wirken sich zwei Kombinationen aus: Zum einen Neubildungen, die eine niedrige SÖ und eine niedrige KÖ aufweisen. Dies betrifft insbesondere neue polymorphematische Wortbildungen (Komposita, Derivationen), die aufgrund ihrer Neuigkeit auffallen und deren Bedeutung nicht immer automatisch verarbeitet werden kann, z.B. *eyephone*, *technobabble*, *computeracy*, *cypherpunk*, *hyperzine*. Die kognitive Verarbeitung wird hier durch die niedrige SÖ, d.h. durch die hohe Transparenz polymorphematischer Lexeme oder Analogiebildungen (vgl. auch Warren 1992: 106) begünstigt. Zum anderen sind zu nennen Neubildungen, die eine hohe SÖ und eine höhere KÖ aufweisen. Diese Kennzeichen weisen zum einen etablierte Lexeme (Moneme, reduktive Bildungen, Ellipsen) auf, aber auch neue lexikalische Einheiten (Metaphern, Metonyme, *shifts*), wie *client*, *server*, *browse* v oder *link* im Computerkorpus, ebenso wie Nullableitungen / Konversionen. Durch die semantische Motivation der neuen Einheiten wird auch eine höhere KÖ erzielt, da aufgrund der Bekanntheit der Ausgangslexeme eine automatische Verarbeitung stattfinden kann.

Neubildungen mit hoher SÖ, aber niedriger KÖ haben aufgrund ihrer erschwerten kognitiven Verarbeitung eine weniger günstige Ausgangsbasis für den Institutionalisierungsprozeß. Diese Kombination tritt bei reduktiven Neuwörtern (Akronyme, Blends, Clippings) auf, z.B. *FAQ* (*frequently asked questions*), *modem* (*modulator-demodulator*), *sig* (*e-mail signature*), des weiteren bei unbekannten lexikalischen Einheiten. Diese verlangen dem ML einen enormen Verarbeitungsaufwand ab, da sie typischerweise nicht transparent sind oder außerhalb des Kontextes angetroffen werden und deshalb zuerst die semantische Interpretation stattfinden muß. Dies mag ein ausschlaggebender Grund für den relativ geringen Anteil an Akronymen im Korpus sein.

Die vierte Kombinationsmöglichkeit, niedrige SÖ und hohe KÖ, ist kaum für Neubildungen relevant, weil sie in etablierten polymorphematischen Lexemen auftritt, deren Bedeutungen bereits bekannt sind. Hier ist kein hoher Verarbeitungsaufwand erforderlich.[5] In diesem Zusammenhang sind auch Analogiebildungen wie Kombinationen mit *cyber-* (*cyperspace*, *cyberlove*, *cybercrime* etc.) oder *computerate* (nach *literate*) zu nennen. Durch ihre enthaltenen Analogierelationen wird die kognitive Verarbeitung begünstigt.

Vernetzungen der 8 Parameter

Wie aus obigen Erläuterungen hervorgeht, treten die 8 vorgestellen Parameter nicht isoliert auf, sondern es herrschen mehr oder weniger starke Vernetzungen zwischen ihnen und damit auch zwischen den einzelnen Lexikonprozessen. Dadurch erhält der konzeptuelle Bereich COMPUTING einen starken Zusammenhalt. Die Verknüpfungen werden durch folgende Matrix noch einmal verdeutlicht. Da die Korrelationen oben bereits erklärt wurden, werden sie verbal nicht erneut dargestellt. Nur Fälle, die bisher noch keine Erwähnung fanden, werden in den Fußnoten durch Beispiele belegt.

Erläuterungen zu folgender Matrix (Abb. 5.3):

- Ein großes Kreuz (X) bedeutet, daß die betroffenen Parameter in enger Beziehung zueinander stehen und oft kombiniert innerhalb eines Lexikonprozesses auftreten.
- Ein kleines Kreuz (x) bedeutet, daß die Parameter in weniger enger Verbindung zueinander stehen oder seltener zusammen auftreten.
- Wenn keine Verbindungen zwischen Parametern attestiert wurden, befindet sich in dem betreffenden Kästchen ein Querstrich (–).
- Die schwarzen Quadrate kennzeichnen diejenigen Korrelationen, welche entweder in der Matrix doppelt vorkommen oder Korrelationen zwischen zwei gleichen Parametern darstellen. Sie sind überflüssig und müssen daher ausgestrichen werden.

[5] Neuro- und psycholinguistischen Untersuchungen zufolge (vgl. Hillert 1987) findet keine semantische Verarbeitung statt, wenn Lexeme bekannt sind. Die Lexeme besitzen dann zwar eine Motivation, doch aufgrund der bekannten Bedeutung ist eine automatische Verarbeitung möglich. Bei bewußter Motivationsgebung, z.B. im Falle der Remotivation oder Volksetymologie (vgl. 4.4.4) findet dagegen eine bewußte, aktive semantische Verarbeitung der Lexeme statt.

| Parameter 1 bis 8 | Metaphorizität | Ikonizität | Perzeptuelle Salienz | Kognitive / kulturelle Modelle | Konzeptuelle Relationen | Kategorisierung | Analogie | Kognitive / sprachliche Ökonomie |
|---|---|---|---|---|---|---|---|---|
| Meta-phorizität | ■ | X | x[6] | X | X | X[7] | X | X |
| Ikonizität | ■ | ■ | – | x | X[8] | x | X | x |
| Perzep-tuelle Salienz | ■ | ■ | ■ | – | x | – | – | x[9] |
| Kognit. / kulturelle Modelle | ■ | ■ | ■ | ■ | X | X | X | x |
| Konzept. Relationen | ■ | ■ | ■ | ■ | ■ | X | X | X |
| Katego-risierung | ■ | ■ | ■ | ■ | ■ | ■ | x | X[10] |
| Analogie | ■ | ■ | ■ | ■ | ■ | ■ | ■ | X |
| Kogn. / sprachl. Ökonomie | ■ | ■ | ■ | ■ | ■ | ■ | ■ | ■ |

Abbildung 5.4: Matrix kognitiv-linguistischer Parameter

Zu beobachten ist, daß nur die *perceptual salience* als weitgehend isolierter bzw. nur schwache Verbindungen eingehender Parameter auftritt, während die übrigen Parameter in

---

6 Ein Beispiel für diese Verbindung von Parametern ist z.B. der Fall, daß reduktive Bildungen, die *perceptual salience* aufweisen, zugleich Metaphern sind, z.B. *WOMBAT* ("waste of money, brains and time"). Bildungen, die phonetisch-stilistische Motivation und damit eine weitere Art von *perceptual salience* aufweisen, haben ebenfalls oft metaphorische oder metonymische Bedeutung, z.B. *wetware*.

7 Metaphern und Metonymien weisen duale Kategorisierung auf (vgl. Lipka 1988; $^{2}$1992: 124).

8 Dies betrifft vornehmlich die diagrammatische Ikonizität. Insbesondere Gruppen von Kombinationen mit *combining forms* sind davon betroffen. Sie sind durch Form-Bedeutungskorrespondenzen wie auch durch konzeptuelle Relationen miteinander verbunden, z.B. *–zine* (*magazine*) und *cyberzine, faxzine, webzine* etc. (Hyponymie).

9 Lexikonprozesse, die *perceptual salience* aufweisen (z.B. Akronyme) weisen eine hohe sprachliche, jedoch meist eine niedrige kognitive Ökonomie auf.

10 Hierarchische Kategorienstrukturen ermöglichen eine hohe kognitive Ökonomie. Auf der horizontalen Ebene stellt der *basic level* die effizienteste Kategorienebene dar. Ein Beispiel aus dem Korpus: *mail, e-mail, snailmail* etc. (vgl. Parameter 6 – Kategorisierung).

enger Symbiose mit einem oder sogar mehreren oder auch allen weiteren Parametern auftreten. Die Konstellation 'Konzeptuelle Relationen – Analogie – Kategorisierung' weist eine besonders starke Verbindung auf, bei der u.U. auch die perzeptuelle Salienz in dem Sinn eine Rolle spielt, daß durch auffällige phonetisch(-stilistisch)e Motivation zusätzliche Relationen zwischen Einträgen im ML hergestellt werden können. Auch die Konstellation 'Kategorisierung und KÖ/SÖ' ist stark: Die kognitive Ökonomie wird durch eine hierarchische Kategorienstruktur, durch höhere SÖ (morphologisch motivierte Bildungen) und auch durch niedrige SÖ (semantisch motivierte Bildungen) erzielt. Die Metaphorizität stellt nicht nur den in quantitativer, sondern auch den in qualitativer Hinsicht am stärksten ausgeprägten kognitiv-linguistischen Parameter dar, da sie in Konstellation mit allen anderen Parametern auftritt. Ebenso verhält sich der Parameter KÖ/SÖ, der universal auf alle Lexikonprozesse anwendbar ist.

Die übrigen Konstellationen in der Matrix sind weniger spektakulär. Zwischen einigen Parametern scheinen keine Verbindungen zu herrschen. Dies bedeutet jedoch nicht, daß die betroffenen Parameter nie Verknüpfungen eingehen würden, sondern lediglich, daß dies für den Computerwortschatzbereich nicht aufgezeigt werden konnte.

## 5.3 Zusammenschau: Korrelationen zwischen den kognitiv-linguistischen Parametern und den Lexikonprozessen

Die Matrix in der Abbildung unten veranschaulicht das Verhältnis 'Lexikonprozesse – kognitiv-linguistische Parameter' aus zwei Perspektiven. Diese gehen mit den beiden zentralen Fragestellungen dieser Arbeit konform:

Zum einen bestand das Untersuchungsinteresse darin, die Lexikologie durch kognitiv-linguistische Ansätze zu ergänzen. In diesem Falle werden zunächst die verschiedenen Lexikonprozesse (vertikale Achse) betrachtet und es wird festgestellt, mit welchen kognitiv-linguistischen Parametern (horizontale Achse) sie analysiert werden können.

Zum anderen wird zuerst von der kognitiven Linguistik ausgegangen, und es wird anschließend die Frage gestellt, ob und welche kognitiven Aspekte auf eine Wortschatzuntersuchung anwendbar sind. In diesem Fall wird von den in der horizontalen Achse aufgeführten kognitiv-linguistischen Parametern ausgegangen; in der Matrix wird abgelesen, welche Lexikonprozesse durch sie beschrieben werden können.

| Parameter / Lexikonprozesse | Metaphorizität | Ikonizität | *Perceptual salience* | Kognitive / kulturelle Modelle | Konzeptuelle Relationen | Kategorisierung | Analogie | Kognitive / sprachliche Ökonomie |
|---|---|---|---|---|---|---|---|---|
| **Komposition** | X | X | | | X | X | X | X |
| **Derivation** | X | X | | | X | X | X | X |
| **Reduktive Prozesse** | X | X | X | | X | X | X | X |
| **Ex nihilo** | | | | | | | | X |
| **Metapher** | (X) | X | | X | X | X | X | X |
| **Metonymie** | (X) | X | | X | X | X | X | X |
| ***Shift in application*** | | | | X | X | X | | X |
| **Volksetymologie/ Remotivation** | X | X | | X | X | X | X | X |
| **Onomatopöie / Phonästhesie** | (X) | X | | | | | X | X |
| **Mischtypen: mo. + se. Mot.** | X | X | X | X | X | X | X | X |
| **(mo) + (se) + ph. Mot.** | X | X | X | X | X | X | X | X |

Abbildung 5.4: Korrelationen Lexikonprozesse – kognitiv-linguistische Parameter

Aus den 8 Parametern und den 11 Typen von Lexikonprozessen[11] ergeben sich theoretisch 88 Kombinationsmöglichkeiten. Wie aus der Matrix zu entnehmen, sind jedoch nur 62 korrelative Felder belegt. Anhand der Typen von Lexikonprozessen (vertikale Achse der Matrix) werden die jeweils zutreffenden Parameter (horizontale Achse) nachfolgend mit Beispielen aus dem Computerkorpus erläutert.

**Komposition**

Insbesondere die Parameter 'Kategorisierung', 'Analogie' und 'konzeptuelle Relationen' sind in diesem Lexikonprozeß wirksam. Komposita drücken typischerweise untergeordnete Ka-

[11] In der Matrix wurden aus Übersichtlichkeitsgründen nur die Makroprozesse aufgeführt (vgl. 3.3.3). Die Mikroprozesse werden jedoch in den folgenden Erläuterungen berücksichtigt.

tegorien aus. So entstanden z.B. NETWORK COMPUTER und TELECOMPUTER als Unterkategorien von COMPUTER; ALPHA TEST und BETA TEST als untergeordnete Kategorien von TEST. Insbesondere die Mikroprozesse 'Standard-komposition', 'Kombination', 'Buchstabenkomposition' und 'Phrasenkomposition' sind davon betroffen. Das Verschmelzen zweier Kategorien wird durch Dvandva ausgedrückt. Diese sind im Korpus in geringem Ausmaß vertreten, z.B. *client-server* und *slice-and-dice*.

Durch morphologische Analogie entstehen Reihenbildungen und Mikrosysteme. Diese Analogiebildungen treten häufig in dem Typ 'Kombination' auf, z.B. *cyberbrain, cybercat, cybercrime, cyberlove* etc. Im Typ 'Standardkomposition' sind Analogiebildungen nicht in gleicher Weise prominent. Beispiele sind *ethermail* und *voice mail*. Die Analogien beziehen sich häufig auf nicht im Computerwortschatz vorhandene Lexeme, z.B. *mouse arrest* (< *house arrest* – allgemeinsprachliches Lexem). Buchstabenkomposita weisen wiederum auffälligere Analogien auf. So sind 12 der 17 Buchstabenkomposita im Korpus Bildungen mit dem Buchstabenmorphem *e-* (für *electronic*).

Konzeptuelle Relationen sind, ebenso wie die Kategorisierung, in den meisten Typen von Komposita des Computerwortschatzes stark vertreten: so stellen beispielsweise viele der Kombinationen mit der *combining form* (CF) *–ware* Hyponyme von *ware* (kurz für *software*) dar.

Die sprachliche Ökonomie (SÖ) ist bei Komposita relativ niedrig, mit Ausnahme der Ellipse (z.B. *net*). Aufgrund der morphologischen Motivation der Bildungen ist die kognitive Ökonomie (KÖ) meist verhältnismäßig hoch.

Komposita sind typischerweise durch diagrammatische Ikonizität gekennzeichnet. Durch diese Form-Bedeutungskorrespondenzen entstehen komplexe Beziehungen zwischen den innerhalb des Computerwortschatzes und auch zwischen den im Computerwortschatz und im Allgemeinwortschatz bestehenden Konzepten im mentalen Lexikon (ML).

**Derivation**

Auf die Derivation treffen im allgemeinen die gleichen Parameter zu wie auf die Komposition. Die Methode, Präfigierungen mit Morphemen der *closed class* unter metaphorischen bzw. metonymischen Aspekten zu betrachten (vgl. 2.4.1.1), hat sich als sinnvoll erwiesen. Beispiele wie *download, upload, upsize, downsize* (vgl. 4.3.4.9) wurden jedoch als Partikelkomposita betrachtet.

Das Phänomen, daß Suffigierungen zahlreicher im Lexikon vertreten sind als Präfigierungen, hat sich auch für den Computerwortschatz bewahrheitet (im Korpus befinden sich 5 Prä- vs. 24 Suffigierungen). Die Theorie der *category shifts* (nach Hopper & Thompson 1985) erweist sich als plausible kognitive Erklärung dafür. Auch auf Nullableitungen, die ich aus kognitiver Sicht als Konversionen betrachte, kann diese Theorie angewandt werden. Dadurch kann plausibel erklärt werden, warum die Umwandlung Nomen → Verb (*object-* in *action category*) häufiger vorkommt als Verb → Nomen (*action-* in *object category*): Hier sind u.a. die Kriterien der *time-stability*, der Prototypikalität und des Abstraktheitsgrades von Kategorien anzusetzen (vgl. 2.3.2). Die Zahl der Nullableitungen im Korpus ist zu gering, um Verallgemeinerungen anzustellen. Dennoch scheinen diese Beobachtungen zur Ableitungsrichtung auch für den Computerbereich zuzutreffen: Unter den rein morphologisch motivierten Nullableitungen sind 8 von 12 Lexemen von Nomen abgeleitete Verben, eines ist ein vom Adjektiv abgeleitetes Nomen, die restlichen 3 Nomen wurden vom

Verb abgeleitet. Auch die Mehrheit der Nullableitungen in den morphologisch und semantisch gemischt motivierten Einträgen stellen Verben dar.

Das Phänomen, daß Komposita und Derivationen die häufigsten Wortbildungsarten darstellen, hat sich für den Computerwortschatz bewahrheitet. Diese Wortbildungsarten weisen im Gegensatz zu reduktiven Bildungen das Potential für die höchste Transparenz bzw. Motiviertheit / Ikonizität auf. Dies kann mit der niedrigen sprachlichen Ökonomie gleichgesetzt werden. Dadurch weisen diese Bildungen gleichzeitig eine höhere kognitive Ökonomie auf, da aufgrund der Transparenz die Begriffsspeicherung und -verarbeitung mit dem geringsten Aufwand stattfinden kann.

**Reduktive Prozesse**

Für diese Typen von Lexikonprozessen gelten die gleichen Parameter wie auch für die Komposition und Derivation. Hinzu kommt die perzeptuelle Salienz.

Akronyme weisen eine hohe SÖ auf, da sie aufgrund ihrer Kürze wenig Speicherplatz im ML benötigen. Wenn nicht zusätzlich semantische und/oder phonetische Motivation (z.B. durch metaphorische Bedeutung, Assoziationen oder Reimmotivation) vorhanden ist, wodurch die Erkennbarkeit und Abrufbarkeit erleichtert wird (vgl. Fischer 1997: 36ff), haben sie den Nachteil einer niedrigen KÖ. Dies ist insbesondere bei Initialismen wie *CD* oder *HTML* der Fall, die im Vergleich zu Akronymen (*LAN, DOS*) und *pronunciation spelling* (*scuzzy*) weniger lexemähnlich sind. Die niedrige KÖ ist ein Grund dafür, daß Akronyme entgegen allen Erwartungen in so geringem Maße im allgemeinen Computerwortschatz vertreten sind. In der Computerfachsprache und auch im E-Mail-Jargon dagegen tragen Akronyme, die aufgrund einer hohen Frequenz in der fließenden Rede oder in Texten eingeführt werden und deren Bedeutung unter Fachleuten bekannt ist, durch ihre SÖ zu höherer KÖ bei, da der Sprachfluß nicht durch unnötig lange, repetitive Ausdrücke (z.B. *EBCDIC*: *extended binary-coded decimal interchange code*; vgl. Barry 1991: 71) gestört wird. Akronyme sind durch perzeptuelle Salienz gekennzeichnet. Sie werden aus den Anfangsbuchstaben längerer Ausdrücke gebildet, die kognitiv prominenter als mittlere oder Endbuchstaben sind. Sobald die Ausgangslexeme der Akronyme bekannt sind, erhöht sich die KÖ, da die Anfangsbuchstaben das Abrufen des vollständigen Wortes aus dem ML optimal auslösen können (z.B. *BASIC*: B steht für *beginners'*, A für *all-purpose*; S für *symbolic*, I für *instruction*, C für *code*). Mit Hilfe dieses Parameters kann das Phänomen erklärt werden, daß Kürzungen von Ausdrücken nicht in Form von Telonymen, sondern Akronymen realisiert werden. Neu gebildete Akronyme werden mit fortschreitender Institutionalisierung zu *anacronyms*; sie verkörpern dann eigenständige Konzepte. Die Institutionalisierung von Akronymen wird durch zusätzliche Motivation (Assoziationen, Homophonie bzw. Homonymie) begünstigt.

Die Ikonizität kommt in Blends sehr schön zur Geltung: Blends stellen auf lexikalischer Ebene Verschmelzungen von Kategorien- bzw. Konzeptstrukturen auf kognitiver Ebene dar. Diese konzeptuellen Hybriden werden ikonisch auf die Sprach- bzw. Lexemstruktur abgebildet. Auch temporale Ikonizität drückt sich bisweilen auf sprachlicher Ebene aus (z.B. *brunch*; keine Beispiele im Korpus). Die KÖ von Blends ist umso höher, je mehr Substanz der einzelnen Ausgangsmorpheme im Blend verbleiben (vgl. Lehrer 1996b). Deshalb sind die Transparenz und die Memorisierbarkeit der Typen 'Portmanteau-Blends' (z.B. *crapplet, netiquette* – je beide Ausgangslexeme erhalten) und 'Splitter + Morphem' (z.B. *infotainment, webliography*) tendentiell höher als diejenigen des Typs 'Splitter +

Splitter' (z.B. *cyborg, sysop*). Für die durchaus als prinzipiengeleitet zu bezeichnende Struktur von Blends ist die *perceptual salience* verantwortlich.

Clippings treten, verglichen mit Blends und Akronymen, in weitaus geringerem Maße im Korpus auf. Ein Grund mag in der niedrigen Transparenz dieser Bildungen liegen: Die vier im Korpus auftretenden Clippings (*net 2, app, meg, sig*) sind sehr kurz (3 Buchstaben; hohe SÖ), wodurch die Ausgangslexeme schwer rekonstruierbar sind. Clippings weisen m.E., verglichen mit den restlichen reduktiven Bildungen, die niedrigste KÖ auf. Die Mehrzahl der Clippings (75%) sind *back-clippings*, die restlichen 25% *fore-clippings*. Obwohl die Anzahl nicht repräsentativ ist, so zeichnet sich auch hier ab, daß Wortanfänge perzeptuelle Salienz aufweisen.

Reduktive Bildungen gehen, ebenso wie morphematische Bildungen, konzeptuelle Relationen ein und bilden hierarchische Strukturen aus, z.B. *animacon* und *emoticon* als Unterkategorien von *icon*; *CD-I, CD-R, CD-ROM* als Unterkategorien von *CD*. In Blends wie *infotainment* (von *entertainment*) oder *cybergasm, Cybrarian, cyborg* kommt auch die Analogie zum Tragen.

Ex-nihilo-Bildungen sind in sehr geringem Ausmaß im Korpus vorhanden (2 Stück = knapp 0,3%). Sie stellen auch sonst eine große Ausnahme im (Computer)Wortschatz dar: Aufgrund ihrer fehlenden bzw. nicht definitiv feststellbaren Motivation (vor allem bei dem Untertyp 'unbekannte Etymologie') sind kaum kognitive Parameter auf sie anwendbar. Eine Ausnahme stellt der universale Parameter kognitive / sprachliche Ökonomie dar. Meist handelt es sich um relativ kurze, monomorphemische Lexeme mit hoher SÖ, z.B. *nerd, dongle*. Aufgrund der oft obskuren Etymologie kann es zu den Aktivitäten der Remotivation bzw. Volksetymologie, häufig auch zur Metaphorisierung (z.B. *byte* (*bite*), *velveeta* – analog zu *spam*) seitens der Sprachverwender kommen.

**Metapher und Metonymie**

Diese semantischen Prozesse sind in den Parametern Ikonizität, Kognitive/kulturelle Modelle, Konzeptuelle Relationen, Kategorisierung, Analogie und KÖ/SÖ vertreten, wobei die Analogie meines Erachtens, direkt nach den kognitiven / kulturellen Modellen, den faszinierendsten Bereich darstellt.

Die Ikonizität drückt sich u.a. in den Metaphern für virtuelle Phänomene aus (siehe 4.3.6). Ein weiteres prominentes, jedoch außergewöhnliches Beispiel stellt die Metapher *strudel* mit ihrer graphischen Repräsentation @ dar (vgl. 4.3.2 und Bründl 1999): das Zeichen bildet das durch die Primärbedeutung bezeichnete Objekt der außersprachlichen Realität (Apfelstrudel: innen Apfel ('a' für 'Apfel'), außen Teigrolle: Kringel um das 'a' in @) direkt ab.

Insbesondere in morphologisch komplexen Metonymien drückt sich die diagrammatische Ikonizität aus: Metonymische Reihen wie *cyberhead, webhead, nethead* etc. (Typ 'pars pro toto') sind durch die Form-Bedeutungskorrespondenzen in Form des Morphems *head* (steht metonymisch für 'person') miteinander verbunden.

Die mit konzeptuellen Metaphern wie *cookie, Java* und *Easter egg* verknüpften kognitiven bzw. kulturellen Modelle wurden bereits ausführlich erläutert (vgl. 4.3.2; 4.4.4). Ein weiteres Beispiel stellt *mouse* dar. Die Primärbedeutung (TIER) löst in verschiedenen Sprachen und Kulturen unterschiedliche Assoziationen aus. In westlichen Kulturen wird die Maus, möglicherweise aufgrund ihres Haustierstatus, vorwiegend mit positiven Eigenschaften assoziiert ('niedlich', 'flink', 'klein', 'grau'). Diese Eigenschaften konstituieren auch die Basis für die metaphorische Übertragung auf das Computerzubehör *mouse*. Aus einschlägiger Quelle[12] habe ich erfahren, daß die Primärbedeutung nicht in die japanische Sprache übertragen werden kann, da die Maus in dieser Kultur mit 'Schmutz' konnotiert wird. Auch die Computermetapher *spam* ist aufgrund des Nichtvorhandenseins von *spam* auf dem deutschen Speiseplan nicht direkt ins Deutsche übertragbar. Da die deutsche Sprache offensichtlich (auch) im Computerbereich weniger derart originelle Metaphern zuläßt, wurde *spam* in einem Artikel mit den deutschen bzw. bayerischen Äquivalenten *Sülze* und *Preßsack* übersetzt. Offiziell wird *spam* entweder als Anglizismus beibehalten oder mit rein morphologisch motivierten Bezeichnungen wie 'Werbe-Mails' oder 'Massensendungen' (siehe Langenscheidts Internet-Wörterbuch und Kreisel & Tabbert 1997: 133ff) versehen.

Auch die mit bestimmten Metaphern assoziierten komplexen Szenen bzw. Situationen stellen kognitive Modelle dar. Als Beispiel soll *hamster* 1 dienen. Diese Metapher konstituiert sich durch das Bild "a hamster happily spinning its exercise wheel" (NHD), welches ein in unserer Erfahrung verankertes kognitives, möglicherweise sogar auf den westlichen Kulturkreis beschränktes kulturelles Modell darstellt.

Wie die meisten Lexikonprozesse können auch Metaphern und Metonymien konzeptuelle Relationen eingehen, z.B. *client* und *server* als Unterkategorien von *computer*; *vanilla* als Hyponym von *flavo(u)r*. Für Metonymien des Typs 'pars pro toto' sind die Relationen Meronymie bzw. Holonymie (Teil vom Ganzen in *cyberhead*, *webhead* etc.) typisch.

In figurativen lexikalischen Einheiten drückt sich die Kategorisierung als *dual categorization* aus.

Die semantische Analogie ist besonders stark in Metaphern vertreten, während die morphologische Analogie für Metonymien typischer ist, z.B. in den Reihenbildungen mit *–head*. Die Metapher *velveeta* (Primärbedeutung: Markenname einer Art Schmelzkäse) hat sich offensichtlich in Analogie zu *spam* (Markenname eines Dosenfleisches) entwickelt. Es handelt sich in der Primärbedeutung um zwei ähnliche Arten von *processed food*. Die Analogie besteht auch zwischen den übertragenen Bedeutungen: Beides sind Bezeichnungen für Arten von *junk mail*: *velveeta* ist E-Mail, die "cross-posted [...] to excess" (ODNW) wird, während *spam* "individually posted to each newsgroup" (ODNW) wird. Die Brücke zwischen den Primär- und den übertragenen Bedeutungen kann kurz und knapp durch die morphologische wie semantische Verbindung *junk mail – junk food* ausgedrückt werden.

In ähnlicher Weise hat sich *cupcake(s)* in Analogie zu *cookies* entwickelt. *Cupcakes* unterscheiden sich in einigen Punkten von den ursprünglichen *cookies* (siehe 4.4.4). Auch die "Kaffee-Analogie" um *Java* ist erwähnenswert: *JavaBeans* sind die Komponenten, aus welchen Java-Applikationen bestehen. Dieses Verhältnis ist analog zu den realen Kaffeebohnen, welche die Komponenten bzw. das Ausgangs- oder Rohmaterial für Kaffee darstellen. Ein letztes Beispiel stellt die Metapher *hamster* 2 dar, welche sich in Analogie zu *mouse* entwickelt hat: analog zur Anatomie der Tiere stellt *hamster* eine kabellose Computermaus dar; das Kabel der Computermaus wird analog zu dem Schwanz der Maus betrachtet.

---

[12] E-Mail von J. L. Speranza <jls@netverk.com.ar> an die Mailingliste *FigurativeLanguageNetwork*: 'The Japanese Mouse & Other Animals', 26.04.99.

Die semantischen Prozesse Metapher und Metonymie weisen sowohl eine hohe sprachliche als auch eine relativ hohe kognitive Ökonomie auf. Dies ist mit ein Grund, warum im weitgehend abstrakten bzw. virtuellen Computerbereich Metaphern einen beträchtlichen Anteil ausmachen: sie erleichtern die kognitive Verarbeitung komplexer Konzepte. Die Überlegenheit der sprachlich hoch ökonomischen Metapher *cookie* kommt im Gegensatz zu dem sprachlich unökonomischen potentiellen Synonym *information storage mechanism* deutlich zum Ausdruck.

***Shift in application***

weist im Vergleich zu den figurativen Prozessen Metapher & Metonymie wenige zur Analyse geeignete Parameter auf. Dies mag ein Grund für das relativ spärliche Vorhandensein der *shifts* im Korpus sein.

Kognitive / kulturelle Modelle spielen in *shifts* eine wesentlich geringere Rolle als in Metaphern, da die neuen Bedeutungen auf offensichtlichere Weise mit der Ursprungsbedeutung zusammenhängen und keine derartige Distanz zwischen den beteiligten Domänen existiert. Nur selten sind komplexe Modelle für das Verständnis der neuen Bedeutungen nötig. An den *shifts bible* und *wild card,* welche sich auf dem Kontinuum der semantischen Prozesse (vgl. 'semantisches Rad' in 3.3.4.4) eher in Richtung der Metaphern orientieren, sind kulturelle Modelle beteiligt (die BIBEL und KARTENSPIELE).

Konzeptuelle Relationen treten auch in *shifts* auf, obwohl sie weniger auffällig sind: *import* und *export* (im Kontext von Datenimport und -export) stehen beispielsweise in Antonymie zueinander. Bedeutungsspezialisierung bringt immer Hyponyme zu einem Hyperonym mit allgemeiner Bedeutung hervor, z.B. *icon* (Symbol, Bild → Bildschirmsymbol am Computer). In diesem Zusammenhang schließt sich die Kategorisierung an: Wenn durch Bedeutungsspezialisierung *shifts* zustandekommen und die ursprünglichen, allgemeinen Bedeutungen nicht aussterben, entstehen Kategorienhierarchien, welche jedoch meist nur aus zwei Ebenen bestehen: der allgemeinen ursprünglichen Bedeutung (Hyperonym) und der spezialisierten neuen Bedeutung (Hyponym), z.B. *author* (Schriftsteller, Urheber) → *author* (Verfasser einer Hypertext-Applikation).

Die SÖ der *shifts* ist meist hoch, da es sich oft um Moneme handelt. Sie weisen tendentiell auch eine hohe KÖ auf, da die Bedeutungsableitungen meist offensichtlich sind, insbesondere bei vorhandenem Ko- und Kontext.

**Volksetymologie / Remotivation**

Für diese Lexikonprozesse sind die gleichen Parameter anzusetzen wie für Metapher & Metonymie.

Viele der untersuchten Remotivationen stellen Metaphern dar (*Java, cookie, Apple*). Sprachverwender, wenn dazu angeregt, versuchen im Prozeß der Remotivation eine Brücke zwischen Primär- und neuer Bedeutung zu schlagen.

Aufgrund der Metaphorik und auch der Motivationszuweisung seitens der Sprachverwender im Prozeß der Volksetymologie / Remotivation spielt auch die metaphorische Ikonizität eine große Rolle. In Lexikonprozessen, die durch den Drang seitens der Sprecher zustandekommen, (scheinbar) unmotivierten sprachlichen Strukturen Motivation zuzuweisen, ist ein Beleg für die generelle Tendenz sprachlicher wie auch lexikalischer Strukturen zur Nicht-Arbitrarität zu sehen.

Am Prozeß der Remotivation sind in starkem Maße kulturelle / kognitive Modelle beteiligt (vgl. die detaillierten Erläuterungen zu *cookie, Java, daemon* in 4.4.4). Für die Volksetymologie ist dagegen die Beteiligung von Analogie kennzeichnend. Das bereits in 3.3.4.5 ausführlich erläuterte Beispiel von *earcon* nach *icon* ('*eyecon*') ist hier maßgebend. Eine derartige Analogie impliziert wiederum das Wirken von konzeptuellen Relationen, im Falle von *earcon* Ko-Hyponymie (*ear* – *eye*; Hyperonym (in meronymischer Beziehung): *face*). Somit ist auch die Kategorisierung ein für diese Lexikonprozesse relevanter Parameter.

Die im Korpus auftretenden Remotivationen / Volksetymologien sind meist einfache Lexeme. Somit weisen sie eine relativ hohe SÖ auf, durch die intensive Verarbeitungsleistung während des Prozesses der Re- bzw. Neumotivation eines Lexems ist die KÖ jedoch tendentiell sehr hoch.

**Phonetisch motivierte Prozesse: Onomatopöie / Phonästhesie**

Diese Lexikonprozesse sind in erster Linie durch direkte Ikonizität (*image iconicity*) gekennzeichnet: Eine in der Realität vorkommende Lautstruktur wird in Bildungen wie *gronk*, *grrrl* direkt (jedoch mit den durch das phonotaktische System der jeweiligen Sprache bedingten Beschränkungen) auf der Sprachstruktur abgebildet. In diesem Sinne herrscht auch Analogie. Sowohl die sprachliche als auch die kognitive Ökonomie sind tendentiell hoch, da es sich um monomorphemische Lexeme handelt, deren Bedeutung aufgrund der relativen Ähnlichkeit zu außersprachlichen Lauten mit verhältnismäßig wenig Aufwand für die kognitive Verarbeitung inferiert werden kann.

**Kombinierte Prozesse: morphologisch und semantisch motivierte Prozesse**

Prinzipiell sind in kombinierten Prozessen alle 8 Parameter zutreffend, da unter diese Kategorie fast alle Arten von Lexikonprozessen fallen. Für kombinierte Lexikonprozesse gelten i.a. die gleichen Parameter und deren Ausprägungen wie die oben zu den jeweiligen beteiligten Lexikonprozessen beschriebenen.

Der einzige wichtige Unterschied zwischen den kombinierten und den "einfachen" Prozessen besteht in dem Parameter kognitive / sprachliche Ökonomie: die kombinierten Lexikonprozesse sind i.d.R. polymorphematisch und weisen daher eine niedrigere sprachliche Ökonomie auf als "einfache" Prozesse.

Eine besonders interessante Korrelation herrscht zwischen dem Parameter Metaphorizität und der Ellipse, einer Unterkategorie der Komposition (vgl. 4.4.1). Die meisten Ellipsen (morphologische Ebene) im Korpus sind zugleich Metonymien (kognitive Interpretation). Auf sprachlicher Ebene drückt sich die metonymische Relation durch eine Wortklassenänderung von Adjektiv zum Nomen aus, z.B. *handheld* n (aus *handheld computer)*, *floppy* n (aus *floppy disk)*.

**Kombinierte Prozesse: morphologisch und/oder semantisch und phonetisch motivierte Prozesse**

Für die mit phonetisch(-stilistisch)er Motivation kombinierten Lexikonprozesse gilt das gleiche wie für die übrigen kombinierten Prozesse: Prinzipiell kommen alle Parameter zum Tragen.

Besonders erwähnenswert ist in dieser Kategorie die herausragende Rolle der phonetisch(-stilistisch)en Motivation. Es wurde die These aufgestellt, daß durch die phonetisch (-stilistisch)e Motivation, welche in der phonologischen Komponente der Einträge im ML wirkt, die Verbindung der auch durch semantische Relationen und durch gemeinsame morphologische Komponenten verknüpften Einträge im ML gestärkt wird. Diverse Beispiele aus dem Korpus untermauern diese These. Das Prinzip der perzeptuellen Salienz ist in diesem Zusammenhang wirksam: *penputer, bozo button, wetware* und *World Wide Web* wiesen Alliteration auf; Lexeme wie *screenager, teenager* oder *WAN, LAN* sind durch Reimmotivation verbunden.

Folgende Beispiele aus dem Korpus sind Paradebeispiele für die vielfältige Vernetzung von Einträgen im ML: Im Bereich der Erweiterungen um das Konzept COOKIE herum (*cookies, cupcakes, coffee & cookies; Java; Kaffee & Kuchen, Kakao & Kekse*, vgl. 4.4.4) fällt besonders die zusätzlich zur semantischen Motivation präsente phonetisch-stilistische Motivation im Sinne einer Alliteration mit /k/ auf; /kʌpkeɪk/ und /kʊki/ weisen interne Alliteration auf. Sie sind ferner durch die Parameter konzeptuelle Relationen, Kategorisierung (Ko-Hyponymie) und Analogie verbunden. Dadurch wird das semantische Netz um die Konzepte COOKIES und JAVA herum gestärkt.

Es zeichnet sich folgende Tendenz ab: Je mehr kognitiv-linguistische Parameter auf einen Lexikonprozeß anwendbar sind, desto prominenter, d.h. stärker im Korpus vertreten und desto entscheidender ist dieser. Dies kann an der Matrix (Abb. 5.4) abgelesen werden. So ist beispielsweise der Ex-nihilo-Bildung, welche sehr schwach vertreten ist, nur ein Parameter zuzurechnen, während Metaphern und Metonymien, mitunter die größten Bereiche im Computerwortschatz, im Lichte von sieben Parametern analysiert werden können.

Alle vier Komponenten eines Eintrages im mentalen Lexikon (vgl. Modell A in 2.2.2) – die morphologische, phonologische, semantische und auch syntaktische Komponente, wie auch die Verknüpfungen zwischen diesen Komponenten und denjenigen anderer Einträge im mentalen Lexikon, gewinnen durch diese Darlegung der kognitiv-linguistischen Parameter hohe Plausibilität. Zu erwähnen ist insbesondere die enge Symbiose, die die konzeptuellen Relationen (semantische Komponente), die phonetischen Relationen (phonologische Komponente), die Analogie und die Kategorisierung (morphologische und semantische Komponenten) miteinander eingehen.

# 6. Schlußbetrachtung

Die zentrale Zielsetzung der vorliegenden Arbeit bestand darin, anhand einer Untersuchung eines besonders dafür geeigneten Wortschatzausschnittes – dem Computervokabular – plausibel zu machen, daß die Fundamente der Lexikologie und Wortbildungstheorie sinnvoll durch kognitiv-linguistische Prinzipien bereichert werden können. Dies wurde im Rahmen einer lexikologischen Studie durch die empirische Erprobung der zunächst theoretisch ausgearbeiteten kognitiv-linguistischen Parameter erzielt. Die Ergebnisse wurden in Kapitel 5 in komprimierter Form dargestellt. Eine wiederholte detaillierte Zusammenfassung erübrigt sich somit an dieser Stelle. Es sei im folgenden lediglich auf die acht kognitiv-linguistischen Parameter hingewiesen: Es handelt sich um Metaphorizität, Ikonizität / Motivation, perzeptuelle Salienz, Kognitive und kulturelle Modelle, Konzeptuelle Relationen, Kategorisierung, Analogie und kognitive / sprachliche Ökonomie. Generell ist festzuhalten, daß die kognitiv-linguistische Sicht die Wortbildungs-, semantischen und phonetischen Prozesse und ihre Resultate in neuem Licht erscheinen läßt: Bislang kaum hinterfragte Annahmen wie z.B. die Auffassung, reduktive Bildungen stellten unvorhersagbare, sekundäre Wortbildungsarten dar, werden durch Prinzipien wie das der perzeptuellen Salienz widerlegt.

Im Rahmen der Studie wurde gezielt nach Eigenschaften und Prinzipien gesucht, die dem Wortschatzbereich *computing* zugrundeliegen. Folgende Trends wurden für den Computerwortschatz festgestellt (vgl. 4.2.3 und Kapitel 5): Allen voran ist der hohe Anteil an Resultaten semantisch motivierter Prozesse – Metaphern, Metonymien, *shifts in applications*, Volksetymologien und Remotivationen (rund 50%) zu nennen. Im untersuchten allgemeinsprachlichen Computerwortschatz ist somit in etwa die dreifache Menge an semantischen Prozessen enthalten, verglichen mit dem Allgemeinwortschatz (vgl. 4.2.2.3). Signifikant ist insbesondere das außergewöhnlich hohe Ausmaß an Metaphern (rund 35%).

Für die weitgehende Motiviertheit des Computerwortschatzes sind aber nicht nur die semantisch motivierten Bildungen verantwortlich; es sind in diesem Wortschatzbereich auch wenige Akronyme vertreten, welche ja durch Intransparenz gekennzeichnet sind. Die ausgeprägte Nicht-Arbitrarität des Computervokabulars drückt sich auf der Ebene des mentalen Lexikons in den Bindungen zwischen Einträgen im mentalen Lexikon aus: Die phonetisch(-stilistisch)e Motivation ist dafür verantwortlich, daß die morphologisch-semantischen und häufig auch analogischen Verbindungen von Lexemen im ML zusätzlich gestärkt werden (vgl. 3.3.6.2 und 5.3). Insgesamt zeichnet sich im Computervokabular die Tendenz zu hoher kognitiver Ökonomie (aufgrund von Transparenz und Metaphorizität) bei niedriger sprachlicher Ökonomie (im Falle von morphologisch motivierten Bildungen) bzw. bei hoher sprachlicher Ökonomie (bei neuen *lexical units*) ab. Dies sind äußerst günstige Voraussetzungen für eine optimale kognitive Verarbeitung (Produktion wie auch Rezeption) von Computerlexemen, die typischerweise abstrakte bzw. virtuelle Bedeutungen aufweisen. Die sprachliche Ökonomie wird häufig als Wiederspiegelung der die heutige Zeit kennzeichnenden Informationsflut angesehen. Dieser Trend des heutigen Englisch (vgl. Fischer 1997: 73ff) wirkt sich auch im Computerbereich aus. Typisch ist die vermehrte Verwendung von Kombinationen mit *combining forms*, die mit einem reduzierten Auftreten von Standardkomposita einhergeht.

Als Highlight dieser Studie müssen schließlich die Metaphern erwähnt werden: sie stellen den weitaus faszinierendsten Bereich des untersuchten Computerwortschatzes dar. Sowohl in quantitativer als auch in qualitativer Hinsicht sind sie prominent. Der Großteil der Metaphern konnte metaphorischen Konzepten zugeordnet werden (vgl. 4.3.4); einen geringeren Anteil stellen isolierte Metaphern dar (vgl. 4.3.5). COMPUTERS are HUMAN BEINGS stellt das umfangreichste metaphorische Konzept dar. Ihm konnten anthropomorphische Metaphern wie *client & server, master & slave, host & guest* zugeteilt werden. Um Computermetaphern wie *cookie* und *Apple*, *bookmark* und *button* angemessen klassifizieren zu können, wurden des weiteren die Kategorien *food metaphors* und Metaphern für virtuelle Phänomene aufgestellt.

An dieser Stelle wird wiederholt für eine Integration der kognitiven Perspektive in die Beschreibung und Analyse produktiver Prozesse im Wortschatz plädiert. Als Methode wurde die 3-Stufen-Analyse erprobt (vgl. Punkt 3.3.1), in welcher sämtliche Lexeme zunächst einer formal-morphologischen, anschließend einer semantisch-phonologischen und zuletzt einer kognitiven Inspektion unterzogen werden. Auf diese Weise kann verhindert werden, daß metaphorische Bedeutungen komplexer Lexeme nicht erkannt werden. Denn: diese figurativen Erweiterungen eröffnen bedeutende Einblicke in die Eigenheiten ausgewählter Wortschatzbereiche, wie am Beispiel des Computerwortschatzes demonstriert werden konnte.

# Anhang: Die Einträge im Korpus mit Definitionen und Quellenangaben

Zur Darstellung der Einträge des Korpus wurden folgende lexikographische Konventionen eingehalten:

**1. Spalte: 'Eintrag, Wortart'**

In den Haupteinträgen befinden sich
- die meisten Lexeme im Korpus
- Erweiterungen (Komposita, Derivationen etc.) von bestehenden Haupteinträgen, inklusive Nullableitungen, z.B. *modem* n, *modem* v (zwei Einträge); *lurk* v, *lurker* n (zwei Einträge).

Dies entspricht meiner Konzeption des mentalen Lexikons (vgl. 2.2.2 und 3.1.6.2), wonach sich Lexeme und Wortbildungen in eigenen Einträgen befinden, *lexical units* jedoch im gleichen Eintrag.

Ausnahme: Erweiterungen von Haupteinträgen werden dann nicht als eigener Eintrag aufgeführt, wenn sie nur als Illustration des Haupteintrages dienen (siehe *trap door* n, *trapdoor functions*; *client-server network*) und auch nicht zum Korpus selber gezählt werden. Oft handelt es sich um selbsterklärende bzw. nicht institutionalisierte Ableitungen. Diese sind in der Definitionsspalte (s.u.) aufgeführt und durch einen Pfeil ( ➢) markiert. Sie werden nicht als eigenständige Einträge mitgezählt.
- *combining forms* (CFs), die jedoch nicht als eigene Einträge gelten. Die als Untereinträge aufgeführten Kombinationen mit CFs sind dagegen als eigenständige Einträge zu zählen.

In Untereinträgen werden aufgeführt:
- Kombinationen mit CFs, z.B. mit *cyber-*, *-ware*. In Ausnahmefällen werden diese Kombinationen auch als separate Einträge aufgeführt, und zwar wenn alles darauf hindeutet, daß diese einen festen Platz in der Allgemeinsprache erlangt haben (z.B. *hardware, software*).
- Erweiterungen von Haupteinträgen (Derivationen, Kompositionen etc.), wenn diese morphologisch und semantisch zum Haupteintrag gehören, jedoch unterschiedliche Anfangsbuchstaben aufweisen, und aus Übersichtlichkeitsgründen nicht an einer anderen Stelle der Liste stehen sollen, z.B. *click; double-click*.

Wenn ein Lexem aus mehreren *lexical units* besteht, werden diese zu einem Eintrag gehörig in der Spalte 2 aufgeführt und durchnumeriert (z.B. *hog* 1, *hog* 2), ähnlich der entsprechenden Praxis in den meisten Wörterbüchern und entsprechend meiner Auffassung des Verhältnisses Lexem - *lexical units* (vgl. 1.3).

Orthographische Varianten werden aufgeführt, wenn diese in der Quelle angegeben sind. Die Lautschrift wird angegeben, wenn die Aussprache nicht eindeutig aus dem Lexem hervorgeht, vor allem bei Akronymen (*FAQ, SCSI*), und wenn diese in den Quellen recherchierbar ist. In Klammern ist die Quelle für die Lautschrift angegeben.

Folgende Abkürzungen werden für Wortarten verwendet:
- n = Nomen (inkl. Phrasenkomposita)
- v = Verb
- adj = Adjektiv
- adv = Adverb (siehe auch Abkürzungsverzeichnis)
- cf = *combining form* als Haupteintrag.

Die Zuweisung von Wortarten habe ich in eigener Regie übernommen, da sich die Bezeichnungen in den zugrundeliegenden Quellen unterscheiden. Meine Bezeichnungen entsprechen somit nicht unbedingt denjenigen der Quellen. So übernehme ich beispielsweise die Unterscheidung zwischen *vtr* und *vintr* nicht, da es sich um ein grammatikalisches Phänomen handelt, welches für die Untersuchung irrelevant ist. Die im ODNW vorkommende Kategorie der Nominalphrasen (np) bezeichne ich mit n (Nomen), auch, wenn es sich um Phrasenkomposita (vgl. 3.3.3.1) handelt.

**2. Spalte: 'Definition, Etymologie'**

Die Definitionen wurden direkt aus den jeweiligen Quellen übernommen, und zwar meist aus den dort angegebenenen Definitionen, bisweilen auch aus den dort enthaltenen Zitaten (dann werden sie in Anführungsstriche gesetzt). In den meisten Fällen wurden die Originaldefinitionen gekürzt und ggf. syntaktisch verändert, wodurch eine möglichst knappe Darstellung aller Einträge zustandekommen konnte.

In einigen Fällen werden keine Definitionen aufgeführt. In den Quellen befanden sich dann keine Angaben zur Bedeutung, da die Lexeme selbsterklärend sind (z.B. viele Kombinationen mit CFs wie *cyber-*). Falls ich eine Angabe zur Bedeutung dennoch als nötig befand, formulierte ich diese selbst. Diese Definitionen werden mit 'eigene Definition' gekennzeichnet.

Wenn ein Eintrag in mehreren Quellen vorkam, wurden die Definitionen verglichen und auf Plausibilität geprüft. Daraufhin wurde die plausibelste und deutlichste Definition zur Auflistung ausgewählt.[1] Wenn die aus mehreren Quellen stammenden Definitionen jeweils verschiedene Aspekte der Bedeutung eines Eintrages beleuchten, wurden bisweilen auch mehrere Definitionen angegeben.

Folgende Abkürzungen sind aus Platzgründen in den Definitionen vorgenommen worden: 'c' steht für 'computer', 's.o.' für 'someone', 's.th.' für 'something'.

Die Querverweise (→) wurden eingefügt, um die Übersichtlichkeit und Lesbarkeit der langen Liste zu gewährleisten. Sie weisen auf Verbindungen zwischen Einträgen hin, z.B. auf Definitionen von Lexemen in anderen Einträgen. Die betreffenden Lexeme sind als KAPITÄLCHEN gedruckt.

---

[1] Durch die Informantenbefragung im Internet zu *cookie* habe ich beispielsweise herausgefunden, daß die im ANW angegebene Definition für *cookie* falsch ist. Es handelt sich jedoch nicht um die Hauptdefinition, sondern um ein angegebenes Zitat: "Cookies are bits of computer code ...".

Manchmal wurden in den Quellen Synonyme zu den in der ersten Spalte genannten Einträgen gefunden. Diese sind kursiv gedruckt und folgen nach der Abkürzung 'Syn' für 'Synonym(e)'.

Aufgrund der Tatsache, daß die Einträge teils aus britischen, teils aus US-amerikanischen Quellen stammen, unterscheidet sich die Orthographie entsprechend. Ich habe die Orthographie nicht einem Standard – BrE oder AmE – angepaßt, sondern sie der Originalquelle entsprechend belassen.

Die Etymologie steht in eckigen Klammern meist der Definition vorangestellt. Sie ist angegeben, wenn sich aus dem Studium der Quellen Hinweise auf die Wort- bzw. Bedeutungsherkunft ergeben haben. Vor allem bei Blends, Clippings, Akronymen und bei Nullableitungen ist eine Angabe der Ausgangslexeme sinnvoll.

**3. Spalte: 'Quelle'**

Das Lexemmaterial wurde aus folgenden Quellen bezogen (siehe 3.2):

- ODNW
- LRNW1, LRNW2
- ANW
- RHD (CD)
- OED2 (CD)
- NHD (online)
- Internet-Quellen (WI: www.whatis.com; *WordNet*, *Kaffee & Kuchen*-Homepage; *WorldWideWords*-Homepage / Newsletter, vgl. Bibliographie)
- Eigene Funde (aus Wörterbüchern, Computerbüchern bzw. -magazinen, z.B. Schüller & Veddeler 1996; PC-Magazin)

Außer für Wortarten wurden keine Labels vergeben, da alle Einträgen dem *subject field computing* zuzuordnen sind. Es ist jedoch möglich zu erkennen, ob es sich um Lexeme handelt, die dem *hackers' jargon* oder dem allgemeinsprachlichen Computervokabular angehören: Wenn als einzige Quelle 'NHD' angegeben ist, ist dies ein verläßlicher Indikator dafür, daß es sich um ein auf *hackers' jargon* beschränktes Lexem handelt, das nicht in der allgemeinen Sprachgemeinschaft institutionalisiert ist. Eine Ausnahme stellt die Markierung von NHD-Quellen mit 'mainstream' dar. Diese Angaben stammen direkt aus dem NHD, denn der Lexikograph wertete die Einträge als bis zum Jahre 1993 in den allgemeinen Sprachgebrauch eingedrungen.

Sind in der Quelle außer dem NHD zusätzlich oder ausschließlich andere Wörterbücher angegeben, so handelt es sich um allgemeinsprachliche Computerlexeme.

In seltenen Fällen sind nach der Quellenangabe Lexeme in Klammern angegeben. Es handelt sich um Varianten des Haupt- bzw. Untereintrages (z.B. *number crunching* im NHD, *number cruncher* im Untereintrag), wenn in der betreffenden Quelle nicht die mit den anderen Quellen identische Wortform aufweist.

| Eintrag, Wortart | Definition, Etymologie | Quelle(n) |
|---|---|---|
| **add-in** n | Something which is added to a computer or other system to improve its capabilities or performance. (ODNW) | ODNW<br>RHD |
| **adventure** n | [< adventure game; Adventure: TM] A type of computer game in which the player plays a role in a story involving simulated danger; an instance of playing this kind of game. | ODNW |
| **agent** n<br><br><br>– **electronic agent** n<br>– **intelligent agent** n<br><br><br>– **software agent** n | A semi-independent computer program which can carry out specified tasks, give assistance or advice, or seek desired information without continual reference to the user.<br>– → electronic adj.<br>– Actively and independently monitors communications networks such as the Internet to discover useful information.<br>– Computer program which undertakes specific sub-tasks within a computer system, making independent decisions and if necessary consulting other agents. | ODNW |
| **alpha test** n | An early test of new or updated computer software conducted by the developers of the program prior to beta-testing by potential users. → BETA TEST v, n | RHD |
| **anchor** n | Allows the → BROWSER to display and execute links to other Web pages so that the user can navigate from page to page. Syn: HTML tag | ODNW |
| **animacon** n | [anima(ted) (i)con]. Animacons sind "speziell programmierte → JAVA → APPLETS, die eine Animation [...] ausgeben." Nachfolger der → ICONS (= statische Symbole). | Kaffee & Kuchen-Homepage |
| **antialiasing,**<br>**anti aliasing** n | The process of making less noticeable the jagged edges or lines which appear in visual images that have been created by, or displayed on, devices of insufficient resolution. ... Antialiasing techniques are routinely applied to video pictures, computer-generated art, laser-printed pages, and other images. (ODNW) | ODNW<br>RHD |
| **antivirus** n | A computer program which write-protects a computer's hard disk while a program from a floppy disk is being used for the first time, so that a computer virus cannot be passed to the hard disk. → VIRUS | LRNW2 |
| **app** n | [app(lication program)] (informal). Program used for a particular → APPLICATION, opposed to system program. Syn: applications program, application(s) software. | RHD |
| **Apple** n | Trademark: Apple Macintosh Computers | - |
| **applet** n | [app(lication) + -let]. A small computer program, particularly one executing a single task within a larger suite of → APPLICATIONS. (ODNW)<br>A small application program that can be called up for use while working in another application. (RHD) | ODNW<br>ANW 4/96<br>RHD |
| **Apple Talk** n | AppleTalk is a set of communication protocols for Apple computers. → SMALLTALK → APPLE | WI |
| **application** n<br><br><br>– **killer application** n | [< application (program)] A program designed to carry out tasks or solve problems which are specific to a given use. (OED2) → APP<br>– In marketing jargon, a product of technology which is so good, or which contains features so advanced or in- | RHD<br>OED2<br><br>ODNW |

| Eintrag, Wortart | Definition, Etymologie | Quelle(n) |
|---|---|---|
| | novatory, that it is irresistible to potential purchasers. | |
| **Archie, archie** n | [arch(ive) + -ie] A computerized Internet tool designed to simplify searches of multiple → FTP servers. An archive of FTP sites. Named to suggest the word archive. Despite the existence of a US comic strip of the same name, apparently its designers did not have this in mind. | ODNW |
| **artificial life** n | A field of research which seeks to understand how lifelike processes such as replication and independent behaviour can be embodied in computer systems and to create artificial organisms with lifelike properties. (ODNW) | ODNW<br>RHD |
| **ASCII** n | [A(merican) S(tandard) C(ode for) I(nformation) I(nterchange)]. A standard seven-bit character code by which information is stored and transmitted in a computer or a data transmission system. (OED2) | OED2<br>RHD |
| **author** n | The writer of a software program, esp. a hypertext or multimedia application. | RHD |
| **author** v | To make a → WEB PAGE. | ANW 1/97 |
| **authoring** n | The process of creating or compiling multimedia documents or page layouts for electronic publishing.<br>Syn: Web-authoring. | ODNW |
| **automagic** adj | [< automagically adv]. Common in online contexts. | ODNW |
| **automagic** n | [< automagic adj]. Common in online contexts. | ODNW |
| **automagically** adv | [automatically + magically] In informal usage, concerning an automatic process, esp. in computing, which is sufficiently complex or incomprehensible that it appears to happen by magic. Initially humorous in intent, now appears in neutral contexts. → AUTOMAGIC n, adj. | ODNW |
| **autostereogram** n | An image, generated by a computer, consisting of a pattern of dots and lines which are perceived as three-dimensional by focusing one's eyes in front of or behind the plane of the image. (TM Magic eye) | ODNW |
| **backbone** n | A backbone is a larger transmission line that carries data gathered from smaller lines that interconnect with it. (WI)<br>A c network that connects other c networks. (WordNet) | WI<br>WordNet |
| **back door** n | A means of surreptitiously entering a computer system. (ANW)<br>A hole in the security of a system deliberately left in place by designers or maintainers (NHD).<br>Syn: → TRAP DOOR | ANW<br>2/96<br>NHD |
| **backdoor** v | To enter into a computer system by a → BACK DOOR n. | ANW 2/96 |
| **backspace** n | [backspace (key)]. The labeled key on a typewriter or computer keyboard used for backspacing.<br>Syn: backspacer, backspace key. | RHD |
| **backspace** v | To move the → CURSOR, printhead, etc., toward the beginning of the data. (RHD) | RHD<br>OED2 |
| **backup** n | [< back up v]. A copy or duplicate version, esp. of a file, program, or entire computer system, retained for use in the event that the original is in some way rendered unusable; a procedure to follow in such an event. (RHD) | RHD<br>OED2<br>LRNW1<br>(back up v) |
| **banana label** n | The labels often used on the sides of macrotape reels, so | NHD |

| Eintrag, Wortart | Definition, Etymologie | Quelle(n) |
|---|---|---|
| | called because they are shaped roughly like blunt-ended bananas. | |
| **barf** v | [from mainstream slang meaning 'vomit'] To fail to work because of unacceptable input. In Commonwealth Hackish, 'barf' is generally replaced by 'puke' or 'vom'.<br>Syn: → CHOKE, → GAG | NHD |
| **BASIC, Basic** n | [B(eginners') A(ll-purpose) S(ymbolic) I(nstruction) C(ode)] A high-level programming language originally developed as a general-purpose language similar to English and easy to learn, and now widely used with personal computers. (OED2) | OED2<br>RHD<br>NHD |
| **batch** n | A group of jobs, data, or programs treated as a unit for computer processing. (RHD) | ODNW<br>RHD<br>NHD |
| **batch file** n | A computer file in which is stored a list of commands to be carried out in sequence when the name of the batch file is typed at the operating system's command prompt. | ODNW |
| **BBS** n | [B(ulletin) B(oard) S(ystem)]. A non-profit, computer-based forum which may permit discussion, the exchange of electronic mail, or access to software and other electronically-encoded material by means of telephone lines and modems. (ODNW) | ODNW<br>NHD |
| **bean** n | In its JavaBeans application program interface for writing a component, Sun Microsystems calls a component a "Bean" (thus continuing their coffee analogy). A Bean is simply the Sun Microsystems variation on the idea of a component (a component is a reusable program building block that can be combined with other components). → JAVA | WI |
| **bells and whistles** n | [by analogy with the toyboxes on theater organs] Features added to a program or system to make it more → FLAVORFUL from a hacker's point of view, without necessarily adding to its utility for its primary function. Distinguished from → CHROME, which is intended to attract users. | NHD (mainstream) |
| **benchmark** v | To measure the performance of (a computer system) in certain well-defined situations, such as intensive calculation, sorting, or text formatting, by running a specially-designed computer program or suite of programs. (ODNW) | ODNW<br>NHD |
| **benchmark** n | The result of such a test [→ BENCHMARK v]; a numerical value for the performance of a computer system in relation to others. (ODNW) | ODNW<br>RHD |
| **beta** n | [< beta (version)] A version of software used for beta testing. (ANW) → BETA TEST v.<br>[< beta attrib: (from the second letter of the Greek alphabet indicating second-stage testing, first-stage or alpha testing being done inhouse). Experimental use of software by consumers during its final stages of development. (ANW)] | ANW<br>1/96<br>NHD |

| Eintrag, Wortart | Definition, Etymologie | Quelle(n) |
|---|---|---|
| **beta test** n | A quality-control technique in which hardware or software is subjected to trial in the environment for which it was designed, usually after debugging by the manufacturer and immediately prior to marketing. → ALPHA TEST | RHD |
| **beta test, beta-test** v | To test the beta version of a software application. (ANW)<br>To subject (software or hardware) to a → BETA TEST. (RHD) | ANW1/96<br>RHD<br>LRNW1<br>NHD |
| **bible** n | The most detailed and authoritative reference for a particular language, operating system, or other complex software system. | NHD |
| **bit** n | [< binary digit (and from the mainstream meaning bit: NHD)] A single, basic unit of information, used in connection with computers and information theory. (RHD) | RHD<br>OED2<br>NHD |
| **boat anchor** n | Like → DOORSTOP but more severe; implies that the offending hardware is irreversibly → DEAD or useless. | NHD |
| **bomb** n | A spectacular program or system failure. (RHD)<br>→ LOGIC BOMB → MAIL BOMB → TIME BOMB<br>→ LETTER BOMB | RHD<br>NHD |
| **bookmark** n | Electronic record of an Internet site for rapid reconnection with it. | ANW<br>4/96 |
| **bookmark** v | To record the location of (an Internet site) with a<br>→ BOOKMARK. | ANW<br>4/96 |
| **boot** v | [< bootstrap v < to pull oneself up by one's bootstraps (the computer 'pulls itself up by its bootstraps'] (NHD)<br>To initiate a fixed sequence of instructions which initiates the loading of further instructions and, ultimately, of the whole system'; this in turn is named after the process of pulling oneself up by one's bootstraps (ODNW).<br>→ BOOT n | ODNW<br>OED2<br>RHD<br>NHD |
| **boot** n | The operation or procedure of booting a computer or an operating system; a bootstrap routine. (OED2) → BOOT v | OED2<br>NHD |
| **bootable** adj | Of a computer system: capable of being started up by loading its operating system into its working memory.<br>Of a disk: containing the software necessary to carry out this process. → BOOT v | ODNW |
| **-bot** cf<br><br><br><br>– **cancelbot** n<br><br><br>– **endobot** n<br><br>– **infobot** n<br>– **knowbot** n<br><br><br>– **microbot** n | [< (ro)bot: 'mechanical humanoid' < robota (Czech: 'forced labour')] Used to create words relating to automatic systems, self-operating computer processes, and miniaturized semi-independent machines. (ODNW)<br>– Computer programs that would automatically issue messages cancelling the offending originals (unwanted advertising messages, → SPAM). (ODNW)<br>– Prototype of an automated probe to perform surgery within the body. (ANW)<br>– Intelligent → AGENT. (ANW)<br>– [know(ledge) (ro)bot] Automatic agent which would search electronic networks and return information to the user. (ODNW)<br>– Microminiaturized automatic machine. (ODNW) | ODNW<br>ANW<br>3/95 |

| Eintrag, Wortart | Definition, Etymologie | Quelle(n) |
|---|---|---|
| – **mobot** n | – [mo(bile) + -bot] Mobile devices capable of some measure of independent behaviour. (ODNW) | |
| **bozo button** n | Device in a computer program to eliminate Internet messages from specified sources. | ANW 3/95 |
| **bozo filter** n | Computer program that identifies → E-MAIL from unknown senders and archives it to keep an → E-MAILBOX uncluttered. Syn: Twit filter. | ANW 4/94 |
| **brain** n | An electronic device that performs complicated operations comparable to those of the human brain. (OED2) | OED2 RHD |
| **brain-damaged** adj | 1. Obviously wrong; cretinous; demented (of a software program). There is an implication that the person responsible must have suffered brain damage, because he should have known better. 2. May refer to free demonstration software that has been deliberately crippled in some way so as not to compete with the commercial product it is intended to sell. → CRIPPLEWARE | NHD |
| **brain-dead** adj | → BRAIN-DAMAGED in the extreme. It tends to imply terminal design failure rather than malfunction or simple stupidity. | NHD (mainstream) |
| **bread crumbs** n | Debugging statements inserted into a program that emit output or log indicators of the program's state to a file so you can see where it dies or pin down the cause of surprising behavior. | NHD |
| **breath-of-life packet** n | An Ethernet packet that contains bootstrap (→ BOOT) code, periodically sent out from a working computer to infuse the 'breath of life' into any computer on the network that has happened to crash. Machines depending on such packets have sufficient → HARDWARE or → FIRMWARE code to wait for (or request) such a packet during the → REBOOT process. → KISS-OF-DEATH PACKET | NHD |
| **bridge** n | A device which acts as a bridge between parts of a network; an electronic component which connects elements of a digital communications network and supervises the distribution of messages between them. A bridge acts as a filter on a → LAN. It looks at each small burst of data (packet). The effect is to reduce the amount of data each separate local network has to carry, speeding it up. | ODNW |
| **browse** v | To read or survey (data files), especially across a computer network; specifically, to do so on the → WWW. | ODNW |
| **browse** n | An instance of this ( → BROWSE v). | ODNW |
| **browser** n | Computer software for accessing aspects of the Internet, such as the → WORLD WIDE WEB. | ANW |
| **bug** n | A defect or imperfection, as in a mechanical device, computer program, or plan; glitch. (RHD)<br>An unwanted and unintended property of a program or piece of hardware, esp. one that causes it to malfunction. (NHD) | RHD NHD |
| **bulletproof** adj | Used of an algorithm or implementation considered extremely robust; lossage-resistant; capable of correctly re- | NHD |

| Eintrag, Wortart | Definition, Etymologie | Quelle(n) |
|---|---|---|
| | covering from any imaginable exception condition.<br>Syn: armor-plated | |
| **bundle** v | To supply (items of software) with computer equipment at an inclusive price; also, to supply (a selection of software) as a single item, or to include (additional items of equipment) as part of a computer system, similarly at an inclusive price. (ODNW) | ODNW<br>RHD<br>(bundled) |
| **bundle** n | A package which includes such [→ BUNDLE v] equipment and software. Bundles include e.g. operating systems, applications software, games, reference CD-ROMs (sales packages). | ODNW |
| **bus** n | A circuit that connects the → CPU with other devices in a computer. (RHD)<br>[< bus bar]. A major path along which signals are transferred from one part of a computer system to another. (OED2) | RHD<br>OED2 |
| – **Universal Serial Bus** n | – A "plug-and-play" interface between a computer and add-on devices (such as audio players, joysticks, keyboards, telephones, scanners, and printers). = USB | WI |
| **button** n | Any of the small, labeled, button-shaped areas upon which the user can → CLICK, as with a mouse, to choose an option. (RHD)<br>One of a line of boxed symbols on a computer screen that look like push buttons and are activated by clicking a mouse. (ANW) | ANW<br>3/94<br>RHD |
| **byte** n | [Arbitrary, prob. influenced by → BIT and bite n.] A group of eight consecutive bits operated on as a unit in a computer. (OED2) | RHD<br>OED2<br>NHD |
| **cache** n | A small high-speed memory in some computers into which are placed the most frequently accessed contents of the slower main memory or secondary storage.<br>Syn: cache memory (OED2), cache storage (RHD) | OED2 |
| **candygrammar** n | A programming-language grammar that is mostly → SYNTACTIC SUGAR; the term is also a play on 'candygram'. The usual intent of such designs is that they be as English-like as possible, on the theory that they will then be easier for unskilled people to program. ...Thus the invariable result is that 'candygrammar' languages are just as difficult to program in as terser ones, and far more painful for the experienced hacker. | NHD |
| **CD** | [C(ompact) D(isc)]. A disc on which audio or video sequences or other data are recorded digitally and replayed using a laser. (ODNW) | ODNW<br>RHD |
| **CD-I** | CD-Interactive. → CD (ODNW) | ODNW<br>RHD |
| **CD-R** | CD-Recordable. → CD | ODNW |
| **CD-ROM** | [C(ompact) D(isc) R(ead)-O(nly) M(emory)] A compact disk on which a large amount of digitized read-only data can be stored. (RHD) → CD | ODNW<br>RHD |
| **chiphead, chip head** n | One who uses a computer frequently. | ANW 1/97 |

| Eintrag, Wortart | Definition, Etymologie | Quelle(n) |
|---|---|---|
| **chipset, chip set** n | A suite of integrated circuits designed to work together to fulfil a particular purpose in a computer system, for example in controlling video displays or communications input and output. | ODNW |
| **choke** v | To reject input, often ungracefully. Syn: → BARF, → GAG | NHD |
| **Christmas tree** n | A kind of RS-232 line tester or breakout box featuring rows of blinking red and green LEDs suggestive of Christmas lights. | NHD |
| **chrome** n | [from automotive slang via wargaming] Showy features added to attract users but contributing little or nothing to the power of a system. Distinguished from → BELLS AND WHISTLES by the fact that the latter are usually added to gratify developers' own desires for featurefulness. Often used as a term of contempt. | NHD |
| **click** v<br><br>– **double-click** v | To depress and release a mouse button rapidly, as to select an icon.<br>– To click a mouse button twice in rapid succession, as to call up a program or select a file. | RHD |
| **client** n | A workstation on a network that gains access to central data files, programs, and peripheral devices through a → SERVER. → GUEST (computer) | RHD |
| **client-server, client/server** n | A type of networked computer system which consists of a number of → WORKSTATIONS or personal computers (the → CLIENTS) linked to a central computer containing a repository of data (the → SERVER). → GUEST, → HOST | ODNW |
| **client-server, client/server** adj | Being or belonging to this [ → CLIENT-SERVER n] type of system. (ODNW).<br>➢ client/server networks, client-server trend (ANW) | ODNW<br>ANW 4/94 |
| **Clipper chip, clipper chip** n | An encryption system for digital telecommunications systems for which there exist special decryption keys that permit law enforcement agencies to intercept such communications. | ODNW |
| **c-mail** n | [c(ommercial) mail] [modelled on → E-MAIL] → V-MAIL | ANW 3/95 |
| **cobweb site** n | A World Wide Web Site that hasn't been updated for a long time. A dead → WEB PAGE. → WEB SITE | ANW 3/97 |
| **cokebottle** n | Any very unusual character, particularly one you can't type because it isn't on your keyboard. This keystroke (a reserved keystroke for switching to the default set of keybindings and behavior) is 'control-meta-bang*'. ... Since the exclamation point looks a lot like an upside down Coke bottle, Motif hackers have begun referring to this keystroke as 'cokebottle'.<br>* bang: Common spoken name for '!' (ASCII 0100001), especially when used in pronouncing a bang path in spoken hackish (NHD). | NHD |
| **computer** n | A calculating-machine; esp. an automatic electronic device for performing mathematical or logical operations; freq. with defining word prefixed, as analogue, digital, electronic computer (OED2).<br>Cf. analog computer, digital computer. (RHD) | OED2<br>RHD |

| Eintrag, Wortart | Definition, Etymologie | Quelle(n) |
|---|---|---|
| **computer addict** n | One who uses a computer frequently for long periods of time. ➢ Computer addiction. | ANW 1/97 |
| **computeracy** n | → COMPUTER LITERACY | OED2 |
| **computerate** adj | [f. computer + -ate, modelled with computeracy on literate, literacy.] Acquainted with the basic principles of computer science; familiar with the operation of computers. Syn: → COMPUTER-LITERATE | OED2 |
| **computerist** n | A computer specialist or enthusiast; a person who uses computers, either professionally or as a hobby. (OED2) | OED2 RHD |
| **computer literacy** n | Familiarity with computers and how they work, esp. a nontechnical understanding of microcomputers and of the role computers play in modern society. Syn: → COMPUTERACY | RHD |
| **computer-literate** adj | → COMPUTERATE | RHD |
| **condom** n | 1. The protective plastic bag that accompanies 3.5-inch microfloppy diskettes. 2. (keyboard condom): A flexible, transparent plastic cover for a keyboard, designed to provide some protection against dust and programming fluid without impeding typing. | NHD |
| **cookbook** n | [from amateur electronics and radio] A book of small code segments that the reader can use to do various magic things in programs. | NHD |
| **cooked mode** n | The normal character-input mode, with interrupts enabled and with erase, kill and other special-character interpretations performed directly by the tty* driver. Most generally, 'cooked mode' may refer to any mode of a system that does extensive preprocessing before presenting data to a program. → RAW MODE, → RARE MODE * tty: a terminal of the teletype variety; any terminal at all (NHD) | NHD |
| **cookie** n<br>– **fortune cookie** n (NHD)<br>– **magic cookie** n (NHD) | A technique on the → WEB for collecting and storing information about a visitor to a site; The information so collected. (ANW) → cupcake<br>– A random quote, item of trivia, joke, or maxim printed to the user's tty [teletype terminal] at login time or (less commonly) at logout time. → COOKIE FILE.<br>– Something passed between → ROUTINES or programs that enables the receiver to perform some operation; a capability ticket or opaque identifier. The phrase 'it hands you a magic cookie' means it returns a result whose contents are not defined but which can be passed back to the same or some other program later. | ANW 4/96 NHD |
| **cookie file** n | A collection of → FORTUNE COOKIES in a format that facilitates retrieval by a fortune program. | NHD |
| **cookie jar** n | An area of memory set aside for storing → COOKIES. | NHD |
| **cookie monster** n | [from the children's TV program "Sesame Street"] Any of a family of early (1970s) hacks that would lock up either the victim's terminal (on a time-sharing machine) or the console (on a batch mainframe), repeatedly demanding "I | NHD |

| Eintrag, Wortart | Definition, Etymologie | Quelle(n) |
|---|---|---|
| | WANT A COOKIE". The required responses ranged in complexity from "COOKIE" through "HAVE A COOKIE" and upward. Syn: cookie bear | |
| **copybroke** adj | [play on 'copyright'] Used to describe an instance of a copy-protected program that has been 'broken'; that is, a copy with the copy-protection scheme disabled.<br>Syn: → COPYWRONGED | NHD |
| **copybroke** n | Copy-protected software which is unusable because of some bit-rot or bug that has confused the anti-piracy check. | NHD |
| **copyleft** n | A form of copyright covering computer software distributed free which forbids anyone from making profit out of passing on its → SOURCE CODE. (LRNW).<br>Prohibition against making a profit from distributing the → SOURCE CODE of free computer software. (ANW)<br>[play on copyright]<br>– The copyright notice carried by GNU EMACS and other Free Software Foundation software, granting reuse and reproduction rights to all comers;<br>– by extension, any copyright notice intended to achieve similar aims. (NHD)<br>– "... anyone can reuse a work as long as they don't try to restrict anyone else from using their use of it." (WI) | LRNW2<br>ANW 2/96<br>NHD |
| **CPU** n | [C(entral) P(rocessing) U(nit)] The key component of a computer system, which contains the circuitry necessary to interpret and execute program instructions.<br>Syn: central processor. → MICROPROCESSOR. (RHD) | OED2<br>RHD |
| **crack** v | → CRACKER, → CRACKING | ODNW |
| **cracker** n | [< crack: 'to break open' + personalizing suffix -er].<br>A person who maliciously or mischievously breaks into a computer system. (ODNW)<br>[Coined ca. 1985 by hackers in defense against journalistic misuse of hacker] (NHD) | ODNW<br>LRNW2<br>NHD |
| **cracking** n | The act of breaking into a computer system; what a → CRACKER does. | NHD (mainstream) |
| **crapplet** n | [crap + applet] Defective small software program. "A badly written or profoundly useless → JAVA → APPLET." | ANW 3/97 |
| **crash** v | To shut down because of a malfunction of hardware or software. (RHD) | RHD<br>OED2<br>NHD |
| **crash** n | A sudden failure which puts a system out of action, often with the loss of data. (OED2)<br>➤ head crash, system crash (NHD) | OED2<br>NHD |
| **crawler** n | A program for locating sites on the → WEB. (ANW)<br>A crawler is a program that visits Web sites and reads their pages and other information in order to create entries for a → SEARCH ENGINE index. Crawlers apparently gained the name because they crawl through a site a page at a time, following the links to other pages on the site until all pages have been read. (WI) . | ANW 4/96 |

| Eintrag, Wortart | Definition, Etymologie | Quelle(n) |
|---|---|---|
| | Syn: → SPIDER, → -BOT. → WEB CRAWLER | |
| **CRT** n | 1. A C(athode) R(ay) T(ube)<br>2. A computer terminal or monitor that includes a cathode ray tube (CRT). | RHD |
| **crumb** n | Two binary digits. Larger than a → BIT, smaller than a → NYBBLE. Syn: → TAYSTE | NHD |
| **crunch** v | To perform a great many numerical calculations or extensive manipulations of numerical data. To process a large amount of data. = to crunch numbers (RHD)<br>To process, usually in a time-consuming or complicated way. Connotes an essentially trivial operation that is nonetheless painful to perform (NHD). | RHD<br>ODNW<br>NHD |
| **cruncher** n<br><br><br>– **number cruncher** n<br><br>– **Word Cruncher** n | [(number) cruncher] A computer or computer application which undertakes extensive calculation or processing of data. (ODNW)<br>– A machine capable of performing complex operations on large amounts of numerical data' (ODNW) Syn: data cruncher, information cruncher.<br>– Trade mark of a concordancing package. | ODNW<br>RHD<br>NHD<br>(number crunching) |
| **cupcakes** n | Cupcakes is a technology that allows a Web user to create personal information (name, occupation, professional interests, and so forth) that can be shared with any Web site the user wants to share it with. Like → COOKIES, Cupcakes keep information that you create about yourself on your own computer's hard disk. However, unlike cookies, you create the file yourself and are always aware of who has permission to look at your personal information and how much they can look at. | WI |
| **cursor** n | [curs + -or] A movable, sometimes blinking, symbol that indicates the position on a → CRT or other type of display where the next character entered from the keyboard will appear, or where user action is needed, as in the correction of an erroneous character already displayed. | RHD |
| **cut and paste** v | To delete (text, data) in a document in a computer application and insert it elsewhere in the same document or into another in the same or a different application. | ODNW |
| **cut and paste** n | The action of moving data in this [→ CUT AND PASTE v] way. | ODNW |
| **cyber-** , **cyb-** cf<br><br><br><br><br><br><br><br><br>– **cyborg** n<br>– **cyberspace** n<br>– **cyberpunk** n | [< cybernetics < gr. kubernetes 'steersman']<br>The first element of a wide variety of terms relating to computer-mediated electronic communications, particularly those which came to general prominence in the eighties and nineties, such as electronic mail and the Internet. (ODNW)<br>A combining form representing "computer" (cybertalk; cyberart) and by extension meaning "very modern' (cyberfashion). (RHD)<br>– [cyb(ernetic) org(anism)] (1960) (RHD)<br>– → cyberspace<br>– [cyber(netic) + punk] Science fiction featuring exten- | ODNW<br>RHD<br><br>ANW<br>2/94, 4/94, 1/95, 3/95, 1/97, 3/97 |

| Eintrag, Wortart | Definition, Etymologie | Quelle(n) |
|---|---|---|
| (+NHD) | sive human interaction with supercomputers and a punk ambiance (RHD) | |
| – **cybernaut** n | – Supposed traveller in cyberspace: person who uses computers to communicate. (ODNW). Syn: Internaut (ANW 4/94) | |
| – **cyber-addiction** n | – Frequent use of the Internet perceived as a psychological problem. (ANW) | |
| – **cyberart** | - | |
| – **cyberbrain** | - | |
| – **cyberchat** | - | |
| – **cybercrime** | - | |
| – **cybergasm / Cyborgasm** | - | |
| – **cyberhead** | - | |
| – **cyberlove** | - | |
| – **Cybernoia** | – A word that describes the excessive fear of electronic democracy. (ANW) | |
| – **cyberphobia** | – [cyber(netic) + -phobia] An abnormal fear of working with computers. (RHD) | |
| – **cyberphobic** n (LRNW1) | – A person who does not understand and is afraid of cs. | |
| – **cyberpicket** | - | |
| – **cyberpope** | - | |
| – **cybersurfer** | - | |
| – **cybersex** | – Any sexual activity, display, or discussion engaged in by means of a computer (RHD) | |
| – **Cyberspeak** | - | |
| – **cybertag** | – Pseudonym adopted by a user of a computer network (ANW). | |
| – **cyberworld** | - | |
| – **cyberzine** etc. (ODNW, ANW, LRNW1) | – → zine | |
| **Cyber** n, v, adj | [< CYBER- cf] Relates generally to computer-mediated communications or virtual sensations. | ODNW |
| **Cyberia** n | Cyberia: book title. → CYBER- | ANW 1/95 |
| **Cyberian** n | Inhabitant of → CYBERIA (eigene Definition). | ANW 1/95 |
| **cyberspace** n | Virtual reality landscape. (ODNW) → CYBER- | ODNW LRNW1 NHD |
| **Cybrarian** n | [Cyb(er) (lib)rarian). Librarian who uses computers. → WEBARIAN 2, → CYBER- | ANW 4/94 |
| **cypherpunk** n | [pun on cyberpunk] Computer expert who specializes in computer ciphers and cryptography. | ANW 1/95 |
| **daemon** n | [from the mythological meaning, later rationalized as the acronym 'Disk And Execution MONitor'] A program that is not invoked explicitly, but lies dormant waiting for some condition(s) to occur. The idea is that the perpetrator of the condition need not be aware that a daemon is lurking. Syn: demon. → DRAGON | NHD |
| **daisy-chaining** n | The process of up to seven devices (SCSIs) being con- | ODNW |

| Eintrag, Wortart | Definition, Etymologie | Quelle(n) |
|---|---|---|
| | nected in sequence to one interface. [→ SCSI, SCUZZY] | |
| **dataglove, DataGlove** n | A glove which contains sensors to detect the relative position and movements of the hand and fingers, used to control and manipulate a variety of c-generated images, esp. in → VIRTUAL REALITY environments. → EYEPHONE | ODNW |
| **data highway** n | → INFORMATION SUPERHIGHWAY<br>Syn: data superhighway n, electronic superhighway n | ANW 2/94 |
| **data scrubbing** n | Making data consistent in format and unduplicated for storage. | ANW 1/97 |
| **data warehouse** n | A collection of data which has been brought together from a variety of sources within and outside an organization and processed into a form which gives useful guidance to the organization's decision makers. ➤ data warehouse v. | ODNW |
| **daughterboard** n | A daughterboard is a circuit board that plugs into and extends the circuitry of another circuit board. The other circuit board may be the computer's main board (→ MOTHERBOARD) ... The term is commonly used by manufacturers. | WI |
| **dead** adj | Non-functional; down; crashed. Especially used of hardware. | NHD |
| **deckle** n | [dec(k) + (nybb)le (the original spelling seems to have been 'decle')] Two → NICKLES; 10 → BITS. → NYBBLE | NHD |
| **desktop** adj | Small or compact enough to fit or be used on a desk: a desktop computer. (RHD) | RHD<br>OED2 |
| **desktop** n | 1. The primary display screen of a graphical user interface, on which various icons represent files, groups of files, programs, or the like, which can be moved, accessed, added to, put away, or thrown away in ways analogous to the handling of file folders, documents, notes, etc., on a real desk. (RHD)<br>A desktop is a computer display area that represents the kinds of objects one might find on a real desktop: documents, phonebook, telephone, reference sources, writing (and possibly drawing) tools, project folders (WI)<br>2. A desk-top computer. (OED2) | RHD<br>OED2<br>WI |
| **die** v | Unlike → CRASH, which is used primarily of hardware, this verb is used of both hardware and software. | NHD |
| **DIP** n | [D(ual) I(n-line) P(ackage)]. A packaged chip that connects to a circuit board by means of pins. | RHD |
| **disk, disc** n | A rotatable disc used to store data in digitally coded form, e.g. in a magnetic coating or optically. (OED2)<br>→ CD, → FLOPPY DISK, → HARD DISK | OED2<br>RHD |
| **disk drive** n | A device that, using an access mechanism under program control, enables data to be read from or written on a spinning magnetic disk, magnetic disk pack, → FLOPPY DISK, or optical disk. (RHD) | RHD<br>OED2 |
| **dongle** n | [Arbitrary.] A software protection device which must be plugged into a computer to enable the protected software to be used on it. (OED2)<br>A hardware device attached to a computer without which a | OED2<br>RHD<br>NHD |

| Eintrag, Wortart | Definition, Etymologie | Quelle(n) |
|---|---|---|
| | given software program will not run: used to prevent unauthorized use. (RHD)<br>A security or copy protection device for commercial microcomputer programs. (NHD) | |
| **donuts** n | A collective noun for any set of memory → BITS. It dates from the days of ferrite-core memories in which each bit was implemented by a doughnut-shaped magnetic flip-flop. | NHD |
| **doorstop** n | Equipment that is non-functional and halfway expected to remain so, especially obsolete equipment kept around for political reasons or ostensibly as a backup.<br>→ BOAT ANCHOR | NHD |
| **DOS** n | [D(isk) O(perating) S(ystem)] Any of several single-user, command-driven operating systems for microcomputers, esp. MS DOS. | RHD |
| **down** adj | Of a computer system: out of action, unavailable for use (OED2). Out of order (RHD). Not operating (NHD).<br>→ UP | OED2<br>RHD<br>NHD<br>(main-stream) |
| **download** v | To transfer the contents of an electronic data file from a larger system to a smaller or peripheral one. (ODNW)<br>→ UPLOAD | ODNW<br>OED2<br>RHD<br>NHD |
| **download** n | The action or process of downloading (OED2).<br>→ DOWNLOAD V | ODNW<br>OED2 |
| **downsize** v | → SIZE | |
| **dragon** n | A program similar to a → DAEMON, except that it is not invoked at all, but is instead used by the system to perform various secondary tasks. | NHD |
| **drunk mouse syndrome** n | A malady exhibited by the mouse pointing device of some computers. The typical symptom is for the mouse cursor on the screen to move in random directions and not in sync with the motion of the actual mouse.<br>Syn: 'mouse on drugs' | NHD |
| **dumb** adj | Pertaining to the inability to do processing locally: A dumb terminal can input, output, and display data, but cannot process it. (RHD)<br>Of a computer terminal: not intelligent; without any independent data-processing capability. (OED2)<br>→ INTELLIGENT | RHD<br>OED2 |
| **DVD** n | [D(igital) V(ersatile) D(isk) / D(igital) V(ideo) D(isk).]<br>Proprietary name: A type of digital recording medium, similar in appearance to a → CD but with much increased storage capacity. | ODNW |
| **dynner** n | 32 bits, by analogy with → NYBBLE and → BYTE.<br>→ PLAYTE, → TAYSTE, → CRUMB | NHD |
| **e-** cf | – [e(lectronic)] → ELECTRONIC adj<br>– In words related to publication or exchange of information in an electronic format, such as e-mail, e-text, | ODNW<br>ANW<br>1/94, 4/94, |

| Eintrag, Wortart | Definition, Etymologie | Quelle(n) |
|---|---|---|
| <br><br><br>– **e-book** n (ANW)<br><br>– **e-business** (WI)<br>– **e-cash**<br>– **e-commerce** (WI)<br>– **e-manners** (ANW)<br>– **e-money** (ODNW)<br>– **e-paper** (ANW)<br>– **eShop** (ANW)<br>– **e-signing** (ANW)<br>– **e-text** (ANW)<br>– **e-zine**<br>etc. | e-zine;<br>– In words relating to electronic financial transactions: e-cash, e-money (ODNW)<br>– A small computer with the content of books on chips. Syn: electronic book.<br>-<br>-<br>-<br>-<br>-<br>-<br>-<br>-<br>-<br>→ -ZINE | 1/95, 3/95<br><br>WI |
| **earcon** n | An audio signal produced by a computer representing a particular activity that can be or is being carried out by the computer.<br>".... These earcons, a sound equivalent of icons, would tell the user how much memory is left, which task it is performing and how close it is to finishing, for example."<br>"... they may be directly symbolic, like the noise of a dustbin being emptied ..." | LRNW1 |
| **Easter egg,**<br>**Easter Egg** n | [from the custom of the Easter Egg hunt observed in the U.S. and many parts of Europe] (NHD)<br>Unexpected operation programmed into commercial software as a joke and activated by a secret command. (ANW)<br>– A message hidden in the object code of a program as a joke, intended to be found by persons disassembling or browsing the code.<br>– A message, graphic, or sound effect emitted by a program in response to some undocumented set of commands or keystrokes, intended as a joke or to display program credits. Many personal computers have much more elaborate eggs hidden in ROM, including lists of the developers' names, political exhortations, snatches of music, and graphics images of the entire development team. (NHD)<br>Syn: egg. | ANW<br>2/96<br>NHD |
| **egosurfing** n | Scanning the net, databases, print media, or research papers looking for the mention of your name. | ANW<br>3/97 |
| **electronic** adj<br><br><br><br><br><br>– **agent**<br>– **banking**<br>– **cash** | [< electronic (data processing)] (data processing = computing: electronic < 'processing mechanism' < electronic -> data. Electronic: Syn. of computerized)] Relating to activities or processes mediated or enabled through the use of a computer, frequently by means of telecommunications links; computerized. (ODNW)<br>-<br>-<br>- | ODNW<br>LRNW1<br>ANW<br>2/94, 1/95, 3/95 |

| Eintrag, Wortart | Definition, Etymologie | Quelle(n) |
|---|---|---|
| – **democracy**<br>– **highway**<br>– **marketplace**<br>– **newspaper**<br>– **publishing**<br>– **surfing**<br>– **text**<br>– **journal**<br>– **virus**<br>(LRNW1 / ANW) | -<br>-<br>-<br>-<br>-<br>-<br>-<br>-<br>- | |
| **elephantine** adj | An elephantine program may be functional and even friendly, but (as in the old joke about being in bed with an elephant) it's tough to have around all the same. In extreme cases, hackers have been known to make trumpeting sounds or perform expressive proboscatory mime at the mention of the offending program. Usage: semi-humorous. | NHD |
| **e-mail, email** n | Messages distributed by electronic means from a computer user to one or more recipients via a network;<br>a single message of this kind. (ODNW)<br>→ C-MAIL, → V-MAIL, → SNAIL MAIL | ODNW<br>OED2<br>RHD<br>NHD<br>ANW 4/94 |
| **e-mail, email** v | To send → E-MAIL n to (a person); to send (a message) by E-MAIL (ODNW) | ODNW<br>NHD |
| **e-mailbox** n | → MAILBOX n. (ANW)<br>Syn: electronic mailbox (LRNW1) | ANW<br>4/94 |
| **e-mailer** n | One who sends e-mails. (eigene Definition) | ANW 4/94<br>ODNW |
| **E-mailman** n | Author of an e-mail program. | ANW 3/95 |
| **emoticon** n | An abbreviation or icon used on a network, as IMHO for "in my humble opinion' or :-), a sideways smile face, to indicate amusement. (RHD) → SMILEY<br>An ASCII glyph used to indicate an emotional state in email or news. (NHD) | RHD<br>ODNW<br>NHD |
| **engine** n<br><br><br><br><br><br><br><br><br><br><br><br>– **search engine** n | An analogous piece of software; notionally, one that does a lot of noisy → CRUNCHing, such as a 'database engine'. The hackish senses of 'engine' are actually close to its original, pre-Industrial-Revolution sense of a skill, clever device, or instrument (the word is cognate to 'ingenuity') (NHD)<br>In computer programming, engine is a jargon term for a program that performs a core or essential function for other programs ... The term connotes a comparison with mechanical engines. (WI)<br>– Program for searching the Internet. | NHD<br>WI<br><br><br><br><br><br><br><br><br><br><br>ANW 3/95 |
| **escape key** n | A key on many computer keyboards which causes a special character code to be transmitted which is commonly used to signal that the user wishes to cancel, and thus escape from, the current operation. (ODNW) | ODNW<br>RHD<br>(escape n) |
| **ethermail** n | Undelivered and therefore lost → E-MAIL. | ANW 1/97 |
| **expansion slot** n | A socket in a piece of c equipment, esp. a personal c or | ODNW |

| Eintrag, Wortart | Definition, Etymologie | Quelle(n) |
|---|---|---|
| | → WORKSTATION, into which an additional electronic circuit board may be plugged to add capabilities to the system. | |
| **export** v | To transfer (data) out of one computer system into another, or from one application within a computer to another. Example: Export records as numbers for manipulation in a spreadsheet. (ODNW) → IMPORT | ODNW<br>RHD |
| **exput** n | The extraction of information from a computer database. | LRNW1 |
| **eyephone, EyePhone** n | A headset used in → VIRTUAL REALITY environments which provides its wearer with (three-dimensional) stereoscopic visual images and synchronized sound.<br>A pun on earphone: analogous device giving similar private access to information for the eyes instead of the ears. | ODNW |
| **FAQ** n<br>/fæk/, /efeɪkjʊː/ (ODNW) | [F(requently) A(sked) Q(uestions)]<br>A document, usu. in electronic form online, containing a list of the questions most often asked about a particular subject, usu. with answers to them. (ODNW) | ODNW<br>ANW<br>4/94<br>NHD |
| **fifo, FIFO** n<br>/faifɔʊ/ (OED2, RHD) | [first-in, first-out] A storage and retrieval technique, used mainly for data, in which the first item stored is also the first item retrieved. (RHD) | RHD<br>OED2 |
| **file** n | A collection of related data or program records stored on some input/output or auxiliary storage medium. (RHD) | RHD<br>OED2 |
| **firewall, fire wall** n | System that prevents the exchange of information, especially of sensitive or confidential data, through computer networks; information barrier. (ANW)<br>An integrated collection of security measures designed to prevent unauthorized electronic access to a networked computer system (RHD).<br>Syn: firewall machine n: A dedicated → GATEWAY machine with special security precautions on it, used to service outside network connections and dial-in lines. The idea is to protect a cluster of more loosely administered machines hidden behind it from crackers. (NHD)<br>Syn: → FLYTRAP | ANW<br>3/95<br>RHD<br>NHD |
| **flaky, flakey** adj | Subject to frequent lossage. Related to the common slang use of the word to describe a person as eccentric, crazy, or just unreliable. A system that is flaky is working, sort of - enough that you are tempted to try to use it - but fails frequently enough that the odds in favor of finishing what you start are low. Commonwealth hackish prefers dodgy or wonky. | NHD |
| **flamage** n | Extensive argument, many people joining in, in newsgroups. (ODNW) → FLAME n, v | ODNW<br>NHD |
| **flame** v<br><br><br>– **flame out** v<br><br>– **flame on** v | In online jargon, to post an electronic message to s.o. which is destructively critical, abusive, or intended to provoke dissent or controversy. (ODNW)<br>– Anger (s.o.) by sending such (→ FLAME n) messages. (ANW)<br>– To continue to flame. (NHD: mainstream) | ODNW<br>ANW<br>4/94<br>RHD<br>NHD |

| Eintrag, Wortart | Definition, Etymologie | Quelle(n) |
|---|---|---|
| **flame** n | An example of this (→ FLAME v); inflammatory message. (ODNW) → TROLL n | ODNW<br>ANW |
| – **dictionary flame** (NHD)<br><br><br><br>– **spelling flame** (NHD) | – An attempt to sidetrack a debate away from issues by insisting on meanings for key terms that presuppose a desired conclusion or smuggle in an implicit premise. A common tactic of people who prefer argument over definitions to disputes about reality. → SPELLING FLAME<br>– A posting ostentatiously correcting a previous article's spelling as a way of casting scorn on the point the article was trying to make, instead of actually responding to that point. → DICTIONARY FLAME | 4/94<br>RHD<br>NHD<br>(main-stream) |
| **flame bait, flamebait** n | Deliberately provocative message, to induce s.o. to retaliate. (ODNW)<br>A posting intended to trigger a → FLAME WAR, or one that invites flames in reply. (NHD) | ODNW<br>NHD |
| **flame mail** n | Personal → E-MAIL, not to a newsgroup. | ODNW |
| **flamer** n | A person who flames someone (→ FLAME v) (ODNW)<br>One who habitually flames. (NHD) | ODNW<br>NHD |
| **flame war, flamewar** n | If argument and abuse become extensive, with many people joining in, a flame war is said to develop. (ODNW)<br>An acrimonious dispute, especially when conducted on a public electronic forum such as → USENET. (NHD) | ODNW<br>NHD |
| **flavor** n | 1. Variety, type, kind. → VANILLA<br>2. The attribute that causes something to be → FLAVORFUL. Usually used in the phrase "yields additional flavor". "This convention yields additional flavor by allowing one to print text either right-side-up or upside-down." | NHD |
| **flavorful** adj | Full of → FLAVOR 2; esthetically pleasing. → TASTE | NHD |
| **floppy** n | [ellipt. < floppy disc (OED2)]<br>A thin, flexible plastic disk coated with magnetic material, on which data and programs can be stored for later retrieval: used mainly with microcomputers. (RHD)<br>Syn: → FLOPPY DISK, diskette, flexible disk, magnetic disk. | RHD<br>OED2 |
| **floppy disc, floppy disk** n | A small, flexible plastic disc with a magnetic coating used as an inexpensive light-weight storage device of moderate capacity (typically a megabyte or less); this together with its protective envelope. (OED2) | OED2<br>RHD |
| **Floptical, floptical** adj | [floppy (computer jargon: 'flexible removable magnetic disk for the storage of data') + optical]<br>The trade mark of a type of → FLOPPY DISK in which the position of the heads is accurately controlled by a separate optical track, thereby permitting a much higher storage capacity. (ODNW) | ODNW<br>LRNW2 |
| **Floptical** n | [ < Floptical (disk)]. → FLOPTICAL adj. (ODNW) | ODNW<br>RHD<br>(floptical disk) |
| **flush** v | To delete something, usually superfluous, or to abort an | NHD |

| Eintrag, Wortart | Definition, Etymologie | Quelle(n) |
|---|---|---|
| | operation. It is speculated that this term arose from a vivid image of flushing unwanted characters by hosing down the internal output buffer, washing the characters away before they could be printed. | |
| **flytrap** n | Syn: → FIREWALL (machine) | NHD |
| **footprint** n | The floor or desk area taken up by a piece of hardware. → TOEPRINT | NHD |
| **fried** adj | Non-working due to hardware failure; burnt out. Especially used of hardware brought down by a 'power glitch', drop-outs, a short, or some other electrical event. Sometimes this literally happens to electronic circuits! In particular, resistors can burn out and transformers can melt down, emitting noxious smoke. However, this term is also used metaphorically. → FRY v | NHD |
| **frog** n | Of people (computer users): somewhere in between a turkey (RHD: " a person or thing of little appeal; dud; loser; a naive, stupid, or inept person") and a toad (RHD: "a person or thing as an object of disgust or aversion"). | NHD |
| **frowney** n | [frowney (face)] An → EMOTICON. → SMILEY | NHD |
| **fry** v | 1. To fail. Said especially of smoke-producing hardware failures. More generally, to become non-working. Usage: never said of software, only of hardware and humans (vi). 2. To cause to fail; to roach, → toast, or hose a piece of hardware. Never used of software or humans (vt). → FRIED. | NHD |
| **FTP** n | [F(ile) T(ransfer) P(rotocol)] A method of transferring files across certain kinds of network (Internet); less commonly, a computer application which supervises the process of obtaining files by this method (computer jargon). (ODNW) (protocol: a set of rules that govern the exchange of information between c devices). (ODNW) | ANW 3/95, ODNW RHD NHD |
| **FTP, ftp** v | To transfer (files) from one computer site to another by means of → FTP n. (ANW) | ANW 3/95 ODNW |
| **gag** v | Equivalent to → CHOKE, but connotes more disgust. → BARF | NHD |
| **garbage collection** n | A particular class of strategies for dynamically but transparently reallocating computer memory. One such strategy involves periodically scanning all the data in memory and determining what is no longer accessible; useless data items are then discarded so that the memory they occupy can be recycled and used for another purpose. (NHD) ("garbage is data that has been placed in random access memory space obtained from the operating system that is no longer needed. Freeing the space for reuse is called garbage collecting." - WI) | NHD |
| **gateway** n | Software or hardware that links two computer networks. | RHD |
| **GC** v | To recycle, reclaim, or put to another use. | NHD |
| **GC** n | An instantiation of the garbage collector process. → GARBAGE COLLECTION → GC v | NHD |

| Eintrag, Wortart | Definition, Etymologie | Quelle(n) |
|---|---|---|
| **ghost site** n | → WEB SITE that is not revised and therefore not consulted. | ANW 1/97 |
| **GIGO** n<br>/gaɪgəʊ/ **(RHD)** | [G(arbage) I(n), G(arbage) O(ut)] A rule of thumb stating that when faulty data are fed into a computer, the information that emerges will also be faulty. (RHD) | RHD<br>NHD |
| **gopher** n | A system for searching for information on the Internet. (ODNW) | ODNW<br>ANW 3/95<br>(LRNW1: gofer) |
| **gopherspace** n | [< cyberspace] The information → GOPHER servers contain (ODNW). | ODNW |
| **green machine** n | A computer or peripheral device that has been designed and built to military specifications for field equipment (that is, to withstand mechanical shock, extremes of temperature and humidity, and so forth). Comes from the olive-drab 'uniform' paint used for military equipment. | NHD |
| **grind** v | To run seemingly interminably, esp. (but not necessarily) if performing some tedious and inherently useless task. Similar to → CRUNCH or → GROVEL. Grinding has a connotation of using a lot of CPU time, but it is possible to grind a disk, network, etc. → HOG. | NHD |
| **gronk** v | The sound made by many 3.5-inch diskette drives. In particular, the microfloppies on a Commodore Amiga go "grink, gronk". | NHD |
| **grovel** v | Of programs: to work interminably and without apparent progress. | NHD |
| **grrl, grrrl, grrrrl**<br>n / cf<br>– **grrrrl culture** n<br>– **techno-grrrl** n<br>– **webgrrl** n | Woman rock or metal musician: riot grrl.<br>Woman computer hacker or nerd: cybergrrl<br>-<br>-<br>- | ANW 1/97 |
| **guest** n | Any computer that is hooked up to a computer network.<br>Syn: guest computer. → HOST (computer); → CLIENT, → CLIENT-SERVER | WordNet |
| **hack** v | To devise or modify (a computer program), usually skilfully. (RHD)<br>To engage in computing as an end in itself;<br>To gain unauthorized access to (a c system or electronic data). (ODNW) | RHD<br>ODNW<br>OED2<br>NHD<br>(mainstream) |
| **hack** n | A spell of hacking on a computer; an act of gaining unauthorized access to a computer system. (OED2) | OED2<br>NHD<br>(mainstream) |
| **hack attack** n | [poss. by analogy with 'Big Mac Attack' from ads for the McDonald's fast-food chain; the variant 'big hack attack' is reported] Nearly synonymous with hacking run*, though the latter more strongly implies an all-nighter.<br>* run: "a single instance of carrying out the sequence of instructions in a program." (RHD) | NHD |
| **hacker** n | Person who enjoys programming or using computers as an | ODNW |

| Eintrag, Wortart | Definition, Etymologie | Quelle(n) |
|---|---|---|
| | end in itself; person who uses his or her skill with computers to try to gain unauthorized access to computer files or networks. (ODNW) → HACK v, → CRACKER | RHD<br>OED2<br>NHD |
| **hackerdom** n | The world of hackers, their interests and attitudes considered collectively (amateur enthusiast + highly-skilled professional programmer). → HACKER | ODNW |
| **hamster** n | 1. A particularly slick little piece of code that does one thing well; a small, self-contained hack. The image is of a hamster happily spinning its exercise wheel.<br>2. A tailless → MOUSE; that is, one with an infrared link to a receiver on the machine, as opposed to the conventional cable. | NHD |
| **handheld** n | [handheld (computer)]<br>A computer small enough to be held in the hand. | ANW<br>3/95 |
| **handshake** n | An exchange of predetermined signals between a computer and a peripheral device or another computer, made when a connection is initially established or at intervals during data transmission, in order to assure proper synchronization. (RHD) | RHD<br>NHD |
| **handshaking** n | Hardware or software activity designed to start or keep two machines or programs in synchronization as they do protocol. → HANDSHAKE n | NHD |
| **hard disc, hard disk** n | Disk that is rigid and has a large storage capacity, as distinct from the smaller-capacity → FLOPPY DISC. (OED2) | OED2<br>RHD |
| **hardware** n | The mechanical, magnetic, electronic, and electrical devices comprising a computer system, as the → CPU, disk drives, keyboard, or screen. (RHD)<br>→ SOFTWARE → -WARE | RHD<br>ODNW<br>ANW |
| **hear** v | (Of a computer) To perceive by speech recognition. | RHD |
| **heartbeat** n | A signal emitted at regular intervals by software to demonstrate that it is still alive. Sometimes hardware is designed to → REBOOT the machine if it stops hearing a heartbeat. → BREATH-OF-LIFE PACKET | NHD |
| **helpdesk,**<br>**help desk,**<br>**help-desk** n | A section of a business or organization, staffed by specialists able to assist customers or users who have problems, principally those relating to computer equipment or software. For customers: Systems of support and guidance, initially by telephone and fax, but more recently using e-mail, by manufacturers and software companies. | ODNW |
| **High Sierra** n | [The name is derived from that of an ad hoc group of CD-ROM researchers and developers, who named itself the High Sierra Group following a meeting at the High Sierra Hotel at Lake Tahoe, Calif.]<br>A specification for the file structure of CD-ROMs.<br>➢ High Sierra format. | ODNW |
| **hog** n | 1. Favored term to describe programs or hardware that seem to eat far more than their share of a system's resources, esp. those which noticeably degrade interactive response.<br>2. Also said of people who use more than their fair share | NHD |

| Eintrag, Wortart | Definition, Etymologie | Quelle(n) |
|---|---|---|
| | of resources (particularly disk, where it seems that 10% of the people use 90% of the disk, no matter how big the disk is or how many people use it). | |
| **home page, homepage** n | The file on a → WWW → SITE which is the one intended for users to access first, whose network location is published for that purpose, and which commonly provides an introduction and index to other elements of the site; more loosely, the personal details of an individual made available on such a system. (ODNW)<br>The initial page of a site on the → WORLD WIDE WEB. (RHD) | ODNW<br>ANW 3/95<br>RHD |
| **host** n | The main computer in a network: controls or performs certain functions for other computers (RHD).<br>General meaning: A device or program that provides services to some smaller or less capable device or program. (WI)<br>On the Internet, the term "host" means any computer that has full two-way access to other computers on the Internet. (WI)<br>A large → SERVER: In IBM and perhaps other mainframe computer environments, a host is a → MAINFRAME computer (WI)<br>Syn: host computer. → GUEST (computer) → SERVER | WI<br>RHD (host computer) |
| **hotlink, hot link, hot-link** n | A text or icon on a computer screen, clicking upon which will directly connect with another screen or site. | ANW 4/96 |
| **hotlink, hot link, hot-link** v | 1. To connect (texts) by means of a → HOTLINK (n).<br>2. To move to a new site by means of a → HOTLINK (n). | ANW 4/96 |
| **hot-list** n | Set of → HOTLINKS. | ANW 4/96 |
| **HTML** n | [H(yper)T(ext) M(arkup) L(anguage)] A specification for generating World Wide Web pages which enables the viewing software to display text, images, and other resources and to execute links to other such pages; it also allows the user to create and print out documents. (ODNW) | ODNW<br>ANW 3/95 |
| **HTTP** n | [H(yper)T(ext) T(ransport) P(rotocol)] Controls the format of the → LINKS. | ODNW |
| **hyper-** cf<br><br><br><br><br>– **hyperfiction** n<br>– **hyperjump** n (ANW 3/95)<br><br>– **hyperlink** n, v<br>– **hypermedia** n | Involving the non-linear organization of text or other machine-readable media. These approaches to machine-readable media go beyond [Gr.: hyper] the simple linear structures of conventional material to present the user with a structured and interconnected resource.<br>– Non-linear writing in hypertext format.<br>– Computer menu choice allowing an Internet user to move directly to a given option without going through intermediate steps.<br>– → hyperlink n, v<br>– A method of structuring information in a mixture of media (text, video, graphics, sound) in such a way that related items of information are connected together by → HYPERLINKS. (ODNW) | ODNW |

| Eintrag, Wortart | Definition, Etymologie | Quelle(n) |
|---|---|---|
| – **hypertext** n<br>– **hyperzine** n | – → hypertext<br>→ -ZINE | |
| **hyperlink** n | Connection between files at the same or different sites on the Internet. (ANW) | ANW 3/95<br>ODNW |
| **hyperlink** v | To connect files on the Internet. | ANW 3/95 |
| **hypertext** n | A method of storing data through a computer program that allows a user to create and link fields of information at will and to retrieve the data nonsequentially. (RHD) | RHD<br>LRNW1<br>ODNW |
| **ice** n | Security software. | NHD |
| **icebreaker** n | A program designed for cracking the security of a system. | NHD |
| **icon** n | A picture or symbol that appears on a monitor and is used to represent a command, as a file drawer to represent filing. (RHD)<br>A small symbolic picture of a physical object on a VDU [Visual Display Unit] screen, esp. one that represents a particular option and can be selected to exercise that option. (OED2) | RHD<br>OED2 |
| **iconitis** n | Large number of icons on a computer screen than can be conveniently used. | ANW<br>3/95 |
| **ill-behaved** adj | Software that bypasses the defined OS interfaces to do things (like screen, keyboard, and disk I/O) itself, often in a way that depends on the hardware of the machine it is running on or which is nonportable or incompatible with other pieces of software. → WELL-BEHAVED | NHD |
| **import** v | To transfer (data) into a computer from a distant one, or to introduce (data) into one computer application from another. (ODNW) → EXPORT | ODNW<br>RHD |
| **infant-mortality** n | The chances of sudden hardware failure drop off exponentially with a machine's time since first use. Up to half of all chip and wire failures happen within a new system's first few weeks; such failures are often referred to as 'infant mortality' problems (or, occasionally, as sudden infant death syndrome). | NHD |
| **infect** v | To affect with a computer → VIRUS. | RHD |
| **info-**<br>cf<br><br>– **InfoAge** n<br>– **infobahn** n<br>– **infodump** n<br>– **info-freak** n<br>– **infoglut** n<br>– **info-junkie** n<br>– **info-maze** n<br>– **infomercial** n<br>– **infonaut** n<br>– **infonesia** n (WI) | [< info(rmation)] (ODNW)<br>Information, esp. as electronically stored and transmitted / in the computer context. (ANW)<br>-<br>– Syn: → information superhighway.<br>-<br>-<br>-<br>-<br>– Complex mass of available information.<br>– Television, video commercial in form of documentary.<br>-<br>– Infonesia is an inability to remember where you saw or heard an item of information. It is more common in "information societies" with their flows of e-mail, seasonal catalogs, personal digital assistants, and trial | ANW<br>3/95<br>ODNW |

| Eintrag, Wortart | Definition, Etymologie | Quelle(n) |
|---|---|---|
| | magazine subscriptions. Possibly the most pernicious form of infonesia is → INTERNESIA (WI) | |
| – **info-pipeline** n | - | |
| – **infosize** v | – To access information sources on (the Internet) efficiently. | |
| – **infosphere** n | – Area of information management and supply. | |
| – **infosystem** n | - | |
| – **infotainment** n | - | |
| – **infotech** n | – Information technology. | |
| – **info-weapon** n | – Electronic information equipment seen as an implement of aggressive action. | |
| **information superhighway** n | One of a number of projected national high-speed, high-capacity telecommunications networks linking homes and offices and permitting the transmission of a variety of electronic media, including video, audio, → MULTIMEDIA, and text. (ODNW)<br>Syn: data superhighway, digital superhighway, electronic superhighway, information highway, info highway, infobahn, I-way.<br>Syn (joc.): information snooperhighway, information superhypeway (ANW 3/95), information super-wormhole (ANW 1/95). | ODNW<br>ANW<br>2/94, 3/95<br>RHD |
| **intelligent** adj | Of a device or machine: able to vary its behaviour in response to varying situations and requirements and past experience; esp. of a computer terminal: having its own data-processing capability; incorporating a microprocessor (OED2) → DUMB → SMART. | OED2<br>RHD |
| **interactive** adj | (Of a computer program or system) interacting with a human user, often in a conversational way, to obtain data or commands and to give immediate results or updated information. (RHD) | RHD<br>OED2 |
| **interactive** n | [A backformation from the adj, as an elliptical contraction of phrases such as interactive exhibit or interactive multimedia] A jargon term in the museum exhibition field for a (frequently computer-based) exhibit which encourages a user to respond in some way in order to demonstrate a principle or communicate information. | ODNW |
| **internesia** n | [inter(net) + -nesia] Internesia is an inability to remember which Web site or other Internet facility you saw an item of information on. It is an important form of the more general condition known as → INFONESIA, which is the inability to remember where you saw an item of information from any source (newspapers, television, and so forth). Infojunkies are especially susceptible to internesia. → BOOKMARKS may help, but many internesiacs bookmark so many sites, they can't find anything on their bookmark list or remember the right search word. | WI |
| **Internet** n | [inter(national) + net(work)]. An international computer network, consisting of a large number of individual computers and computer systems connected by telecommunications circuits. (ODNW) → NET | ODNW<br>RHD |

| Eintrag, Wortart | Definition, Etymologie | Quelle(n) |
|---|---|---|
| **Internetter** n | User of the → INTERNET. | ANW 4/94 |
| **intranet, Intranet** n | [intra- + net(work)] A communications network, private to an organization, which employs the same technology as the Internet. (ODNW) | ODNW ANW 4/96 |
| **iron** n | Hardware, especially older and larger hardware of mainframe class with big metal cabinets housing relatively low-density electronics (but the term is also used of modern supercomputers). | NHD |
| – **big iron, Big Iron** n | Large, expensive, ultra-fast computers. Used generally of → NUMBER-CRUNCHING supercomputers (NHD) → MAINFRAME (computer) known for its power. (ANW) | ANW 4/94 NHD |
| **JANET** n | [J(oint) A(cademic) Net(work)]: A computer network that links academic institutions in the UK. → NET | ODNW |
| **Java** n | A proprietary name for a programming language, used to create networking applications, especially interactive elements within www pages. [Named in allusion to Java coffee, a favourite drink of many US computer programmers, intended to reflect the richness and strength of the language.] | ODNW |
| – **HotJava** n | – A Web → BROWSER written in Java. | |
| – **JavaBeans** n | – → bean | |
| **joystick** n | A lever resembling the control stick of an airplane, tank, or other vehicle, used to control movement of a → CURSOR or other graphic element for video games and computer graphics. | RHD |
| **jump** v | To move directly to a file or program. | ANW 3/95 |
| **jump word** n | Computer command to go directly to a file or program. | ANW 3/95 |
| **keprom** n | [k(eyed-access) e(rasable) p(rogrammable) r(ead)-o(nly) m(emory)] A chip's erasable reprogrammable memory with an electronic lock to protect programs. | LRNW1 |
| **keyboard plaque** n | The buildup of dirt and crud found on computer keyboards. | ANW 3/97 |
| **kill file** n | List of persons or subjects from whom or concerning which communications are blocked by a → BOZO FILTER (ANW). | ANW 3/95 NHD |
| **kiosk** n | In information technology, a kiosk is a structure (often including a computer and a display screen) that displays information for users. Kiosks are common near the entrances of shopping malls in North America where they provide shoppers with directions. Kiosks are also used at trade shows and professional conferences. | WI |
| – **Information kiosk** n | 1. Computer giving public information about an institution, accessible either in person or through some electronic link<br>2. More generally information services available on a large-scale computer network system like the → INTERNET. | ANW 3/97 |
| **kiss-of-death packet** n | The notional 'kiss-of-death packet', with a function complementary to that of a → BREATH-OF-LIFE PACKET, is recommended for dealing with → HOSTS that consume too | NHD |

| Eintrag, Wortart | Definition, Etymologie | Quelle(n) |
|---|---|---|
| | many network resources. Though 'kiss-of-death packet' is usually used in jest, there is at least one documented instance of an Internet subnet with limited address-table slots in a → GATEWAY machine in which such packets were routinely used to compete for slots, rather like Christmas shoppers competing for scarce parking spaces. | |
| **LAN** n<br>/lan/ (ODNW) | [L(ocal) A(rea) N(etwork)] A system of linking together computers, usu in the same office or building, so they can communicate and share resources (ODNW). → WAN | ODNW,<br>LRNW1,<br>RHD |
| **lapjack** v | To steal a → LAPTOP computer from (a person). | ANW 1/97 |
| **laptop** n | [laptop (computer)] A portable, usu. battery-powered microcomputer small enough to rest on the user's lap. (RHD) → PALMTOP | RHD<br>OED2 |
| **laptop** adj | [after → DESK-TOP adj]. Of a computer: small and light enough to be used on one's lap; also ellipt. as n<br>→ LAPTOP n | OED2 |
| **learn** v | Of a computer: to perform an analogue of human learning with artificial intelligence. | RHD |
| **learning machine** n | A machine of the electronic computer type that can 'learn' by recording the results of attempts to solve a problem and giving preference to those which are successful. | OED2 |
| **legacy** n | Used attrib. to describe c software that has been in service for many years and which has become expensive and difficult to maintain but on which the business using it still depends. (ODNW) → MILLENNIUM BUG<br>➢ legacy application n, legacy code n, legacy software n, legacy system n (ODNW) | ODNW<br>ANW<br>1/96 |
| **letter bomb** n | A piece of email containing live data intended to do nefarious things to the recipient's machine or terminal. It is possible, for example, to send letterbombs that will lock up some specific kinds of terminals when they are viewed.<br>→ MAIL BOMB → BOMB | NHD |
| **link** n | A connection from one → WEB SITE to another. | ANW 4/96 |
| **link rot** n | The process by which → LINKS on a web page become as obsolete as the sites they are connected to change location or die. | ANW<br>3/97 |
| **LISTSERV, listserv** n | [(mailing) list + serv(er); truncated to fit 8-character limit] (ODNW)<br>System by which e-mail messages are sent automatically to all subscribers of a special-interest group. (ANW) | ANW<br>3/95<br>ODNW<br>RHD |
| **logic bomb** n | Type of virus: lies dormant until some action triggers them, sometimes used in commercial software to stop it working after a fixed period if a licence fee has not been paid. (ODNW) → BOMB, → TIME BOMB | ODNW<br>NHD |
| **log in** v | To enter identifying data, as a name or password, into a multiuser system, so as to be able to do work with the system; to enter or include any item of information or data in a record, account, etc. Syn: log on, sign on. (RHD) | RHD<br>OED2 |
| **log off** v | To terminate a work session using a multiuser system, or a connection to such a system. Syn: log out. (RHD) | RHD<br>OED2 |

| Eintrag, Wortart | Definition, Etymologie | Quelle(n) |
|---|---|---|
| **look-alike** n | [look-alike (computer)]. A compatible computer. | RHD |
| **loop** n | The reiteration of a set of instructions in a → ROUTINE or program. | RHD |
| **lurk** v | To read messages on an electronic bulletin board without contributing to it. (ANW) → BBS<br>(Computers) To observe an ongoing discussion without participating in it. (RHD) | ANW 4/94<br>RHD |
| **lurker** n | One of the 'silent majority' in a electronic forum; one who posts occasionally or not at all but is known to read the group's postings regularly (NHD) | ANW 4/94<br>NHD |
| **mail bomb** n | E-mail sent in high volume to an address in retaliation for offensive behavior. (ANW) → BOMB → LETTER BOMB | ANW 3/95<br>NHD |
| **mailbomb** v | To send massive amounts of email to a single system or person, esp. with intent to crash or → SPAM the recipient's system. Sometimes done in retaliation for a perceived serious offense. | NHD |
| **mailbox** n | A file for storing electronic mail. → E-MAIL n.<br>Syn: → E-MAILBOX. | RHD |
| **mailing list** n | A list of → E-MAIL addresses to which messages, usually on a specific topic, are sent; a discussion group whose messages are distributed through E-mail: I'm on the early American history mailing list on the Internet. (RHD)<br>→ LISTSERV. | RHD<br>NHD |
| **MailMerge, mail-merge, mail merge, mailmerge** n | [proprietary name]. Program that draws on a data file (containing names, addresses, and possibly other information) and a test file to produce multiple copies of a letter, each addressed to a different recipient; the facility for doing this. | ODNW |
| **MailMerge, mail-merge, mail merge, mailmerge** v | To carry out such a process [→ MAILMERGE n] on data. | ODNW |
| **mainframe** n | [< mainframe (computer)]<br>A large computer, often the hub of a system serving many users. (vs. → MICROCOMPUTER, minicomputer.) (RHD) | RHD<br>OED2<br>NHD |
| **Mandelbrot set** n | [< Mathematician Benoit B. Mandelbrot].<br>A particular set of complex numbers which has a highly convoluted fractal boundary when plotted. | ODNW |
| **massage** v | Describes 'smooth' transformations of a data set into a different form, esp. transformations that do not lose information. Connotes less pain than → MUNCH or → CRUNCH.<br>→ SLURP | NHD |
| **massively parallel** adj | Of or relating to a c which consists of many individual processing units, and which is thus able to carry out simultaneous calculations on a substantial scale.<br>➢ a massively parallel computer. | ODNW |
| **master** n | A device for controlling another device (computer, disk: → SLAVE) operating in a similar way. (RHD).<br>"Bei Bussystemen oder SCSI kann der Bus-Master den anderen Beteiligten seine Daten gewissermaßen aufzwingen." (Schüller & Veddeler 1996) | RHD |
| **meg** n | One megabyte of computer → MEMORY or storage. | ODNW |

| Eintrag, Wortart | Definition, Etymologie | Quelle(n) |
|---|---|---|
| | Syn: Mb, Mbyte. | |
| **memory** n | The capacity of a computer to store information subject to recall the components of the computer in which such information is stored.<br>Syn: computer memory, storage. (RHD) | RHD<br>OED2 |
| **menu** n | A list of options within a computer program, either permanently displayed on the screen or which can be called up by the user, showing the commands or facilities available. (ODNW)<br>➢ menu bar n, submenu / drop-down menu / pull-down menu n, pop-up menu n | ODNW<br>RHD<br>OED2 |
| **Michelangelo** n | One of the best-known c viruses which affects IBM-compatible cs by destroying any data on the → HARD DISK, is programmed to activate every year on 6 March, birthday of Michelangelo (1475-1564). | ODNW |
| **microcomputer** n | A small computer or computer system, usu. one built around a single → MICROPROCESSOR; a home or personal computer. (OED2) | OED2<br>RHD |
| **microprocessor** n | A processor small enough to be accommodated on a single chip, or just a few chips, and capable of serving as the → CPU of a computer of comparable size. (OED2) | OED2<br>RHD |
| **MIDI, Midi, midi** n | [M(usical) I(nstrument) D(igital) I(nterface)].<br>Interface which allows electronic musical instruments, sequencers, synthesizers to be interconnected and controlled by a computer. (ODNW)<br>➢ MIDI, Midi, midi, adj. | ODNW<br>RHD |
| **millennium bug** n | Coding of dates in software using only 2 digits for the year, which will cause errors to occur when the century changes (infml usage). Syn: millennium virus, millennium bomb, Year 2000 problem. → BUG | ODNW |
| **MiniDisc, minidisc** n | A recordable small → CD. | ODNW |
| **moby** n | [< moby adj: Large, immense, complex, impressive]<br>The maximum address space of a machine.<br>Ex: 4,294,967,296 8-bit bytes (4 gigabytes). | NHD |
| **mockingbird** n | Software that intercepts communications (especially login transactions) between users and hosts and provides system-like responses to the users while saving their responses (especially account IDs and passwords). A special case of → TROJAN HORSE, → VIRUS. | NHD |
| **modem** n | [modulator-demodulator]<br>An electronic device that makes possible the transmission of data to or from a computer via telephone or other communication lines. (RHD) | RHD<br>OED2 |
| **modem** v | To send or receive (information, data, or the like) via a → MODEM. | RHD |
| **morph** v | [< morph(ing) n] (ODNW)<br>To transform (an image) by computer. (RHD) | RHD<br>ODNW |
| **morphing** n | A computing technique used to produce the special effect of smoothly transforming one film image into another by encoding both images into digital form and by gradually | ODNW<br>RHD |

| Eintrag, Wortart | Definition, Etymologie | Quelle(n) |
|---|---|---|
| | manipulating parts of the first image to correspond with comparable parts of the second. (ODNW) | |
| **motherboard** n | A rigid, slotted board upon which other boards that contain the basic circuitry of a computer or of a computer component can be mounted. → DAUGHTERBOARD | RHD |
| **mouse** n | A palm-sized, button-operated device that can be slid on wheels or ball bearings over a desktop to move the cursor on a → CRT to any position, or slid over a drawing in order to recreate the drawing on a CRT. (RHD)<br>A pointing device (computing sense). (ODNW) | ODNW<br>RHD<br>OED2 |
| **mouse arrest** n | Getting busted for violating an online service's rule of conduct: "Sorry I couldn't get back to you. AOL put me under mouse arrest." | ANW<br>3/97 |
| **mouse** v | To move around a computer screen or carry out an operation by using a → MOUSE n.<br>➢ to mouse across, to mouse one's way, to mouse over (ODNW); mouse-over n (World Wide Words newsletter 17.4.99).<br>➢ mouse ahead v:<br>To manipulate a computer's pointing device and its selection or command buttons before a computer program is ready to accept such input, in anticipation of the program accepting the input. (NHD)<br>➢ mouse around v:<br>To explore public portions of a large system, esp. a network such as Internet, looking for interesting stuff to snarf. (NHD) | ODNW |
| **mouse belt** n | Small cable ties. → RAT BELT | NHD |
| **mouse droppings** n | → PIXELS that are not properly restored when the mouse pointer moves away from a particular location on the screen, producing the appearance that the mouse pointer has left droppings behind. | NHD |
| **mouse elbow** n | A tennis-elbow-like fatigue syndrome resulting from excessive use of a WIMP [Windows, icons, mouse program] environment. Similarly, 'mouse shoulder'. | NHD |
| **mousing** n | Using a computer mouse. | ANW 1/97 |
| **mouso** n | [mous(e) + -o; by analogy with → TYPO] An error in mouse usage resulting in an inappropriate selection or graphic garbage on the screen. → THINKO. | NHD |
| **mouse potato** n | A slang term for a person who spends an excessive amount of time in front of a computer, esp: one who uses it online. Syn: Internet addict, otaku. (ODNW)<br>A computer couch potato. (ANW) | ODNW<br>ANW<br>4/96 |
| **multimedia, multi-media** n | The concept of a c system that combines text with audio, video, and still images to create an interactive application; frequently used attrib. to describe such a system, for example multimedia computer or multimedia PC. Employed more loosely to refer to any communications technique that involves more than one medium of expression. (ODNW) | ODNW<br>RHD |

| Eintrag, Wortart | Definition, Etymologie | Quelle(n) |
|---|---|---|
| **munch** v | To transform information in a serial fashion, often requiring large amounts of computation. To trace down a data structure. Related to → CRUNCH and nearly synonymous with → GROVEL, but connotes less pain. | NHD |
| **nerd** n | [obscurely derived expressive formation] An intelligent but single-minded person obsessed with a nonsocial hobby or pursuit: a computer nerd. | RHD |
| **net** n | 1. Used alone or as one element in a compound, to refer to aspects of computer networking. (ODNW)<br>2. The Net [< Internet] (ODNW) | ODNW<br>RHD<br>NHD |
| **Nethead, nethead** n | Frequent and knowledgeable user of the → INTERNET. | ANW 3/95 |
| **netiquette** n | [network + etqiuette] (RHD).<br>Appropriate behavior on a computer network, esp → INTERNET. (ANW) | ANW 4/94<br>ODNW<br>RHD<br>NHD |
| **netizen, Netizen** n | [Net + citizen] A person belonging to the community of network users, particularly those connected to the → INTERNET; s.o. who spends a good deal of time on the network. (ODNW) | ODNW<br>ANW<br>3/95 |
| **netnews** n | The content of → USENET - the messages, or 'articles', posted electronically by users to → NEWSGROUPS. | ODNW |
| **Netscape** n | [(Inter)net + (land)scape] Proprietary name for a → BROWSER used to access and display documents on the → WWW; 'electronic landscape' of the WWW. | ODNW |
| **netsurfer, Net surfer** n | One who uses the → INTERNET widely. | ANW 3/95 |
| **netter, nettie** n | Regular user of → USENET (ODNW). → NET 2 | ODNW<br>NHD |
| **Net vet** n | Long-time user of the → INTERNET. | ANW<br>3/95 |
| **network computer** n | A low-cost personal computer without local disk storage designed to be connected to the Internet, a → LAN, or a similar network, from which it would access applications and data. | ODNW |
| **neural network** n | A c system which is designed to emulate the brain in its ability to → LEARN to assess large amounts of imprecise data. Syn: neural net<br>➢ neural adj: Modelled on the arrangement of neurons in the brain and nervous system. (ODNW)<br>➢ neural computer (ODNW), neurocomputer (LRNW1) | ODNW |
| **newsgroup, news group** n | [news + group] One of a number of online discussion forums which together make up → USENET, an informal communications system now mainly carried on the → INTERNET but separate from it. Newsgroups are based around topics.... (ODNW) | ODNW<br>RHD<br>NHD |
| **nickle** n | [from 'nickel', common name for the U.S. 5-cent coin, in Analogie zu nybb-le, deck-le] A → NYBBLE plus 1 bit; 5 bits. → DECKLE. | NHD |

| Eintrag, Wortart | Definition, Etymologie | Quelle(n) |
|---|---|---|
| **notebook** n<br><br>– **subnotebook** n | A small, lightweight laptop computer measuring approximately 8 1/2 × 11 in. (22 × 28 cm).<br>A laptop computer smaller and lighter than a notebook, typically weighing less than 5 pounds (2.3 kg). | RHD |
| **nybble, nibble** n | [from nibble v by analogy with bite. → BYTE]<br>Four bits; one hex digit; a half-byte. → BYTE, → CRUMB, → TAYSTE, → DYNNER; → BIT → NICKLE, → DECKLE. | NHD |
| **off-line, offline** adj | Operating independently of, or disconnected from, an associated computer, opposed to → ON-LINE. (RHD) | RHD<br>OED2 |
| **-on-demand** cf<br><br><br>– **fax-on-demand** n<br>– **news-on-demand** n<br>– **video-on-demand** n | Used to form a variety of compounds concerning telecommunications services which are made available when the recipient requests them.<br><br>-<br>-<br>- | ODNW |
| **on-line, online** adj | Operating under the direct control of, or connected to, a main computer, opposed to → OFF-LINE. (RHD) | RHD<br>OED2 |
| **open-collar worker** n | People who work at home or telecommute. | ANW 3/97 |
| **open system** n | A system allowing c software and hardware from different manufacturers to be used together. | ODNW |
| **orphan** n | A process whose parent has died; one inherited by 'init(1)'. → DIE , → ZOMBIE | NHD |
| **palmtop** n | [palmtop (computer)] A battery-powered microcomputer small enough to fit in the palm. → LAPTOP | RHD |
| **peer-to-peer** adj | Denoting a system of c networking by which two or more cs are connected as equal partners, each sharing processing and control, and each able (given permission) to access the files and peripheral equipment of all the others. (Based on peer in its sense of 'equal', as in peer group).<br>→ CLIENT-SERVER, → MASTER, → SLAVE | ODNW |
| **pen** n | [(< model:) light pen] A hand-held device used as a writing tool to input commands and data into a computer, via a screen. | ODNW |
| **penputer** n | [pen + (com)puter]. Syn: pen computer | ODNW<br>ANW 2/92 |
| **PDA** n | A small personal computer employing → PEN technology (ODNW). Syn: personal digital assistant | ODNW<br>RHD |
| **PGP** n | [P(retty) G(ood) P(rivacy)]<br>A c program which encrypts and decrypts messages for secure transmission over digital circuits. | ODNW |
| **phage** n | A program that modifies other programs or databases in unauthorized ways; esp. one that propagates a → VIRUS or → TROJAN HORSE. [The analogy, of course, is with phage viruses in biology.] → WORM, → MOCKINGBIRD. | NHD |
| **phantom bug** n | A concealed instruction within a computer program which is activated by a particular set of circumstances. → BUG | LRNW1 |
| **phone tree** n | Method of reaching a large number of people quickly, in which each person called calls an additional number of other persons. Syn: phone calling tree, telephone tree | ANW 4/95 |

| Eintrag, Wortart | Definition, Etymologie | Quelle(n) |
|---|---|---|
| **pixel** n | [pic(ture) + -s- + el(ement)] The smallest element of an image that can be individually processed in a video display system. (RHD) | ODNW RHD |
| **pizza** n | Two meg single-platter removable disk packs used to be called pizzas, and the huge drive they were stuck into was referred to as a pizza oven. It's an index of progress that in the old days just the disk was pizza-sized, while now the entire computer is. | NHD |
| **pizza box** n | The largish thin box housing the electronics in desktop workstations, so named because of its size and shape and the dimpled pattern that looks like air holes. | NHD |
| **pizza oven** n | see → PIZZA | NHD |
| **playte** n | 16 bits, by analogy with → NYBBLE and → BYTE. → DYNNER, → CRUMB. | NHD |
| **P-mail** n | Physical mail, as opposed to → EMAIL. Syn: → SNAIL-MAIL. | NHD |
| **port** n | A data connection in a computer to which a peripheral device or a transmission line from a remote terminal can be attached. | RHD |
| **port** v | To create a new version of (an application program) to run on a different hardware platform (sometimes followed by over). (RHD) | RHD LRNW1 |
| **portable** n | [ellipt. for portable computer] That which is portable; spec. a piece of machinery that is portable. | OED2 |
| **power user** n | A person, not a c specialist, who shows considerable skill and ability in using a computer system or software. (A computer user who demonstrates a sense of power over the computer, in the sense of 'authority, strength, ability'). | ODNW |
| **pre-loaded** adj | Relating to software which is already installed on a personal computer at the time of purchase so that it can be used immediately. | ODNW |
| **propeller-head, propellor-head** n | A mildly derog. slang term for a person who pursues an obsessive interest in computers or technology; a boring or studious person. (Perhaps with reference to a beanie hat with a propeller on top, as popularized by sci fi enthusiasts.) (ODNW) | ODNW NHD |
| **public-key encryption** n | A method of converting text or other data into a form which cannot be read by unauthorized person, using a numerical sequence made publicly available for the purpose by the intended recipient. (A system of encryption (the conversion of data into a code), which employs a key (instructions for encoding and decoding data), which is deliberately made public so anyone can use it). → TRAP-DOOR | ODNW |
| **pull-down menu** n | As the act of selection [selecting a menu heading] is like pulling the list down, the menu is known as a pull-down menu. ➤ pull-down, pulldown adj. | ODNW |
| **RAID, Raid** n /reɪd/ (ODNW) | [R(edundant) A(rrays of) I(nexpensive) D(isks)] A technique for reducing the risk of failure of disk storage in computer systems by one of a number of related meth- | ODNW |

| Eintrag, Wortart | Definition, Etymologie | Quelle(n) |
|---|---|---|
| | ods involving writing data to a group of disks. (redundant: the duplication of components in an effort to increase reliability). | |
| **RAM** n | [R(andom-)A(ccess) M(emory)] Computer → MEMORY available to the user for creating, loading, or running programs and for the temporary storage and manipulation of data, in which time of access to each item is independent of the storage sequence. → ROM. | RHD |
| **rare mode** n | Distinguished from → RAW MODE and → COOKED MODE; the phrase "a sort of half-cooked (rare) mode" is used in the V7/BSD manuals to describe the mode. | NHD |
| **rasterize, rasterise** v | [< raster n] To convert an image into a set of points arranged on a grid. | ODNW |
| **rat belt** n | A cable tie, esp. the sawtoothed, self-locking plastic kind that you can remove only by cutting (as opposed to a random twist of wire or a twist tie or one of those humongous metal clip frobs). | NHD |
| **raw mode** n | A mode that allows a program to transfer bits directly to or from an I/O device without any processing, abstraction, or interpretation by the operating system. → RARE MODE, → COOKED MODE. | NHD |
| **read** v | To obtain (data, programs, or control information) from an external storage medium or some other source and place in memory. | RHD |
| **reboot** v | [< bootstrap < boot < reboot]<br>– To restart (a c) by reloading its operating system into working memory [after failure]; to cause (the system or a program) to be reloaded in this way (vtr).<br>– (of a computer) to be restarted by reloading its operating system (vintr).<br>→ BOOT v | ODNW |
| **reboot** n | Act or instance of restarting a c in this [→ REBOOT v] way. → BOOT n | ODNW |
| **remailer** n | Computer in a network that transmits an e-mail message without identifying its source. (ANW)<br>A remailer is an Internet site to which you can send anonymous → E-MAIL for forwarding to an intended destination while concealing your own e-mail address (WI) | ANW 4/94<br>WI |
| **remember** v | Of a computer: To perform a programmed activity at a later time or according to a preset schedule: The coffeepot remembers to start the coffee at 7A.M. every day. | RHD |
| **reverse-engineer** v | To examine a product, for ex. software, in order to ascertain details of construction and operation, esp with a view to manufacturing a similar product; to make (sth) by this method. (From the notion of reversing the normal sequence of design and manufacture so as to derive the design from the completed product.) (ODNW) | ODNW<br>RHD |
| **rightsize** v | → SIZE | |
| **ROM** n | [R(ead-)O(nly) M(emory)] Computer → MEMORY in which program instructions, operating procedures, or other | RHD |

| Eintrag, Wortart | Definition, Etymologie | Quelle(n) |
|---|---|---|
| | data are permanently stored, generally on electronic chips during manufacture, and that ordinarily cannot be changed by the user. → RAM. | |
| **router** n<br>/ru:tɔ/ **(BrE)**<br>/raʊtɔ/ **(AmE)**<br>(ODNW) | An electronic device used to connect → LANs, ensuring that messages are delivered to their intended destination by the most appropriate circuit. They direct network traffic by the most appropriate route. | ODNW |
| **routine** n | A complete set of coded instructions directing a computer to perform a series of operations; a series of operations performed by the computer. | RHD |
| **salt** n | A tiny bit of near-random data inserted where too much regularity would be undesirable. → SYNTACTIC SALT | NHD |
| **sanity check** n | The act of checking a piece of code (or anything else, e.g., a Usenet posting) for completely stupid mistakes. Implies that the check is to make sure the author was sane when it was written. | NHD |
| **scan** v | To → READ (data) for use by a computer or computerized device, esp. using an optical scanner. | RHD |
| **screenager** n | [screen + (t)eenager]<br>Person aged in the teens or twenties for whom television and computer screens are a part of daily life. | ANW 3/95 |
| **screen saver, screen-saver** n | A program which, after a set time, replaces an unchanging screen display with a moving image to prevent damage to the phosphor. Also, a graphics image displayed by such a program. (ODNW) | ODNW<br>RHD |
| **scroll** v | To move text vertically or horizontally on a display screen in searching for a particular section, line, etc. | RHD |
| **scrollable** adj | Relating to text or images on a computer screen which can be moved to bring other parts of them into view.<br>The concept was originally that of a scroll of paper viewed as though through the screen, which could be progressively unrolled to bring other parts of it into view. | ODNW |
| **scroll bar** n | Narrow bars located at the side of the display containing the image of a cursor or → THUMB which can be moved into control which part of the image or document is displayed. | ODNW |
| **SCSI, scuzzy** n<br>/skʌzɪ/ (ODNW) | [S(mall) C(omputer) S(ystem) I(nterface)] A standard method for connecting external or ancillary devices (disk drives, scanners, printers) to a computer system. (ODNW)<br>→ DAISY-CHAINING | ODNW<br>RHD<br>NHD |
| **see** v | To perceive by means of computer vision. | RHD |
| **server** n | A computer that makes services, as access to data files, programs, and peripheral devices, available to → WORKSTATIONS on a network. (RHD)<br>→ CLIENT → CLIENT-SERVER, → HOST | RHD<br>NHD |
| **SGML** n<br>/ɛsdʒiːɛmɛl/ (ODNW) | [S(tandard) G(eneralized) M(arkup) L(anguage)]<br>A specification for tagging text stored on a computer in a generic format which separates the structure of the material from its intended appearance and identifies its elements in a way which can be analysed by computer. | ODNW |

| Eintrag, Wortart | Definition, Etymologie | Quelle(n) |
|---|---|---|
| | ... SGML forms the basis for the tagging of www documents through a scheme called → HTML | |
| **shareware** n | → -WARE | |
| **shell** n | A program providing a menu-driven or graphical user interface designed to simplify use of the operating system, as in loading → APPLICATION programs (RHD).<br>As the outer layer of an operating system, a shell can be contrasted with the kernel, the operating system's inmost layer or core of services. (WI) | RHD<br>NHD |
| **sig** n | [sig(nature)] Text at the end of an e-mail message or similar online communication identifying or giving information about the writer, often in an individualistic way. Syn: sig block (NHD) | ODNW |
| **SIMM, Simm, simm** n | [S(ingle) I(n-line) M(emory) M(odule)]<br>A small printed circuit board containing one or more random-access memory chips, designed to be easily installed into a computer. → RAM | ODNW |
| **site** n | A connected group of pages on the World Wide Web regarded as a single entity, usually maintained by one person or organization and devoted to one single topic or several closely related topics. Syn: → WEB SITE. | RHD |
| **-size** cf<br><br><br><br>– **downsize** v<br><br><br><br>– **rightsize** v<br><br>– **upsize** v<br><br>– **websized** adj | Used in a variety of compounds relating variously to a physical change in size (of a product), a change in the number of employees in an organization, or an alteration in the size and nature of computer systems.<br>– [< Process of making cars smaller < making an organization leaner + more efficient by reducing the number of employees]. Transfer of computer applications from larger machine to a smaller one (computing).<br>– Choosing the most appropriate computer architecture for the job in hand.<br>– To move applications or databases from smaller system to larger one.<br>– Document converted to Web format. | ODNW |
| **slave** n | A mechanism under control of and repeating the actions of a similar mechanism. (RHD)<br>A slave device (OED2): "The first move is to get hold of that master computer.'.. 'That would stop the explosion?' 'It will if they haven't given final instructions to the slave.'" (OED2) → MASTER | RHD<br>OED2 |
| **sleep** v | To relinquish a claim (of a process on a multitasking system) for service; to indicate to the scheduler that a process may be deactivated until some given event occurs or a specified time delay elapses. | NHD |
| **sleep mode** n | In computer jargon, a state of a computer system in which only those parts of it needed to respond to some external stimulus and return the remainder to full operational status are supplied with electrical power. | ODNW |
| **slice-and-dice** n | The process of assembling sth by cutting down and reshaping sections of a larger whole. It is often used attri- | ODNW |

| Eintrag, Wortart | Definition, Etymologie | Quelle(n) |
|---|---|---|
| | butively, as in slice-and-dice capability. | |
| **slipstream** v | To correct (a flaw) or introduce an improvement in a software program without identifying the changed version by a number different from that of the pre-change version. | ANW 3/94 |
| **slipstream** n | A version of a software program so (→ SLIPSTREAM v) changed. | ANW 3/94 |
| **slurp** v | Of a program: To read a large data file entirely into core before working on it. This may be contrasted with the strategy of reading ( → READ) a small piece at a time, processing it, and then reading the next piece. → SPONGE | NHD |
| **Smalltalk** n | Smalltalk is a programming language that was designed expressly to support the concepts of object-oriented programming. (WI) | WI |
| **smart** adj | Of a machine: able to react to different conditions; computerized → INTELLIGENT. (ODNW)<br>There is a difference between calling a program smart and calling it intelligent; in particular, there do not exist any intelligent programs. (NHD) | ODNW<br>RHD<br>NHD |
| **smart card** n | Plastic bank card or similar device with an embedded → MICROPROCESSOR, holding personal data or financial information. → SMART | ODNW |
| **smiley** n | [smiley (face)] A round cartoon-style representation of a smiling face. In online usage: a representation of a face created out of text characters, used to indicate emotion in e-mail messages. (ODNW) → EMOTICON | ODNW<br>NHD |
| **snail** v | To snail-mail something. → SNAILMAIL v | NHD |
| **snail mail,**<br>**snailmail,**<br>**snail-mail** n | A mocking or sarcastic slang term for the ordinary postal system, emphasizing its slowness compared to electronic mail; a communication sent by conventional post. (ODNW) → E-MAIL | ODNW<br>ANW<br>4/93<br>NHD |
| **snailmail** v | Employed as a verb in online communication / Internet. (ODNW) → SNAIL v | ODNW |
| **sniffer** n<br><br><br><br><br>– **password sniffer** n<br><br>– **sniffing attack** n | A sniffer is a program that monitors and analyzes network traffic, detecting bottlenecks and problems. (WI)<br>Syn: sniffer program: Computer program to record surreptitiously the information needed to log on to restricted programs. (ANW)<br>– Secret computer program that records the names and passwords of users of a network. (ANW)<br>– Theft of computer passwords and other log-on data by means of a hidden program. (ANW) | WI<br>ANW<br>2/96 |
| **software** n | [after hardware] (OED2)<br>The programs used to direct the operation of a computer, as well as documentation giving instructions on how to use them. (RHD) → HARDWARE → -WARE | RHD<br>OED2 |
| **software piracy** n | The systematic illegal copying of computer software for financial gain (vs. software theft: individuals making unauthorized copies of applications for their own use). | ODNW |
| **SOHO, SoHo, Soho** n | [S(mall) O(ffice), H(ome) O(ffice)]<br>Small businesses, often involving only one person, oper- | ODNW<br>ANW |

| Eintrag, Wortart | Definition, Etymologie | Quelle(n) |
|---|---|---|
| | ating from an office or from home; the commercial sector comprising such businesses. [SOHO: South of Houston: contains many converted industrial premises used as home offices]. (ODNW) ➤ SOHO buyer | 4/94 |
| **source code** n | Program instructions that must be translated by a compiler, interpreter, or assembler into object code before execution. | RHD |
| **spaghetti code** n | Code with a complex and tangled control structure, esp. one using many GOTOs, exceptions, or other 'unstructured' branching constructs. Pejorative. The synonym kangaroo code has been reported, doubtless because such code has so many jumps in it. → SPAGHETTI INHERITANCE | NHD |
| **spaghetti inheritance** n | A convoluted class-subclass graph, often resulting from carelessly deriving subclasses from other classes just for the sake of reusing their code. → SPAGHETTI CODE | NHD |
| **spam, Spam** n | In online jargon, the undesirable practice of posting the same message repeatedly to a large number of → USENET → NEWSGROUPS. The usual reason for spamming is to advertise, which is a grave breach of online custom. (ODNW) Syn: junk e-mail. → VELVEETA | ODNW |
| **spam** v | To post a → SPAM n. (ODNW) To crash a program by overrunning a fixed-size buffer with excessively large input data; To cause a newsgroup to be flooded with irrelevant or inappropriate messages. (NHD) | ODNW<br>NHD |
| **spammer** n | A person who spams. → SPAM v | ODNW |
| **spamming** n | Such random posting is called "spamming" - a term derived from a brand of pink, canned meat that splatters messily when hurled. (ANW) → SPAM v, n | ANW<br>4/94 |
| **speak** v | (Of a computer) to express data or other information audibly by means of an audio response unit. | RHD |
| **spell-check, spell check** v | To check the spelling of (a word or a document) using a program which compares the words in a text file with a stored list of acceptable spellings. | ODNW |
| **spell-check, spell check** n | A check of the spelling of words in a text file carried out automatically; a program or facility for doing this. | ODNW |
| **spell checker** n | A computer program for checking the spelling of words in an electronic document. → SPELL-CHECK v, n | RHD |
| **spider** n | A spider is a program that visits Web sites and reads their pages and other information in order to create entries for a search engine index. ... Spiders are so called because they usually visit many sites in parallel at the same time, their "legs" spanning a large area of the "web." Spiders can crawl through a site's pages in several ways. One way is to follow all the hypertext links in each page until all the pages have been read. → WEB SPIDER, → CRAWLER | WI |
| **sponge** n | A special case of a filter that reads its entire input before writing any output; the canonical example is a sort utility. → SLURP | NHD |
| **spoof** v | To impersonate another computer terminal in order to gain access to information from a network intended for the im- | ANW<br>2/96 |

| Eintrag, Wortart | Definition, Etymologie | Quelle(n) |
|---|---|---|
| | personated terminal. | |
| **spoof** n | An instance of spoofing. → SPOOF v | ANW 2/96 |
| **spreadsheet** n | A type of software for → MICROCOMPUTERS that offers the user a visual display of a simulated worksheet and the means of using it for financial plans, budgets, etc.<br>Syn: electronic spreadsheet (RHD) | RHD<br>OED2 |
| **spreadsheeting** n | The provision or use of a spreadsheet program for the manipulation and flexible retrieval of tabulated data.<br>(spreadsheet: analogy with paper equivalent long used by accountants). → SPREADSHEET n | ODNW |
| **stack** n | Linear list arranged so that the last item stored is the first item retrieved. (RHD)<br>In a computer or calculator, a set of registers or storage locations which store data in such a way that the most recently stored item is the first to be retrieved; also, a list of items so stored, a push-down list. (OED2) | RHD<br>OED2 |
| **stand-alone** n | [stand-alone (program)] A device or program with these characteristics: self-contained and able to operate without other hardware or software. | RHD |
| **storage** n | Syn: → MEMORY. | RHD |
| **streamer** n | A form of tape transport, used mainly to provide backup storage, in which data may be transferred in large quantities without interruption while the tape remains in motion. (From the notion of sth which maintains a continuous flow). | ODNW |
| **strudel** n | Common (spoken) name for the at-sign (@, ASCII 1000000) character. Syn: vortex, whirlpool, rose, whorl, cyclone, snail, ape, cat, cabbage | NHD |
| **submarining** n | The disappearance or flickering of a → CURSOR on a computer screen. | RHD |
| **superhighway** n | → INFORMATION SUPERHIGHWAY | ODNW |
| **superscalar** adj | Of a computer → MICROPROCESSOR, able to execute more than one instruction at one time.<br>[< super (marketing buzzword) + scalar (mathematics)] | ODNW |
| **supertwist** adj | [super + twist n (rotation of light as it passes through liquid crystal)] Concerning varieties of liquid crystal display (LCD) used in portable computers in which to change state the plane of polarized light passing through the display is rotated by at least 180 degrees. | ODNW |
| **surf** v<br><br><br><br><br><br><br><br><br><br>– **channel-surfing** n<br>– **netsurfer** n / | Used in a variety of compounds, mainly connected with computing or communications, to indicate 'riding, as though on a surfboard. [train surfing, lift-surfing, shoulder-surfing]. Internet: the activity known as browsing the net for information or entertainment. (ODNW)<br>To surf the Internet is to explore cyberspace without a predefined agenda. (WI)<br>To use (the Internet) randomly or without a set goal. (ANW 3/95)<br>– Switching between channels on a TV-set. (ODNW)<br>– A person who surfs the Internet; cybersurfer. (ODNW) | ODNW<br>ANW<br>3/95, 4/96<br>RHD<br>WI |

| Eintrag, Wortart | Definition, Etymologie | Quelle(n) |
|---|---|---|
| **websurfer** n<br>– **Web surf** v | <br>– To explore various sites on the Web. (ANW 4/96) | |
| **syntactic salt** n | The opposite of → SYNTACTIC SUGAR, a feature designed to make it harder to write bad code. Specifically, syntactic salt is a hoop the programmer must jump through just to prove that he knows what's going on, rather than to express a program action. Syntactic salt is like the real thing in that it tends to raise hackers' blood pressures in an unhealthy way. → SALT, → CANDYGRAMMAR | NHD |
| **syntactic sugar** n<br><br><br><br>– **syntactic saccharin** n,<br>– **syntactic syrup** n | Features added to a language or other formalism to make it 'sweeter' for humans, features which do not affect the expressiveness of the formalism.<br>→ SYNTACTIC SALT → CHROME<br>Denote something even more gratuitous, in that syntactic sugar serves a purpose (making something more acceptable to humans), but syntactic saccharin or syrup serve no purpose at all. | NHD |
| **sysop** n | [sys(tem) op(erator)] Manager of an electronic bulletin board. (ANW) → BBS; s.o. who mediates or chairs discussion forums which form part of larger communications systems. (ODNW) | ODNW<br>ANW 4/94<br>RHD<br>NHD |
| **talk** v | To transmit data, as between computers or between a computer and a terminal. | RHD |
| **tap** v | To enter information or produce copy by tapping on a keyboard: to tap data into a computer. | RHD |
| **taste, tayste** n | The quality in a program that tends to be inversely proportional to the number of features, hacks, and kluges programmed into it. ➢ tasty, tasteful. "This feature comes in N tasty flavors." Although tasteful and → FLAVORFUL are essentially synonyms, taste and → FLAVOR are not. A feature can have flavor, taste not. Also, flavor has the additional meaning of 'kind' or 'variety' not shared by taste. Flavor is a more popular word than taste, though both are used. | NHD |
| **techie** n | [tech + -ie: a diminutive form of technician]. An expert in or enthusiast for technology, esp computing; a technician. | ODNW |
| **techno-** cf<br><br><br><br>– **technobabble** n<br><br>– **technofear** n<br>– **technofix** n<br>– **technogrrrl** n<br>– **technohippy** n<br>– **technoindustrial** adj | The first element of many compounds relating to those industrial techniques which use advanced or specialized methods, esp computing.<br>➢ technophobe, technophile (1960's)<br>– The incomprehensible, sometimes frightening language of technology, esp. computing. (auch WI)<br>– A dread of the effects of technological developments.<br>– Technological 'fix' or solution to a proble<br>– → grrrl<br>– A high-tech equivalent of the 1960s hippie.<br>– high-technology industries, particularly those related to computing | |

| Eintrag, Wortart | Definition, Etymologie | Quelle(n) |
|---|---|---|
| – **technojunkie** n | – One 'hooked' on technology, esp computing. | ODNW |
| – **technosex** n | – The use of → VIRTUAL REALITY techniques to simulate sexual activity. | |
| – **technospeak** n | – Similar meaning (→ TECHNOBABBLE), but less vehement. | |
| – **technostress** n | – A psychiatric illness arising from stressful work in a technologial environment to which one is ill-adapted. | |
| – **technothriller** n | – A work in which some technological situation plays a pivotal plot role and in which attitudes to technology are polarized to the extremes of threat or fetish. | |
| – **technowizard** n | – S.o. highly knowledgeable about technical matters, esp. in computing. | |
| **tele**- cf | Widely used as the first element of compounds relating to telecommunications, part. in words for concepts which have been transformed by the use of computer-mediated communications and information technology. (ODNW) | ODNW, ANW |
| – **telebanking** n | - | |
| – **telecommute** v | – To work from home while communicating with the office via data links. Syn: telework v (ANW 3/97) | |
| – **telecommuter** n / **teleworker** n | – Employment done via electronic means by workers who stay at home. (telework) | |
| – **telecomputer** n | – A computer able to make use of telecommunications. | |
| – **telecottage** n | – Room in rural area filled with equipment for teleworking, available for shared use by local residents. | |
| – **teledemocracy** n | – Citizens linked by computers to elected representatives through an 'electronic town hall'. | |
| – **teledildonics** n | – The use of virtual reality to mediate sexual interaction between c users not physically in the same place. | |
| – **tele-education** n | – Distance-learning using telecommunications. | |
| – **telemarketing** n | – The marketing of goods or services through unsolicited telephone calls. | |
| – **telematics** n | – The long-distance transmission of computerized information. | |
| – **telemedicine** n | – Information on a patient is relayed to a distant location where specialized diagnosis may be made. | |
| – **teleport** n | – Site that links satellite and earth communications. | |
| – **teleputer** n | – A television set equipped to connect with the Internet. (ANW 4/96) | |
| – **teleshopping** n | – Shopping conducted from home using a computer and a telephone. | |
| – **telesurgery** n | – Carrying out operations using remotely controlled robotic instruments. | |
| – **televillage** n | – Residential and business area designed for telecommuting. | |
| – **televirtuality** n | – Sharing a virtual reality space with others at a distance through telecommunications. | |
| **teraflop** n | [tera- (cf: 'a trillion times') + flop (floating-point operations per second)] In computing, a processing speed of a trillion floating-point operations per second. (ODNW) | ODNW RHD |
| **think** v | (Of a device or machine, esp. a computer) to use artificial intelligence to perform an activity analogous to human | RHD |

| Eintrag, Wortart | Definition, Etymologie | Quelle(n) |
|---|---|---|
| | thought. | |
| **thinko** n | [by analogy with → TYPO] A momentary, correctable glitch in mental processing, especially one involving recall of information learned by rote; a bubble in the stream of consciousness. Syn: braino. → MOUSO | NHD |
| **32-bit, thirty-two-bit** adj | Concerning a (personal) computer whose central processing unit is designed to handle instructions and data consisting of 32 binary digits. More generally, relating to any piece of c equipment which is so designed, or to a software specification based on binary numbers of this size (32 + bits: binary digit). | ODNW |
| **thread** n | A series of postings on a → NEWSGROUP dealing with the same subject. (RHD)<br>➢ topic thread (NHD) | ANW 4/94<br>RHD<br>NHD |
| **thumb** n | The slider on a window-system → SCROLL BAR. So called because moving it allows you to browse through the contents of a text window in a way analogous to thumbing through a book. → SCROLL v | NHD |
| **tile** v | To arrange individual application areas in a graphically-based computer display in a rectangular array without overlapping; to cover (part or all) of a computer display with multiple copies of an image arranged in a rectangular grid. | ODNW |
| **time bomb** n | Set of instructions maliciously inserted into a c programme that at a specified moment will cause the system to break down. (LRNW2) Subspecies of → LOGIC BOMB (NHD). → BOMB | LRNW2,<br>NHD |
| **toast** v | To cause a system to crash accidentally, especially in a manner that requires manual rebooting. "Rick just toasted the firewall machine again." → FRIED, → FRY v. | NHD |
| **toast** n | Any completely inoperable system or component, esp. one that has just crashed and 'burned'. | NHD |
| **toaster** n | The archetypal really stupid application for an embedded microprocessor controller; a very, very dumb computer. | NHD |
| **toeprint** n | A → FOOTPRINT of especially small size. | NHD |
| **toner phoner, toner-phoner** n | Telephone scam that sells inferior toner for copy machines. | ANW 4/95 |
| **tool** n | A program used primarily to create, manipulate, modify, or analyze other programs, such as a compiler or an editor or a cross-referencing program. | NHD |
| **tool-** cf<br>– **toolbar** n<br>– **toolbox** n<br>– **toolkit** n<br>– **toolsmith** n | In computer jargon, used to form compounds relating to software applications or services.<br>– Sections of a graphically-based computer applications containing a number of representations of buttons which call up relevant functions when clicked.<br>– Rectangular array of buttons.<br>– Suite of software applications designed to assist in some task, such as computer-based design or compilation of other programs. Syn: toolset<br>– Person developing software tools. (auch NHD) | ODNW |

| Eintrag, Wortart | Definition, Etymologie | Quelle(n) |
|---|---|---|
| – **tooltip** n | – Short messages appear alongside toolbar buttons to explain their purpose. | |
| **tower** n | A vertical case designed to house a computer system standing on the floor. | RHD |
| **toy** n | A computer system; always used with qualifiers: nice toy | NHD |
| **trap-door,**<br>**trap door,**<br>**trapdoor** n | A method of surreptitiously gaining unauthorized access to data belonging to other users of a computer. (OED2)<br>→ BACK DOOR<br>➢ Trap-door functions: Like a trapdoor, they only work one way (ODNW) | OED2<br>ODNW<br>NHD |
| **trash** n | An icon of a trash can that is used to delete files dragged onto it. | RHD |
| **Trojan horse** n | A computer program deliberately intended to damage the c it is used with, sold maliciously under the guise of ordinary c software (LRNW1).<br>A nonreplicating computer program planted illegally in another program to do damage locally when the software is activated. (RHD)<br>A malicious, security-breaking program that is disguised as something benign, such as a directory lister, archiver, game, or a program to find and destroy viruses. (NHD)<br>→ BACK DOOR, → VIRUS, → WORM, → PHAGE,<br>→ MOCKINGBIRD. | ODNW<br>LRNW1<br>RHD<br>NHD |
| **troll** v | To post an inflammatory electronic message (→ TROLL n).<br>→ TROLLER n | ODNW |
| **troll** n | Inflammatory electronic message addressed generally.<br>→ FLAME n | ODNW |
| **troller** n | A person who posts an inflammatory electronic message. Trollers address their electronic messages generally, in the hope that those who read them will 'rise to the bait'. Example: "A really simple troll might be ... to post sth like '101 uses for a dead cat' in rec.pets.cats. If the troller's lucky, people will rise to his → FLAME BAIT, sometimes so vehemently that the newsgroup becomes engulfed in a → FLAMEWAR that completely drowns out all other discussions." | ODNW |
| **tweak** v | To make a minor adjustment to: to tweak a computer program (RHD)<br>To change a program slightly. If a program is almost correct, rather than figure out the precise problem you might just keep tweaking it until it works; To tune or bum a program. (NHD). Syn: → TWIDDLE | RHD<br>NHD |
| **twiddle** n | A small and insignificant change to a program. Usually fixes one bug and generates several new. | NHD |
| **twiddle** v | To change something in a small way. Bits, for example, are often twiddled. To speak of twiddling a bit connotes aimlessness, and at best doesn't specify what you're doing to the bit. Syn: squiggle, twaddle, → TWEAK | NHD |
| **twink** n | [may derive from gay slang for a cute young thing with nothing upstairs (compare mainstream chick)] | NHD |

| Eintrag, Wortart | Definition, Etymologie | Quelle(n) |
|---|---|---|
| | Equivalent to read-only user. → LURKER. | |
| **unbundle** v | To introduce a system of separate charging for items previously charged for collectively, esp. computer hardware and software. (OED2) → BUNDLE v, n | OED2<br>RHD |
| **Unicode, unicode** n | [uni- (unique, universal, and uniform) + (character en)cod(ing)]. An internationally-agreed standard for representing symbols in all the world's languages by numerical codes, each consisting of two bytes (older system: → ASCII). | ODNW |
| **unzip** v | To decompress a compressed computer file. → ZIP v | ANW 1/97 |
| **up** adj | (Of machines or equipment, as computers) working; in working order or in operation. (RHD)<br>→ DOWN, → UPTIME | RHD<br>OED2<br>NHD |
| **upgradability** n | The degree to which the design of a c permits improvement of its technical specification by the addition of further components or replacement of those already present with ones of a higher specification. → UPGRADE v | ODNW |
| **upgrade** v | To improve the quality, value, effectiveness, or performance of sth (a computer). → UPGRADABILITY n | RHD |
| **upload** v | To transfer (the contents of on an electronic data file) from a peripheral or subordinate system to a larger or more central one. (ODNW) → DOWNLOAD | ODNW<br>RHD<br>NHD |
| **upsize** v | → -SIZE | |
| **uptime** n | Time when a computer or similar device is → UP or able to function. (OED2) | OED2<br>RHD |
| **URL** n | [U(niform) R(esource) L(ocator)] A protocol for specifying addresses on the Internet. (RHD) | RHD<br>ANW 3/95 |
| **usability** n | The degree to which a software application is easy to use. | ODNW |
| **Usenet** n | System of online discussion groups / → NEWSGROUPS.<br>→ NET | ODNW |
| **user** n | A person who uses a computer. | RHD |
| **V-, v-** cf<br><br>– **v-block** n (ANW)<br>– **V-chip** n (ODNW, RHD)<br><br><br><br>– **V rating** n (ANW) | Television violence, for which mechanical controls have been proposed to control its availability to children.<br>-<br>– [V(iewer) chip, V(iolence) chip] A computer chip designed to be included in TV receivers to prevent children viewing material which is deemed violent or sexually explicit according to rules set by broadcasters and parents. (ODNW)<br>- | ANW<br>3/94 |
| **vaccine** n | A piece of software designed to counteract electronic → VIRUSes. (LRNW)<br>A software program that helps to protect against computer viruses, as by detecting them and warning the user. (RHD) | LRNW1<br>RHD<br>ODNW |
| **vanilla** adj | Computing equipment / software which is in the form supplied standard by the manufacturer. (ODNW)<br>Plain, basic, conventional; (of a computer system or software) ordinary, standard, without → bells and whistles [from the default flavor of ice cream in the U.S.] Ordinary flavor, standard. (NHD) | ODNW<br>NHD<br>WI |

| Eintrag, Wortart | Definition, Etymologie | Quelle(n) |
|---|---|---|
| | The unfeatured version of a product is sometimes referred to as the vanilla version. The term is based on the fact that vanilla is the most popular or at least the most commonly served flavor of ice cream. (WI) | |
| **VAR, var** n /vɑ:/ | [V(alue)-A(dded) R(eseller)] A computer supplier offering additional services (training, customization of equipment or software, pre-sales and after-sales support) in addition to equipment and applications. (ODNW) | ODNW LRNW2 |
| **velveeta** n | A message that is cross-posted (not individually posted to each newsgroup) to excess. Named after a US brand of processed cheese. → SPAM | ODNW |
| **Veronica** n | [V(ery) E(asy) R(odent)-O(riented) N(et-wide) I(ndex to) C(omputerized) A(rchives)] A computerized Internet tool designed to simplify searches of multiple → GOPHER servers. Veronica automatically searches all of → gopherspace and returns a list of items matching the search criteria. | ODNW |
| **viral infection** n | The degradation of a c system by means of an electronic → VIRUS. | LRNW1 |
| **virtual** adj | [< virtual reality] In computing: not physically existing but made to appear so from the point of view of the user; involving the replication of a physical object by an electronic equivalent. Weakened sense: "replacement of physical entity by electronic equivalent using telecommunications" (ODNW) → VIRTUAL REALITY.<br>Simulated; performing the functions of something that isn't really there. (NHD) | ODNW RHD NHD ANW |
| – **virtual classroom** n | – Students are linked to each other and to teachers without being physically present. | |
| – **virtual community** n | – A virtual community 'meets' and interacts through the medium of the → NET. (ODNW).<br>Those who participate in a multi-user computer session. (ANW 3/94) | |
| – **virtual company** n | – This term has been used in the sense of both → VIRTUAL OFFICE and → VIRTUAL CORPORATION. | |
| – **virtual corporation** n | – A virtual corporation would be a temporary network of independent companies, suppliers, and customers, linked by information technology to share skills, costs, and access to one another's markets. | |
| – **virtual environment** n | – A computer-generated visual environment that a person can move about in and interact with. Surroundings generated by such systems [ → DATAGLOVE, body suits, etc.]. Syn: virtual space, virtual world | |
| – **virtual landscape** n | – People may communicate in a virtual landscape using videoconferencing or similar techniques. | |
| – **virtual meeting** n | – An office which is simulated by communications links between dispersed employees or freelancers. | |
| – **virtual office** n | – A virtual office is one which is simulated by communications links between dispersed employees or freelances. | |
| – **virtual sex** n (auch ANW 2/94) | – Improved quality of simulation may one day permit sex between individuals who are physically separated. | |

| Eintrag, Wortart | Definition, Etymologie | Quelle(n) |
|---|---|---|
| – **virtual shopping** n<br><br><br>– **virtual therapy** n | – Shoppers traverse a simulated shopping mall, making purchases as they go, with the goods delivered to their homes later.<br>– Some psychiatrists use virtual reality techniques to help individuals overcome phobias. | |
| **virtual reality** n | A realistic simulation of an environment, including three-dimensional graphics, by a computer system using interactive software and hardware. (RHD)<br>Computer-generated visual environment that a person can move about in and interact with (ODNW) → VIRTUAL adj<br>Syn: VR (NHD) | RHD<br>ODNW<br>NHD |
| **virus** n<br><br><br><br><br><br><br><br><br><br><br><br><br><br><br><br>ODNW:<br>Anti-viral software:<br>– **virus scanner** n<br><br>– **virus detection** n<br><br>– **virus killer** n<br>Types of viruses:<br>– **boot sector virus** n<br><br>– **polymorphic virus** n<br>– **stealth virus** n<br>– **cruise virus** n | A piece of program code that attaches itself to computer applications, executes when they do, attempts to copy itself, and which may cause damage or loss of data. (ODNW)<br>[from the obvious analogy with biological viruses] A cracker program that searches out other programs and 'infects' them by embedding a copy of itself in them, so that they become → TROJAN HORSES. When these programs are executed, the embedded virus is executed too, thus propagating the 'infection'. This normally happens invisibly to the user. Unlike a → WORM, a virus cannot infect other computers without assistance. The virus may do nothing but propagate itself and then allow the program to run normally. Usually, however, after propagating silently for a while, it starts doing things like writing cute messages on the terminal or playing strange tricks with the display. (NHD)<br>→ WORM, → TROJAN HORSE, → PHAGE, → LOGIC BOMB, → MOCKINGBIRD<br>– Scans the computer's memory and disk files in search of the digital signatures of known viruses<br>– techniques for virus detection: monitoring the system for unauthorized activity = → VACCINES.<br>– Program that removes viruses from disks. It disinfects disks.<br>– Puts a copy of itself on disc so it is run whenever the computer is restarted.<br>– Continually mutates to avoid detection.<br>– Hides itself away by subverting the operating system.<br>– Attacks specific targets, in way a cruise missile does. | ODNW<br>RHD<br>NHD |
| **v-mail** n | [v(ideo) mail] Computer application for communicating electronically with video clips. → C-MAIL → E-MAIL | ANW<br>1/97 |

| Eintrag, Wortart | Definition, Etymologie | Quelle(n) |
|---|---|---|
| **voice mail, voicemail** n | A system for electronically storing, processing, and reproducing verbal messages left through the conventional telephone network, or transmitted through a digital computer network. Callers can be directed to a variety of services, hear pre-recorded responses, be connected to specialist staff, or leave messages in someone's voice mailbox; voice mail: recordings of spoken messages sent electronically from one person to another in a similar way to electronic mail. | ODNW |
| – **voice mailbox** n | | |
| – **voice message** n | – spoken message vs. faxes. | |
| **voxel** n | [vo(lume) +x + el(ement) (analog zu → PIXEL)] A point in a computer representation of a three-dimensional space containing a numerical value representing some property of that point. | ODNW |
| **wallpaper** n | The background pattern used on graphical workstations. | NHD (mainstream) |
| **WAN** n<br>/wan/ (RHD) | [W(ide)-A(rea) N(etwork)] Computer network that spans a relatively large geographical area. (RHD) | RHD<br>LRNW1 |
| **-ware** cf | A combining form widely used in computing to construct words describing various kinds of software. (ODNW)<br>Computer software or component, or sth seen as analogous to them. (ANW) | ODNW<br>ANW<br>2/96<br>RHD |
| – **bannerware** n | – Free software to advertise another commercial product: free CD-ROMs in magazines (ODNW) | LRNW 1, 2, NHD, |
| – **bloatware** n | – Great size of many commercial applications (pej.). (ODNW) | OED2 |
| – **bogusware** n | – Computer software intended to damage the computer it is used with. General term for a whole range of usu. malicious programs (LRNW1) | (Jeweils nur 1 Quelle |
| – **careware** n | – A variety of → SHAREWARE for which either the author suggests that some payment be made to a nominated charity or a levy directed to charity is included on top of the distribution charge. (NHD) Syn: charityware, donorware. | angegeben) |
| – **courseware** n | – Educational software designed esp. for use with classroom computers. (RHD) | |
| – **crippleware** n | – Software that has some important functionality deliberately removed, so as to entice potential users to pay for a working version. (NHD) | |
| – **firmware** n | – Microprogram stored in ROM, designed to implement a function that had previously been provided in software. (RHD) | |
| – **freeware** n | – Computer software distributed without charge (RHD) | |
| – **groupware** n | – Software that is used in workgroups. (ODNW) | |
| – **hardware** n | – → hardware | |
| – **humanware** n | – People, considered as part of a system analogous to a computer. (LRNW1) | |
| – **liveware** n | – [< hardware] People, personnel, as distinct from the inanimate or abstract things they work with; spec. com- | |

| Eintrag, Wortart | Definition, Etymologie | Quelle(n) |
|---|---|---|
| | puter personnel. (OED2). Syn: → WETWARE | |
| – **middleware** n | – Supervises connections in client-server computing. (ODNW) | |
| – **mindware** n | – Any programming that serves to "glue together," mediate between, or enhance two separate and usually already existing programs (WI); Software which aids or enhances abilities, eg for the disabled or in c simulations (ODNW) | |
| – **nagware** n | – The variety of → SHAREWARE that displays a large screen at the beginning or end reminding you to register, typically requiring some sort of keystroke to continue. (NHD) | |
| – **peopleware** n | – Human resources of business vs. computing resources. (ODNW) Syn: liveware | |
| – **postcardware** n | – A kind of → SHAREWARE that borders on → FREEWARE, in that the author requests only that satisfied users send a postcard of their home town or something (NHD). | |
| – **shareware** n | – Computer software distributed without initial charge but for which the user is encouraged to pay a nominal fee to cover support for continued use. (RHD) | |
| – **shelfware** n | – Software too difficult to use, does not live up to its promised performance. (ODNW) Software purchased on a whim (by an individual user) or in accordance with policy (by a corporation or government agency), but not actually required for any particular use. Therefore, it often ends up on some shelf. (NHD) promised performance. (ODNW) Software purchased on a whim (by an individual user) or in accordance with policy (by a corporation or government agency), but not actually required for any particular use. Therefore, it often ends up on some shelf. (NHD) | |
| – **shovelware** n | – Extra software dumped onto a [free] CD-ROM or tape to fill up the remaining space on the medium (NHD) | |
| – **slimware** n | – Desire among users to return to small, fast applications. (ODNW) | |
| – **software** n | → SOFTWARE | |
| – **vapo(u)rware** n | – Products announced, but not delivered. (ODNW) A product, esp. software, that is promoted or marketed while it is still in development and that may never be produced (Jargon). (RHD) | |
| – **wetware** n | 1. The human nervous system, as opposed to computer hardware or software.<br>2. Human beings (programmers, operators, administrators) attached to a computer system, as opposed to the system's hardware or software. (NHD)<br>Syn: → MEATWARE, → LIVEWARE | |
| Weitere Kombinationen (meist *nonce-formations*): | ANW 2/96: banditware, beerware, brainware, discware, scareware, underware, wonderware etc.<br>NHD: brochureware, crudware, guiltware, payware, psychedelicware | |
| **warm boot** n | A reloading or restart of an operating system, etc., without | OED2 |

| Eintrag, Wortart | Definition, Etymologie | Quelle(n) |
|---|---|---|
| | switching off the computer, esp. when changing programs; also as v. trans., to reload in this way. → BOOT | NHD |
| **wart** n | A small, crocky feature that sticks out of an otherwise clean design. Something conspicuous for localized ugliness, especially a special-case exception to a general rule. | NHD |
| **washing machine** n | Old-style 14-inch hard disks in floor-standing cabinets. So called because of the size of the cabinet and the 'top-loading' access to the media packs - and, of course, they were always set on 'spin cycle'. (it is even used in Russian hacker jargon). | NHD |
| **weasel** n | A naive user, one who deliberately or accidentally does things that are stupid or ill-advised. | NHD |
| **web** v | To use the → WORLD WIDE WEB. | ANW 3/95 |
| **Web, web** n<br>– **Web browser** n<br>– **Web crawl** n<br><br>– **Web crawler** n<br><br>– **webhead, Web head, Web-head** n<br>– **Web junkie** n<br>– **Webmaster** n<br><br>– **web page** n<br>– **Web site** n<br>– **websized** adj<br>– **Webspace** n<br><br>– **Web spider** n<br>– **Web surf** v, **web surfer** n<br>– **webzine** n | Syn: → WORLD WIDE WEB.<br>Syn: → BROWSER n<br>– An investigation of various sites on the Web. (ANW 4/96)<br>– A service for locating Web files containing specified terms. (ANW 4/96)<br>– One who is a frequent user of the Web (ANW 4/96).<br><br>– One who uses the Web extensively (ANW 4/96).<br>– Person who administers a Web site. (ODNW) Syn: Webmeister n. Webmistress (rare)<br>– → web page<br>– → web site<br>– → -size<br>– Totality of all Web pages and links between them. (ODNW)<br>– Syn: → web crawler. → spider<br>– → SURF v<br><br>– → -zine | ODNW, RHD<br>ANW 3/95, 2/96, 4/96 |
| **Webaholic** n | One who uses the → WORLD WIDE WEB excessively. | ANW 4/96 |
| **Webarian** n | Person who designs Web pages; Librarian who uses the Web. → CYBRARIAN | ANW 3/97 |
| **webliography** n | Bibliography of materials on the Internet. | ANW 3/95 |
| **Web page, web page** n | A single document. (ODNW)<br>→ HOME PAGE on the → WORLD WIDE WEB. (ANW)<br>Syn: page. | ODNW<br>RHD<br>ANW 3/95 |
| **Web site, Website** n | A collection of pages grouped by theme. (ODNW).<br>Location on the → WORLD WIDE WEB for information on a given subject. (ANW) | ODNW<br>RHD<br>ANW 3/95 |
| **well-behaved** adj | Of a computer program: communicating with hardware via standard operating system calls rather than directly, and therefore able to be used on different machines. (OED2)<br>Software that does its job quietly and without counterintuitive effects. Said of software conforming to system interface guidelines and standards. Well-behaved software uses | OED2<br>NHD |

| Eintrag, Wortart | Definition, Etymologie | Quelle(n) |
|---|---|---|
| | the operating system to do chores such as keyboard input, allocating memory and drawing graphics.<br>Vs. → ILL-BEHAVED. (NHD) | |
| **wild card** n | A character that will match any character or combination of characters in a file name, etc. (OED2) | OED2 |
| **window** n | A section of a display screen that can be created for viewing information from another part of a file or from another file. (RHD) | RHD<br>OED2 |
| **window shopping** n | Among users of WIMP [Windows, Icons, Mouse Program] environments, extended experimentation with new window colors, fonts, and icon shapes. This activity can take up hours of what might otherwise have been productive working time.<br>"I spent the afternoon window shopping until I found the coolest shade of green for my active window borders - now they perfectly match my medium slate blue background." Serious window shoppers will spend their days with bitmap editors, creating new and different icons and background patterns for all to see. | NHD |
| **wired** adj | Making use of computers and information technology to transfer or receive information, in particular through the Internet. (ODNW)<br>Connected electronically to one or more computer networks. (RHD) | ODNW<br>RHD<br>NHD |
| **wizard** n | Computer expert. (ANW 3/95)<br>A person who knows how a complex piece of software or hardware works; esp. someone who can find and fix bugs quickly in an emergency. Someone is a hacker if he or she has general hacking ability, but is a wizard with respect to something only if he or she has specific detailed knowledge of that thing. A good hacker could become a wizard for something given the time to study it. (NHD) | ANW<br>3/95,<br>1/97<br>NHD |
| **WOMBAT** adj | [W(aste) O(f) M(oney), B(rains), A(nd) T(ime)] Applied to problems which are both profoundly uninteresting in themselves and unlikely to benefit anyone interesting even if solved. Often used in fanciful constructions such as 'wrestling with a wombat'. | NHD |
| **workalike** adj | Able to use the software of another machine and behaving in the same way when the software is used.<br>→ WORKALIKE n | OED2 |
| **workalike** n | [< lookalike, < soundalike] (LRNW1)<br>A workalike computer. (OED2) → WORKALIKE adj | OED2<br>LRNW1 |
| **workgroup** n | A group of workers engaged in a series of specialized or collaborative tasks who share and process information by means of linked computers. | ODNW |
| **work station** n | A work or office area assigned to one person, often one accommodating a computer terminal or other electronic equipment; A computer terminal or microcomputer connected to a mainframe, minicomputer, or data-processing network. (RHD) | RHD<br>OED2 |
| **World Wide Web,** | A visually- based system for accessing information (text, | ODNW |

| Eintrag, Wortart | Definition, Etymologie | Quelle(n) |
|---|---|---|
| **World-Wide Web, Worldwide Web, world wide web** n | graphics, sound, and video) by means of the → INTERNET, which consists of a large number of 'documents' tagged with cross-referencing → LINKs by which the user can move between sources. The tagged 'documents' within the system form a web of links which extends worldwide. (ODNW) Syn: WWW, W3 | ANW 4/96 |
| **worm** n | Self-contained programs designed to propagate across networks. (ODNW)<br>A program that propagates itself over a network, reproducing itself as it goes. Nowadays the term has negative connotations, as it is assumed that only crackers write worms. (NHD) → TROJAN HORSE, → VIRUS | ODNW<br>RHD<br>NHD<br>LRNW2 |
| **write** v | To transfer (information, data, programs, etc.) from storage to secondary storage or an output medium. | RHD |
| **write-once, write once** adj | Relating to a type of optical storage technology in which data, once it has been written, cannot be erased or modified. | ODNW |
| **WYSIWYG, wysiwyg** adj<br>/wiz´ē wig´/ (RHD)<br>/wɪzɪwɪg/ (OED2) | [w(hat) y(ou) s(ee) i(s) w(hat) y(ou) g(et)] Of, pertaining to, or noting a screen display that shows text exactly as it will appear in printed output, including underlining, various typefaces, as italics, line spacing, end-of-line breaks, and paragraph indentations. (RHD) | RHD<br>OED2<br>NHD |
| **Yahoo** n | [Yahoo is an acronym that sounds retrofitted - it stands for „Y(et) A(nother) H(ierarchical) O(fficious) O(racle)"] Subject directory to home pages and sites on the → WORLD WIDE WEB. | ANW 3/95 |
| **zap** v | To make more powerful, exciting, or lively; to revitalize; to spice or pep up. The current sense is associated with idea of quick and vigorous movement: the notion is that of making an addition which has an invigorating and revitalizing effect, to indicate that steps had been taken to enhance or enliven the essential effect of a commodity (ODNW).<br>To erase or change (an item in a program). (OED2)<br>To modify, usually to correct. (NHD) | ODNW<br>OED2<br>NHD<br>(mainstream) |
| **zap** n | A change in a program (OED2). | OED2<br>ODNW |
| **-zine** cf<br>– **Cyberzine** n<br>– **digizine** n<br><br>– **e-zine** n<br>– **faxzine** n<br><br>– **hyperzine** n (ODNW)<br>– **webzine** n | [(maga)zine]<br>-<br>– [digi(tal maga)zine] Magazine-like matter stored on a CD-ROM. (ANW 3/95)<br>– An electronic magazine (WI)<br>– Magazine-like material distributed periodically by fax. (ANW)<br>– Magazine published online (eigene Def.)<br><br>– A magazine-like publication on the Web. (ANW) | ANW<br>3/95<br>4/96 |
| **zip** v | To compress a computer file. (ANW)<br>To create a compressed archive from a group of files using PKWare's PKZIP or a compatible archiver. (NHD)<br>→ UNZIP v | ANW<br>1/97<br>NHD |

| Eintrag, Wortart | Definition, Etymologie | Quelle(n) |
|---|---|---|
| **zombie** n | A process that has died [→ DIE v] but has not yet relinquished its process table slot (because the parent process hasn't executed a 'wait(2)' for it yet). (NHD) → ORPHAN.<br>A ghost site that for some reason seems to have moved to another location is a zombie. (WI 6/99) | NHD<br>WI |

# Literatur

## 1. Wörterbücher, elektronische Medien und Internet-Quellen


*Acronym* Finder: http://www.mtnds.com/af/ [Stand: 11/98]
Alan Kay-Biographien:
- http://perl.guru.org/scott/kay.html [Stand: 05/98].
- http://www.unidata.com/Corporate/newsletter/1996Issues/Dec1996/AlanK.html [Stand: 05/98].

Algeo, John, ed. (1991), *Fifty Years Among The New Words*, Cambridge etc.: CUP. (= ANW 50)
Algeo, John & Adele Algeo, "Among the new words", *American Speech*, Ausgaben 2/92, 4/93, 1 – 4/94, 1/95, 3/95, 4/95, 1/96, 2/96, 4/96, 1/97, 3/97. (= ANW)
Ayto, John (1989), *The Longman Register of New Words*, Harlow: Longman. (= LRNW1)
– (1990), *The Longman Register of New Words*, Vol. 2, Harlow: Longman. (= LRNW2)
Barnhart, C. L., S. Steinmetz & R. K. Barnhart (1973), *A Dictionary of New English (1963-1972)*, Bronxville, N.Y.: Wilson. (= DNE1)
– (1980), *The Second Barnhart Dictionary of New English*, Bronxville, N.Y.: Wilson. (= DNE2)
– (1990), The Third Barnhart Dictionary of New English, Bronxville, N.Y.: Wilson. (= DNE3)
*British National Corpus – online:* http://thetis.bl.uk/ [Stand: 07/99] (= BNC)
*Conceptual Metaphor Home Page*: http://cogsci.berkeley.edu/ [Last revision: 3/22/94].
Costello, R. B. et al. (1991), *Random House Webster's College Dictionary*, N.Y: Random House. (= RHWCD)
Crowther, J., ed. (1995), *Oxford Advanced Learner's Dictionary of Current English*, 5th ed., Oxford: OUP. (= OALD5)
*Encyclopaedia Britannica* (1997), on CD-ROM (incl. Merriam-Webster Collegiate Dictionary 10th ed. 1994). (= EB)
*EuroWordNet: Building a multilingual database with wordnets for several European languages*: http://www.let.uva.nl/~ewn/ [Stand: 01/99].
Flexner, Stuart Berg, ed. (²1993), *Random House Webster's Unabridged Dictionary of the English Language*, with CD-ROM (1996), New York: Random House. (= RHD (CD))
*FODOC: The Free On-line Dictionary of Computing*: http://www.instantweb.com/foldoc/ [11/98].
Friedrichsen, G. W. S. & C. T. Onions et al. (1933; 1978), *The Shorter Oxford English Dictionary on Historical Principles*, 3rd rev. ed., 2 vols., Oxford: Clarendon. (= SOED)
Hochrath, Eva & Rumold Hochrath (1997), *Langenscheidts Internet-Wörterbuch Englisch – Deutsch*, Berlin – München etc.: Langenscheidt.
Internetworking Terms and Acronyms:
http://www.cisco.com/univercd/cc/td/doc/cisintwk/ita/index.htm [11/98].
Java-Homepages:
*Coffeeshop*: http://java.seite.net/cgi-bin/vtsuche.pl?file=coffeeshop.html&such=coffee [07/99].
*Kaffee & Kuchen* (deutsche Java-Seite): http://java.seite.net/ [07/99].
*Kakao & Kekse* (Java-Script-Seite): http://javascript.seite.net/ [07/99].
*Java Coffee Break* (Guide to learning Java): http://www.davidreilly.com/jcb/ [07/99].
*Milch & Zucker* (die deutsche DynamicHTML-Seite): http://dhtml.seite.net/ [07/99].
*Jargon File* [= elektronische Version (4.0.0, 25 July 1996) des *New Hacker's Dictionary* (³1996)]. Internet: http://www.new.ox.ac.uk/jargon/ oder
http://www.mathematik.uni-marburg.de/doc/jargon/ [Stand: 07/98] (= NHD online)
Kirkpatrick, Betty, ed. (1852; 1987), *Roget's Thesaurus of English Words and Phrases*, Harlow: Longman. (= Roget's Thesaurus)

Knowles, Elizabeth & Julia Elliott, eds. (1991, 1997), *The Oxford Dictionary of New Words*, 2nd ed., Oxford – New York: OUP. (= ODNW)

*LexicalFreeNet*, Version 2.0: http://www.link.cs.cmu.edu/lexfn/index.html [Stand: 02/99].

McArthur, Tom, ed. (1981; 1987), *Longman Lexicon of Contemporary English*, 2nd ed., Harlow: Longman. (= LLCE)

*PC Webopaedia*: http://www.pcwebopaedia.com/ [11/98].

Proffitt, Michael, ed. (1997), *Oxford English Dictionary Additions Series*, Vol. 3, Oxford: OUP. (= OED-Ad3)

Raymond, Eric S., ed. (²1993), *The New Hacker's Dictionary*, 2nd ed., Cambridge/Mass. – London / England: MIT Press. (= NHD)

Simpson, J. A. & E. S. C. Weiner (1989), *The Oxford English Dictionary*, 2nd ed., *on CD-ROM* (Version 1.13, 1994), Oxford: OUP. (= OED2 (CD))

Sinclair, J., ed. (1995), *Collins COBUILD English Language Dictionary*, London – Glasgow: Collins / Klett. (= COBUILD)

Summers, Della, ed. (1992), *Longman Dictionary of English Language and Culture*, Harlow: Longman. (= LDELC)

– (1995), *Longman Dictionary of Contemporary English*, 3rd ed., Harlow: Longman. (= LDOCE)

Thompson, Della et al. (1995), *The Concise Oxford Dictionary of Current English*, 9th ed., Oxford: OUP. (= COD9)

*Whatis:* www.whatis.com (= WI) [Stand: 02/99].

*Word frequency lists:* ftp://ftp.itri.bton.ac.uk/pub/bnc/README [Stand: 08/98].

*WordNet: A Lexical Database for English*: http://www.cogsci.princeton.edu/~wn/ [Stand: 03/98].

*World Wide Words. Exploring the English Language.* Michael Quinion's language pages; Weekly Newsletter: http://www.quinion.com/words/ [Stand: 03/99].

## 2. Computerfachliteratur

*PC-Magazin*, Ausgabe 5/98.

*Süddeutsche Zeitung* (SZ), Rubrik "Cyber-Worte".

*Computer&Co, Das Mulitmedia-Magazin der Süddeutschen Zeitung*, Ausgaben 12/97, 1/98.

*c't. Magazin für Computertechnik*, Ausgabe 12/99.

Schüler, Ulrich & Hans-Georg Veddeler (1996), *PC aufrüsten und reparieren*, Düsseldorf: Data Becker, 756-785 (Anhang I: Das Glossar).

Kreisel, Uwe & Pamela Ann Tabbert (1997), *E-mail English. Fit in Kommunikation und Technik*, Reinbek bei Hamburg: Rowohlt Taschenbuch Verlag.

## 3. Weitere Literatur

Adams, Valerie (1973), *Introduction to modern English word-formation*, London: Longman.

Aijmer, Karin & Bengt Altenberg, eds. (1991), *English corpus linguistics. Studies in honour of Jan Svartvik*, London – New York: Longman.

Aitchison, Jean (1987; 1994), *Words in the mind. An introduction to the mental lexicon*, 2nd ed., Oxford: Blackwell.

Algeo, John (1978), "The taxonomy of word making", *Word* 29, 122-131.

– (1980), "Where do all the new words come from?", *American Speech* 55, 264 - 277.

– (1993), "Desuetude among New English Words", *International Journal of Lexicography*, Vol. 6/4, 281-293.
– (1994), "Problems in new-word lexicography", *Dictionaries. Journal of the dictionary society of North America* 15, 39-46.
Anderson, John R. (1983), *The architecture of cognition*, Cambridge/Mass: Harvard University Press.
Anderson, Stephen R. (1988), "Morphological change", in: Newmeyer, Frederick J., ed. (1988), *Linguistics: the Cambridge survey, Vol. 1: Linguistic theory: foundations*, Cambridge etc.: CUP, 324-362.
Androutsopoulos, Jannis K. (1997), "Der Name @", in: *de:bug, Zeitschrift für elektronische Lebensaspekte* 6 (12/1997), http://www.rzuser.uni-heidelberg.de/~iandrout/papers/Name@.html.
Ayto, John (1988), "Fig. leaves. Metaphor in dictionaries", in: Snell-Hornby (1988), 49-54.
Barry, John A. (1991), *Technobabble*, Cambridge/Mass: MIT Press.
Bauer, Laurie (1978), *The grammar of nominal compounding. With special reference to Danish, English and French*, Odense: Univ. Press.
– (1983), *English word-formation*, Cambridge: CUP.
– (1988), *Introducing linguistic morphology*, Edinburgh: Edinburgh University Press.
– (1994), *Watching English change*, London – New York: Longman.
– (1998), "Is there a class of neoclassical compounds, and if so is it productive?", *Linguistics* 36/3, 403-422.
Beaugrande, de, Robert-Alain & Wolfgang U. Dressler (1981), *Introduction to text linguistics*, London: Longman.
Becker, Thomas (1990), *Analogie und morphologische Theorie*, München: Fink.
Beckwith, Richard, Christiane Fellbaum, Derek Gross & George A. Miller (1991), "WordNet: A lexical database organized on psycholinguistic principles", in: Zernik (1991), 211-232.
Berg, Donna Lee (1993), *A guide to the Oxford English Dictionary*, Oxford – New York: OUP.
Bierwisch, Manfred (1983), "Psychologische Aspekte der Semantik natürlicher Sprachen, in: Motsch, Wolfgang & Dieter Viehweger, eds. (1983), *Richtungen der modernen Semantikforschung*, Berlin: Akademie-Verlag, 15-64.
Black, Max (1962), *Models and metaphors*, Ithaca: Cornell University Press.
Bock, Patrik (1998), "Sieb für Sülze", *Computer & Co. Das Multimedia-Magazin der Süddeutschen Zeitung*, 1/1998, 24-25.
Bödeker, Anna (1999), "Riesenbiß ins Mutterbrett. Zum Streit um 'Denglish' im Computer-Jargon", *c't, Magazin für Computertechnik* 12/1999, 60-61.
Bolinger, Dwight (1977), *Meaning and form*, London: Longman.
– (1985), "The inherent iconism of intonation", in: Haiman, ed. (1985), 97-108.
Brekle, Herbert E. & Dieter Kastovsky, eds. (1977), *Perspektiven der Wortbildungsforschung. Beiträge zum Wuppertaler Wortbildungskolloquium vom 9. - 10. Juli 1976*, Bonn: Bouvier.
Bründl, Monika (1995), *Neologismen im Englischen: Kriterien für ihre Entstehung, Lexikalisierung und Institutionalisierung*, unveröffentlichte Magisterarbeit, München.
– (1999), "*Cookies, strudels*, and *Easter eggs* – (food) metaphors in the language of computing", in: Falkner, Wolfgang & Hans-Jörg Schmid, Hrsg. (1999), *Words, lexemes, concepts – approaches to the lexicon. Studies in honour of Leonhard Lipka*, Tübingen: Narr, 161-172.
Bußmann, Hadumod (1990), *Lexikon der Sprachwissenschaft*, Stuttgart: Kröner.
Butterworth, Brian (1983), "Lexical representation", *Language Production*, Vol. 2, London.
– (1989), "Lexical access in speech production", in: Marslen-Wilson (1989), 108-135.
Bybee, Joan (1985), "Diagrammatic iconicity in stem-inflection relations", in: Haiman, ed. (1985), 11-47.
Clark, Eve V. (1992), "Conventionality and contrast: pragmatic principles with lexical consequences", in: Lehrer & Kittay (1992), 171-188.
– (1993), The lexicon in acquisition, Cambridge: CUP.
Clark, Eve V. & Herbert H. Clark (1979), "When nouns surface as verbs", *Language* 55, 767-811.
Coleman, Linda & Paul Kay (1981), "Prototype semantics: the English word LIE", *Language* 57, 26-44.

Collins, A.M. & M.R. Quillian (1969), "Retrieval time from semantic memory", *Journal of Verbal Learning and Verbal Behavior* 8, 240-247.
Coulson, Seana (1996), "Menendez Brothers Virus: blended spaces and Internet humor", in: Goldberg (1996), 67-82.
Cruse, D. Alan (1986), *Lexical semantics*, Cambridge: CUP.
– (1988), "Word meaning and encyclopedic knowledge", in: Hüllen & Schulze (1988), 73-84.
– (1990), "Prototype theory and lexical semantics", in: Tsohatzidis (1990), 382-402.
Damasio, Antonio R. & Hanna Damasio (1992), "Sprache und Gehirn", *Spektrum der Wissenschaft* 11, 80-92.
Danesi, Marcel (1995), "The iconicity of metaphor", in: Landsberg (1995), 265-283.
Deane, Paul D. (1988), "Polysemy and cognition", *Lingua* 75, 325-361.
De Knop, Sabine (1985), "Linguistic and extralinguistic aids for reconstruction and interpretation of metaphors in headlines", in: Paprotté & Dirven (1985), 243-262.
*Dictionaries. Journal of the Dictionary Society of North America* 16 (1995).
Dirven, René (1985), "Metaphor as a basic means for extending the lexicon", in: Paprotté & Dirven (1985), 85-119.
– (1988), "A cognitive approach to conversion", in: Hüllen & Schulze (1988), 329-340.
– (1993), "Metonymy and metaphor: different mental strategies of conceptualisation", *Leuvense Bijdragen* 82, 1 - 28.
Dirven, René & Wolf Paprotté (1985), "Introduction", in: Paprotté & Dirven (1985), vii-xix.
Dirven, René & Johan Vanparys, eds. (1995), *Current approaches to the lexicon. A selection of papers presented at the 18th LAUD Symposium, Duisburg, March 1993*, Frankfurt am Main etc: Lang.
Dornseiff, Franz (1954), Bezeichnungswandel unseres Wortschatzes. Ein Blick in das Seelenleben der Sprechenden, Lahr in Baden: Schauenburg. (= Sechste neubearbeitete Auflage von Waag, Albert ([1]1900; [5]1926), Bedeutungsentwicklung unseres Wortschatzes, ein Blick in das Seelenleben der Wörter).
Downing, Pamela (1977), "On the creation and use of English compound nouns", *Language* 53, 810-842.
Dressler, Wolfgang U. (1987), "Word formation as part of natural morphology", in: Dressler et al. (1987), 99-126.
– (1990), "The cognitive perspective of "naturalist" linguistic models", *Cognitive Linguistics* 1, 75-98.
Dressler, Wolfgang U., Willi Mayerthaler, Oswald Panagl & Wolfgang U. Wurzel (1987), *Leitmotifs in natural morphology*, Amsterdam: Benjamin.
Dressler, Wolfgang U., Hans C. Luschützky, Oskar E. Pfeiffer & John R. Rennison, eds. (1990), *Contemporary Morphology*, Berlin: Mouton de Gruyter.
Droste, F. G. (1989), "Symbols, icons, and sign processes", *Linguistics* 27, 921-938.
Dunbar, George (1991), *The cognitive lexicon*, Tübingen: Narr.
– & Terry F. Myers (1988), "Concept combination and the characterization of lexical concepts", in: Hüllen & Schulze (1988), 292-302.
Elsen, Hilke (1995), "Review: Eve V. Clark: The lexicon in acquisition", *Lexicology*, Vol. 1/1, 183-187.
Engelkamp, Johannes (1988), "Nouns and verbs in the mental lexicon", in: Hüllen & Schulze (1988), 303-313.
– (1994), "Mentale Repräsentationen im Kontext verschiedener Aufgaben", in: Konradt et al. (1994), 37-54.
– (1995), "Mentales Lexikon: Struktur und Zugriff", in: Harras (1995), 99-119.
Enkvist, Nils Erik (1973), *Linguistic stylistics*, The Hague – Paris: Mouton.
Falkner, Wolfgang (1997), *Verstehen, Mißverstehen und Mißverständnisse*, Tübingen: Niemeyer.
Farke, Hildegard & Sascha W. Felix (1990), "Struktur und Funktion des Lexikons in der kognitiven Sprachverarbeitung", in: Felix et al. (1990), 135-150.
Fauconnier, Gilles (1997), *Mappings in thought and language*, Cambridge: CUP.

Fauconnier, Gilles & Mark Turner (1996), "Blending as a central process of grammar", in: Goldberg (1996), 113-130.
Felix, Sascha W., Siegfried Kanngießer & Gert Rickheit, eds. (1990), *Sprache und Wissen. Studien zur Kognitiven Linguistik*, Opladen: Westdeutscher Verlag.
– (1990), "Perspektiven der Kognitiven Linguistik", in: Felix et al. (1990), 5-36.
Fellbaum, Christiane (1990), "English verbs as a semantic net", *International Journal of Lexicography* Vol. 3/4, 278-301.
Fillmore, Charles J. (1975), "An alternative to checklist theories of meaning", in: Cogen, Cathy, Henry Thompson, Graham Thurgood, Kenneth Whistler & James Wright, eds. (1975), *Proceedings of the Berkeley Linguistic Society*, Berkeley: Berkeley Linguistics Society, 123-131.
– (1977), "Scenes-and-frames semantics", in: Zampolli, Antonio, ed. (1977), *Linguistic structures processing*, Amsterdam etc.: North-Holland Publ., 55-81.
Fillmore, Charles J. & Beryl T. Atkins (1992), "Toward a frame-based lexicon: The semantics of RISK and its neighbours", in: Lehrer & Kittay (1992), 75-102.
Fischer, Roswitha (1997), *Lexical change in present-day English. A corpus-based study of the motivation, institutionalization and productivity of creative neologisms* (= Vorab-Manuskript von Fischer 1998).
– (1998), *Lexical change in present-day English. A corpus-based study of the motivation, institutionalization and productivity of creative neologisms*, Tübingen: Narr.
Forster, Kenneth I. (1981), "Frequency blocking and lexical access: One mental lexicon or two?", *Journal of Verbal Learning and Verbal Behavior* 20, 190-203.
– (1989), "Basic issues in lexical processing", in: Marslen-Wilson (1989), 75-107.
Foucault, Michel (1997), *Dies ist keine Pfeife*, München etc: Hanser.
Frawley, William (1992), *Linguistic semantics*, Hillsdale/New Jersey etc: Erlbaum.
Geeraerts, Dirk (1983), "Reclassifying semantic change", *Quaderni di Semantica* Vol. IV/2, 217-240.
– (1985), "Cognitive restrictions on the structure of semantic change", in: Fisiak, Jacek, ed. (1985), *Historical semantics. Historical word-formation (Trends in Linguistics. Studies and Monographs* 29), Berlin – New York: Mouton.
– (1988a), "Katz revisited. Aspects of the history of lexical semantics", in: Hüllen & Schulze (1988), 23-35.
– (1988b), "Where does prototypicality come from?", in: Rudzka-Ostyn (1988), 207-229.
– (1990), "Editorial statement", *Cognitive Linguistics* 1, 1-3.
Geiger, Richard A. & Brygida Rudzka-Ostyn, eds. (1993), *Conceptualizations and mental processing in language*, Berlin – New York: Mouton.
Gerrig, Richard J. (1986), "Process and products of lexical access", *Language and Cognitive Processes*, Vol. 1/3, 187-195.
Givón, Talmy (1979), *On understanding grammar*, New York: Academic Press.
– (1984), Syntax: A functional-typological introduction I, Amsterdam: Benjamins.
– (1985), "Iconicity, isomorphism and non-arbitrary coding in syntax", in: Haiman, ed. (1985), 187-219.
– (1990), *Syntax - A fuctional-typological introduction*, Vol. II, Amsterdam – Philadelphia: Benjamins.
Goldberg, Adele E., ed. (1996), *Conceptual structure, discourse and language*, Stanford: CSLT Publ..
Goossens, Louis (1990), "Metaphtonymy: the interaction of metaphor and metonymy in expressions for linguistic action", *Congitive Linguistics* 1, 323-340.
Grimm, Ursula (1991), *Lexikalisierung im heutigen Englisch am Beispiel der –er-Ableitungen*, Tübingen: Narr.
Gross, Derek & Katherine J. Miller (1990), "Adjectives in WordNet", *International Journal of Lexicography* Vol. 3/4, 265-277.
Haiman, John (1980), "Dictionaries and encyclopedias", *Lingua* 50, 329-357.
– (1983), "Iconic and economic motivation", *Language* 59, 781-819.
– (1985), "Introduction", in: Haiman, ed. (1985), 1-7.
– (1985), "Symmetry", in: Haiman, ed. (1985), 73-95.

– ed. (1985), *Iconicity in syntax. Proceedings of a symposium on iconicity in syntax*, Stanford, June 24-6, 1983, Amsterdam – Philadelphia: Benjamins.

Handke, Jürgen (1995), "Mental and machine-readable lexicons: What can machines learn from the mind?", in: Dirven & Vanparys (1995), 273-299.

Hankamer, Jorge (1989), "Morphological parsing and the lexicon", in: Marslen-Wilson (1989), 357-408.

Hansen, Barbara, Klaus Hansen, Albrecht Neubert & Manfred Schentke (1982; 1985), *Englische Lexikologie. Einführung in Wortbildung und lexikalische Semantik*, 2. Aufl., Leipzig: Verlag Enzyklopädie.

Harras, Gisela, ed. (1995), *Die Ordnung der Wörter. Kognitive und lexikalische Strukturen (Institut für deutsche Sprache, Jahrbuch 1993)*, Berlin – New York: Mouton.

Helman, David H., ed. (1988), *Analogical reasoning. Perspecitves of artificial intelligence, cognitive science, and philosophy*, Dordrecht etc: Kluwer.

Helfrich, Uta (1993), *Neologismen auf dem Prüfstand. Ein Modell zur Ermittlung der Akzeptanz französischer Neologismen*, Wilhelmsfeld: Egert.

Henderson, Leslie (1989), "On mental representation of morphology and its diagnosis by measures of visual access speed", in: Marslen-Wilson (1989), 357-391.

Hillert, Dieter (1987), *Zur mentalen Repräsentation von Wortbedeutungen. Neuro- und psycholinguistische Überlegungen*, Tübingen: Narr.

Hines, Caitlin (1996), "What's so easy about pie?: The lexicalization of a metaphor", in: Goldberg (1996), 189-199.

Hiraga, Masako K. (1994), "Diagrams and metaphors: Iconic aspects in language", *Journal of Pragmatics* 22, 5-21.

Hiraga, Masako K. & Joanna Radwanska-Williams, eds. (1994), *Journal of Pragmatics*, Vol. 22 (*Metaphor and Iconicity*).

Hoffmann, Joachim (1986), *Die Welt der Begriffe. Psychologische Untersuchungen zur Organisation des menschlichen Wissens*, Berlin: Dt. Verl. der Wiss.

Hoffman, Robert R. (1985), "Some implications of metaphor for philosophy and psychology of science", in: Paprotté & Dirven (1985), 327-380.

Holland, Dorothy & Naomi Quinn, eds. (1987), *Cultural models in language and thought*, Cambridge: CUP.

Hopper, Paul J. & Sandra A. Thompson (1985), "The iconicity of the universal categories 'noun' and 'verb'", in: Haiman, ed. (1985), 151-183.

Hörmann, Hans (1981; 1987), *Einführung in die Psycholinguistik*, 2. Aufl., Darmstadt: Wiss. Buchges.

Hohenhaus, Peter (1996), *Ad-hoc-Wortbildung. Terminologie, Typologie und Theorie kreativer Wortbildung im Englischen*, Frankfurt a. M. etc: Lang.

Hüllen, Werner & Rainer A. I. Schulze, eds. (1988), *Understanding the lexicon. Meaning, sense and world knowledge in lexical semantics*, Tübingen: Niemeyer.

Itkonen, Esa (1994), "Iconicity, analogy, and universal grammar", *Journal of Pragmatics* 22, 37-53.

Jaarsveld, Henk J. van, Riet Coolen & Robert Schreuder, (1994), "The role of analogy in the interpretation of novel compounds", *Journal of psycholinguistic research* 23/2, 111-137.

Jackendoff, R. (1983), *Semantics and cognition*, Cambridge/Mass: MIT Press.

Jäkel, Olaf (1998), "Diachronie und Wörtlichkeit: Problembereiche der kognitiven Metapherntheorie", in: Ungerer (1998), 99-118.

Jakobson, Roman (1971) [1966], "Quest for the essence of language", *Selected writings, Vol. II: Word and language*, The Hague: Mouton, 345-359.

Johnson, Mark (1987), *The body in the mind. The bodily basis of meaning, imagination, and reason*, Chicago: University of Chicago Press.

– (1988), "Some constraints on embodied analogical understanding", in: Helman (1988), 25-40.

Karius, Ilse (1988), "Aspects of lexical categorization", in: Hüllen & Schulze (1988), 344-354.

Kastovsky, Dieter (1982), *Wortbildung und Semantik*, Düsseldorf etc: Schwann-Bagel.

– (1988), "Structural semantics or prototype semantics? The evidence of word-formation", in: Hüllen & Schulze (1988), 190-203.
– (1992), "The formats change – the problems remain: word-formation theory between 1960 and 1990", in: Pütz (1992), 285-310.
– (1986), "The problem of productivity in word-formation", *Linguistics* 24, 585-600.
Kedar-Cabelli, Smadar (1988), "Analogy, from a unified perspective", in: Helman (1988), 65-103.
Keller, Rudi (1990), *Sprachwandel. Von der unsichtbaren Hand in der Sprache*, Tübingen: Francke.
– (1995), "Zeichenbegriff und Metaphern", in: Harras (1995), 179-192.
Kelly, Michael H. (1998), "To "brunch" or to "brench": some aspects of blend structure", *Linguistics* 36/3, 579-590.
Klix, Friedhart (1992), *Die Natur des Verstandes*, Göttingen etc: Hogrefe Verlag für Psychologie.
Konradt, Hans-Joachim, Joachim Grabowski & Roland Mangold-Allwinn, eds. (1994), *Sprache und Kognition. Perspektiven moderner Sprachpsychologie*, Heidelberg etc: Spektrum Akad. Verlag.
Kövecses, Zoltan (1990), *Emotion concepts*, New York: Springer.
Kruszewski, Mikolay (1883), "Ocerk nauki o jazyke", in: *Ucenye zapiski imperatorskago Kazanskago universiteta* (appendix). Dt. Übersetzung: *Prinzipien der Sprachentwicklung. Internationale Zeitschrift für allgemeine Sprachwissenschaft* 1 (1884: 295ff); 2 (1885: 258ff); 3 (1887: 145ff); 5 (1890: 133ff; 360ff).
Kurian, George T. (1993), *Timenglish. The words of Time*, New York: World Almanac.
Labov, William (1973), "The boundaries of words and their meaning", in: Charles-James N. Bailey & Roger W. Shuy, eds. (1973), *New ways of analyzing variation in English*, Washington: Georgetown University Press, 340-373.
Lakoff, George (1982), *Categories and cognitive models*, Berkeley – Trier: L.A.U.D.
– (1987), *Women, fire, and dangerous things*, Chicago – London: University of Chicago Press.
– (²1993), "The contemporary theory of metaphor", in: Ortony (²1993), 202-251.
Lakoff, George & Mark Johnson (1980a), *Metaphors we live by*, Chicago – London: University of Chicago Press.
– (1980b), "The metaphorical structure of the human conceptual system", *Cognitive Science* 4, 195-208.
Landsberg, Marge E., ed. (1995), *Syntactic iconicity and linguistic freezes. The human dimension*, Berlin – New York: Mouton.
Langacker, Ronald W. (1987a), *Foundations of cognitive grammar, Vol. I.: Theoretical prerequisites*, Stanford /California: Stanford Univ. Press.
– (1987b), "Nouns and verbs", *Language* 63, 53-94.
– (1988), "An overview of Cognitive Grammar", in: Rudzka-Ostyn (1988), 3-48.
– (1990a), "Settings, participants, and grammatical relations", in: Tsohatzidis (1990), 213-238.
– (1990b), *Concept, image, and symbol: the cognitive basis of grammar*, Berlin: Mouton.
Leech, Geoffrey N. (1969), *A linguistic guide to English poetry*, London: Longman.
– (1974), *Semantics*, Harmondsworth: Penguin.
– (²1981), *Semantics*, 2nd ed., Harmondsworth: Penguin.
Lehrer, Adrienne (1990), "Polysemy, conventionality, and the structure of the lexicon", *Cognitive Linguistics* 1, 207-246.
– (1996a), "Why neologisms are important to study", *Lexicology* Vol. 2/1, 63-73.
– (1996b), "Identifying and interpreting blends: An experimental approach", *Cognitive Linguistics* 7, 359-390.
Lehrer, Adrienne & Eva F. Kittay, eds. (1992), *Frames, fields, and contrasts*, Hillsdale/N. J: Erlbaum.
Leisi, Ernst (1952; 1975), *Der Wortinhalt. Seine Struktur im Deutschen und Englischen*, 5. Aufl., Heidelberg: Quelle & Meyer.
– (1955; 1985), *Das heutige Englisch*, 7. Aufl., Heidelberg: Winter.
– (1973; 1985), *Praxis der englischen Semantik*, 2. Aufl., Heidelberg: Winter.
– (1997), "Neuwörter ex contrario – ein oft übersehener Worttypus", *Lebende Sprachen* 3/97, 106-108.

Leitzke, Eva (1989), *(De)nominale Adjektive im heutigen Englisch. Untersuchungen zur Morphologie, Syntax, Semantik und Pragmatik von Adjektiv-Nomen-Kombinationen der Typen* ATOMIC ENERGY *und* CRIMINAL LAWYER, Tübingen: Niemeyer.

Liebert, Wolf-Andreas (1990), "Zu einem Wörterbuch der festen Metaphern der deutschen Alltagssprache im Spannungsfeld zwischen kognitiver Linguistik und onomasiologischer lexikographischer Datenbank", in: Schaeder & Rieger (1990), 11-28.

– (1992), Metaphernbereiche der deutschen Alltagssprache. Kognitive Linguistik und die Perspektiven einer kognitiven Lexikographie, Frankfurt a. M. etc: Lang.

– (1995), "Metaphernbereiche der virologischen Aidsforschung", Lexicology Vol. 1/1, 142-182.

Lipka, Leonhard (1966), *Die Wortbildungstypen WATERPROOF und GRASS-GREEN und ihre Entsprechungen im Deutschen*, Bamberg: Bamberger Fotodruck.

– (1971), "Grammatikalität, Akzeptabilität und Produktivität in der Sprache", in: Stechow, Arnim v., ed. (1971), *Beiträge zur Generativen Grammatik*, Braunschweig: Vieweg, 180-189.

– (1972), *Semantic structure and word-formation. Verb-particle constructions in contemporary English*, München: Fink.

– (1977), "Lexikalisierung, Idiomatisierung und Hypostasierung als Probleme einer synchronischen Wortbildungslehre", in: Brekle & Kastovsky (1977), 155-164.

– (1981), "Zur Lexikalisierung im Deutschen und Englischen", in: Lipka & Günther (1981), 119-132.

– (1983), "A multi-level approach to word-formation: Complex lexemes and word semantics", in: Hattori, Shirô & Kazuko Inoue, eds. (1983), *Proceedings of the XIIIth International Congress of Linguists, Tokyo 1982*, Tokyo, 926-928.

– (1986), "Semantic features and prototype theory in English lexicology", in: Kastovsky & Szwedek (1986), 85-94.

– (1987a), "Prototype semantics or feature semantics – an alternative?", in: Lörscher, Wolfgang & Rainer Schulze, eds. (1987), *Perspectives on language in performance. Studies in linguistics, literary criticism, and foreign language teaching methodology*, Tübingen: Narr, 282-298.

– (1987b), "Word-formation and text in English and German", in: Asbach-Schnitker, Brigitte & Johannes Roggenhofer, eds. (1987), *Neuere Forschungen zur Wortbildung und Historiographie der Linguistik. Festgabe für Herbert E. Brekle zum 50. Geburtstag*, Tübingen: Narr, 59-67.

– (1988), "A rose is a rose is a rose: on simple and dual categorization in natural languages", in: Hüllen & Schulze (1988), 355-366.

– (1989a), "Der Risalit und seine Folgen: Ernst Leisi und die Prototypensemantik", in: Fries, Udo & Martin Heusser, eds. (1989), *Meaning and beyond. Ernst Leisi zum 70. Geburtstag*, Tübingen: Narr, 225-235.

– (1989b), "The state of the art in lexicology", in: Müllenbrock, Heinz-Joachim & Renate Noll-Wiemann, eds. (1989), *Anglistentag 1988 Göttingen*, Tübingen: Niemeyer, 250-263.

– (1990), "Metaphor and metonymy as productive processes on the level of the lexicon", in: Bahner, Werner, Joachim Schildt & Dieter Viehweger, eds. (1990), *Proceedings of the XIVth International Congress of Linguists, Berlin 1987*, Berlin: Akademie-Verlag, 1207-1210.

– (1990; 1992), An outline of English lexicology. Lexical structure, word semantics, and word-formation, 2nd ed., Tübingen: Niemeyer.

– (1992), "Lexicalization and institutionalization in English and German or: Piefke, Wendehals, Smog, Perestroika, AIDS etc.", ZAA 40, 101-111.

– (1994a), "Lexicalization and institutionalization", in: Asher, R.E., ed. (1994), *The Encyclopedia of Language and Linguistics*, Vol. 4, Oxford - New York: Pergamon Press, 2164-2167.

– (1994b), "Wortbildung, Metapher und Metonymie – Prozesse, Resultate und ihre Beschreibung", *Münstersches Logbuch zur Linguistik* 5, 1-15.

– (1995a), "Differenzierung des Wortschatzes im Englischen und Deutschen", in: Ahrens, Rüdiger, Wolf-Dietrich Bald & Werner Hüllen (eds.), *Handbuch Englisch als Fremdsprache (HEF)*, Berlin: Schmidt, 83-89.

– (1995b), "Die Semantik und Pragmatik von SPEAK und TALK im heutigen Englisch: Ein kognitiver Versuch", in: Hoinkes, Ulrich, ed. (1995), *Panorama der Lexikalischen Semantik. Thematische Festschrift aus Anlaß des 60. Geburtstags von Horst Geckeler*, Tübingen: Narr, 431-448.
– (1996), "Words, metaphors and cognition: A bridge between domains", in: Svartvik, Jan, ed. (1996), *WORDS. Proceedings of an International Symposium, Lund 25-26 August 1995*, Stockholm: Almqvist & Wiksell, 49-69.
– (1998), "Word-formation, metaphor and metonymy – processes, results and their description", *Revista Canaria de Estudios Ingleses* 36 (1998), 97-112.
– (1999), "Blairites, Teletubbies, Spice Girls and wheelie bins – neologisms, the Word of the Year, and the nomination-function of 'words'", in: Carls, Uwe & Peter Lucko (1999), *Form, function and variation in English. Studies in honour of Klaus Hansen*, Frankfurt a. M. etc.: Lang, 41-48.

Lipka, Leonhard & Hartmut Günter, eds. (1981), *Wortbildung*, Darmstadt: Wiss. Buchges.

Lipka, Leonhard & Hans-Jörg Schmid (1994), "To begin with: degrees of idiomaticity, textual functions and pragmatic exploitations of a fixed expression", *ZAA* 42, 6-15.

Lu, Angela Yi-chün (1998), *Phonetic motivation. A study of the relationship between form and meaning*, München: Hieronymus.

Lutzeier, Peter R. (1996), "Aufgaben der Lexikologie", in: Weigand & Hundsnurscher (1996), 119-131.

Lyons, John (1977), *Semantics*, 2 vols., Cambridge etc: CUP.

Mangold-Allwinn, Roland, Stefan Barattelli, Markus Kiefer & Hanns Gerhard Koelbing (1995), *Wörter für Dinge. Von flexiblen Konzepten zu variablen Benennungen*, Opladen: Westdeutscher Verlag.

Marchand, Hans (1951), "Phonology, morphonology and word-formation", *Neuphilologische Mitteilungen* 52, 87-95.
– (1955), "Synchronic analysis and word-formation", *Cahiers Ferdinand de Saussure* 13, 7-18.
– (1960), *The categories and types of present-day English word-formation*, 1. Aufl., Wiesbaden: Harrasasowitz.
– (1960; 1969), *The categories and types of present-day English word-formation*, 2nd ed., München: Beck.

Marle, Jaap van (1990), "Rule-creating creativity: analogy as a synchronic morphological process", in: Dressler et al. (1990), 267-273.

Marslen-Wilson, William, ed. (1989), *Lexical representation and process*, Cambridge/Mass. etc: MIT Press.

Martin, James H. (1991), "Representing and acquiring metaphor-based polysemy", in: Zernik (1991), 389-415.

McArthur, Tom, ed. (1992), *The Oxford companion to the English language*, Oxford: OUP.

McEnery, Tony & Andrew Wilson (1997), *Corpus linguistics*, Edinburgh: Edinburgh University Press.

McMahon, April M. (1994), *Understanding language change*, Cambridge: CUP.

Meyers Lexikonredaktion, Hrsg. (⁵1995), *Meyers großes Taschenlexikon in 24 Bänden*, Mannheim etc: BI-Taschenbuchverlag.

Meys, Willem (1975), *Compound adjectives in English and the ideal speaker-listener*, Amsterdam: North Holland.
– (1985), "Morphological meaning and the structure of the mental lexicon", in: Hoppenbrouwers, Geer A. J., Pieter A. M. Seuren & A. J. M. M Weijters, eds. (1985), *Meaning and the lexicon*, Dordrecht: Kluwer, 76-85.

Miller, George A. (1986), "Dictionaries in the mind", *Language and Cognitive Processes*, Vol. 1/3, 171-185.
– (1990), "Nouns in WordNet: a lexical inheritance system", *International Journal of Lexicography* Vol. 3/4 (1990), 245-264.

Miller, George A. & Philip Johnson-Laird (1976), *Language and perception*, Cambridge/Mass: Cambridge University Press.

Miller, George A., Richard Beckwith, Christiane Fellbaum, Derek Gross & Katherine J. Miller (1990), "Introduction to WordNet: an on-line lexical database", *International Journal of Lexicography* Vol. 3/4, 235-244.
Motsch, Wolfgang (1968; 1979), "Der kreative Aspekt in der Wortbildung", in: Lipka & Günther (1981), 94-105.
– (1977), "Ein Plädoyer für die Beschreibung von Wortbildungen auf der Grundlage des Lexikons", in: Brekle & Kastovsky (1977), 180-202.
– (1983), "Überlegungen zu den Grundlagen der Erweiterung des Lexikons", in: Ruzicka, Rudolf & Wolfgang Motsch, eds. (1983), *Untersuchungen zur Semantik*, Berlin: Akademie-Verlag, 101-119.
– (1995), "Semantische Grundlagen der Wortbildung", in: Harras (1995), 193-226.
Nöth, Winfried (1975), *Semiotik. Eine Einführung mit Beispielen für Reklameanalysen*, Tübingen: Niemeyer.
– (1985), "Semiotic aspects of metaphor", in: Paprotté & Dirven (1985), 1-16.
Nowakowski, Miroslaw (1990), "Metaphysics of the dictionary versus the lexicon", in: Tomaszczyk & Lewandowska-Tomaszczyk (1990), 3-19.
Ogden, C. K. & I. A. Richards (1923; 1949), *The meaning of meaning. A study of the influence of language upon thought and of the science of symbolism*, 10th ed., London: Routledge / Thoemmes.
Oldfield, R. C. (1966), "Things, words and the brain", *Quarterly Journal of Experimental Psychology* 18, 340-353.
Olsen, Susan (1988), "*Flickzeug* vs. *abgasarm*: Eine Studie zur Analogie in der Wortbildung", in: Gentry, F. G., ed. (1988), *Semper idem et novus. Festschrift for Frank Banta*, Göppingen: Kümmerle, 75-97.
Ortony, Andrew, ed. (1979; 1993), *Metaphor and thought*, 2nd ed., Cambridge: CUP.
Paivio, Allan (1986), *Mental representations. A dual coding approach*, Oxford etc.: OUP.
Paprotté, Wolf (1993), "Requirements for a computational lexicon: A cognitive approach", in: Geiger & Rudzka-Ostyn (1993), 171-200.
Paprotté, Wolf & René Dirven, eds. (1985), *The ubiquity of metaphor*, Amsterdam – Philadelphia: Benjamins.
Paul, Hermann (1897), *Über die Aufgaben der Wortbildungslehre*, München: Straub.
– (1880; 1960), *Prinzipien der Sprachgeschichte*, 6. Aufl., Tübingen: Niemeyer.
Peirce, Charles Sanders (1985), "Logic as semiotic: The theory of signs", in: Innis, R. E. (ed.), *Semiotics: An introductory anthology*, Bloomington: Indiana University Press, 4-23.
Philippe, Benoît (1991), *Sprachwandel bei einer Plansprache am Beispiel des Esperanto*, Konstanz: Hartung-Gorre.
Pluta, Michael (1997), "Vorsicht, Cyberkeks!", *Computer & Co. Das Multimedia-Magazin der Süddeutschen Zeitung*, 12/1997, 26.
Pütz, Martin, ed. (1992), *Thirty years of linguistic evolution. Studies in honor of René Dirven on the occasion of his 60th birthday*, Philadelphia etc.: Benjamins.
Quirk, Randolph & Sidney Greenbaum (1973), *A university grammar of English*, London: Longman.
Quirk, Randolph, Sidney Greenbaum, Geoffrey Leech & Jan Svartvik (1985), *A comprehensive grammar of the English language*, London – New York: Longman, 1517-1585 (Appendix I: Word-Formation).
Radden, Günther (1989), "Figurative use of prepositions", in: Dirven, René & Yvan Putseys, eds. (1989), *A user's grammar of English, Part B*, Frankfurt a. M.: Lang, 551-576.
– (1992), "The cognitive approach to natural language", in: Pütz (1992), 513-541.
Radwanska-Williams, Joanna (1994) "The problem of iconicity", *Journal of Pragmatics* 22, 23-36.
Richards, Ivor A. (1936), *The philosophy of rhetoric*, Oxford: OUP.
Rickheit, Gert & Hans Strohner (1993), *Grundlagen der kognitiven Sprachverarbeitung: Modelle, Methoden, Ergebnisse*, Tübingen: Francke.
Rickheit, Mechthild (1993), *Wortbildung. Grundlagen einer kognitiven Wortsemantik*, Opladen: Westdeutscher Verlag.
Rosch, Eleanor (1978), "Principles of categorization", in: Rosch, Eleanor & Barbara Bloom Lloyd, eds. (1978), *Cognition and categorization*, Hillsdale/N.J. etc.: Erlbaum, 27-48.

Rudzka-Ostyn, Brygida (1985), "Metaphoric processes in word formation. The case of prefixed verbs", in: Paprotté & Dirven (1985), 209-239.

– ed. (1988), *Topics in cognitive linguistics*, Amsterdam – Philadelphia: Benjamins.

– (1993), "Introduction", in: Geiger & Rudzka-Ostyn (1993), 1-20.

Sauer, Hans (1992), *Nominalkomposita im Frühmittelenglischen. Mit Ausblicken auf die Geschichte der englischen Nominalkomposition*, Tübingen: Niemeyer.

Saussure, Ferdinand de (1983), *Course in general linguistics* (Translated and annotated by Roy Harris), London: Duckworth.

Schaeder, Burkhard & Burghard Rieger, eds. (1990), *Lexikon und Lexikographie. Vorträge im Rahmen der Jahrestagung 1990 der Gesellschaft für Linguistische Datenverarbeitung (GLDV) e.V., Siegen, 26.-28. März 1990*, Hildesheim etc.: Olms.

Schmid, Hans-Jörg (1993), *Cottage und Co., idea, start vs. begin. Die Kategorisierung als Grundprinzip einer differenzierten Bedeutungsbeschreibung*, Tübingen: Niemeyer.

– (1996), "Basic level categories as basic cognitive and linguistic building blocks", in: Weigand & Hundsnurscher (1996), 285-295.

– (1998), "Zum kognitiven Kern der Prototypentheorie", in: Ungerer (1998), 9-28.

Schönpflug, Wolfgang & Ute Schönpflug ([2]1989), *Psychologie*, 2. Aufl., München: Psychologie-Verlags-Union.

Schreier, Christoph (1985), *René Magritte, Sprachbilder 1927-1930*, Hildesheim etc.: Olms.

Schulze, Rainer (1988), "A short story of *down*", in: Hüllen & Schulze (1988), 395-414.

Schulze, Rainer & René Dirven (1989), *Extended bibliography of cognitive linguistics*, Duisburg: L.A.U.D.

Schwarz, Monika (1992), *Einführung in die kognitive Linguistik*, Tübingen: Francke.

– (1994), "Kognitive Semantik – state of the art und quo vadis?", in: Schwarz, Monika, ed. (1994), *Kognitive Semantik. Ergebnisse, Probleme, Perspektiven*, Tübingen: Narr, 9-21.

– (1995), "Podiumsdiskussion: Kognitivismus und Lexikon", in: Harras (1995), 359-367.

Searle, John R. (1979; 1993), "Metaphor", in: Ortony ([2]1993), 83-111.

Seiler, Hansjakob (1993), "A functional view on prototypes", in: Geiger & Rudzka-Ostyn (1993), 115-139.

Siegel, Dorothy (1979), *Topics in English morphology*, New York: Garland.

Simpson, John. A. (1988), "Computers and the New OED's new words", in: Snell-Hornby (1988), 437-444.

Slobin, Dan (1985), "The child as a linguistic icon-maker", in: Haiman, ed. (1985), 221-248.

Smith, Edward E., Daniel N. Osherson, Lance J. Rips & Margaret Keane (1988), "Combining prototypes: a selective modification model", *Cognitive Science* 12, 485-527.

Smith, Michael K., Howard R. Pollio & Marian K. Pitts (1981), "Metaphor as intellectual history: conceptual categories underlying figurative usage in American English from 1675-1975", *Linguistics* 19, 911-935.

Snell-Hornby, Mary, ed. (1988), *ZüriLEX '86 Proceedings. Papers read at the EURALEX International Congress, University of Zürich, 9 - 14 September 1986*, Tübingen: Francke.

Stöcklein, Joh. (1898), *Bedeutungswandel der Wörter*, München: J. Lindauersche Buchhandlung.

Taft, M. & K. Forster (1975), "Lexical storage and retrieval of prefixed words". In: *Journal of Verbal Learning and Verbal Behavior* 14, 638-647.

Taft, L. (1985), *Prosodic constraints and lexical parsing strategies*, MIT diss.

Tai, James H.-Y. (1985), "Temporal sequence and Chinese word order", in: Haiman, ed. (1985), 49-72.

Talmy, Leonhard (1988), "Force dynamics in language and cognition", *Cognitive Science* 12, 49-100.

Taylor, John R. (1989; 1995), *Linguistic categorization. Prototypes in linguistic theory*, 2nd ed., Oxford: Clarendon Press.

– (1995), "Approaches to word meaning: The network model (Langacker) and the two-level model (Bierwisch) in comparison", in: Dirven & Vanparys (1995), 3-26.

Thomas, Jenny & Mick Short (1996), *Using corpora for language research*, London – New York: Longman.

Tomaszczyk, Jerzy & Barbara Lewandowska-Tomaszczyk, eds. (1990), *Meaning and lexicography*, Amsterdam – Philadelphia: Benjamins.
Tournier, Jean (1985), *Introduction descriptive à la lexicogénétique de l'anglais contemporain*, Paris – Genève: Champion-Slatkine.
– (1988), *Précis de lexicologie anglaise*, Paris: Nathan.
– (1991), *Structures lexicales de l'Anglais. Guide alphabétique*, Paris: Nathan.
Traugott, Elizabeth Closs (1985), "'Conventional' and 'dead' metaphors revisited", in: Paprotté & Dirven (1985), 17-56.
Trier, Jost (1934), "Deutsche Bedeutungsforschung", in: Goetze, Alfred, Horn, Wilhelm & Maurer, Friedrich (1934), *Germanische Philologie. Ergebnisse und Aufgaben. Festschrift für Otto Behagel*, Heidelberg: Winter, 173-200.
Tsohatzidis, Sabbas L., ed. (1990), *Meanings and prototypes. Studies in linguistic categorization*, London – New York: Routledge.
Turner, Mark (1988), "Categories and analogies", in: Helman (1988), 3-24.
Ullmann, Stephen (1951; 1957), *The principles of semantics*, 2nd ed., Oxford – Glasgow: Blackwell.
– (1962), *Semantics. An introduction to the science of meaning*, Oxford: Blackwell.
Ungerer, Friedrich (1991a), "Acronyms, trade names and motivation", *Arbeiten aus Anglistik und Amerikanistik* 18, 131-158.
– (1991b), "What makes a linguistic sign successful? Towards a pragmatic interpretation of the linguistic sign", *Lingua* 83, 155-181.
– (1994), "Basic level concepts and parasitic categorization: a cognitive alternative to conventional semantic hierarchies", *ZAA* 42, 148-162.
– ed. (1998), *Kognitive Lexikologie und Syntax (Rostocker Beiträge zur Sprachwissenschaft*, Heft 5, 1998), Rostock: Universitätsdruckerei Rostock.
Ungerer, Friedrich & Hans-Jörg Schmid (1996), *An introduction to cognitive linguistics*, London etc.: Longman.
– (1998), "Englische Komposita und Kategorisierung", in: Ungerer (1998), 78-98.
Vanden Eynde, Christof, ed. (1998) *Cognitive Morphology Workshop, Ghent 1-4 July 1998* (Abstracts-Sammlung des Workshops, per E-mail erhalten von Christof.VandenEynde@rug.ac.be).
Vanparys, Johan (1995), "Introduction: Coming to grips with the lexicon", in: Dirven & Vanparys (1995), xi - xix.
Vygotsky, Lev (1986), *Thought and language* (translation newly revised and edited by Alex Kozulin; russische Originalausgabe: 1934), Cambridge/Mass. – London: MIT Press.
Warren, Beatrice (1990), "The importance of combining forms", in: Dressler et al. (1990), 111-132.
– (1992), *Sense developments – a contrastive study of the development of slang senses and novel standard senses in English*, Stockholm: Almqvist & Wiksell.
Waugh, Linda R. (1994), "Degrees of iconicity in the lexicon", *Journal of Pragmatics* 22, 55-70.
Waugh, Linda R. & Madeleine Newfield (1995), "Iconicity in the lexicon and its relevance for a theory of morphology", in: Landsberg (1995), 189-221.
Weigand, Edda & Franz Hundsnurscher, eds. (1996), *Lexical structure and language use. Proceedings of the International Conference on 'Lexicology and Lexical Semantics', Münster 1994*, Vol. 1, Tübingen: Niemeyer.
Weinrich, Harald (1958), "Münze und Wort: Untersuchungen an einem Bildfeld", in: Lausberg, H. & H. Weinrich (eds.), *Romanica. Festschrift für Gerhard Rohlfs*, Halle: Niemeyer, 508-521.
Welte, Werner (1996), *Englische Morphologie und Wortbildung*, 2. Aufl., Frankfurt a. M. etc.: Lang.
Wermser, Richard (1976), *Statistische Studien zur Entwicklung des englischen Wortschatzes*, Bern: Francke.
Wierzbicka, Anna (1985), *Lexicography and conceptual analysis*, Ann Arbor / Mich.: Karoma.
– (1993), "The alphabet of human thoughts", in: Geiger & Rudzka-Ostyn (1993), 23-51.
Wilkinson, Peter R. (1993), *Thesaurus of traditional English metaphors*, London – New York: Routledge.
Winters, Margaret E. (1992), "Diachrony within synchrony: The challenge of cognitive grammar", in: Pütz (1992), 503-511.

Wunderlich, Dieter & Ingrid Kaufmann (1990), "Lokale Verben und Präpositionen – semantische und konzeptuelle Aspekte", in: Felix et al. (1990), 223-252.

Zernik, Uri (1991), "Introduction", in: Zernik (1991), 1-26.

– ed. (1991), *Lexical acquisition: exploiting on-line resources to build a lexicon*, Hillsdale / New Jersey etc.: Erlbaum.

Zipf, George Kingsley (1949; 1965), *Human behavior and the principle of least effort. An introduction to human ecology*, 2nd ed., New York – London: Hafner.